新鰭類 Neopterygii (unranke

全骨下綱 Infraclass Holost

鱗骨区 Division Gingly

ガー目 Order Lepisosteiformes

アミア区 Division Halecomorphi

アミア目 Order Amiiformes

真骨下綱 Infraclass Teleosteomorpha

真骨区 Division Teleostei

真頭上団 Supercohort Teleocephala

カライワシ団 Cohort Elopomorpha

カライワシ目 Order Elopiformes

ソトイワシ目 Order Albuliformes

ソコギス目 Order Notacanthiformes

ウナギ目 Order Anguilliformes

ムカシウナギ亜目 Suborder Protanguilloidei

ホラアナゴ亜目 Suborder Synaphobranchoidei

ウツボ亜目 Suborder Muraenoidei

イワアナゴ亜目 Suborder Chlopsoidei

アナゴ亜目 Suborder Congroidei

ハリガネウミヘビ亜目 Suborder Moringuoidei

フウセンウナギ亜目 Suborder Saccopharyngoidei

ウナギ亜目 Suborder Anguilloidei

アロワナ団 Cohort Osteoglossomorpha

ヒオドン目 Order Hiodontiformes

アロワナ目 Order Osteoglossiformes

ニシン・骨鰾団 Cohort Otocephala

ニシン上目 Superorder Clupeomorpha

ニシン目 Order Clupeiformes

デンティセプス亜目 Suborder Denticipitoidei

ニシン亜目 Suborder Clupeoidei

セキトリイワシ上目 Superorder Alepocephali

セキトリイワシ目 Order Alepocephaliformes

Superorder Ostariophysi

鰾系 Series Anotophysi

ミギス目 Order Gonorynchiformes

系 Series Otophysi

コイ亜系 Subseries Cypriniphysi

コイ目 Order Cypriniformes

カラシン亜系 Subseries Characiphysi

カラシン目 Order Characiformes

キタリヌス亜目 Suborder Citharinoidei

カラシン亜目 Suborder Characoidei

ナマズ亜系 Subseries Siluriphysi

ナマズ目 Order Siluriformes

ディプロミステス亜目 Suborder Diplomystoidei

ケトプシス亜目 Suborder Cetopsoidei

ロリカリア亜目 Suborder Loricarioidei

ナマズ亜目 Suborder Siluroidei

デンキウナギ目 Order Gymnotiformes

デンキウナギ亜目 Suborder Gymnotoidei

ステルノピュグス亜目 Suborder Sternopygoidei

正真骨団 Cohort Euteleostei

レピドガラクシアス目 Order Lepidogalaxiiformes

原棘鰭上目 Superorder Protacanthopterygii

サケ目 Order Salmoniformes

カワカマス目 Order Esociformes

キュウリウオ上目 Superorder Osmeromorpha

ニギス目 Order Argentiniformes

ガラクシアス目 Order Galaxiiformes

キュウリウオ目 Order Osmeriformes

キュウリウオ亜目 Suborder Osmeroidei

レトロピナ亜目 Suborder Retropinnoidei

ワニトカゲギス目 Order Stomiiformes

ヨコエソ亜目 Suborder Gonostomatoidei

ギンハダカ亜目 Suborder Phosichthyoidei

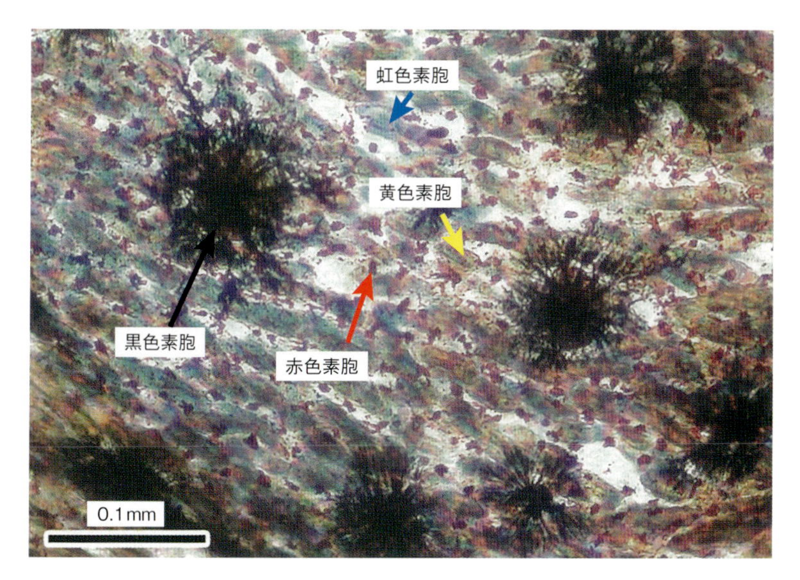

図 3-7　マダイの真皮中の色素胞（木村[3] を一部改変）（20 頁）

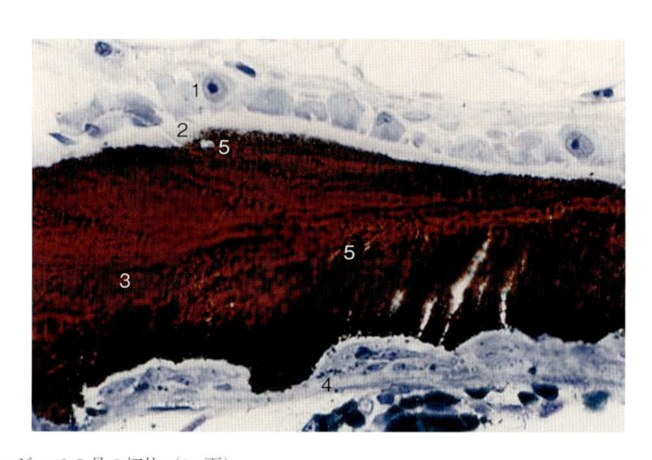

図 5-1　ニジマスの骨の切片（36 頁）
1：骨芽細胞，2：類骨（骨芽細胞から分泌されたばかりの骨基質で，まだ石灰化していないもの），3：石灰化した骨基質，4：破骨細胞，5：骨細胞．

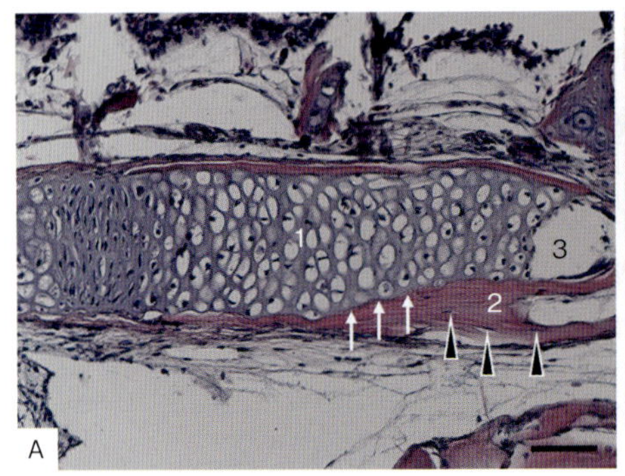

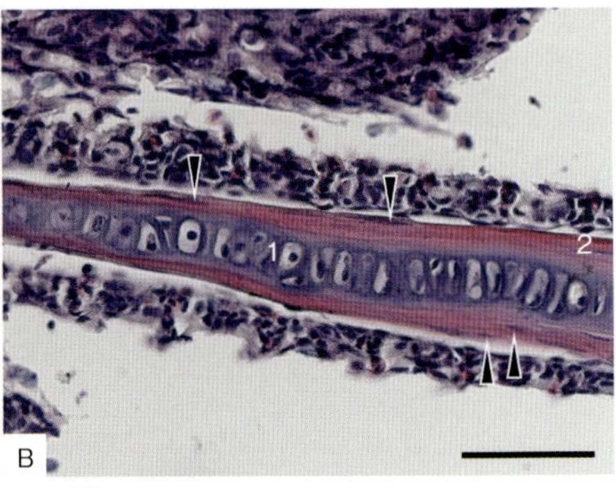

図 5-2　キンギョの鰓の骨の切片（36 頁）
A：角鰓骨，B：鰓弁条.
1：軟骨（ガラス軟骨），2：硬骨，3：骨髄.
矢印：ガラス軟骨と硬骨の境界，矢頭：硬骨に存在する骨細胞.
スケール：50 μm.

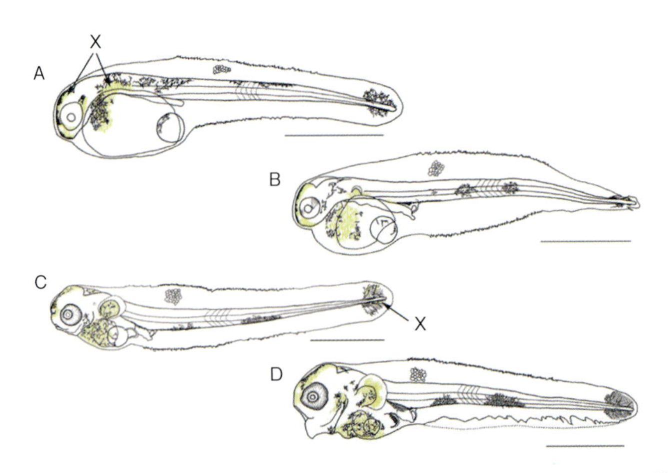

図 15-2　浮性卵（卵径 1.18～1.31 mm）から孵化したソコダラ科ムグラヒゲの卵黄嚢仔魚[15]（182 頁）
A：孵化直後，3.5 .mm NL，B：孵化後 19 時間，3.8 mm NL，C：孵化後 5 日，4.6 mm NL，
D：孵化後 8 日，4.3 mm NL.
X：黄色素胞．スケール：1 mm.

図 17-1　保護様式（221 頁）
A：雄による見張り型保護．卵塊を保護するハゼ科サンカクハゼ（撮影：坪井美由紀）．B：両親による見張り型保護．稚魚の群を保護するカワスズメ科 *Boulengerochromis microlepis*（撮影：桑村哲生）．C：体外運搬型．口内で卵を保護するアゴアマダイ科アゴアマダイ属の一種の雄（撮影：平田智法）．D：体外運搬型．腹部の育児嚢で卵を保護するヨウジウオ科テングヨウジの雄．矢印は卵塊を示す（撮影：平田智法）．

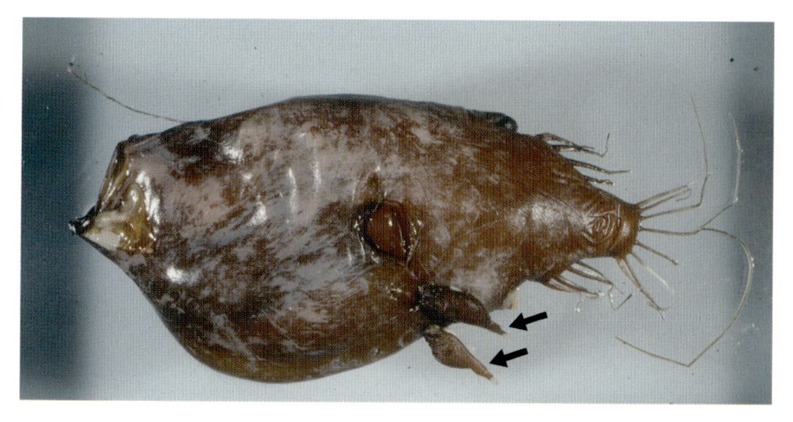

図 17-5　ミツクリエナガチョウチンアンコウ（撮影:尼岡邦夫）（227 頁）
2 尾の雄（矢印）が寄生している．

図 18-2　雄同士の闘争（241 頁）
テングカワハギ（左）（撮影 : 坂井陽一），ヨダレカケ（右）（撮影 : 清水則雄）.

図 18-6　カワスズメ科の 1 種 *Julidochromis ornatus* のヘルパー（図中の H）（安房田[33]を改変）（248 頁）
3 個体の稚魚（全長 3 cm 前後 : 図中の 1 ～ 3）を保護する両親（雄，雌）の子育てを手伝っていた（撮影 : 安房田智司）.

魚類学

Ichthyology

矢部 衞・桑村哲生・都木靖彰 編

恒星社厚生閣

はじめに

2013年9月に岩井 保先生からお手紙と自著『魚学入門』をお送りいただいた. お手紙には『魚学入門』を引き継ぐ魚類学の入門書の執筆を託したいとの旨が綴られていた. 岩井先生の著書である『魚学概論』(1971),『水産脊椎動物 II 魚類』(1985), そして『魚学入門』(2005) は, 日本において魚類学を学ぼうとする学生の教科書として, 長年その役割を果たしてきた. それらを引き継ぐ教科書の執筆を託されたことは, 私にとっては, 身に余る光栄であると同時に, 魚類学のあらゆる研究分野に精通した岩井先生のあとを引き継ぐことは, 私一人の力では果たし得ないものと強く感じた. そこで, 多くの皆さんの協力を得て進める形でお引き受けすることとした.

本書では編者として生態学分野を桑村哲生先生に, 生理学分野を都木靖彰先生にお引き受けいただき, 形態学・分類学分野を私が担当した. 各専門分野では多くの皆様に執筆をお願いし, 快くお引き受けいただき, 本書をまとめることができた. お引き受けいただいた執筆者の皆様に心より感謝したい.

この四半世紀の間, 生物学はあらゆる生物事象を主に遺伝子レベルを中心にして認識し直してきたと言えよう. 魚類学でも同様に進展し, 各研究分野での新知見が枚挙している. それらを網羅的に提示することは本書の趣旨ではないが, 基本的な事項を可能な限り取り入れるよう試みた. そのため従来の類書にはなかった新たな解説が本書の随所に加えられた. 特に, 本書では魚類の分類体系を1章で引用したNelson et al. (2016) の "Fishes of the world 第5版" に準拠したため, 23章以降にその解説が加えられた. また, 全編を通してこの体系に則した分類群の標記 (例えばスズキ系など) をした点に留意していただきたい. さらに, 生態学分野の各章で大幅な充実を図ったことも本書の特徴といえる. 一方で『魚学入門』の内容をほぼ踏襲している点も多々ある. 特に6章は岩井先生との共同執筆とさせていただいた. 本書は内容的には初学者のための入門書の域を逸脱した感もあるが, 今後も進展し続ける魚学研究において, 現時点までに集積された主要な知見を解説した教科書として見なしていただければ幸いである.

本書の出版にあたり，細心の注意を払って編集の労をとられた恒星社厚生閣の河野元春氏に心よりご御礼申し上げる．

最後に，われわれ執筆者一同にこのような機会を与えてくださった岩井 保先生にあらためて感謝したい．さらに，先生のご存命中に本書を出版することが叶わなかったことに対して，先生に深くお詫びを申し上げなければならない．

2017年7月10日

編者を代表して，矢部 衞

編　者

矢部　　衞　　北海道大学名誉教授

桑村　哲生　　中京大学名誉教授

都木　靖彰　　北海道大学大学院水産科学研究院

執筆者一覧（50音順）

石松　　惇　　長崎大学名誉教授，カントー大学客員教授（ベトナム）　8，9章

井尻　成保　　北海道大学大学院水産科学研究院　14章

今村　　央　　北海道大学大学院水産科学研究院　5（5-2，5-4）章

岩井　　保　　京都大学名誉教授　6章

遠藤　広光　　高知大学理工学部　4（4-2～4-4）章

河合　俊郎　　北海道大学大学院水産科学研究院　3章

倉田　道雄　　元近畿大学水産研究所大島実験場　7（7-4）章

桑村　哲生　　（前出）　19章

坂井　陽一　　広島大学大学院統合生命科学研究科　18章

澤田　好史　　近畿大学水産研究所大島実験場　7（7-4）章

篠原　現人　　国立科学博物館動物研究部　2章

白井　　滋　　元東京農業大学生物産業学部　5（5-3），24，25章

須之部友基　　元東京海洋大学水圏科学フィールド教育研究センター館山ステーション　17章

都木　靖彰　　（前出）　4（4-1），5（5-1），7（7-1～7-3）章

高橋　明義　　北里大学海洋生命科学部　11章

中村　洋平　　高知大学農林海洋科学部　20章

芳賀　　穣　　東京海洋大学学術研究院海洋生物資源学部門　6章

福井　　篤　　東海大学海洋学部　15章

矢部　　衞　　（前出）　1，7（7-1～7-3），22，23，26章

山本　直之　　名古屋大学大学院生命農学研究科　12，13章

渡辺　勝敏　　京都大学大学院理学研究科　21章

渡邊　　俊　　近畿大学農学部　16章

渡邊　壮一　　東京大学大学院農学生命科学研究科　10章

目　次

1章

魚類とは

魚類とは，現生種に限るとヌタウナギ類，ヤツメウナギ類，軟骨魚類および硬骨魚類からなる動物群である．Nelson et al.[1] によると魚類は分類学的には脊索動物門・有頭動物亜門に位置づけられる．脊索動物門 Chordata とは生活史のある時点で体軸に沿って走る棒状の脊索を備える動物からなる分類群で，現生種は尾索動物亜門 Urochordata（ホヤ類），頭索動物亜門 Cephalochordata（ナメクジウオ類）および有頭動物亜門 Craniata に分類される．有頭動物とは脳などを頭蓋に収めた真の頭を備えた動物で，魚類と他のすべての脊椎動物が含まれる．現生の有頭動物はヌタウナギ下門と脊椎動物下門に分類され，後者はヤツメウナギ上綱と顎口上綱に分類される．顎口上綱は両顎の構造を備えた脊椎動物からなり，軟骨魚綱と硬骨魚綱に分類され，さらに後者は条鰭亜綱（いわゆる硬骨魚類）と肉鰭亜綱（シーラカンス類，肺魚類および四肢動物）に分類される（図 1-1）．

1758 年に出版され動物命名法の起点とされるリンネの『自然の体系，第 10 版』[2] では，ほとんどの魚類が分類群「魚綱 Pisces」としてまとめられた．それ以降，四肢動物をのぞく脊椎動物を 1 つの分類群「Pisces」とする魚類の枠組み，そして脊椎動物を魚類，両生類，爬虫類，鳥類および哺乳類に大区分する認識が 20 世紀前半までほぼ継承されてきた．しかし，20 世紀半ばに系統分類学の新たな理論として分岐分類学 cladistics が提唱され[3]，分類群としての魚類が見直されることになった．分岐分類学の理論では，共有派生形質 synapomorphy（相同形質のより派生的な形質状態の

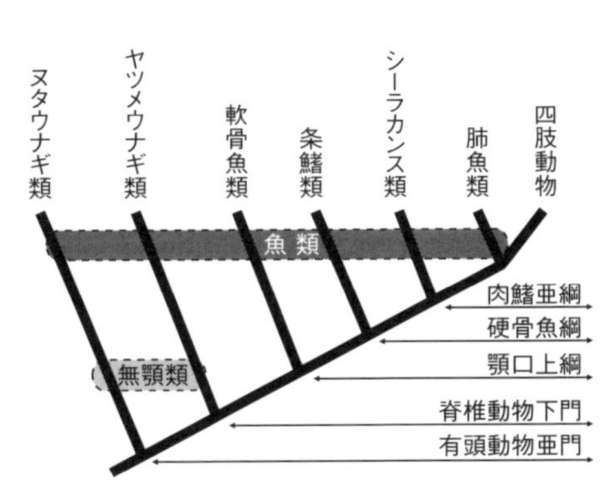

図 1-1　現生魚類の系統関係と分類階級の概略
破線で囲った部分は単系統群ではない．

共有）から導かれる単系統群 monophyletic group（1つの共通祖先から派生したすべての子孫を含む生物群）を分類群の基本単位とする．したがって，鰓（えら）や鰭（ひれ）をもつ魚形の有頭動物だけのグルーピングである「Pisces」は単系統群ではなく，分岐分類学的には分類群として容認されないことになる．なぜなら，四肢動物が魚類（肉鰭類）から進化したことは多くの証拠から裏付けられているからである．現在では分岐分類学的な考え方が一般化し，四肢動物は硬骨魚綱・肉鰭亜綱の中の1つの分類群（下綱）として位置づけられる[1]．系統分類学の世界ではそうだとしても，ヒトも含まれる四肢動物が魚類の一群であることにやはり違和感を覚えるかもしれない．しかし，両顎の機構は地球上の脊椎動物がまだ魚類だけであった時代に生じ，それをわれわれが受け継いでいる．また，ヒトの手足は魚類の胸鰭と腹鰭から生じ，肺は魚類の鰾（うきぶくろ）と同じ起源とされる[4, 5]．これらのことから，われわれが魚類の進化の延長線上に存在することを実感できるのではなかろうか．

このように，われわれが扱ういわゆる魚類とは，四肢動物を除く有頭動物の総称である．その魚類を対象に，後章では形態，生理，生態，歴史そして分類について解説する．なお本書ではヌタウナギ類，ヤツメウナギ類，そして古生代に繁栄した甲皮類などの両顎の構造をもたない魚類を無顎類 agnathans（jawless fishes）として，また顎の構造を備えた脊椎動物を顎口類 gnathostomes（jawed vertebrates）として表す．各分類群の形態や特徴については，24章（無顎類），25章（軟骨魚類），26章（硬骨魚類）で解説している．

文　献

1）Nelson JS et al.（2016）. *Fishes of the World, 5th ed.* John Wiley & Sons.
2）Linnaeus C（1758）. *Systema naturae per regna tria naturae, secundum classes, ordenes, genera, species, cum characteribus, differentiis, synonymis, locis. Tomus I. Editio decima, reformata.* Holmiae.
3）Hennig W（1966）. *Phylogenetic Systematics.* University Illinois Press.
4）Liem KF et al.（2001）. *Functional Anatomy of the Vertebrates 3rd ed.* Harcourt College Publishers.
5）Shubin N（2008）. *Your Inner Fish: A journey into the 3.5-billion years history of tne human body.* Pantheon Books.（垂水雄二訳（2008）.「ヒトの中の魚，魚の中のヒト」早川書房.）

2章

形態と遊泳

一般に渓流や海洋の表層を活発に泳ぐ魚類の体形は水の抵抗が少ない流線形で，岩礁やサンゴ礁の近くで絶えず方向を変えながら泳ぐ魚類は体高が高く，岩陰や水底に潜む魚類の体形はウナギのように細長い傾向にある[1]．このことは体形が生活様式と密接に関係していることを示している．

また，体形は分類学上の基本的で重要な特徴であり，さらに体の各部の形態の名称や計測方法は種やそれ以上の分類単位（上位分類群）の同定を行う際には必要不可欠である．

2-1　体　形

2-1-1　体各部の名称

魚類の体軸 body axis は頭と尾鰭の基底を結ぶところにある（図 2-1）．魚体を背面や腹面からみて，体軸を通る直線を特に正中線 midline とよぶ．一般に正中線は背鰭や臀部の基底と重なる．魚体を側面からみて背腹は正中線と直行する方向になる．タツノオトシゴやヘコアユはふつうの魚に比較すると体軸の角度が 90 度傾いて遊泳しているが，背腹は体軸を基準に考えると理解できる．

魚体は頭部 head，胴部（躯幹部）body（trunk），尾部 tail および鰭 fin から構成される（図 2-1）．狭い意味での魚体は，鰭を除いた部分を指す．魚類学で使われる体長や体高は鰭を含めない測定値である．

頭部は体の前端から胴部の始まる前までの部分である．魚類では首に相当する箇所が明瞭ではないため，便宜的な方法で頭部を識別する．頭部と胴部の境界は無顎類や板鰓類（サメ・エイ類）では最後の鰓孔 gill opening の後端，ギンザメ類（全頭類）やシーラカンス類，肺魚類，条鰭類では鰓蓋の後端となる．

頭部には脳のような中枢神経，眼や鼻のような感覚器官，歯・顎などの捕食器官，鰓のような呼吸器官などが集中する．頭部の前端から眼の前縁まで部分を吻 snout，鰓を保護する部分を鰓蓋 opercle（operculum），眼と鰓蓋までの部

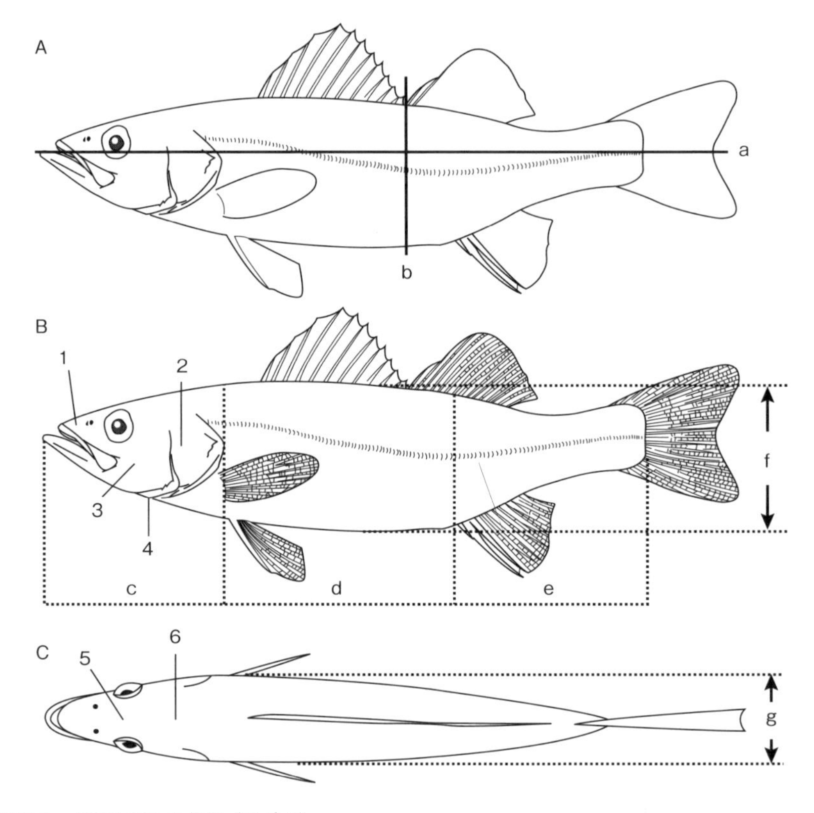

図2-1　体軸と部分の名称（スズキ）
A，B：側面，C：背面.
a：体軸，b：背腹方向を示す（体軸に直交する）線，c：頭部，d：胴部，e：尾部，f：体高，g：体幅.
1：吻，2：鰓蓋，3：頬部，4：峡部，5：両眼間隔域，6：後頭部.

分を頬部 cheek，左右の眼の間を両眼間隔域 interorbit，その後方を後頭部 occiput，左右の鰓裂が腹面で接近する部分を峡部 isthmus とよぶ．また，眼球が収まる凹みを眼窩 orbit とよび，無顎類以外は上顎 upper jaw と下顎 lower jaw を備える．

胴部は頭部と尾部の間に挟まれた部分である．胴部は内臓が収まる場所で，大部分の魚類では肛門 anus よりも前にある．肛門が臀鰭よりも前にある魚類の場合は臀鰭の基底前端までを胴部とする．一般的に胴部には背鰭，胸鰭および腹鰭が付随する．

尾部は胴部後端から尾鰭基底（尾鰭骨格の後端）までの部分をいう．多くの種で遊泳運動の中心的な役割を果たす．尾部には尾鰭と臀鰭が付随し，背鰭が尾部に及ぶことも多い．特に背鰭基底や臀鰭基底の後端から尾鰭基底までの部分を尾柄 caudal peduncle とよぶ．尾柄はサメ類やマグロ類などの高速遊泳する魚類では細くなる傾向があり，両側面に 1 ～ 2 本の尾柄キール caudal peduncle keel を備えるものもいる．

鰭は不対鰭 unpaired fin と対鰭 paired fin に分けられる．不対鰭は体の正中線上にあって対をなさず，正中鰭 median fin ともよばれる．背鰭 dorsal fin，臀鰭 anal fin，尾鰭 caudal fin を含む（図 2-2）．また，マグロ類やアジ類にみられる小離鰭 finlet も不対鰭で，背鰭や臀鰭の一部である．さらに，サケ類，ナマズ類，カラシン類，ハダカイワシ類などの尾柄部の背縁にある脂鰭 adipose fin も不対鰭である．不対鰭ではウナギ類のように背鰭，臀鰭および尾鰭が連続して 1 つの鰭になる場合もある．

対鰭は体の左右にある鰭で，胸鰭 pectoral fin と腹鰭 pelvic fin があり，それぞれが四肢動物の前肢と後肢に相当する．腹鰭の位置が腹部にある状態を腹位 abdominal，胸鰭の基底直下にあるものを胸位 thoracic，そして喉部など胸鰭より前にあるものを喉位 jugular と呼ぶ．胸位の場合にはハゼ類やダンゴウオ類のように左右の腹鰭が一体化して表面上は 1 つの吸盤を形成するものもいる．また，フグ類は腹鰭を，ウツボ類は胸鰭と腹鰭の両方をなくす進化をした．

鰭は体の平衡や遊泳運動に大きな役割を果たす．現生の無顎類には不対鰭のみがあり，ヌタウナギ類は尾鰭のみで，ヤツメウナギ類は背鰭と尾鰭しかなく，遊泳能力が他の魚類に比べ著しく劣る．軟骨魚類や多くの硬骨魚類では不対鰭と対鰭の両方がある．

軟骨魚類では鰭条 fin ray が皮膚に覆われ，鰭自体を繊細に動かすことはできない．シーラカンス類，肺魚類および条鰭類では鰭条と明瞭な鰭膜 fin membrane から鰭が構成され，折りたたむ，曲げるなどの動きを可能としている．軟骨魚類の鰭条は角質鰭条 ceratotrichia で，細長いコラーゲン線維の束からなり，分節がない（図 2-2）．硬骨魚類の中で最も繁栄している条鰭類では鰭条が骨化して，多数の分節をもつ鱗状鰭条 lepidotrichia とその先端に付属するコラーゲン線維の束からなる線状鰭条 actinotrichia とによって構成される（図 2-2）．真骨類では軟条 soft ray と棘条 spine からなる鰭があり，棘条は派生的な真骨類で発達する．軟条は左右で一組の対構造をなし，さらに各要素は柔軟性を高めるために分節し，そして鰭膜との接触面を広げるように分枝する．棘条は軟条の骨化が進み，不対で分節や分枝が消失し，硬化したものである．コイ類の背鰭と臀鰭の前部，ナマズ類の背鰭と胸鰭の前部には，1～数本の分

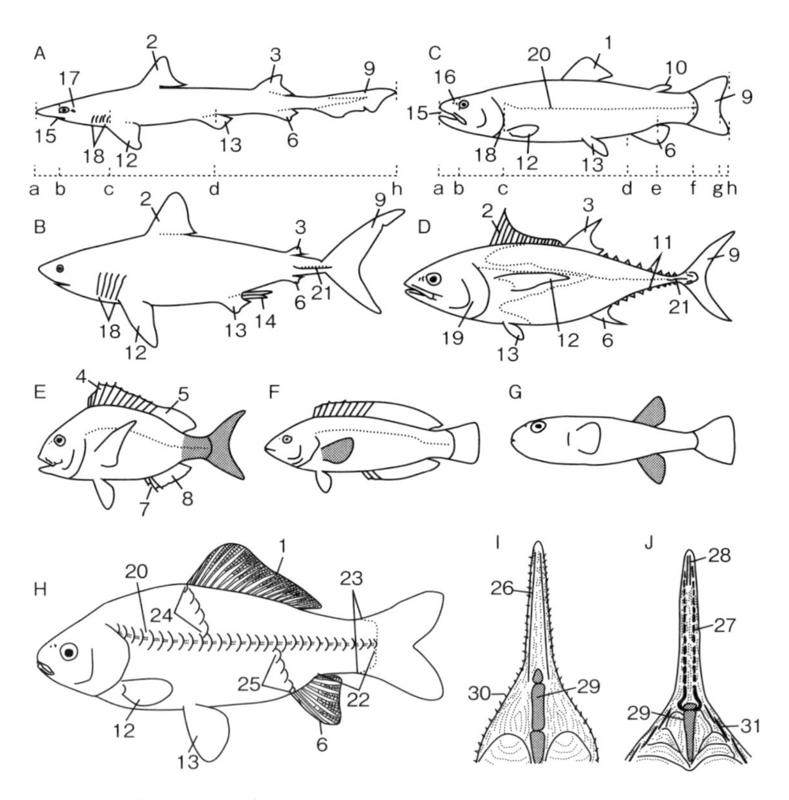

図 2-2　各部の名称と計測方法[2)]

A：ホシザメ，B：ネズミザメ，C：サケ，D：クロマグロ，E：タイ類，F：ベラ類，G：フグ類，H：フナ類，I：サメ類の背鰭断面，H：真骨類の背鰭断面．

E-G の陰影部は前進遊泳時の主活動部位．

a-h：全長，a-f：体長，a-g：尾叉長，a-c：頭部，a-b：吻，c-d：胴部，d-f：尾部，e-f：尾柄．
1：背鰭，2：第 1 背鰭，3：第 2 背鰭，4：背鰭棘，5：背鰭軟条部，6：臀鰭，7：臀鰭棘，8：臀鰭軟条部，9：尾鰭，10：脂鰭，11：小離鰭，12：胸鰭，13：腹鰭，14：交尾器，15：口，16：鼻孔，17：噴水孔（呼吸孔），18：鰓孔，19：鰓蓋，20：側線，21：尾柄キール，22：尾柄長，23：尾柄高，24：側線より上方の横列鱗数，25：側線より下方の横列鱗数，26：角質鰭条，27：鱗状鰭条，28：線状鰭条，29：内骨格，30：楯鱗，31：葉状鱗．

節する硬い軟条があり，これらは棘状軟条 spiny soft ray とよばれる．

2-1-2　体形と生活様式

魚類の形は系統や生息環境に応じて様々な様相を示す．体形は便宜上，側扁形 compressiform，縦扁形 depressiform，紡錘形 fusiform などに分けられる（図 2-3）．

側扁形は体を左右から潰したような形で，遊泳時に急な方向転換し，また速度を変えるのに適している．チョウチョウウオ類やスズメダイ類のように上下左右への移動能力が高く，機動性があるほか，水底から離れて水中で定位できるものもこの形をしている場合が多い．また，側扁形の魚類でもベラ類，スズメダイ類，ウミタナゴ類などは胸鰭を羽ばたくように動かして泳ぐ．なお，底生魚のカレイ類・ヒラメ類は眼が体の片側に偏るだけで，体形は側扁形に含められる．

縦扁形は体を上下から潰したような形で，底生生活に適している．エイ類，アンコウ類，コチ類などにみられる．水底に隠れたりするのに向いている．一般に持続的な遊泳には向かないが，イトマキエイのように縦扁形でありながら，高い遊泳力をもつものもいる．

紡錘形は体の輪郭が流線形で，効率的で継続的な遊泳に適している．ネズミザメ類，ブリ類，マグロ類などにみられる．彼らの体形は，一般的に遊泳の妨げと考えられている形状抵抗と乱流抵抗を最小にしている．さらに遊泳時には尾柄と尾鰭を左右に強く振ることで推進力を得ている．

その他に魚名や特徴的な形の名前をつけた体形がある．ウナギ形は体が著しく細長く，石や岩の隙間に隠れ，泥中や砂中に潜むのに適した形であ

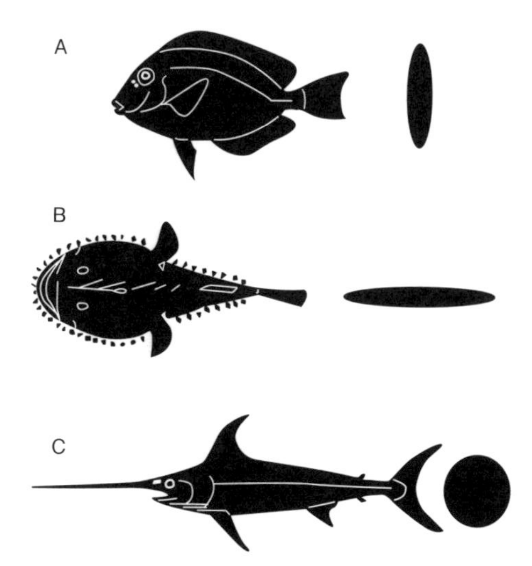

図 2-3　魚類の体形と体の断面
A：ニザダイ（側扁形），B：アンコウ（縦扁形），C：メカジキ（紡錘形）．

る．ウナギ類，ヤツメウナギ類，ヌタウナギ類，ゲンゲ類などが該当し，一般に動きは緩慢で，体をくねらせて移動をする．フグ形はフグ類やフサアンコウ類などにみられ，リボン形はタチウオ類，矢形はヤガラ類などが該当する．ダンゴウオ類のように球形と表現すべきものもいる．

2-1-3　尾鰭の形態

尾鰭は主要な運動推進器官であり，鰭の中でも特に形状の多様性が高い．尾鰭における外形の変化は特に硬骨魚類において著しく，その鰭膜の形状によっていくつかの型に分けられる（図 2-4）．高速もしくは持続的な遊泳には二叉形や三日月形が，機動性の高い運動には円形などの尾鰭が適している．三日月形の尾鰭は遊泳性の高いサメ類にもみられる．

尾鰭は脊柱 vertebral column の後端部によって支持される．外形と内部の支持構造によって原尾 protocercal tail，異尾 heterocercal tail，正尾 homocercal tail，両尾 diphyceral tail に分類できる（図 2-5）．異尾は尾鰭の上葉 upper lobe と下葉 lower lobe の外形が不相称を示すのに対し，他は上葉と下葉がほぼ相称となる．なお，原尾と両尾を区別せずに原尾もしくは両尾としてまとめる考えもある[2, 3]．化石記録によれば両尾は異尾から進化し，原尾とは系統学的に直接結び付かない[4]．本項では後者の見解をもとに概説する．

原尾は無顎類のヌタウナギ類とヤツメウナギ類にみられる．頭索動物のナメクジウオ類の尾部に類似し構造が最も単純で，脊索以外に尾鰭鰭条を支える尾鰭骨格とよべるものが存在しない．

異尾は軟骨魚類や硬骨魚類のチョウザメ類でみられる．その内部構造は脊柱の後端付近が背後方へ屈曲し，尾鰭の上葉を支持する．さらに脊柱の周辺に尾

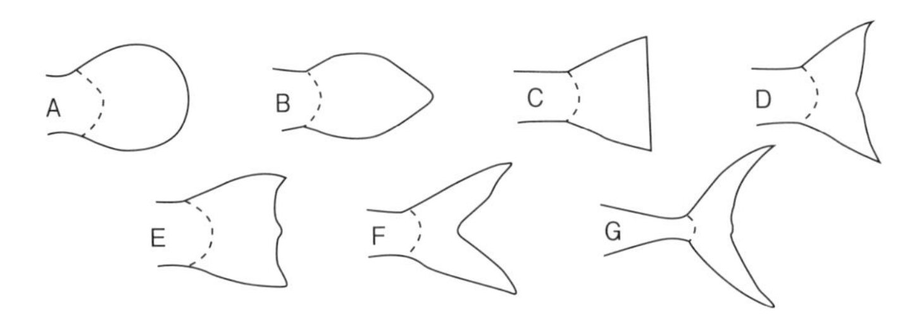

図 2-4　硬骨魚類の尾鰭の形
A：円形，B：くさび形，C：截形，D：湾入形，E：二重湾入形，F：二叉形，G：三日月形．

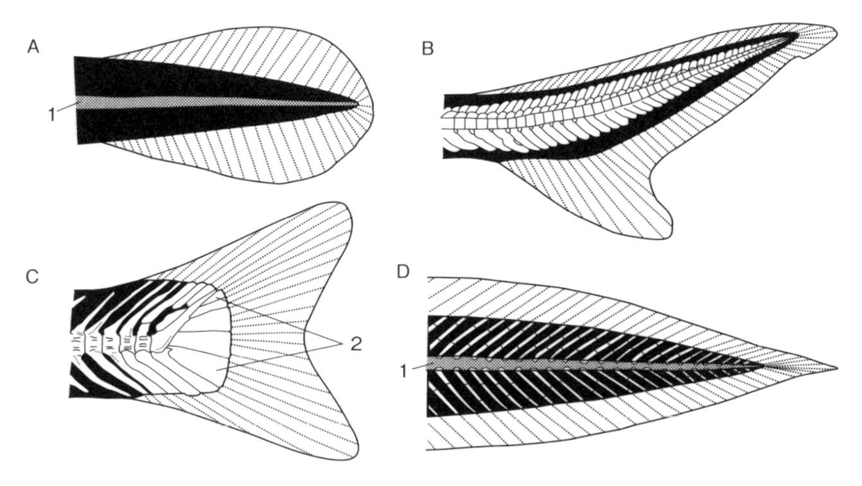

図 2-5 尾鰭の外部形態と支持構造
A：原尾，B：異尾，C：正尾，D：両尾.
1：脊索，2：下尾骨.

鰭骨格が発達する．ヘラチョウザメ類，アミア，ガー類などではチョウザメ類に比べて尾鰭の上葉と下葉の不相称性が不明瞭であるが，内部構造はチョウザメ類と同様に脊柱を取り囲む多数の骨格要素の存在から異尾そのものであり，特に略式異尾 abbreviate heterocercal tail とよぶ．また，古生代に繁栄した無顎類の中にも異尾をもつ種が数多くみられ，その中には脊柱の後端部が腹後方に屈曲し尾鰭の下葉を支える逆異尾 reversed heterocercal tail をもつものもいた.

正尾は大部分の真骨類にみられる．脊柱の後端は後背方に曲がるだけでなく，進化が進むにつれて尾鰭骨格の癒合が進み，要素の数も減る．特に脊椎骨の腹側に並ぶ血管棘が板状の下尾骨に変形し，鰭条を支える．正尾の中にはウナギ類やタラ類のように尾鰭骨格の退縮や骨格要素の癒合が進み脊柱の屈曲が不明確なものも含まれる．またトビウオ類やネズッポ類などの尾鰭の形態は上葉と下葉の形が二次的に不相称になっているが，骨格の特徴により正尾とみなす.

両尾はシーラカンス類と肺魚類でみられる．脊柱の後端は体軸に並行で，屈曲しない特徴のほか，鰭条を支える尾鰭骨格が発達する.

特殊な例として条鰭類の中にはマンボウ類のように個体発生の過程で尾鰭が消失し，体幹部の後縁に背鰭と臀鰭の後部が変形して尾鰭のようになった構造をもつものもいる．この鰭を橋尾 gephyrocercal tail とよぶ.

2-2　魚体の測定

魚類の分類で基本となるのは，体形，体の各部位の形状，体長や頭長に対する各部位の相対的な大きさ，および鰭条数や脊椎骨数などの計測値，ならびに色・模様である．ここでは体の各部の測定方法について説明する．

2-2-1　計数形質

条鰭類では鰭条数，鰓耙数，鱗数，脊椎骨数などの計数形質は分類形質としてきわめて重要である．

鰭の名称の表記は各鰭の英名の頭文字をとって省略形で示すことが多い．例えば，背鰭はD，臀鰭はA，尾鰭はC，胸鰭はP_1，腹鰭はP_2となる．

鰭条数の表記には，鰭式を用いる．鰭式では棘条数はローマ数字で，軟条数はアラビア数字で示す．例えば，マダイの背鰭は12棘10軟条，臀鰭は3棘8軟条であり，これを鰭式で示すと，それぞれD. XII, 10，A. III, 8となる．ボラのように第1背鰭が4棘で第2背鰭が1棘8軟条と背鰭が前後2つに分離している場合は，両鰭の数字をハイフンで両方をつなぎ，D. IV-I, 8とする．

側線鱗 lateral line scaleの数は鰓蓋直後から尾鰭基底までの側線上の1縦列の枚数で表す（図2-2）．側線より上方の横列鱗 scales above lateral lineの数は背鰭（2基以上ある場合は第1背鰭）の起部から斜め後下方へ向かって側線までの1横列の鱗数で表す．側線より下方の横列鱗 scales below lateral lineの数は臀鰭起部から斜め前背方へ向かって側線までの1横列の鱗数で表す．いずれの横列鱗数にも側線鱗は含めない．

鰓耙数は第1鰓弓の前列に並ぶ鰓耙 gill rakerを数える．全数を示す場合だけでなく上枝と下枝とに分けて数え，上枝の鰓耙数＋下枝の鰓耙数と表すこともあれば，鰓弓の隅角部にある鰓耙を独立させ，上枝の鰓耙数＋隅角部の鰓耙数＋下枝の鰓耙数＝総鰓耙数で表現する場合もある．

脊椎骨数はふつう第1脊椎骨から尾部棒状骨までの数で表すが，腹椎骨数＋尾椎骨数＝総脊椎骨数と表す場合もある．

2-2-2　体各部の測定

魚類の姿形は多様で，種によっては体の一部が著しく変形している場合があるため，すべての種に適用できる万能な測定方法はない．しかし，硬骨魚類の中でも真骨類では Hubbs & Lagler[5] を採用することも多い．さらに，この方法を部分的に使い，研究対象となる種を識別するために適切な測定方法を加える研究例も少なくない．

一方，軟骨魚類では，どの部位を測定したかという方法を個々の論文の中で図示する場合が多い．この方法は計測部位を研究者により詳細に設定できるという利点がある一方，それぞれの論文を直接確認しなければならないという不便さも生じる．

硬骨魚の測定値は原則として点から点までの直線距離で表す．したがって，厚みのある部分では，平面に投影した長さとは一致しない[1, 2]．主要な測定項目を以下に示す．

全長 total length：頭の最も前端から尾鰭をたたむなどして最も後ろに伸ばした状態での後端までの距離．

標準体長 standard length：単に体長 body length ともいう．吻または上唇の前端から尾鰭基底までの距離．体の各部の長さの比を求めるときには，原則として標準体長を基準にするが，尾鰭が不明瞭な種では全長を基準にすることもある．

尾叉長 fork length：尾叉体長または叉長ともいう．頭の前端から尾鰭湾入部の内縁までの距離．尾叉長は測定板を使って多数の標本を測定する際に便利で，水産資源学などの研究の際によく用いられる．

なお，特殊な体形の魚類では，体長や尾叉長の代わりに例外的な基準を設けることがある．例えば，吻が著しく突出するカジキ類では，下顎の先端から尾叉部までの距離を体長とすることがある．また，成長に伴って顎の長さが変化するダツ類では，鰓蓋後端から尾鰭基底までの距離を体長とすることもある．さらに体が著しく長く，かつ尾叉長が測定しにくいタチウオ類では，下顎の前端から肛門までの距離を体長あるいは頭胴長とよび，使うこともある．

頭長 head length：吻または上唇の前端から，板鰓類では最後の鰓孔まで，ギンザメ類やシーラカンス類，肺魚類，条鰭類では鰓蓋皮膜または主鰓蓋骨後縁までの距離．

吻長 snout length：吻または上唇前端から眼窩の前縁までの距離．

眼径 eye diameter：眼の角膜を横切る眼球の最大幅．通常は水平径となる．

眼窩長 orbit length：眼窩の最大幅．斜径となる場合が多い．

両眼間隔幅 interorbital width：両眼の間の最短距離で表す．骨質部を測定する場合と，肉質部を含めて測る場合がある．

背鰭前長 predorsal length：吻端または上唇の前端から背鰭起部までの距離．

臀鰭前長 preanal length：吻端または上唇の前端から臀鰭起部までの距離．

体高 body depth：胴部で最も距離のある部分の高さ．

体幅 body width：胴部で最も太い部分の幅．

尾柄長 caudal peduncle length：臀鰭基底の後端から尾鰭基底中央までの距離．

尾柄高 caudal peduncle width：尾柄の最も細い部分の高さ．

計数形質や，体長に対する魚体各部の長さの比などの値は，同一種であっても，個体によって，成長段階によって，あるいは生息場所や集団によって変異がある．したがって，これらの測定値は種の特徴となると同時に，種内変異の程度を知る手がかりになる．

体高や体幅は対象とする魚がたくさんの餌生物を胃に溜めているときとそうでないときは数値に大きな差をもたらす．種間の比較や種の識別のためにこれらの測定値を利用する場合は，上記よりも厳密に相同な場所を選ぶことが必要となる．例えば体高や体幅を測定する場所を，胸鰭起部や臀鰭起部を横切る箇所に決めておけば，個体の栄養状態に左右されずに比較できる．

2-3　体形と遊泳様式

魚類の遊泳では，体側筋と鰭が使われ，推進力を得る．一般に体・尾鰭遊泳型 body and caudal fin（BCF）swimming gaits であるが，体側筋の使い方は種によって異なる[2)]．例えばサメ類やウナギ類では，胴部・尾部の筋肉を使い，サバ類は主として尾部・尾柄部の筋肉を使う．一方，主として鰭の運動によって泳ぐ不対鰭・対鰭遊泳型 median and paired fin（MPF）swimming gaits の魚類もいる．ギンザメ類・ベラ類・ウミタナゴ類などは胸鰭を振って前進する．エイ類の多くは胸鰭を波動させて泳ぐ．フグ類は背鰭と臀鰭を左右に振って前進し，カワハギ類は背鰭と臀鰭を波動させて泳ぐ[2)]．

上記のような例外もあるが，遊泳力を生じさせる主要な鰭は尾鰭である場合が多い．尾部の運動の他に，尾鰭の外形によって推進力や持久力に違いが表れる（図 2-4）．また，尾鰭のアスペクト比 aspect ratio（AR）の違いによって高速遊泳性や加速性などの移動能力を分けることもできる[4)]．

$$\text{尾鰭のアスペクト比} = \frac{(\text{尾鰭の高さ})^2}{\text{尾鰭の面積}}$$

上述の式の意味する通り，アスペクト比は面積の広い方が小さくなる．面積の広い尾鰭（例えば円形）は，素早い加速や高い機動性をもち，強力な推進力を得るのに適しているが，表面に大きな摩擦抵抗が生じるため持続的な高速遊泳には向かない．一方，面積の狭い尾鰭（二叉形，三日月形など）は，急加速や素早い動きには役立たないが，高速で持続的な移動には適している．アスペクト比の高い尾鰭は，水を後方に押しやるために必要な面積が少ないので，加速するのは容易ではないものの，ある程度の速いスピードが出た後は，表面抵抗が少なく，楽に遊泳を継続することができる．

多くの魚類では遊泳速度は体形，単位時間あたりの尾鰭の往復運動回数（ビート頻度 beat frequency）および尾鰭のアスペクト比に関係している．例えば，カジキ類やマグロ類は，形状抵抗が最も小さくなる紡錘形で，ビート頻度が高く，アスペクト比も大きい（表 2-1）．彼らは索餌や追跡のために持続的な高速遊泳ができる．一方，旋回や急加速を発達させた種はアスペクト比の低い尾鰭で推進力や瞬発力を得ている．

また，高速遊泳型にはマグロ類，機動力型はチョウチョウウオ類，加速力型にカワカマス類がそれぞれの能力の頂点にいると仮定すると，その他の多くの種はこれら 3 つの能力を合わせもつことが理解できる（図 2-6）．遊泳に関していえば，魚類の中には少数のスペシャリストと多数のゼネラリストがいることになる．なお，高速遊泳魚は流体抵抗を小さくする紡錘形を獲得したが，形状抵抗や乱流抵抗の最小化以外に，第 3 の方法として皮膚にも進化がみられる．サメ肌（楯鱗）のリブレット構造やマグロ類・カジキ類の皮膚の親水性構造は表面抵抗を減らす効果が知られている[8]．

表 2-1　尾鰭の形とアスペクト比の関係[6]

	円形	截形	二叉形	三日月形
アスペクト比	1	3 以下	5 以下	7 以上
魚種	ヒラメ，チョウチョウウオなど	サケ，カワカマスなど	ニシン，スズキなど	マグロ，サバなど

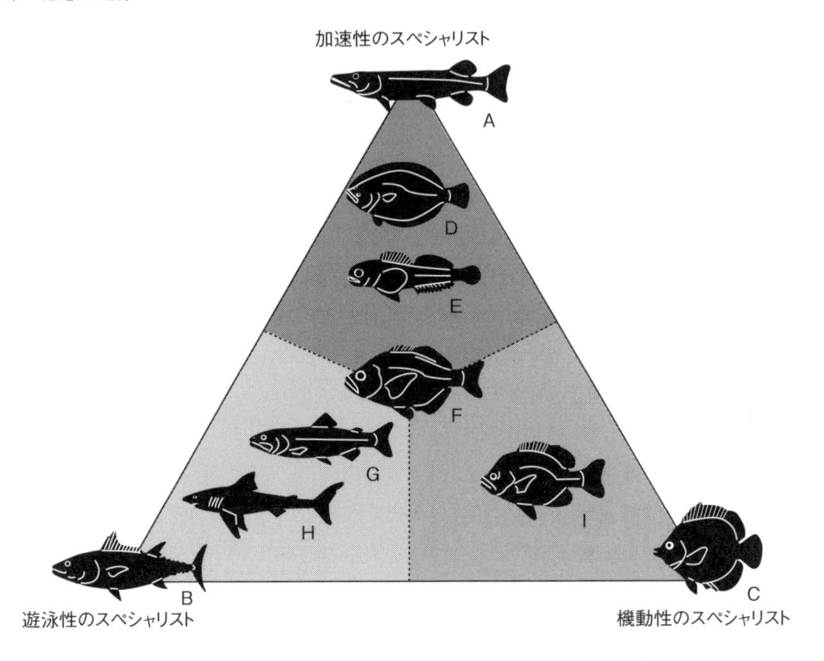

図 2-6　加速性，遊泳性および機動性の 3 つの遊泳能力で体形を分類した図[7)]
A：カワカマス類，B：マグロ類，C：チョウチョウウオ類，D：ヒラメ類，E：カジカ類，F：ウミタナゴ類，G：サケ類，H：サメ類，I：ブルーギル類．

文　献

1）岩井 保（1991）．「魚学概論，第 2 版」恒星社厚生閣．

2）岩井 保（2005）．「魚学入門」恒星社厚生閣．

3）Halfman GS et al.（2009）. *The Diversity of Fishes: Biology, Evolution, and Ecology, 2nd ed.* Wiley-Blackwell.

4）Wake MH（ed）（1979）. *Hyman's Comparative Vertebrate Anatomy, 3rd ed.* The University of Chicago Press.

5）Hubbs CL, Lagler KF（1958）. *Fishes of the Great Lakes Region*. University of Michigan Press.

6）ポール R ピネ（東京大学海洋研究所監訳）（2010）．「海洋学，原著第 4 版」東海大学出版会．

7）Webb PW（1984）. Form and function in fish swimming. *Sci. Am.* 251（1）: 74-82.

8）篠原現人，野村周平（編著）（2016）．「生物の形や能力を利用する学問バイオミメティクス」東海大学出版部．

3章
体表の構造

魚類は体表を覆う皮膚 skin（外皮 integument）を境にして，水中にて生活している．皮膚は体表の保護，体表から分泌される粘液による水との摩擦の低減の他に，体色や斑紋のもととなる色素胞，発光器や毒腺も皮膚に分布する．魚類によっては筋肉中に存在する発電器についても本章で解説する．

3-1　表皮と真皮[1－4)]

皮膚は体外側から表皮 epidermis と真皮 dermis の 2 層に大別される．真皮の内側には薄い皮下組織 hypodermis（subcutaneous layer）を介して筋肉層がある（図 3-1）．

表皮は体の最も外側に位置し，10 層から 30 層に重なった上皮細胞（多層側扁上皮）によって構成される．最外層の上皮細胞を表面からみると，微小隆起が複雑に走り，指紋状の模様がある．表皮には体表を覆う粘液を分泌する粘液細胞 mucus cell があり，鱗のない魚類ではこれがよく発達する．この粘液は糖タンパク質からなり，遊泳時の水との摩擦の軽減や浸透圧を調整する．これらの他に，コイ目などでは警報フェロモンを分泌するとされる棍棒状細胞 club cell，化学受容器である味蕾 taste bud，機械的刺激の受容器である感丘 neuromast，ナトリウムイオンや塩化物イオンなどを排出する塩類細胞，色素胞，発光器，毒腺，コイ科などの産卵期にみられるケラチン質の小突起物である追星 pearl organ なども表皮中にある．

真皮は表皮の基底膜 basal membrane の内側に位置する．真皮はヌタウナギ類やヤツメウナギ類では均質の線維性結合組織からなり，軟骨魚類と真骨類では外層に位置する疎性結合組織からなる海綿層 stratum spongiosum と中層の密生結合組織からなる緻密層 stratum compactum の 2 層からなる．海綿層には血管や神経を比較的多く含み，この層に鱗が並び，多数の色素胞が分布する．真骨類では鱗の周辺や色素胞の間にマスト細胞 mast cell があり，外傷などの炎症に反応してヒスタミンを放出する．緻密層にはコラーゲン線維が密に並び，

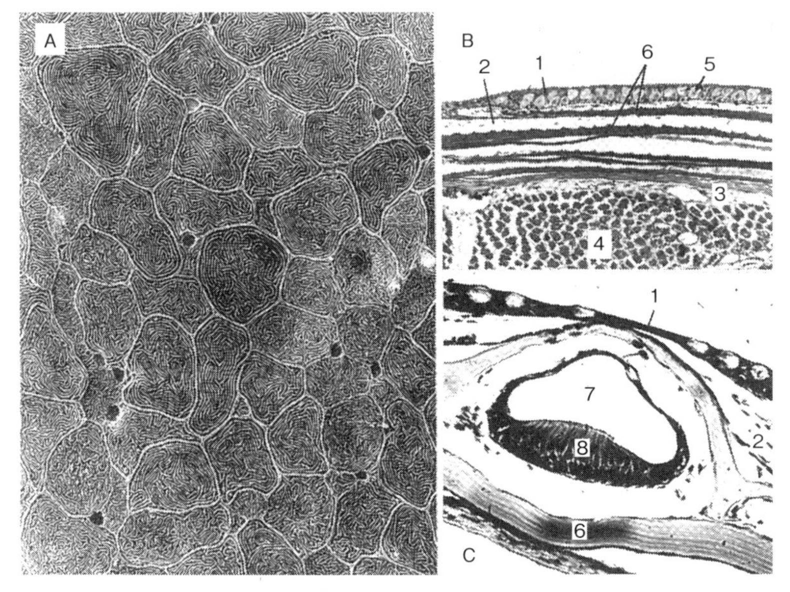

図 3-1　魚類の皮膚[1)]
A：コイの表皮細胞の表面，B：コイの外皮断面，C：アユの外皮断面．
1：表皮，2：真皮，3：皮下組織，4：体側筋，5：棍棒細胞，6：鱗，7：側線管，8：感丘．

血管は比較的少ない．

3-2　鱗[1−4)]

多くの魚類は，体表を保護するための鱗 scale を備える（図 3-2）．鱗はその構造から，楯鱗 placoid scale，コズミン鱗 cosmoid scale，硬鱗 ganoid scale，円鱗 cycloid scale と櫛鱗 ctenoid scale に分類される．鱗の形態や配列は分類群によって定まっているため，多くの分類群で分類形質として用いられている．

3-2-1　楯　鱗

楯鱗は軟骨魚類に特有の鱗で，体表に露出する棘 spine と真皮中に広がる基底板 basal plate からなる（図 3-3）．棘は外側からエナメロイド enameloid，象牙質 dentine および髄 pulp の 3 層からなる．棘の形態は分類群によって定まっていることが多いため，分類形質として使われる．楯鱗はその内部構造が歯と

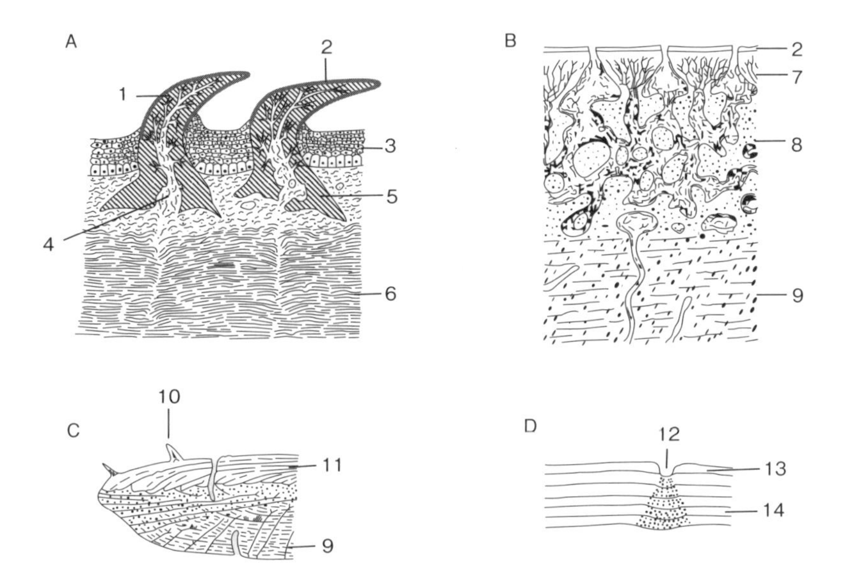

図 3-2　鱗の断面模式図（木村[3]を改変）
A：楯鱗，B：コズミン鱗，C：硬鱗，D：円鱗.
1：象牙質層，2：エナメロイド層，3：表皮，4：髄，5：基底板，6：真皮，7：コズミン層，8：スポンジ層，9：板骨層，10：歯状突起，11：ガノイン層，12：溝条，13：骨質層，14：線維板層.

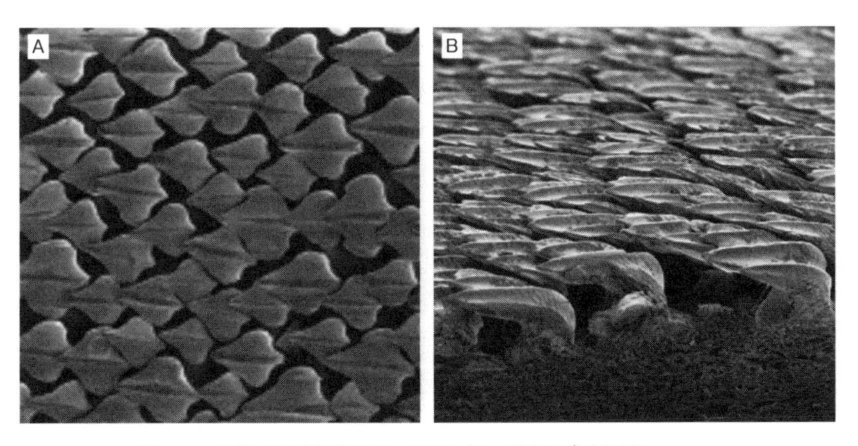

図 3-3　楯鱗（写真右側が頭のある方向）（篠原ら[5]を改変）
A：ドチザメ，B：ガラパゴスザメ（斜め上からみたところ）.

同じであるため，皮歯 dermal tooth ともよばれる．楯鱗はサメ類ではよく発達し，エイ類では退化的である．ギンザメ類では楯鱗は著しく退縮し，その変形物が側線管に沿って埋没している．ジンベエザメやネズミザメなどの遊泳性の高い分類群の鱗にはリブレットとよばれる隆起が発達する[5]．

3-2-2　コズミン鱗

コズミン鱗は，古生代のシーラカンス類や肺魚類などの化石分類群にみられる鱗で，表面からエナメロイド層 enameloid layer（あるいは硬歯質 viterodentine），コズミン層 cosmine layer，スポンジ層 spongy layer および板骨層 lamellar bony layer（イソペディン isopedine）から構成される．現生のシーラカンス類と肺魚類の鱗は円鱗状であるが，コズミン鱗が退化したものである．

3-2-3　硬　鱗

硬鱗はポリプテルス類，チョウザメ類，ガー類にみられる鱗で，コズミン鱗のコズミン層が退化して，表面のガノイン層 ganoine layer（エナメロイド層が変化したもの）とその直下の板骨層からなる（図 3-4）．

3-2-4　円鱗と櫛鱗

円鱗と櫛鱗は真骨類にふつうにみられる鱗で，一般にこれらの鱗は薄く，表面の硬い骨質層 bony layer と底層のコラーゲン線維からなる線維板層 fibrillary layer からなる（図 3-5，3-6）．円鱗と櫛鱗の基本構造は同じであるため，両者をまとめて葉状鱗 leptoid scale あるいは板状鱗 elasmoid scale とよぶこともある．これらの鱗は一般に真皮中に覆瓦状に並び，鱗の前部は前方，上方または下方など周囲の鱗の下へ入り込み，鱗の後部は体表に突出する．周囲の鱗に覆われる部分を被覆部，体表に露出する部分を突出部という．鱗の形状は四角形から円形まで多様である．

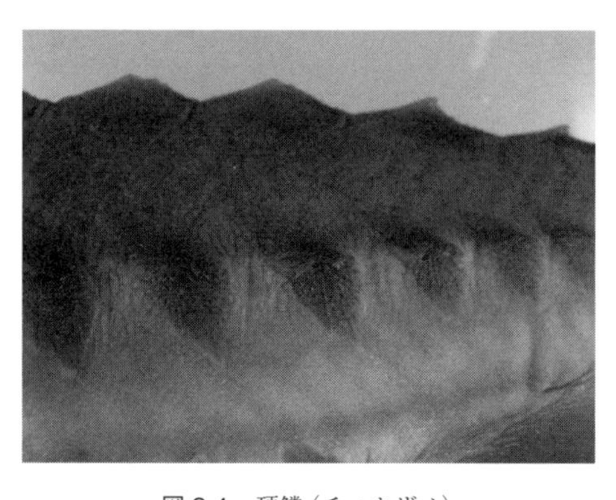

図 3-4　硬鱗（チョウザメ）

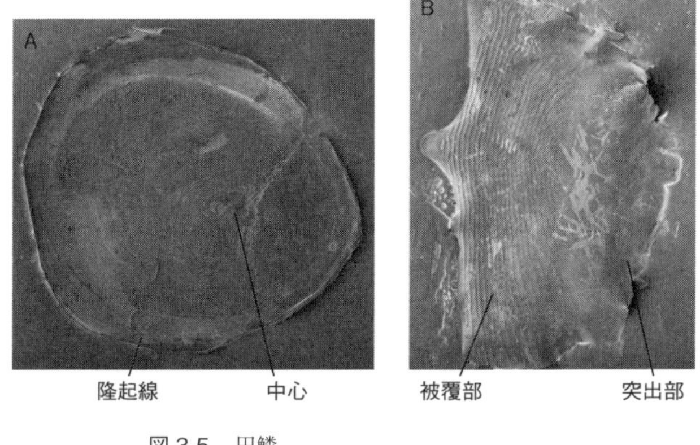

図 3-5　円鱗
A：サンマ，B：トウゴロウイワシ．

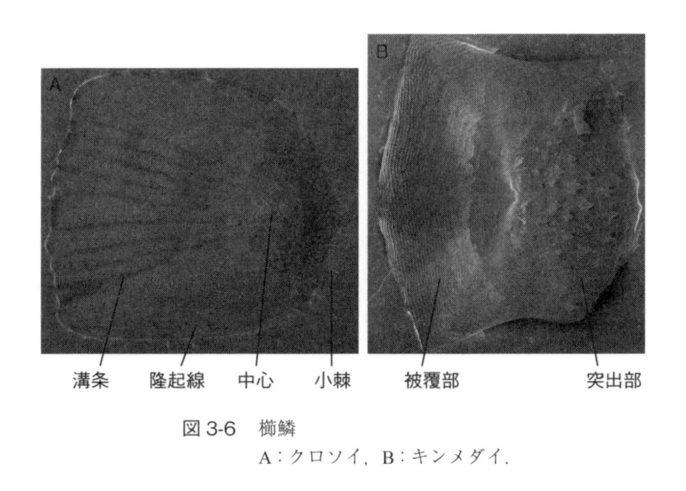

図 3-6　櫛鱗
A：クロソイ，B：キンメダイ．

円鱗はニシン類，サケ類，コイ類，メダカ類などにみられる鱗で，鱗の突出部が滑らかである（図 3-5）．櫛鱗はスズキ類に多くみられ，突出部に小棘 cteni を備える（図 3-6）．小棘の大きさや形状は多様である．カレイ類では，有眼側では櫛鱗，無眼側では円鱗に覆われる種もいる．ヨウジウオ類，マツカサウオ類，キホウボウ類，トクビレ類などでは葉状の鱗はなく，鱗が硬い骨板に変形する．ウナギ類では鱗が退化的で体表に露出しない．マイワシやコノシロなどの腹部正中線上の鱗や，マアジやシマアジなどの側線後部の鱗のように，鋭い隆起を備える鱗を稜鱗 scute とよぶ．

一般に円鱗と櫛鱗の表面には中心 focus から鱗の縁辺まで多数の環状の隆起線 ridge が並ぶ（図 3-5，3-6）．隆起線の間隔は魚体の成長に影響され，成長が速い時期には間隔が広く成長帯 growth zone とよばれ，遅い時期には間隔が狭く休止帯 resting zone とよばれる．休止帯は多くの種で年周期をもって形成されるため，魚体の年齢を推定できる場合があり，年輪として利用される．鱗の中心から前縁に向かって放射状あるいは上下に走る細い溝を溝条 groove とよぶ．鱗は溝条に沿って曲がりやすく，鱗に柔軟性をもたせる役割をするため，魚体の動きに合わせて曲がりやすい．溝条の数と走る方向は鱗の位置によって異なる．体の後部ほど遊泳運動に伴って激しく動くため，溝条の数は多くなる．

3-3　体色と斑紋[1-4)]

魚類の体色と斑紋は多様で，種の分類形質として有効である．体色と斑紋は皮膚に存在する色素胞 chromatophore によって発現する．色素胞は含有する色素により生じる色により，黒色素胞 melanophore，黄色素胞 xanthophore，赤色素胞 erythrophore，白色素胞 leucophore と虹色素胞 iridophore に分類され，各色素胞の分布様式によって体色が決定する（図 3-7（口絵））．白色素胞と虹色素胞はグアニンやヒポキサンチンなどで構成される結晶体を含有し，光をよく反射する．

海洋の表層に生息する魚類の多くは背面が暗青色で，腹面が銀白色である．深海に生息する魚類の体色は黒色や赤色が多く，光の届かない闇の環境への保護色と考えられる．熱帯から温帯の沿岸に生息する魚類は，様々な斑紋を有する種が多い．これは海中が明るさや色彩の変化に富むためで，特にサンゴ礁には鮮やかな色彩や複雑な斑紋を有する種が多い．代表的な体の模様には体軸と平行して走る縦縞と，体の背腹方向に走る横縞があり，体の輪郭をぼかすと考えられている（図 3-8）．キンチャクダイ類，ベラ類，ハゼ類などの多くの種では雌雄や成長によって，体色が違う例が知られている．アユ，ウグイ，オイカワなどでは産卵期になると種特有の婚姻色 nuptial color が現れる．

図 3-8　真骨類の縞模様
A：縦縞（タテジマキンチャクダイ），B：横縞（イシダイ）.

3-4　発光器[1, 2, 6, 7)]

魚類の中には発光器 luminescent organ を備える種がいて，特に深海性魚類ではよく知られている（図 3-9）．脊椎動物で発光器を備えるのは魚類だけである．発光器には，下から見上げる捕食者に対して腹面から弱い光を出し，体の輪郭を消す効果，発光により獲物をおびき寄せる効果，発光物質を噴出することによる煙幕のような効果，同種や雌雄を識別する効果などがあるといわれる．発光器には発光バクテリアの光によって発光する共生発光型と，発光器内のルシフェリンとルシフェラーゼの化学反応によって発光する化学反応型に大別される．後者ではウミホタルなどの発光生物を摂食してルシフェリンを得るものもいる．

共生発光型の発光器は管状または袋状で，その中に発光バクテリアが共生する．この型の発光器には，体表近くにあり外部から発光器の輪郭をみることができるものと，体内にあるため外部からみえないものとがある．チョウチンアンコウ類では背鰭第 1 軟条が変形した誘引突起の先端にある疑餌状体が発光する（図 26-28）．ミツクリエナガチョウチンアンコウでは背鰭の前方にある 2 ～ 3 個の大きな瘤状突起から発光液を噴出する．ソコダラ類，チゴダラ，アオメエソ，ヒウチダイ科ハリダシエビス属では肛門周辺や腹部に，ヒカリキンメダイでは眼下に，マツカサウオでは下顎前端に共生発光型の発光器がある．

化学反応型の発光器は体側の皮膚中に並ぶ球形の発光器が一般的で，ワニトカゲギス目魚類（図 26-13）やハダカイワシ類などの多くの深海性魚類にみら

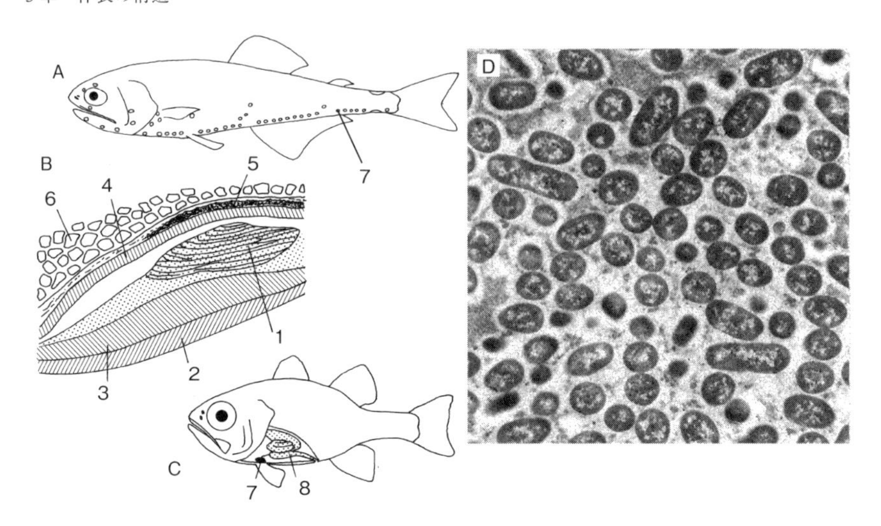

図 3-9　魚類の発光器[2)]
A・B：ホクヨウハダカの発光器，C：ヒカリイシモチの発光器，D：同発光器内の発光バクテリア．
1：発光細胞，2：レンズ（外層），3：レンズ（内層），4：反射層，5：色素層，6：筋肉層，7：発光器，8：腸．

れる．この発光器の数，形状や配列様式は重要な分類形質となる．カラスザメ類やカスミザメ類ではきわめて小さい発光器が体表に散在する．ムネエソ類では口蓋部に多数の小さい発光器があり，餌生物を引き寄せる働きをすると考えられている．ハダカイワシ類，ホテイエソ類などでは吻部や眼下などに大型の発光腺がある（図 3-9）．ホウライエソ類やホテイエソ類には鰭の先端が光る種類，トカゲハダカ類，ホテイエソ類やミツマタヤリウオ類にはヒゲが光る種類が知られている．これらも化学反応型の発光器である．ホテイエソ類のヒゲの形状は多様で，その形状は種の分類形質となる．

3-5　毒　腺[1, 2)]

一部の魚類は皮膚に毒腺 venom gland を備え，ここから皮膚毒を分泌することが知られている．毒の分泌には体表から水中へ直接分泌する方式（皮膚毒 skin toxin）と，付属する棘によって他の動物に外傷を与え毒を流入させる方式（刺毒装置 venom apparatus）とが知られている．毒腺は捕食者や寄生虫に対する防御のために，表皮細胞から分化したと考えられている．

ハタ科のキハッソク類やヌノサラシ類では表皮中の粘液細胞に類似した細胞と，真皮の多細胞腺でグラミスチン grammistin とよばれる毒を分泌する．ササウシノシタ科のミナミウシノシタでは，背鰭や臀鰭，腹鰭の各鰭条の基部の皮膚に毒腺が並び，有毒な乳白色の液を分泌する．フグ科魚類では皮膚にもフグ毒であるテトロドトキシン tetrodotoxin を含む細胞を備え，外部からの刺激により，フグ毒を分泌する．

刺毒装置は体表にある棘と表皮中の毒腺とが共同で働く．棘が他の動物に刺さる衝撃で表皮が破れ，流出した毒が傷口へ流入する仕組みになっている．ギンザメ類では背鰭棘後縁に鋸歯があり，鋸歯と棘の前側面の表皮中に毒腺がある．アカエイ，ヒラタエイ，トビエイ，ツバクロエイなどでは鞭状の尾の背面に鋭い尾棘があり，尾棘の両腹側面の皮膚中に毒腺がある．ミノカサゴ，オニオコゼ，アイゴなどでは背鰭，臀鰭および腹鰭の各棘の外皮中に毒腺がある．ゴンズイやアカザでは背鰭と胸鰭に毒腺を伴う棘が発達する．また，それらの胸鰭棘近くの外皮中に毒を分泌する腋下腺 axillary gland とよばれる分泌腺が発達し，導管により体表に開口する．

3-6　発電器[1, 2]

魚類の中には発電器 electric organ を備える発電魚がいる（図3-10）．発電器は筋線維から分化した電気細胞 electrocyte によって構成される場合が多い．電気細胞は薄い板状で，その片面に多数の神経終末が分布する．電気細胞は結合組織を含むゼラチン質を挟んで多数並び，1本の電気柱 prism を形成する．この電気柱が多数集まり，発電器が形成される．放電は神経によって制御され，通

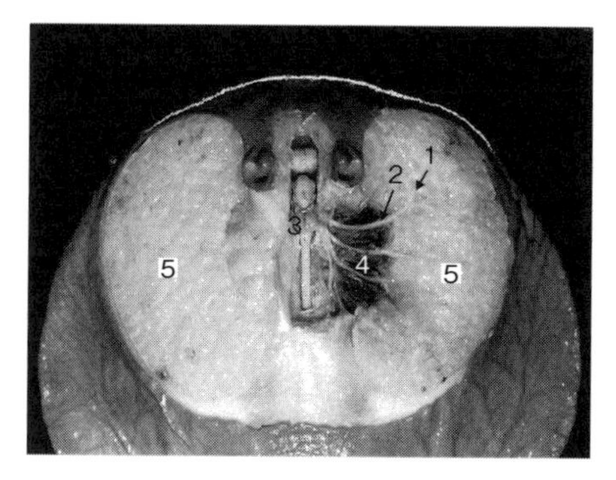

図 3-10　シビレエイの発電器[1, 2]
1：電気柱，2：発電器へ入る神経，3：延髄，4：鰓裂，5：発電器．

常電流は電気細胞の神経面から無神経面へ流れる．

発電魚はその放電の強さにより強電魚と弱電魚に大別される．強電魚にはシビレエイ類のシビレエイ属やヤマトシビレエイ属，デンキウナギ，デンキナマズ類などが知られていて，捕食者に対する防御や，獲物を捕食する際に放電する．シビレエイ属やヤマトシビレエイ属では発電器は体盤の鰓域にあり，50～60 V の起電力を有する．デンキウナギでは発電器は胴部から尾部にかけてあり，500～600 V の起電力を有する．また，デンキウナギでは電気的定位やコミュニケーションを行うための 10 V 程度の発電を行う発電器も備える．デンキナマズ類では胴部に発電器を備え，300～450 V の起電力を有する．弱電魚にはガンギエイ類（メガネカスベ属：尾部），モルミュルス類（*Gnathonemus* 属：尾部），ギュムナルクス類（*Gymnarchus* 属：尾部），デンキウナギ類（*Gymnotus* 属：尾部，*Apteronotus* 属：脊髄直下），ミシマオコゼ類（*Astroscopus* 属：眼後部）などが知られていて，発電器と電気受容器を使って周囲の探知や，仲間とのコミュニケーションを行う．

文　献

1)　岩井 保（1985）.「水産脊椎動物 II 魚類」恒星社厚生閣 .
2)　岩井 保（2005）.「魚学入門」恒星社厚生閣 .
3)　木村清志（監）（2010）.「新魚類解剖図鑑」緑書房 .
4)　落合 明ら（1994）. I 概説 .「魚類解剖大図鑑」（落合 明編）緑書房 . 1-33.
5)　篠原現人ら（2016）. 魚類のかたちと生息環境 .「生物の形や能力を利用する学問 バイオミメティクス」（篠原現人 , 野村周平編）東海大学出版部 . 60-73.
6)　尼岡邦夫（2009）.「深海魚 暗黒街のモンスターたち」ブックマン社 .
7)　羽根田弥太（1985）.「発光生物」恒星社厚生閣 .

4章

筋　肉

筋肉は遊泳や摂餌などの魚類の行動に欠かせない重要な組織である．筋肉を構成する筋細胞は，線維状であることから筋線維ともよばれる．筋線維の構造から，筋肉は横紋筋と平滑筋に分けることができる．また，その分布する場所からは骨格筋と内臓筋に分けることができる．骨格筋には以下の節に説明する体側筋，鰭を動かす筋肉，頭部の筋肉が含まれる．これらは横紋筋であり，1つの筋細胞が多数の核をもつ．また，内臓筋には心筋と血管や消化管などに分布する筋肉が含まれる．心筋は横紋筋，血管や消化管などの筋肉は平滑筋であり，どちらの筋細胞も核は1つである．さらに骨格筋は普通筋 ordinary muscle（白色筋 white muscle），血合筋 dark muscle（赤色筋 red muscle），中間筋 intermediate muscle（桃色筋 pink muscle）に分類される．普通筋は血管に乏しく，グリコーゲンをエネルギー源として嫌気的な代謝を行う．普通筋は速筋であり，その運動は強力で瞬発力は強いが，疲労が早く持続性がない．血合筋はミオグロビンを多く含み，赤みを帯びる．血管が密に分布し，血液から供給される酸素を用いて好気的代謝を行う．血合筋は遅筋であり，その運動はやや緩慢であるが長続きする．中間筋は嫌気的代謝と好気的代謝を両方行う．機能的には速筋に近い．

4-1　筋線維

筋線維 muscle fiber の内部には，その長軸と並行方向に多数の筋原線維 myofibril が縦走し，その間を細胞質である筋形質 sarcoplasm が満たす（図4-1A）．筋原線維には太さの異なる2種類のミオフィラメント myofilament が存在し，それらが整然と並んで，I帯（明帯）とA帯（暗帯）を形成する．I帯の端にはZ板，A帯の中央にはH帯がある．1つのZ板から隣のZ板までが筋原線維の形態的単位であるサルコメア sarcomere で，これがくり返して多数配列することで1本の筋原線維ができあがっている（図4-1B）．太いフィラメントは主にミオシン myosin から，細いフィラメントは主にアクチン actin，トロポニン troponin，トロポミオシン tropomyosin から構成されている（図

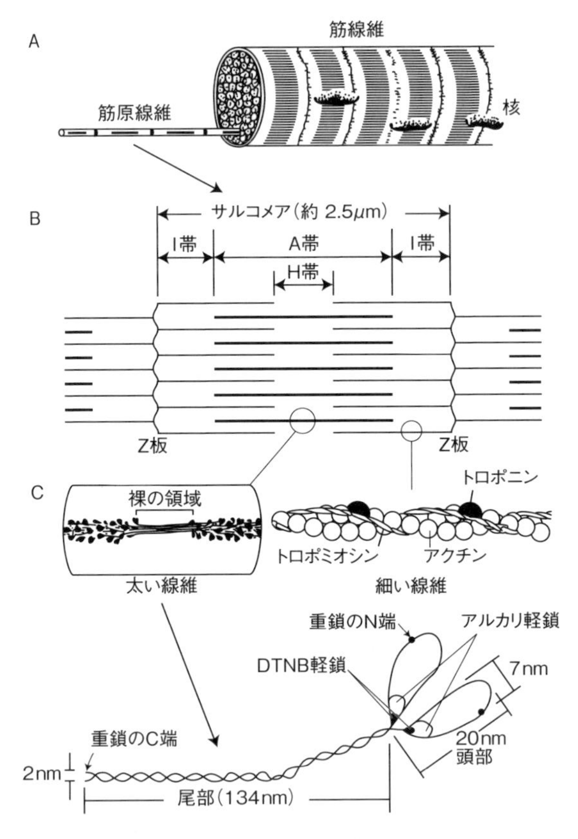

図 4-1　骨格筋における筋線維の構造の模式図（鈴木ら[1]を改変）
A：筋線維と筋原線維の関係，B：サルコメアの構造，C：ミオフィラメント（太い線維と細い線維）の構造とミオシン分子．

4-1C）．トロポニンやトロポミオシンは筋収縮を調節するタンパク質である．1つの筋線維内の隣り合う筋原線維間のZ板の位置が互いに一致すると，筋線維に横紋が現れる．これが横紋筋 striated muscle である．一方，平滑筋 smooth muscle では各筋原線維のZ板の位置がばらばらにずれており，筋線維に横紋が現れない．筋形質にはミトコンドリアや筋細管系 sarcotubular system が存在する．運動神経からの刺激により筋細管系の一部である筋小胞体 sarcoplasmic reticulum に貯蔵されている Ca^{2+} イオンが放出されることで筋収縮が起こる.

4-2　体側筋と鰭を動かす筋肉

魚類の遊泳行動は，胴部や尾部，各鰭の動きに関わる筋要素により制御される．これらの筋肉は骨格筋 skeletal muscle とよばれ，運動神経に支配される随意筋である[1, 2]．

体側筋 lateral muscle は，頭部背面から後方，胴部から尾柄部に達し，規則正しく配列した筋節 myomere により構成され，脊柱をはさんで明瞭な体節構造を示す（図 4-2)．筋節間は結合組織性の筋隔 myoseptum により分割される．軟骨魚類や条鰭類では，1 個の筋節は表層では W 状で，前向錐 anterior cone と後向錐 posterior cone のそれぞれが前後の同要素と重なり合う立体構造をとる．そのため，尾部の横断面には，筋隔により上下左右で同心円状の模様が現れる．体側筋の左右は，神経棘や血管棘を含む矢状面（体の正中に対し平行に，体を左右に分ける面）に位置する垂直隔壁 vertical septum あるいは体幹部では腹腔により隔てられる．また，体側筋の背腹は，水平隔壁 horizontal septum により，背側筋 epaxialis と腹側筋 hypaxialis に隔てられ，その境界の表層には表層血合筋 superficial dark muscle が，深層には真正血合筋 true dark muscle がそ

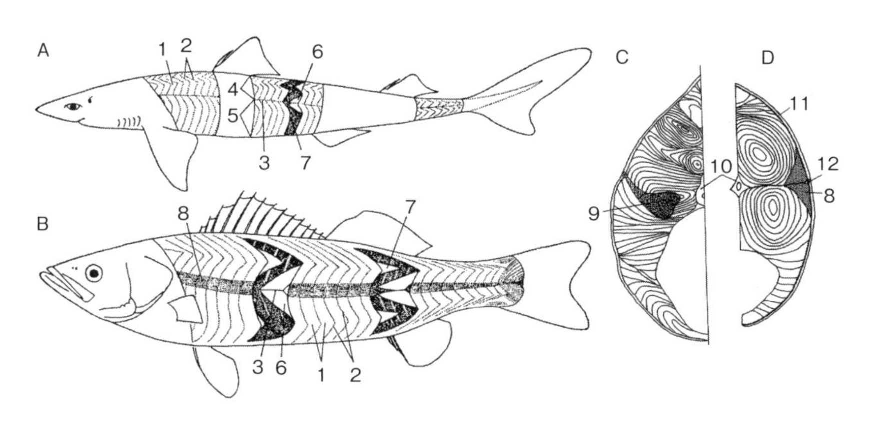

図 4-2　魚類の体側筋（A・B は岩井[3]，C・D は岩井[2] を改変）
A：アブラツノザメ，B：スズキ，C：アオザメ（断面図），D：一般的な真骨類（断面図）．1：筋節，2：筋壁，3：水平隔壁，4：背側筋，5：腹側筋，6：前向錐，7：後向錐，8：表層血合筋，9：真正血合筋，10：椎体，11：皮膚，12：側線管．

れぞれ位置する．多くの分類群では，腹側筋が上下の要素（obliquus superior と obliquus inferior）に分かれる．血合筋はミオグロビン，ヘモグロビン，チトクロームなどの呼吸色素と血液を多く含み，サバ科などの回遊魚では真正血合筋がより発達する[1－4]．

鰭の筋肉は，鰭条の基部に付着して各鰭の動きを制御する．条鰭類では，背鰭と臀鰭の筋肉は，束状の筋要素が神経棘や血管棘，担鰭骨，垂直隔壁に沿って左右に配列し，鰭を起伏する起立筋 erectores と下制筋 depressores，体側筋と皮膚の間に位置し，鰭を左右に倒す傾斜筋 inclinatores，背鰭起部の担鰭骨から前方へ伸びる前竜骨上筋 supracarinalis anterior からなる（図 4-3A）．背鰭と臀鰭を波打たせて進むマトウダイ科，カワハギ科，カレイ科やヒラメ科では，これらの筋肉がよく発達する．

尾鰭の筋肉は，尾柄部と尾鰭を使った遊泳能力や尾鰭の形状により発達程度

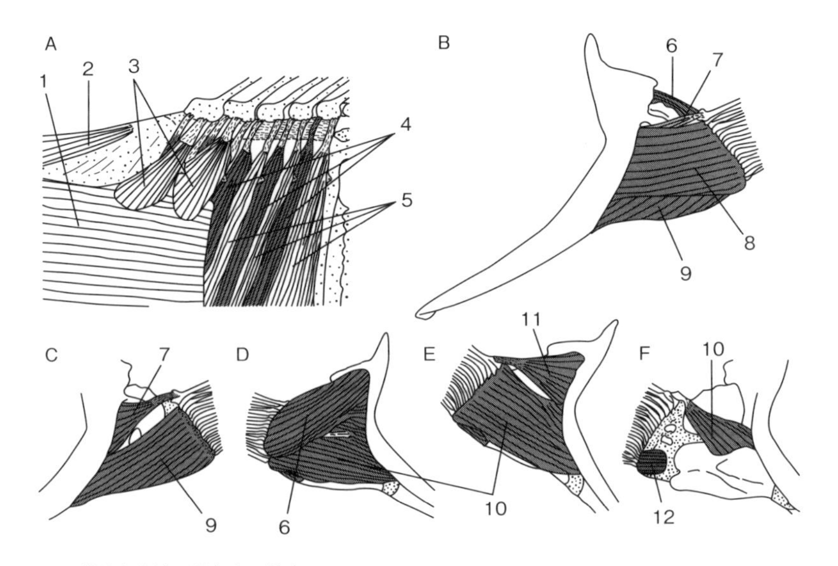

図 4-3　背鰭と胸鰭に関与する筋肉
ウマヅラハギの背鰭起部（A），カワメンタイの胸鰭側面（B・C）と内面（D-F）．
1：背側筋，2：前竜骨上筋，3：傾斜筋，4：起立筋，5：下制筋，6：浅内転筋，7：腹側立筋，8：浅外転筋，9：深外転筋，10：深内転筋，11：背側立筋，12：射出内転筋．
A では右側の背側筋と背側傾斜筋を除去，C では浅外転筋を除去，E では浅内転筋を除去，F では深内転筋のほとんどを除去．

や構成要素の数が大きく異なる（図4-4）．尾柄部と尾鰭を左右に強く振って泳ぐ魚類ではよく発達する．尾部が紐状に伸長して尾鰭が小さい，あるいは擬尾をもつ魚類では退化的である．尾部の体側筋の背側と腹側には，後背側竜骨上筋 supracarinalis posterior と後腹側竜骨下筋 infracarinalis posterior がある．内側には上葉の鰭条へつながる背側屈筋 flexor dorsalis と下葉の鰭条へつながる腹側屈筋 flexor ventralis がある．前者では背側に位置する浅背側屈筋 flexor dorsalis superior，後者では外腹側屈筋 flexor ventralis externus と下腹側屈筋 flexor ventralis inferior がそれぞれ分かれる．下索縦走筋 hypochordal longitudinalis は深部に位置し，下方の下尾骨上から上端の尾鰭条をつなぐ．尾鰭を閉じる鰭条間筋 interradialis は，発達程度は様々で尾鰭条の基部から鰭条間にみられる[5, 6]．すべてのサメ類は，尾鰭の体側筋下方に特有の薄い赤色筋の radialis muscle をもち，条鰭類と同様の筋肉要素をもたない．略式異尾をもつ条鰭類のうち，ポリプテルス類の尾鰭ではいずれの筋肉要素もみられず，ガー類では尾椎骨下方に腹側屈筋のみが広がり，アミアではガー類同様の腹側

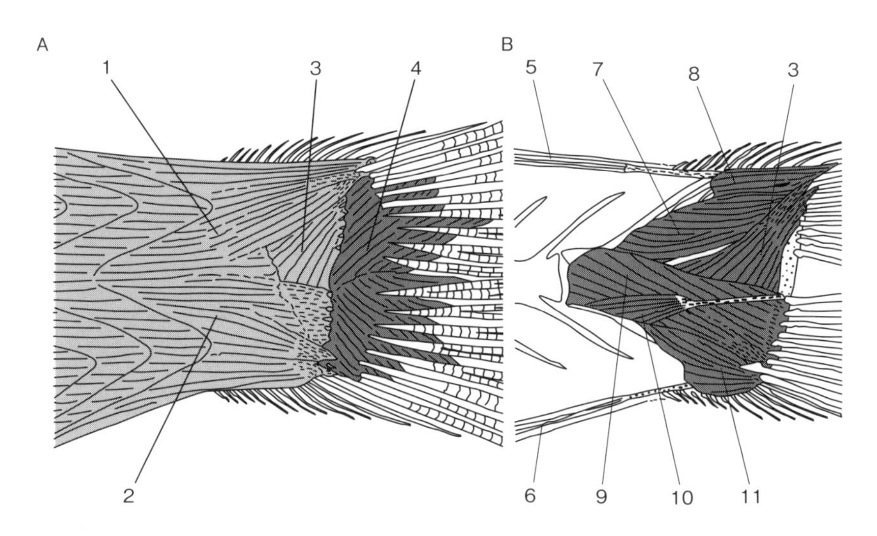

図4-4　尾鰭に関与する筋肉（ワキヤハタ）
A：表層，B：深層．
1：背側筋，2：腹側筋，3：下索縦走筋，4：鰭条間筋，5：後背側竜骨上筋，6：後腹側竜骨下筋，7：背側屈筋，8：浅背側屈筋，9：腹側屈筋，10：外腹側屈筋，11：下腹側屈筋．

屈筋に加えて，尾鰭の基部上端付近に後背側竜骨上筋と下索縦走筋，鰭条間筋があるが，背側屈筋はない．正尾をもつ条鰭類では，上葉の鰭条に関与する要素も下葉と同様に発達する．

胸鰭と腹鰭の筋肉には，鰭を外側へ開く外転筋 abductor muscle と内側へ閉じる内転筋 adductor muscle があり，それぞれ表層と深層に分離して，浅外転筋 abductor sperficialis，深外転筋 abductor profundus および腹側立筋 arrector ventralis，浅内転筋 adductor superficialis，深内転筋 adductor profundus とからなる（図 4-3B-E）．さらに，第 1 鰭条の起立に関わる要素は，腹側立筋 arrector ventralis と背側立筋 arrector dorsalis で，第 1 鰭条が強い棘となる魚類ではこれらがよく発達する[3-6]．また，胸鰭内側の射出骨上には射出内転筋 adductor radialis がある（図 4-3F）．胸鰭を遊泳時の主な推進器官とするか，または頻繁に使う魚類では赤色筋が発達する．例えば，キンメダイやアカマンボウの胸鰭は，特に呼吸色素や筋肉量が多い．アカマンボウは鰓弓に細かな動脈と静脈が接する奇網様の構造を備え，遊泳時に胸鰭の筋収縮で発生した熱を利用して脳や心臓，眼を暖める．体温も周囲の水温より 5℃高く，低水温の中深層でも長く活発に遊泳できる能力を備える．

4-3　頭部の筋肉

頭部には摂餌と呼吸，視覚に関わる多くの筋肉が発達し，顎と鰓蓋部の開閉，鰓弓や眼球の動きに関与する．そのうち，頬部や咽頭部の筋肉は，分類群により摂餌様式や食性で発達程度が大きく異なる（図 4-5）．

動眼筋は眼窩の内側に位置し，前方にある上斜筋 obliquus superior と下斜筋 obliquus inferior，後方にあり動眼筋室 myodome に起発する内側直筋 rectus internus，外側直筋 rectus externus，上直筋 rectus superior および下直筋 rectus inferior の 6 つの筋肉で構成される[5, 6]．動眼筋の大きさ，形状や位置には比較的変異が少ないが[6]，タラ目のサイウオ属の一種では，左右の上直筋が交差し，反対側の眼球に付着する．

閉顎筋 adductor mandibulae は頬部に位置する最も大きな筋要素で，これまで主に懸垂骨外側の A_1，A_2，A_3 および下顎内側の A_w と，さらに細かな下位区分が設けられた（例えば，$A_{1\alpha}$'）．最近，その英術語は各筋肉要素の相同性にもとづき見直され[7]，懸垂骨外側の大部分を占める segmentum facialis，下顎

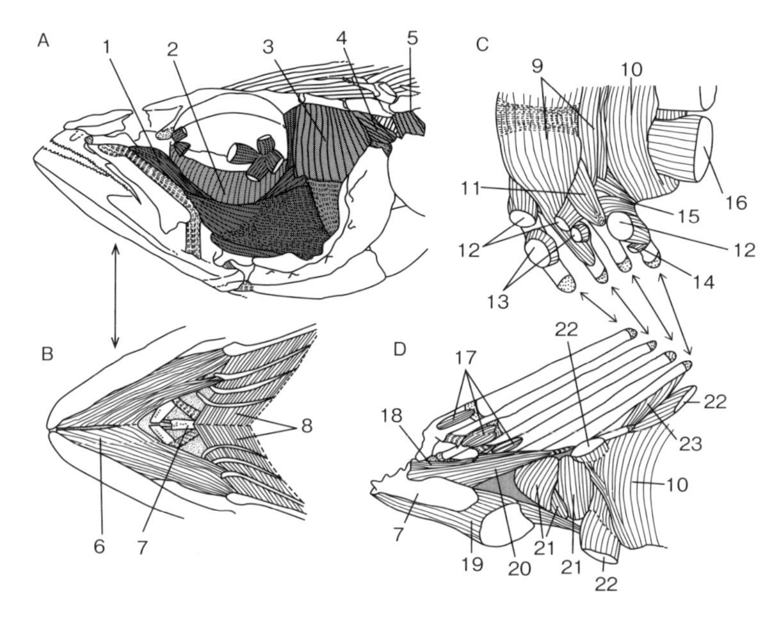

図 4-5　頭部に関与する筋肉

A：タラ科 *Pollachius pollachius* の頭部側面，B：ヒゴソコダラの頭部下面，C：タラ科 *Gaidropsarus mediterraneus* の鰓弓背面と，D：鰓弓腹面（斜め下）．

1：閉顎筋（暗色で示す），2：口蓋弓内転筋，3：口蓋弓挙筋，4：鰓蓋拡張筋，5：鰓蓋挙筋，6：舌骨伸出筋，7：尾舌骨，8：舌弓外転筋，9：背横筋，10：食道括約筋，11：背斜筋，12：内挙筋，13：外挙筋，14：後挙筋，15：後斜筋，16：後引筋，17：腹斜筋，18：腹直筋，19：胸骨舌骨筋，20：総直筋，21：腹横筋，22：咽頭擬鎖骨間筋，23：内転筋．

内側に挿入する segmentum mandibularis に大別された．分類群によりその分離の程度が様々に異なり，さらに細かく分類される．例えば，segmentum facialis は懸垂骨上での起発部位と下顎への挿入部位から，pars rictalis，pars malaris，pars stegalis に分けられる．口蓋弓内転筋 adductor arcus palatini は眼窩底に位置する内翼状骨上に広がり，閉顎筋とともに閉口時に働く．眼窩域の後方と舌顎骨に位置する口蓋弓挙筋 levator arcus palatini，頭蓋骨側方と主鰓蓋骨を結ぶ鰓蓋拡張筋 dilatator operculi と鰓蓋挙筋 levator operculi がある．

鰓弓にはきわめて多くの筋肉要素がみられ，摂餌と呼吸に関連する．摂餌様式や分類群により各筋肉の発達や細分化の程度は様々で，構成要素は次の通りである．鰓弓背側には上鰓骨と神経頭蓋の脳函部側面をつなぎ，左右対となる内挙筋 levator internus，外挙筋 levator externus，後挙筋 levator posterior がある．左右の咽鰓骨の背横筋 transversal dorsalis や背斜筋 obliquus dorsalis，咽鰓骨後端と椎体下面をつなぐ1対の後引筋 retractor dorsalis などが上咽頭歯の動きに関与する．鰓弓下面には，左右の下鰓骨や角鰓骨に付着する腹斜筋 obliquus ventralis，後部の角鰓骨間にある腹横筋 transversal ventralis，左右の下鰓骨と基鰓骨の下面で対となり前後へ伸びる総直筋 rectus communis と腹直筋 rectus ventralis がある．鰓弓の後面には，食道括約筋 sphinctor oesophagus，後斜筋 obliquus posterioris，角鰓骨間や上鰓骨に伸びる内転筋 adductor，咽頭擬鎖骨間筋 pharyngoclavicularis がある．咽頭擬鎖骨間筋は多くの魚類で内外2つの要素（pharyngoclavicularis internus と pharyngoclavicularis externus）に分かれる．

頭部下面には下顎内側の先端と舌弓前方をつなぐ舌骨伸出筋 protractor hyoidei，舌弓と鰓条骨間をつなぐ舌弓外転筋 hyohyoidei abductores，そして尾舌骨と擬鎖骨下方をつなぐ胸骨舌骨筋 sternohyoideus がある．これらの要素は，舌弓と靱帯を介して接続する尾舌骨と擬鎖骨に付着する腹側筋と連動して下顎や鰓蓋部の開閉に関与する．

ウツボ科は咽頭歯と咽鰓骨，上鰓骨，角鰓骨からなる“第二の顎”とよばれる発達した咽頭顎 pharyngeal jaws をもつ[8]（図4-6）．通常，咽頭顎は神経頭蓋よりも後方にあるが，捕食時には口腔内まで突出し，餌を強力に挟んで咽頭部へ引き込む．開閉には背斜筋と内転筋が，前後の動きには鰓弓背面の内挙筋と外挙筋，総直筋，後引筋，咽頭擬鎖骨間筋が関与する[8]．多くの真骨類では口の開閉により餌を水ごと咽頭部まで吸引するが，ウツボ類はその能力を欠く．

4-4　内臓筋

魚類の内臓筋 visceral muscle は，内臓の諸器官の壁を構成する平滑筋 smooth muscle と心臓壁を構成する心筋 cardiac muscle に分けられる不随意筋である．平滑筋は消化管壁，気道壁，血管壁，子宮や膀胱など様々な器官にみられる．心筋には骨格筋と同様の横紋がみられるが，自律神経の支配を受ける[2, 3]．鰾を使って鳴音を発する魚類は，発音筋 drumming muscle（sonic muscle）をもつ．発音筋は鰾の表面に付着するか内在し，後頭神経あるいは脊髄神経により支配される．

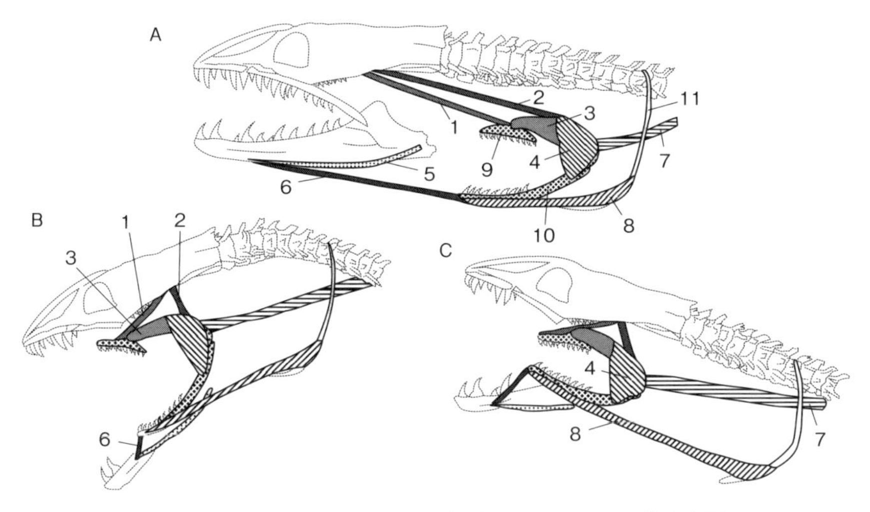

図 4-6　ウツボ科 *Muraena retifera* の咽頭顎の動き（Mehta & Wainwright[8] を改変）
A：休息時，B：突出時，C：摂餌後.
1：内挙筋，2：外挙筋，3：背斜筋，4：内転筋，5：舌弓，6：総直筋，7：後引筋，
8：咽頭擬鎖骨間筋，9：上咽頭歯（咽鰓骨），10：下咽頭歯（第 5 角鰓骨），11：肩帯.
A-C：左側の歯骨を，B・C：主上顎骨をそれぞれ切除.

文　献

1）鈴木 譲ら（2013）. 第 1 章　総論 .「増補改訂版　魚類生理学の基礎」（会田勝美 , 金子豊二編）恒星社厚生閣 . 1-27.
2）岩井 保（2005）.「魚学入門」恒星社厚生閣 .
3）岩井 保（1985）.「水産脊椎動物学 II 魚類」恒星社厚生閣 .
4）落合 明（1987）. 筋肉系 .「魚類解剖学」（落合 明編著）緑書房 . 65-72.
5）岸本浩和 , 青木光義（2006）. 筋肉の観察 .「魚類学実験テキスト」（岸本浩和ら編）東海大学出版会 . 64-68.
6）Winterbottom R（1974）. A descriptive synonymy of the striated muscles of the Teleostei. *Proc. Acad. Nat. Sci. Philadelphia* 125（12）: 225-317.
7）Datovo A, Vari RP（2013）. The jaw adductor muscle complex in teleostean fishes: evolution, homologies and revised nomenclature（Osteichthys: Actinopterygii）. *Plos One* 8（4）: e60846.
8）Mehta RS, Wainwright PC（2007）. Raptorial jaws in the throat help moray eels swallow large prey. *Nature* 449: 79-82.

5章

骨格系

魚類は脊索動物の共通祖先が獲得した脊索に加え，軟骨や硬骨をもつに至った．これらの骨格要素は魚体を保護・支持するほか，遊泳，摂食，呼吸などの運動を円滑にする．これらは様々な組織によって構成されており，また骨格要素や発達の程度も分類群によって極めて多様である．本章では，まず骨格系を組織学的観点から解説し，次に無顎類，軟骨魚類，硬骨魚類の順に，各群に見られる一般的な骨格要素を紹介する．

5-1　骨格を形成する組織

魚類の骨格は脊索，軟骨，および硬骨によって構成されるとされてきた[1)]．しかし，形態学的研究の進展により，魚類の骨格には軟骨と硬骨の中間的な形態や，軟骨と結合組織の中間的な形態など，多様な軟骨様の組織が存在することが明らかにされた[2)]．このため，これまでのように魚類の骨格を単純に3つに区分することは困難である．本章では，軟骨という用語に替わり，軟骨と硬骨の中間的形態を示す組織や，軟骨と結合組織の中間的な形態を示す組織も含めて軟骨様組織を用いる．

5-1-1　脊　索

脊索 notochord は胚期およびふ化後初期における唯一の支持組織として体の背部，正中線上の脊髄の直下に頭部から尾部にかけて発達する棒状の組織である．横断面をみると，脊索は外側の脊索鞘 notochordal sheath と内側の脊索上皮細胞 notochordal epithelium からなる．脊索鞘には脊索上皮細胞から分泌されるII型コラーゲン線維からなる線維層と，その外側の結合組織層が存在する．無顎類，ギンザメ類，シーラカンス類，肺魚類，チョウザメ類などでは成魚でも円筒状の脊索を備え，これが支持組織として重要な機能を担う．一方，板鰓類や多くの条鰭類においては，脊索の周囲に軟骨もしくは硬骨からなる椎体 centrum（vertebral centrum）が発達する．真骨類の椎体発生時には，脊索鞘の石灰化が引き起こす規則正しい分節形成（石灰化部位と石灰化しない部位のくり返し構造）がその後の椎体の形成の引き金になり，脊索鞘の石灰化部位には後に椎体が形成され，非石灰化部位は椎体間の靱帯部 intervertebral ligament を形成する[3, 4]．なお，椎体発生後にも脊索は椎体内に残存する．

5-1-2　軟骨様組織

軟骨 cartilages とは，軟骨細胞 chondrocyte がその細胞間に軟骨基質 cartilage matrix を分泌することにより形成される組織である．軟骨基質は豊富なコラーゲン（II 型コラーゲン）とその間を埋めるゲル状のプロテオグリカン（タンパク質からなるコアに多量の糖鎖が結合した物質）から構成され，基質内には神経や血管を含まない．魚類では，以上の定義に当てはまる典型的な軟骨と，軟骨と硬骨や結合組織の中間的性状を示す組織が存在する．Witten et al.[5] は，真骨類にみられる軟骨様組織 cartilagenous tissues を以下の 5 つのカテゴリーに大区分した．

① **ガラス軟骨** hyaline cartilages：軟骨細胞とその周りの軟骨基質とから構成されるもので，軟骨基質に II 型コラーゲンとプロテオグリカンを含む典型的な軟骨である．例えば鰓弓を形成する角鰓軟骨に認められる．

② **線維を多量にもつ軟骨** cartilages with additional fibers：ガラス軟骨様の基質内にガラス軟骨では認められない弾性線維 elastic fibers を豊富に含む組織や，ガラス軟骨様の基質をほとんどもたず，代わりにガラス軟骨基質とは異なるタイプのコラーゲン（I 型コラーゲン）の線維を大量にもち，その中に軟骨細胞が存在する組織などがある．

③ **石灰化した軟骨様組織** calcified cartilaginous tissues：タイセイヨウサケの下顎に認められる，硬骨様の基質中に軟骨細胞が存在する軟骨様骨 chondroid bone や，ガラス軟骨様組織が石灰化したものなどがある．

④ **軟骨と他の組織の中間的形態を示す組織** cartilage-related tissues：ガラス軟骨基質とは異なる組織学的性状を示す基質中に軟骨細胞もしくは線維芽細胞を含む組織（muchochondroid）．頭骨に存在する．

⑤ **硬骨への移行途中にある軟骨** degrading cartilages：軟骨から硬骨への移行途中の組織．軟骨から硬骨への移行に関しては，5-1-3 で説明する．

これらの組織は形成後その性状を保ち続ける組織ではない．細胞死や組織の破壊を伴わず，ある軟骨様組織から他の軟骨様組織に移行したり，軟骨様組織から硬骨に移行するケースが，個体の成長過程で数多くみられる[2)]．

軟骨魚類の軟骨でも石灰化するが，硬骨魚類とは異なる特有の様式であるプリズム状石灰化 prismatic calcification で起こり，軟骨の外側に独特の石灰化した細片がモザイク状に発達する[6)]．

5-1-3　硬　骨

硬骨 bones とは石灰化した細胞外基質（骨基質 bone matrix）をもつ組織で，その代謝には骨基質を形成する骨芽細胞 osteoblasts，骨基質を破壊・吸収する破骨細胞 osteoclasts，骨芽細胞が分泌した骨基質中に埋め込まれた骨細胞 osteocytes，硬骨の表面を覆う代謝活性がきわめて低い休止期骨芽細胞 bone lining cells が関与する（図 5-1（口絵））．魚類の破骨細胞は単核で扁平な細胞が多く，多核で巨大な破骨細胞をもつ哺乳類とは大きく形態が異なるという特徴をもつ．骨基質の主要な有機成分はガラス軟骨とは異なるタイプのコラーゲン（I 型コラーゲン）で，無機成分の主体はリン酸カルシウムの結晶（ハイドロキシアパタイト hydroxyapatite）である．

魚類の硬骨は，それが存在する場所や発生様式，構造などにより，様々に分類されてきた．存在場所からみると，体の外層近くに存在する硬骨は外骨格 exoskeleton とよばれ，体内部に存在する硬骨は内骨格 endoskeleton とよばれる．外骨格という用語は無脊椎動物の体を覆う殻や貝殻などの組織にも用いるが，無脊椎動物の外骨格は上皮組織が形成するのに対し，魚類を含む脊椎動物の外骨格は結合組織が作る硬骨であり，その起源が異なる．

また，発生様式により魚類の硬骨は以下のように区分される[2)]．

① **膜骨** membrane bone：結合組織内の未分化間葉系細胞の集団が骨芽細胞に分化し，骨基質を分泌することにより形成される硬骨で，このような骨形成様式を膜性骨化（膜内骨化）intramembranous ossification とよぶ．魚類の外骨格は外胚葉性の上皮組織と中胚葉性の結合組織との相互作用のもと，膜性骨化により発生する．このように上皮組織の関与のもとに発生する膜骨を特に皮骨 dermal bone とよび[7)]，鱗や鰭条，鰓蓋骨などがこれにあたる．内骨格のうち，椎体や頭蓋の多くの骨要素は膜性骨化で発生する膜骨である．膜骨以外の硬骨の発生様式では，まず軟骨組織が形成され，それを鋳型として硬骨が形成される[2)]．

② **軟骨性骨** endochondral bone：軟骨性骨化（軟骨内骨化）endochondral ossification により発生する硬骨（図 5-2A（口絵））．まず，軟骨の周囲の軟骨

膜 perichondrium 内に骨芽細胞が分化し，硬骨が形成されて軟骨を取り囲む．次いで軟骨が破壊されて他の組織に置き換わり，骨髄が形成される．そのため，軟骨と硬骨の境界がはっきりとしている．骨髄中には血管が認められる場合もあり，多くの場合脂肪組織が骨髄を占める．大型魚では，骨髄に二次的な硬骨（海綿骨）の形成が認められることがある．

③ **軟骨膜性骨** perichondral bone：魚類の硬骨形成において最も頻繁にみられる軟骨膜性骨化 perichondral ossification により発生する硬骨[2]．最初に形成された軟骨周囲の軟骨膜が骨膜 periosteum に移行することから始まる．骨膜からは骨基質が分泌され，軟骨の周囲に硬骨が形成される．このとき，軟骨膜から骨膜への移行過程において，軟骨基質と骨基質が混合した基質が一時的に形成されるものと考えられ，軟骨と硬骨の境界がはっきりとしない[2]．硬骨に囲まれた軟骨がそのまま存在する場合があることもこの骨化様式の特徴である．軟骨膜性骨化は，多くの真骨類の担鰭骨や鰓の鰓弁 gill filament を支える鰓弁条 gill ray に観察される（図 5-2B（口絵））．

構造的にみると，真骨類の硬骨は骨基質中の骨細胞の有無により 2 種類に区分される．その 1 つは，形成途中の骨基質（類骨）中には骨細胞があるものの，形成が終了した成熟した骨基質中には骨細胞をまったく欠くもので，このような硬骨を無細胞性骨 acellular bone とよぶ[1]．これに対して，成熟した骨基質中にも骨細胞がある硬骨を細胞性骨 cellular bone とよぶ．どのような魚種がどちらのタイプの硬骨をもつかは，真骨類の系統進化に関係しているものと思われる．Boglione et al.[2] によれば，真骨類の初期の系統は内骨格にも外骨格にも細胞性骨をもっていた．その後，真骨類は外骨格の骨細胞を失ったが，内骨格では骨細胞を保持していた．これらが細胞性骨をもつ現在のコイ科魚類，サケ科魚類へと進化した．しかし，最終的に多くの真骨魚は内骨格の骨細胞も失い無細胞性骨をもつようになった．

5-2　無顎類

無顎類の骨格は脊索と軟骨から形成され，脊索の前方には神経頭蓋 neurocranium が位置する（図 5-3，5-4）．ヌタウナギ類では神経頭蓋は上部と側面が結合組織で構成され，床部のみが軟骨性であり，ヤツメウナギ類では左右の耳殻（耳包）otic capsule の間にある脳頭蓋 braincase を除く神経頭蓋の上

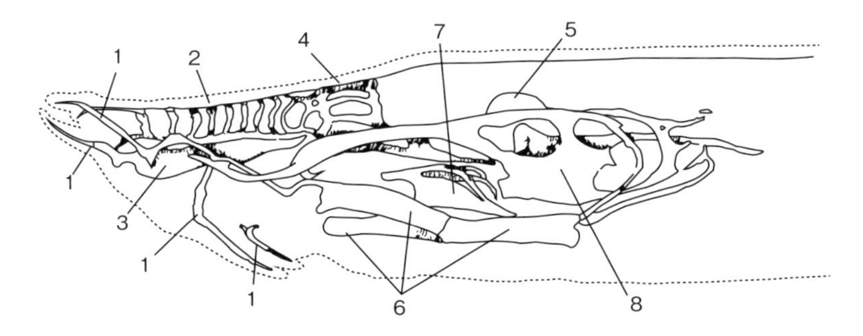

図 5-3　ヌタウナギ類の体前部の骨格（松原[9] を改変）
1：触鬚軟骨，2：鼻管副鼻腔軟骨，3：鼻下軟骨，4：鼻殻，5：耳殻，6：舌器官，7：歯板，8：側頭軟骨．

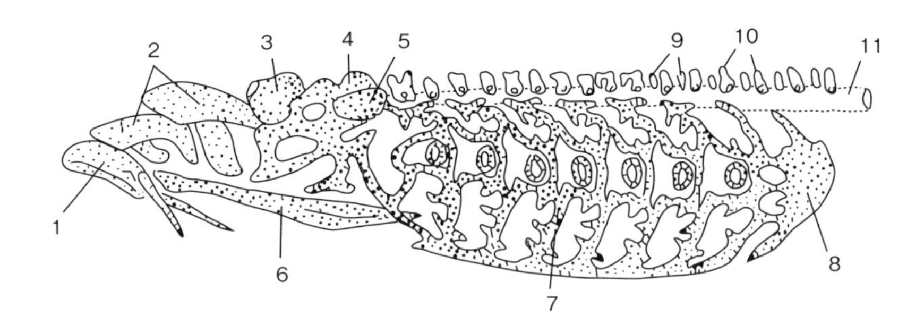

図 5-4　ヤツメウナギ類の体前部の骨格（松原[9] を改変）
1：環状軟骨，2：視蓋軟骨，3：鼻殻，4：脳頭蓋，5：耳殻，6：活栓軟骨，7：鰓籠，8：囲心腔軟骨，9：弓体（背根が通過する要素），10：弓体（腹根が通過する要素），11：脊索．

部は結合組織で構成され，床部の軟骨化も不完全である（図 5-4）．ヌタウナギ類には脳頭蓋がなく，脳は円筒形の線維質の鞘で覆われる．ヌタウナギ類では鼻咽頭管 nasopharyngeal duct を支持する鼻管副鼻腔軟骨（鼻管軟骨環）prenasal sinus of nasopharyngeal duct と鼻下軟骨 subnasal cartilage が発達するが，ヤツメウナギ類ではこれらの軟骨はない．

両群ともに上顎と下顎の骨格要素はないが，ヤツメウナギ類では頭の腹面の正中線にある活栓軟骨 piston cartilage，口の縁辺を支持する環状軟骨 annular cartilage などが発達し，これらの骨格によって口の吸盤としての機能が担保されると考えられる[8]．ヌタウナギ類では舌器官 lingual apparatus がよく発達し，これが舌筋を支持する．ヤツメウナギ類では鰓籠 branchial basket とよばれるざる状の軟骨があり，これによって鰓嚢から出る流出管が保護されるが，ヌタウナギ類では鰓籠は発達しない．鰓籠の後方には囲心腔軟骨 pericardic cartilage が連なる．ヌタウナギ類には口の周辺に 3 ～ 4 対のヒゲがあり，触鬚軟骨 cartilages of tentacles がこれらを支持する．

従来，ヌタウナギ類では脊索に脊椎骨要素がないと考えられていたが，近年になってヌタウナギの尾部の脊索腹面にある軟骨が脊椎骨要素の血洞弓と相同であることが明らかにされた[9]．ヤツメウナギ類では脊索の背側面に沿って脊椎骨要素の弓体 arcualia が並ぶ．弓体は脊髄の腹根 ventral root of spinal nerve が通過するやや長い要素（basidorsal）と，背根 dorsal root of spinal nerve が通過するやや短い要素（interdorsal）の 2 種類がある[10]．鰭はヌタウナギ類には尾鰭のみが，ヤツメウナギ類には背鰭と尾鰭があり，これらは軟骨性の鰭条で支持される[9, 10]．

5-3　軟骨魚類

軟骨魚類の骨格は，鱗を除けば内骨格のみで作られていて，体を覆う装甲はない．ここでは板鰓類を中心として骨格について概説する．板鰓類の骨格にも分類群・系統によって多様な状態がみられるため，詳細は章末にあげた文献[11－14]にあたることを勧める．ギンザメ類についても簡単に触れるが，Didier[15]が現生 3 科の違いをよくまとめているので参考になる．

5-3-1　神経頭蓋

軟骨魚類の神経頭蓋は 1 つの軟骨塊からなる（図 5-5）．収納される感覚器官によって大きく 3 つの部位に区分されるが，その境界は表面の凹凸で判断されるに過ぎない．3 部位は，前方から，嗅球を保護する篩骨域 ethmoidal region，眼球が入る眼窩域 orbital region，内耳が収納される耳殻域 otic region である．耳殻域の後方で脊柱 vertebral column に関節する部分を後頭域 occipital region とよぶことがある．

篩骨域には左右に発達した大きな鼻殻 nasal capsule があり，吻軟骨 rostral cartilage で吻部を支える．ふつう，鼻殻は篩骨域の腹側で開き，その前縁部分に鼻孔を支える鼻軟骨 nasal cartilage を備える．吻軟骨は各分類群で特徴的な

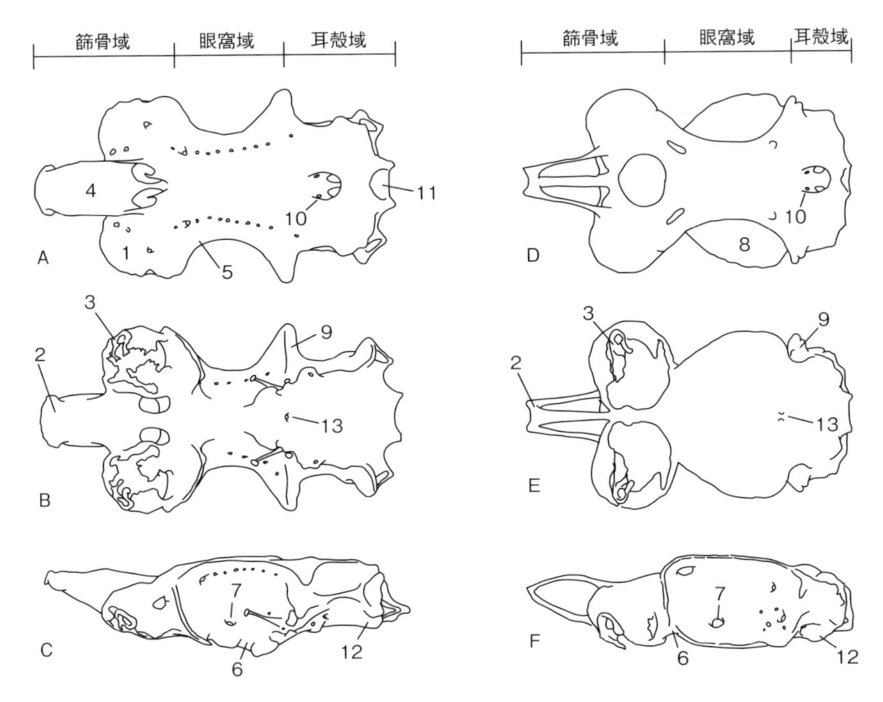

図 5-5　板鰓類の神経頭蓋
上から背面，腹面，左側面（Shirai[13] を略写）．
A-C：アブラツノザメ，D-F：タイワンザメ．
1：鼻殻，2：吻軟骨，3：鼻軟骨，4：前脳室窩，5：眼窩冠状隆起，6：口蓋方形軟骨との関節部位，7：眼神経孔，8：下眼窩棚，9：後眼窩突起，10：内リンパ管孔，11：大後頭孔，12：舌顎関節窩，13：頸動脈孔．

形態をなす．ツノザメ類の吻軟骨は，単純な棒状または板状の突起，あるいは腹面を竜骨状の隆起線に支えられた槽状の構造を呈する．ネズミザメ・メジロザメ類の多くでは腹面正中線上から1本，左右の鼻殻背縁から2本の計3本の突起で構成される．ノコギリザメやサカタザメ類では，鼻殻の前縁部が強く前方に伸びて，長い吻部を支える．篩骨域の背面には左右の鼻殻の間に1個の凹みである前脳室窩 precerebral fossa がある．

眼窩域には，側面に眼球を保護する最も大きな凹みがある．眼窩を作る壁は，前部と背部がよく発達する．背部の壁は側方に張り出し（眼窩冠状隆起 supraorbital crest），その基部付近に三叉・顔面神経の一部が神経頭蓋の背面に導出される神経孔がある．眼窩の後壁は神経や血管が通るため不完全である．腹面の壁には，ネズミザメ・メジロザメ類では明瞭な張り出し（下眼窩棚 suborbital shelf）があるが，その他の板鰓類にはこの張り出しはない．眼窩底には視神経をはじめ多くの神経・血管が通る孔がある．

耳殻域はネズミザメ・メジロザメ類では小さく，その他の板鰓類ではやや大きい．背面の正中線上には 1 個の凹みがあり，ここに体背面に開口する 1 対の内リンパ管 endolymphatic duct の導出孔がある．側面の後端には舌顎関節窩 hyomandibular fossa があり，ここで舌弓の舌顎軟骨 hyomandibular cartilage と関節する．耳殻の腹面はほぼ平坦で，口蓋部をなす．頸動脈孔 foramen for carotid artery が体軸上にある．神経頭蓋を後方からみると，体側筋が挿入する後頭域が広がる．その正中線上には大後頭孔 foramen magnum があり，ここから脊髄が導出される．

ギンザメ類の神経頭蓋は，いずれも眼窩域の占める割合が高く，眼窩はよく発達した壁に囲まれる．篩骨域には，種によって特徴的な吻軟骨が付属する．

5-3-2　内臓頭蓋

内臓頭蓋 splanchnocranium は，肩帯より前方，神経頭蓋と脊柱前端部の腹側にある複雑な骨格系の総称である．前方から，顎弓 mandibular arch，舌弓 hyoid arch，5 対の鰓弓 gill arch が互いに関連し合いながら連続し，それぞれが複数の軟骨要素からなる（図 5-6）．一部の種では，鰓弓が 6 または 7 対ある．

顎弓は顎を作るユニットで，上顎は口蓋方形軟骨 palatoquadrate と下顎はメッケル軟骨 Meckel's cartilage の，ともに肉厚な軟骨からなり，その前半部分に分類群によって特徴的な顎歯を備える．これらの軟骨は，それぞれの後端部で関節する．また口角部を支える唇褶軟骨 labial cartilage が発達するものがある．ギンザメ類では，口蓋方形軟骨は発生初期に神経頭蓋と癒合する．

舌弓は，背方に左右 1 対の舌顎軟骨と舌軟骨 hyoid cartilage，その腹方にある不対の基舌軟骨 basihyal cartilage からなる．舌弓の外側面には鰓条軟骨 gill ray と外鰓軟骨 extrabranchial cartilage があって鰓隔膜を支持する．ギンザメ類の舌弓は，板鰓類の鰓弓と同様の 5 種類の骨格要素で構成される．

板鰓類では，舌顎軟骨は神経頭蓋の耳殻域の側面後端に関節する．サメ類では，メッケル軟骨は口蓋方形軟骨との関節面の内側に発達した関節突起をもち，これが舌顎軟骨と舌軟骨の関節部の前縁部で支えられる．舌顎軟骨と口蓋方形

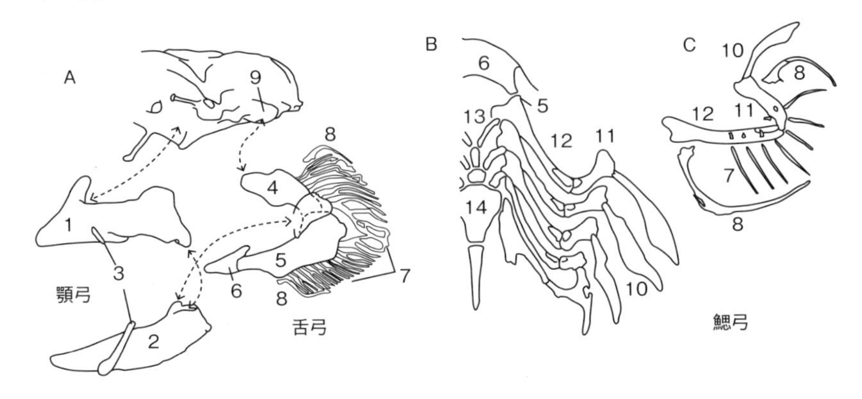

図 5-6　板鰓類の内臓頭蓋（顎弓，舌弓および鰓弓）
A：顎弓と舌弓の懸垂様式，B・C：鰓弓（B：鰓弓を展開させた際の背面図，C：左側面図）（Shirai[13] を略写）．
A：カスミザメ，B・C：カラスザメ．
1：口蓋方形軟骨，2：メッケル軟骨，3：唇褶軟骨，4：舌顎軟骨，5：舌軟骨，6：基舌軟骨，7：鰓条軟骨，8：外鰓軟骨，9：舌顎関節窩，10：咽鰓軟骨，11：上鰓軟骨，12：角鰓軟骨，13：下鰓軟骨，14：基鰓軟骨．

軟骨，舌軟骨とメッケル軟骨は，それぞれ靭帯により結合する．エイ類では，舌顎軟骨がメッケル軟骨に関節する．ギンザメ類では，メッケル軟骨は神経頭蓋の眼窩域前縁部に関節し，神経頭蓋に癒合した口蓋方形軟骨は眼窩域腹面の前縁から耳殻域の腹面を覆うように上顎を作る．このような形態的特徴から，軟骨魚類の口蓋方形軟骨と神経頭蓋の関係は次の5型に分類される．サメ類では，口蓋方形軟骨の前端付近に背方を向く突起があり，その基部で神経頭蓋に関節する．その関節部が，ネズミザメ・メジロザメ類では眼窩域の前縁部にあり，下眼窩棚がこの関節面の後方に発達する（舌接型 hyostyly）（図 5-5F）．ツノザメ類では，この関節面が眼神経孔の下，あるいはそれより後ろにある（眼窩接型 orbitostyly）（図 5-5C，5-6A）．ツノザメ類のうちカグラザメ類では眼窩後壁を作る後眼窩突起 postorbital process の後面に，さらにもう1つの関節面があり，ここで口蓋方形軟骨を支える（両接型 amphystyly）．エイ類では，口蓋方形軟骨は神経頭蓋に関節しない（真舌接型 euhyostyly）．一方，ギンザメ類では，口蓋方形軟骨は神経頭蓋に癒合し，舌弓とは関節しない（全接型 holostyly）．

鰓弓はさらに多数の軟骨からなる．各鰓弓は，背方から腹方へ順に，左右1対の咽鰓軟骨 pharyngobranchial cartilage，上鰓軟骨 epibranchial cartilage，角鰓軟骨 ceratobranchial cartilage および下鰓軟骨 hypobranchial cartilage，さらにその腹側に不対の基鰓軟骨 basibranchial cartilage で構成される．基舌軟骨と基鰓軟骨は口腔から咽頭部の腹面に位置し，これらより背方の要素が咽頭部の側面と背側を支えるアーチを作る．鰓は，舌弓の舌顎軟骨と舌軟骨，および最後列を除く鰓弓の上鰓軟骨と角鰓軟骨で支持される．ギンザメ類の鰓弓は神経頭蓋の腹方に位置する．鰓弓の骨格と鰓の配置は板鰓類と類似する．

5-3-3　脊柱・脊索

板鰓類の脊柱では，脊索が退縮し，多くの種類において椎体を伴う脊椎骨 vertebra が発達する（図 5-7）．1 つの脊椎骨には，椎体の背方に神経弓門 neural arch があり，脊柱の全域にわたって脊髄が貫通する．前後の神経弓門の間にはそれぞれ介在板 intercalary plate があり，介在板からは脊髄の背根が，神経弓門からは腹根が導出される．腹腔を保護する腹椎骨 abdominal vertebra には側突起 basiventral があり，その先端に肋骨 rib が付着することがある．腹腔の後端付近では側突起は腹方に拡大し，これより後方の脊椎骨は血管弓門 hemal arch を形成する．血管弓門を備えた脊椎骨を尾椎骨 caudal vertebra とい

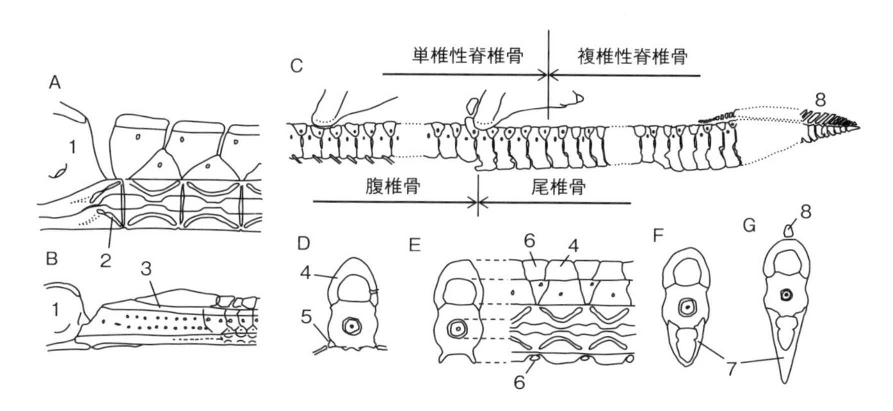

図 5-7　板鰓類の脊柱

A・B：神経頭蓋と脊柱の関節（側面図）．C-G：脊柱の概略（C：腹椎骨から尾椎骨にかけての側面図，D：腹椎骨（横断面），E：D より後方の腹椎骨（横断面と縦断面），F：尾椎骨（横断面），G：尾鰭を支持する尾椎骨（横断面））（Shirai[13] を略写）．

A：ヒゲツノザメ，B：ヤマトシビレエイ，C-G：カラスザメ類．

1：神経頭蓋，2：後頭部半椎体，3：椎体癒合体，4：神経弓門，5：側突起，6：介在板，7：血管弓門（血管突起），8：上索軟骨．

う．脊柱の前半部の脊椎骨には体節ごとに1個ずつの神経弓門と側突起または血管弓門があり（単椎性脊椎骨 monospondylous vertebrae），後半部の脊椎骨には体節ごとに2個ずつの神経弓門と血管弓門がある（複椎性脊椎骨 diplosopondylous vertebrae）．この移行は，腹椎骨から尾椎骨への変化におおむね一致する．

最前端の脊椎骨は，神経頭蓋の後頭部に組み込まれた後頭部半椎体 occipital hemicentrum に関節する．エイ類では，はじめの数個の脊椎骨が癒合し，椎体癒合体 synarcual とよばれる軟骨塊になる．

ギンザメ類の脊柱は，発達した脊索によって構成され，脊椎骨のような体節状の構造はなさない．脊索の周囲には，部分的に軟骨片がみられる．脊柱の前端には，エイ類に似た椎体癒合体がある．

5-3-4　肩帯・腰帯および対鰭骨格

肩帯 shoulder girdle は内臓頭蓋の直後にあって，胸鰭を支える（図5-8A）．肩帯の前面から内臓頭蓋の動きに関わる筋肉群が起発し，後面は腹腔の前端部となり，主に腹側筋がここから起発する．サメ類の肩帯は，前方からみると後方に傾いたU字状を呈し，下部の烏口軟骨 coracoid cartilage と上部の肩甲軟骨 scapular cartilage からなり，これらは癒合する．左右の烏口軟骨は，ふつう体腹面の正中線上で癒合する．エイ類の肩帯は体が強く縦扁するのに伴い，背腹方向に強く圧された形態をなす．肩甲軟骨の背方端部は，対となる肩甲軟骨と癒合するか，それぞれが椎体癒合体に関節する．

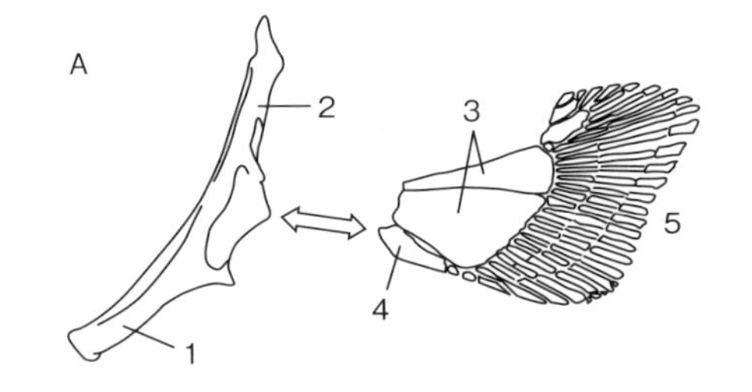

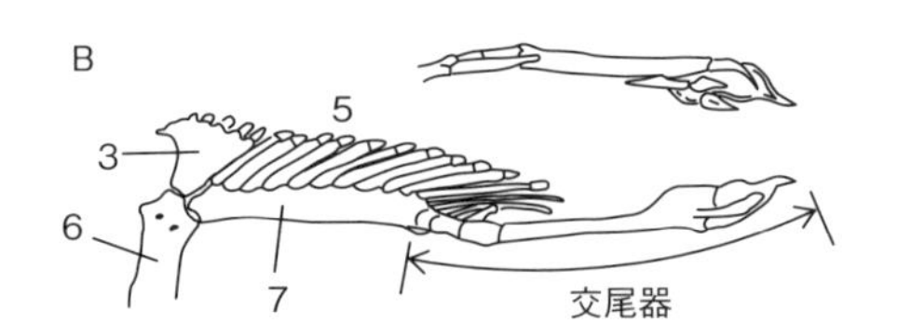

図5-8　板鰓類の肩帯・腰帯および対鰭骨格
A：肩帯（左：側面図）と胸鰭骨格（右：背面図）との関係，B：腹鰭および交尾器の骨格（体左側・腹面図：その上方に交尾器の背面図を示す）（Shirai[13] を略写）．
A：アブラツノザメ，B：オオカスミザメ．
1：烏口軟骨，2：肩甲軟骨，3：基底軟骨，4：前担鰭軟骨，5：輻射軟骨，6：腰帯，7：後担鰭軟骨（前担鰭軟骨・後担鰭軟骨は，いずれも基底軟骨の1つ）．

胸鰭には，その基部にふつう3個の基底軟骨 basipterygium があり，その外側には輻射軟骨 radials がある．サメ類では輻射軟骨は短く，エイ類では鰭縁辺部にまで伸長する．この特徴は，他の鰭でも同様である．基底軟骨で最も前方に位置する前担鰭軟骨 propterygium はサメ類では短いが，エイ類では前方に長く伸長し，拡大した体盤の前縁部を支える．トビエイ類の吻部やイトマキエイ類の頭鰭 cephalic fin は胸鰭の輻射軟骨で支えられる．

腰帯 pelvic girdle は，腹腔の後端にある不対の棒状軟骨片 puboischiadic bar からなる（図 5-8B）．その端部は腹鰭を支える関節突起となり，ここで2個の基底軟骨が支持される．雄では，体後方に伸びる後担鰭軟骨 metapterygium に続いて，交尾器 claspers が発達する．交尾器は，複雑な骨格要素で構成される．

ギンザメ類の肩帯でも烏口軟骨と肩甲軟骨が癒合し，さらに左右の烏口軟骨が腹面で癒合する．肩甲軟骨は椎体癒合体には達しない．胸鰭には2個の基底軟骨があり，そのうちの前担鰭軟骨が肩帯と関節する．腰帯は，左右の骨格が離れることがある．腹鰭の基底軟骨は1個である．

5-3-5　背鰭・臀鰭・尾鰭

軟骨魚類の背鰭の骨格は，基本的に，基底軟骨とその背方にある輻射軟骨からなり，ふつう脊柱から離れて位置する（図 5-9A-C）．発達した背鰭棘をもつネコザメ類やツノザメ類の一部，ノコギリザメ類，カスザメ類およびエイ類の

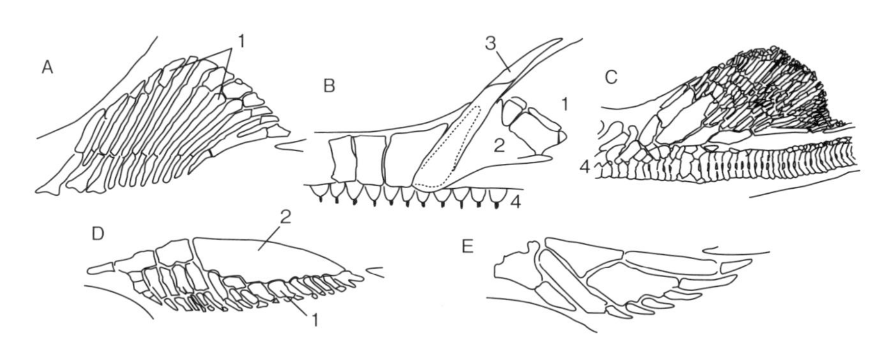

図 5-9　板鰓類の背鰭および臀鰭骨格
A-C：背鰭骨格，D・E：臀鰭骨格（C：Nishida[12]，その他：Shirai[13] を略写）
A：オオセ（第2背鰭），B：アブラツノザメ（第2背鰭），C：ウシバナトビエイ（第1背鰭），D：エビスザメ，E：ミズワニ．
1：輻射軟骨，2：基底軟骨，3：背鰭棘，4：脊柱．

多くでは，基底軟骨は脊柱によって直接支持される．ネコザメ類を除くネズミザメ・メジロザメ類では基底軟骨を欠き，背鰭は輻射軟骨のみで支えられる．板鰓類の背鰭は，ノコギリザメ類，カスザメ類およびエイ類で左右に倒すことができるが，その他では動かすことはできない．臀鰭がある場合は，その骨格はふつう背鰭と同様の形態をもつ（図 5-9D，E）．

尾鰭は，その形態に関わらず，その後端付近まで走る脊柱によって支えられる．異尾型の尾鰭では，脊柱の背方に上索軟骨 epichordal radial が 1 列に並び，腹方では血管突起が尾柄部の脊椎骨よりもやや腹方に張り出して，尾鰭の下葉を支える（図 5-7C，G）．

ギンザメ類は第 1 背鰭には 1 個の基底軟骨とその前縁に可動的で発達した棘をもち，これらは椎体癒合体に直接支えられる．第 2 背鰭は多数の輻射軟骨によって支えられる．

5-4　硬骨魚類

内部骨格は中軸骨格 axial skeleton（神経頭蓋，内臓頭蓋，脊索・脊柱）と付属骨格 appendicular skeleton（肩帯，腰帯，担鰭骨）に区分される．以下に主に真骨類を中心として一般的な骨格要素を解説する．各要素の和名と英名は一般的に使用されているものを用いた[1, 18, 19]．要素の消失や癒合が生じ，すべての要素をもたない場合も多い．

5-4-1　神経頭蓋

頭骨 skull のうち，脳，鼻，眼，内耳などの感覚器官を保護・収容する部分を神経頭蓋という（図 5-10）．神経頭蓋の背面には感覚管が走り，眼下骨，前鰓蓋骨，肩帯などのそれと連絡する．神経頭蓋の後端部には大後頭孔があり，脳から発した脊髄がこれを通過して後方に伸びる．神経頭蓋は鼻殻域 olfactory region，眼窩域，耳殻域，および頭蓋床域 basicranial region に区分される．

鼻殻域は 1 個の前鋤骨 prevomer，上篩骨 supraethmoid（dermethmoid）と篩骨 ethmoid, および 1 対の前篩骨 preethmoid，側篩骨 lateral ethmoid と鼻骨 nasal から構成される．ニシン類，コイ類，サケ類などでは前篩骨と上篩骨はあるが，スズキ類などではこれらを欠く．また，カワカマス類では篩骨がなく，1 対の伸長した膜骨要素（proethmoid）がある．眼窩域は 1 個の基蝶形骨 basisphenoid,

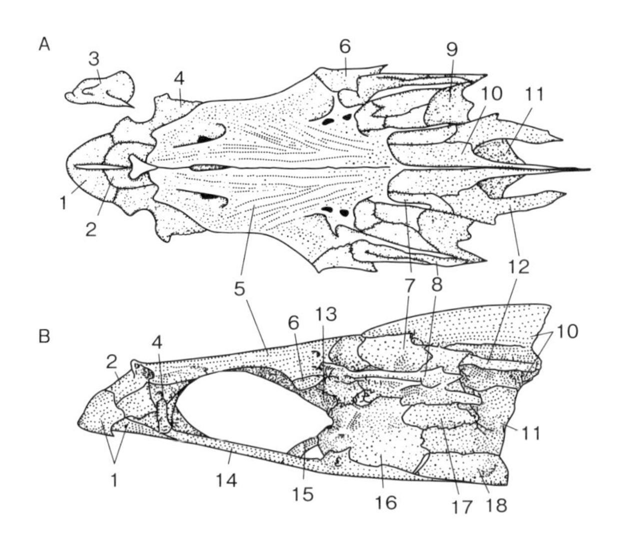

図 5-10　真骨類（スズキ）の神経頭蓋
A：背面，B：側面．
1：前鋤骨，2：篩骨，3：鼻骨，4：側篩骨，5：前頭骨，6：蝶耳骨，7：頭頂骨，8：翼耳骨，9：外後頭骨，10：上後頭骨，11：外後頭骨，12：上耳骨，13：翼蝶形骨，14：副蝶形骨，15：基蝶形骨，16：前耳骨，17：間在骨，18：基後頭骨．

1 対の前頭骨 frontal，翼蝶形骨 pterosphenoid と眼球の裏面にある強膜骨 sclerotic，および 1 個または 1 対の眼窩蝶形骨 orbitosphenoid から構成される．眼窩蝶形骨はニシン類やコイ類にはあるが，サケ類，タラ類，スズキ類などにはない．耳殻域は 1 対の蝶耳骨 sphenotic，翼耳骨 pterotic，前耳骨 prootic，上耳骨 epiotic，外後頭骨 exoccipital，頭頂骨 parietal と間在骨 intercalar，および 1 個の上後頭骨 supraoccipital から構成される．前耳骨には三叉顔面神経孔 trigeminofacial foramen が，また外後頭骨には迷走神経孔 vagus foramen がある．頭蓋床域は 1 個の副蝶形骨 parasphenoid と基後頭骨 basioccipital から構成され，後端で第 1 脊椎骨と関節する．この関節には，コイ類やサケ類などでは基後頭骨のみが関与し，タラ類やスズキ類などでは基後頭骨と外後頭骨が関与する．

5-4-2　内臓頭蓋

A.　囲眼骨 circumorbital

眼の周囲を取り囲む骨（図 5-11A）．眼下骨 infraorbital は 5 個前後の要素で構成され，眼の下方と後方に位置する．最前の第1眼下骨を涙骨 lachrymal とよぶこともある．コイ類などでは眼の上方に眼上骨 supraorbital があるが，この骨要素はスズキ類やカサゴ類などにはない．一部のスズキ類などには第3眼下骨の内側に板状の突起（眼下骨床 suborbital shelf）があり，眼球を下から支えるが，カンムリキンメダイ類などではこの突起はない．カサゴ類やカジカ類などでは第3眼下骨の後部に突出部（眼下骨棚 suborbital stay）があり，この存在が従来のカサゴ目の特徴とされてきた．

B. 懸垂骨 suspensorium

口腔部と鰓蓋部に区分される（図5-11A）．口腔部は口蓋骨 palatine，外翼状骨 ectopterygoid，内翼状骨 endopterygoid，後翼状骨 metapterygoid，方形骨 quadrate，接続骨 symplectic および舌顎骨 hyomadibula から構成され，口腔の背側面を形成する．鰓蓋部は前鰓蓋骨 preopercle，間鰓蓋骨 interopercle，主鰓

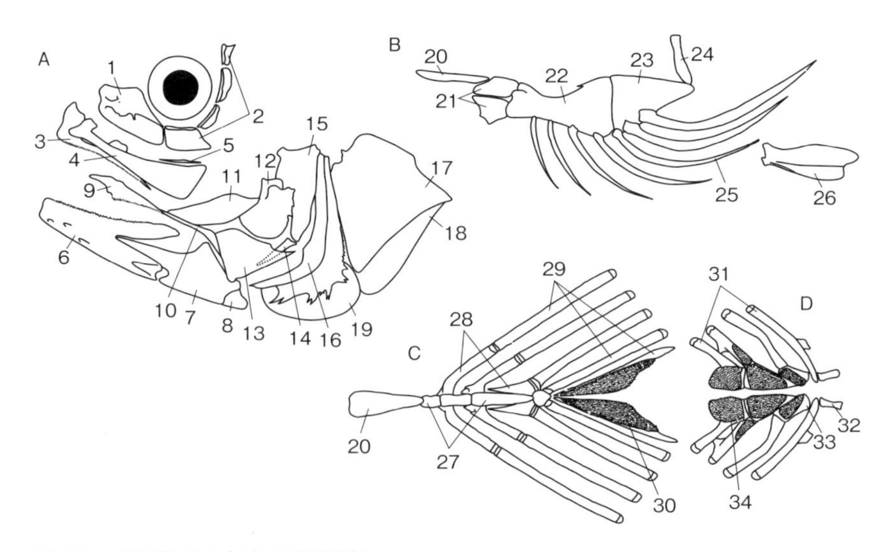

図5-11　真骨類（スズキ）の内臓頭蓋
A：眼下骨，懸垂骨，顎骨，B：舌弓，C：鰓弓下半部と舌，D：鰓弓上半部．
1：第1眼下骨（涙骨），2：第2～5眼下骨，3：前上顎骨，4：主上顎骨，5：上主上顎骨，6：歯骨，7：角骨，8：後関節骨，9：口蓋骨，10：外翼状骨，11：内翼状骨，12：後翼状骨，13：方形骨，14：接続骨，15：舌骨，16：前鰓蓋骨，17：主鰓蓋骨，18：下鰓蓋骨，19：間鰓蓋骨，20：基舌骨，21：下舌骨，22：角舌骨，23：上舌骨，24：間舌骨，25：鰓条骨，26：尾舌骨，27：基鰓骨，28：下鰓骨，29：角鰓骨，30：下咽頭歯，31：上鰓骨，32：第1咽鰓骨，33：第2咽鰓骨，34：上咽頭歯．

蓋骨 opercle および下鰓蓋骨 subopercle から構成され，鰓蓋を支持する．

C. 顎　弓

上顎は前上顎骨 premaxilla，主上顎骨 maxilla および上主上顎骨 supramaxilla から構成される（図 5-11A）．ニシン類などでは前上顎骨と主上顎骨の下縁に歯があり，また後者の方が前者よりきわめて大きい．スズキ類やカサゴ類などでは前上顎骨のみに歯を備え，上顎の咀嚼面をなす．タラ類やスズキ類などでは前上顎骨の前部には上向突起 ascending process があり，その後部に吻軟骨 rostral cartilage が付着する．吻軟骨が神経頭蓋の前部と関節・スライドすることで，上顎を前方に突出させることができる．ニシン類などの上向突起がない魚類では前上顎骨の前部が神経頭蓋と緩く関節し，これを起点として上顎を回転運動させることで開口させる．ニシン類，サケ類，下位のスズキ類などでは 1 ～ 2 個の上主上顎骨があるが，カサゴ類や高位のスズキ類などではこの骨はない．

下顎は歯骨 dentary，角骨 angular および後関節骨 retroarticular から構成される（図 5-11A）．歯骨と角骨には感覚管が通り，前鰓蓋骨のそれと連続し，前鰓蓋下顎管 preoperculo-mandibular canal を形成する．下顎歯は歯骨のみに限定される．角骨の内側面には棒状のメッケル軟骨がある．メッケル軟骨の後側部に板小骨 coronomeckelian がある．

D. 舌　弓

基舌骨 basihyal，尾舌骨 urohyal，下舌骨 hypohyal，角舌骨 ceratohyal，上舌骨 epihyal，間舌骨 interhyal および鰓条骨 branchiostegal ray から構成される（図 5-11B）．基舌骨は口床前部の正中線上に位置し，舌を支持する．尾舌骨は基舌骨の後下方にあり，肩帯下部から伸びる胸骨舌骨筋が挿入する．下舌骨，角舌骨，上舌骨，間舌骨および鰓条骨は懸垂骨の内側面に位置する．下舌骨は 2 個の要素からなる．間舌骨は懸垂骨の内側面と関節する．角舌骨と上舌骨の下部に鰓条骨が懸垂され，鰓膜 branchial membrane を支持する．鰓条骨数は魚類の中でも様々で，例えば，ニシン類では 6 ～ 20 本と変異に富み，スズキ類では基本的に 7 本である．

E. 鰓　弓

頭部の左右に通常 5 対あり，前縁で鰓耙，後縁で鰓弁を支持する．口床の正中線上にふつう 3 個の基鰓骨 basibranchial が並ぶ．基鰓骨の左右から下鰓骨 hypobranchial，角鰓骨 ceratobranchial，上鰓骨 epibranchial および咽鰓骨 pharyngobranchial が対をなして並ぶ（図 5-11C，D）．このうち下鰓骨と角鰓骨は鰓弓の下枝を，上鰓骨と咽鰓骨が上枝を形成し，咽鰓骨は口腔の上壁に位置する．第4～5鰓弓の咽鰓骨は多くの場合で癒合して上咽鰓骨 upper pharyngeal となり，第5鰓弓の角鰓骨は変形して下咽鰓骨 lower pharyngeal となる．上・下咽鰓骨は通常は咽頭歯 pharyngeal tooth を備える．

5-4-3　脊索・脊柱

A. 脊　索

真骨類では個体発生の初期に形成され，発生初期の魚体の軸となる．多くの場合，脊索は発生が進むにつれて脊椎骨に置き換わるが，ワニトカゲギス類では成魚でも神経頭蓋と最前の脊椎骨の間で脊索が残る[20]．シーラカンス類，肺魚類やチョウザメ類では脊柱は骨化せず，脊索が生涯にわたって体を支持する．

B. 脊　柱

脊椎骨から構成され，体の中軸部に位置し，脊索と脊髄を包み，これらを保護する（図5-12）．脊椎骨は神経頭蓋の後方に位置する一連の骨で，前部の腹椎骨と後部の尾椎骨に大別される．両骨ともに背側に神経弓門があり，この中を脊髄が通過する．神経弓門の背側には神経棘 neural spine がある．尾椎骨の腹側には血管弓門があり，この中を尾動脈 caudal artery と尾静脈 caudal vein が通過する．血管弓門の腹側には血管棘 hemal spine がある．腹椎骨の腹側部には横突起 parapophysis があり，ここに肋骨の端部が付着する．横突起のほか，椎体には前背部の前神経関節突起 neural prezygapophysis，後背部の後神経関節突起 neural postzygapophysis，前腹部の前血管関節突起 hemal prezygapophysis，および後腹部の後血管関節突起 hemal postzygapophysis の4本の突

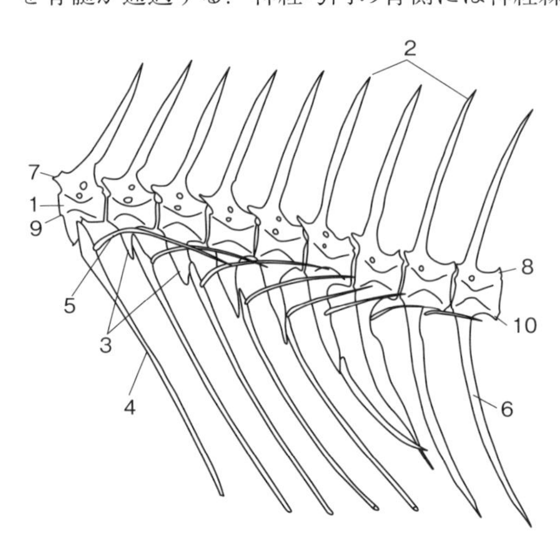

図5-12　真骨類（マダイ）の第5～13脊椎骨
1：椎体，2：神経棘，3：横突起，4：肋骨，5：上神経骨，6：血管棘，7：前神経関節突起，8：後神経関節突起，9：前血管関節突起，10：後血管関節突起．

起があり，椎体同士の関節を強化する．肋骨の他にも以下の肉間骨 intermuscular bones の要素が脊椎骨に付随し，体側筋中に埋没する．すなわち，肋骨の側方にある上肋骨 epipleural，椎体の側面に位置する上椎体骨 epicentral，神経棘の後側方にある上神経骨 epineural，および体側筋の上部屈曲部と下部屈曲部に平行に並ぶ筋骨竿 myorabdoi である．ニシン類などではこれらの要素をすべてもつが，スズキ類などでは肋骨の上方に 1 要素があるのみである．従来はこの要素は上肋骨と考えられていたが，1990 年代に多くの魚類の形態比較からこの要素は上神経骨と相同と判断されている[21]．ダルマガレイ類でも多くの肉間骨が存在する[22]．

C. 尾　骨 caudal skeleton

多くの真骨類では後方の数個の脊椎骨が変形して尾骨を形成し，これによって尾鰭を支持する（図 5-13）．真骨類では最後部の脊椎骨は尾鰭椎 ural centrum となる．この要素はニシン類やサケ類などでは 2 個あるが，多くの場合，第 1 尾鰭椎前椎体 preural centrum と癒合し，1 個の尾部棒状骨 urostyle を形成する．ヒメ類などでは前方の第 1 尾鰭椎のみが第 1 尾鰭椎前椎体と癒合し，後方の第 2 尾鰭椎は独立の骨として存在する．尾鰭椎や尾部棒状骨の背側には，左右対となった 1 ～ 3 個の尾神経骨 uroneural がある．尾神経骨の背側には神経棘が変化した上尾骨 epural がある．上尾骨の数は魚種によって変化するが，真骨魚類ではふつう 3 本以下である．尾鰭椎や尾部棒状骨の後方には数枚の棒状あるいは扇状の下尾骨 hypural がある．下尾骨の数は魚種によって様々で，下尾骨間の癒合もよくみられる．第 1 尾鰭椎前椎体または尾部棒状骨の下方の要素は準下尾骨 parhypural とよばれる．この骨には尾動脈と尾静脈が通過する孔があり，この孔の前縁には下尾骨側突起 hypurapohysis がある．下尾骨と準下尾骨は血管棘が変化したものと考えられている．これらの骨は後縁で尾鰭鰭条を支持する．

5-4-4　付属骨格

A. 肩　帯

胸鰭を支持する．上側頭骨 supratemporal（extrascapular），後側頭骨 posttemporal，上擬鎖骨 supracleithrum，擬鎖骨 cleithrum，後擬鎖骨 postcleithrum，肩甲骨 scapula，烏口骨 coracoid および射出骨 actinost から構成される（図 5-14A，B）．肩帯は後側頭骨によって神経頭蓋の後部と接合する．

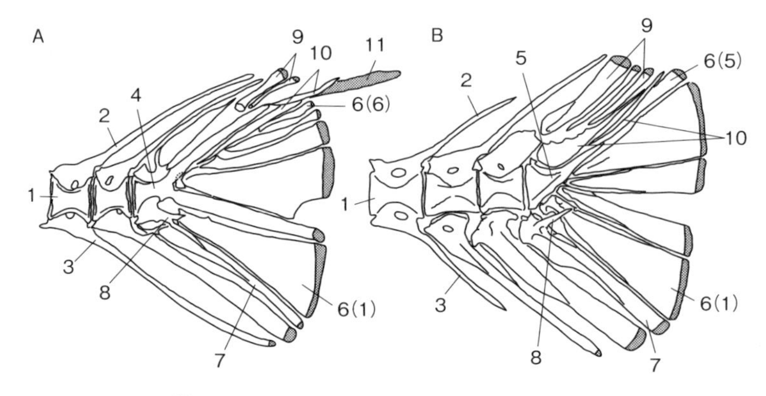

図 5-13　真骨類の尾骨[16)]
A：カタクチイワシ，B：スズキ
1：椎体，2：神経棘，3：血管棘，4：尾鰭椎前椎体＋尾鰭椎，5：尾部棒状骨，6（1）：第1下尾骨，6（5）：第5下尾骨，6（6）：第6下尾骨，7：準下尾骨，8：下尾骨側突起，9：上尾骨，10：尾神経骨，11：脊索周縁軟骨．

後側頭骨には感覚管が走り，上擬鎖骨の感覚管とともに頭部感覚管を側線に中継する．後側頭骨の前方に通常1～2個の上側頭骨が位置し，この骨も感覚管を支持する．後擬鎖骨は腋下部にあり，通常2～3個である．上擬鎖骨の内側面からボーデロ靭帯 Baudelot's ligament が伸び，この靭帯は多くの棘鰭類では基後頭骨の側面に付着するが，ハダカイワシ類などでは第1椎体の側面に付着する．ニシン類やサケ類などでは肩甲骨と烏口骨の間に中烏口骨 mesocoracoid がある．射出骨は肩甲骨と烏口骨の後方にあり，胸鰭を支持する．肉鰭類，ポリプテルス類，チョウザメ類，アミアなどでは擬鎖骨の下に鎖骨 clavicle がある．肩帯構成要素のうち，肩甲骨，烏口骨および中烏口骨は軟骨由来の硬骨で一次性肩帯 primary shoulder girdle とよばれるのに対し，上側頭骨，後側頭骨，上擬鎖骨，擬鎖骨，後擬鎖骨および鎖骨は膜骨性で二次性肩帯 secondary shoulder girdle とよばれる．

B. 腰　帯

腹鰭を支持する1対の骨で，腰骨 pelvic bone ともよばれる（図 5-14C）．腰帯はカサゴ類やスズキ類では喉部や胸部に位置し，前部で擬鎖骨と関節するが，ニシン類やコイ類などでは腹部に位置し，擬鎖骨とは関係しない．一部のゲンゲ類やイレズミコンニャクアジの成魚のように腹鰭をもたない魚類が知られる．クサウオ類，ハゼ類，ウバウオ類では腰骨と腹鰭条が特殊化し腹鰭が吸盤状に

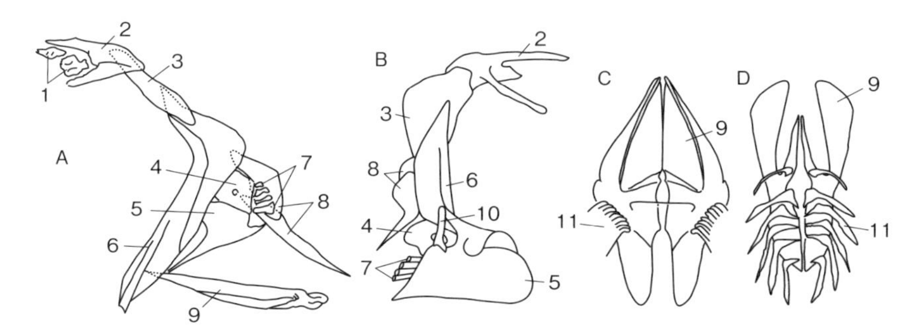

図 5-14 真骨類の肩帯（A・B）と腰帯（C・D）
A：スズキ（外側面），B：ウルメイワシ（内側面），C：トカゲエソ（腹面），D：ビクニン（腹面）.
1：上側頭骨，2：後側頭骨，3：上擬鎖骨，4：肩甲骨，5：烏口骨，6：擬鎖骨，7：射出骨，8：後擬鎖骨，9：腰帯，10：中烏口骨，11：腹鰭鰭条.

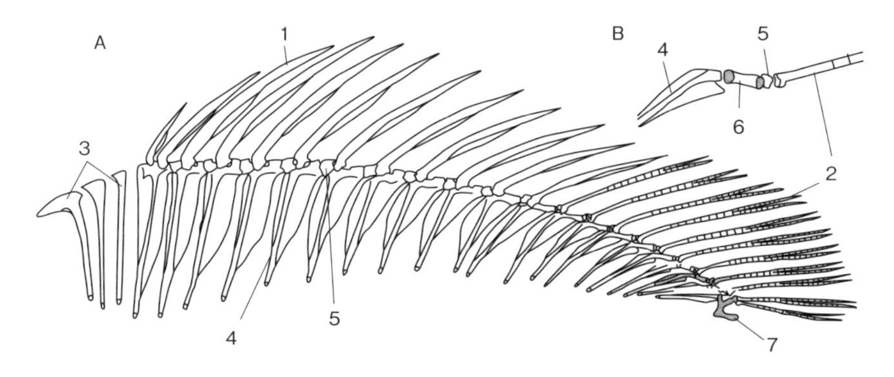

図 5-15 真骨類（マダイ）の担鰭骨
A：背鰭担鰭骨，B：軟条基底部の拡大.
1：棘条，2：軟条，3：上神経棘，4：近位担鰭骨，5：遠位担鰭骨，6：間担鰭骨，7：終端骨.

変化する（図 5-14D）.

C. 担鰭骨

背鰭と臀鰭を支持する骨で，体の背側と腹側に配列する（図 5-15）. 担鰭骨は棒状あるいは葉状で脊柱付近に位置する近位担鰭骨 proximal pterygiophore，その外側に位置する間担鰭骨 median pterygiophore，およびその後方に位置する遠位担鰭骨 distal pterygiophore の 3 要素から構成される．近位担鰭骨と間担鰭骨は癒合することが多い．ふつう，棘条を担う遠位担鰭骨は不対で，軟条を担うものは対構造をなす．背鰭の前方に鰭条をもたず担鰭骨と類似した上神経棘 supraneural がある場合がある．上神経棘と鰭条をもたない担鰭骨の区別は非常に難しい．背鰭と臀鰭の後端の担鰭骨の後方に終端骨 stay がある場合がある．

文　献

1）岩井 保（2005）.「魚学入門」恒星社厚生閣 .

2）Boglione C et al.（2013）. Skeletal anomalies in reared European fish larvae and juveniles. Part 1: normal and anomalous skeletogenic processes. *Rev. Aquacult*. 5（Suppl. 1）: S99-S120.

3）Grotmol S et al.（2003）. Notochord segmentation may lay down the pathway for the development of the vertebral bodies in the Atlantic salmon. *Anat. Embryol*. 207: 263-272.

4）Wake DB（1992）. The Endoskeleton: The comparative anatomy of the vertebral column and ribs. In: Wake MH（ed）. *Hyman's Comparative Vertebrate Anatomy, 3rd ed*. University of Chicago Press. 192-237.

5）Witten PE et al.（2010）. A practical approach for identification of the many cartilagenous tissues in teleost fish. *J. Appl. Ichthyol*. 26: 257-262.

6）Dean MN et al.（2005）. Morphology and ultrastructure of prismatic calcified cartilage. *Microsc. Microanal*. 11（Suppl. 2）: 1196-1197.

7）Hall BK（2015）. *Bones and Cartilage, Developmental and Evolutionary Skeletal Biology, 2nd ed*. Elsevier.

8）Janvier P（1996）. *Early Vertebrates*. Oxford University Press.

9）松原喜代松（1963）. 魚類 .「動物系統分類学 9（上）」（内田 享監修）中山書店 . 19-195.

10）Ota KG et al.（2011）. Identification of vertebra-like elements and their possible differentiation from sclerotomes in the hagfish. *Nat. Comm*. doi: 10.1038/ncomms1355.

11）Compagno LJV（1988）. *Sharks of the Order Carcharhiniformes*. Princeton University Press.

12）Nishida K（1990）. Phylogeny of the suborder Myliobatidoidei. *Mem. Fac. Fish. Hokkaido Univ*. 37: 1-108.

13）Shirai S（1992）. *Squalean Phylogeny: A New Framework of "Squaloid" Sharks and Related Taxa*. Hokkaido University Press.

14）Goto T（2001）. Comparative anatomy, phylogeny and cladistic classification of the order Orectolobiformes（Chondrichthyes, Elasmobranchii）. *Mem. Grad. School Fish. Scie. Hokkaido Univ*. 48: 1-100.

15）Didier DA（1995）. Phylogenetic systematics of extant chimaeroid fishes（Holocephali, Chimaeroidei）. *Am. Mus. Novit*. 3119: 1-86.

16）藤田 清（1990）.「魚類尾部骨格の比較形態図説」東海大学出版会 .

17）Rjo AL（1991）. *Dictionary of Eolutionary Fish Osteology*. CBC Press.

18）Helfman GS et al.（2009）. *The Diversity of Fishes. Biology, Evolution, and Ecology. 2nd ed*. Willey-Blackwell.

19）中坊徹次 , 木村清志（2010）. 硬骨魚類の骨格系 .「新魚類解剖図鑑」（木村清志監修）緑書房 . 34-45.

20）Schnell NK et al.（2010）. New Insights into the complex structure and ontogeny of the occipito-vertebral gap in barbeled dragonfishes（Stomiidae, Teleostei）. *J. Morphol*. 271: 1006-1022.

21）Patterson C, Johnson G（1990）. The intermuscular bones and ligaments of teleostean fishes. *Smithson. Contrib. Zool*. 559: i-iv+1-83, 3 tabs.

22）Amaoka K（1969）. Studies on the sinistral flounders from in the waters around Japan—taxonomy, anatomy and phylogeny—. *J. Shimonoseki Univ. Fish*. 18: 65-430.

6章

摂食・消化

食物は魚類の個体維持や個体群・種族維持に必要なエネルギー源であるとともにミネラルを除く必須栄養素の供給源である．魚類は水界の食物連鎖の中にあって，いろいろな方法で摂食行動をする．魚類の摂食の過程は，餌生物や餌飼料の認識，摂餌，嚥下，消化，吸収を経て，未消化物は体外に排泄される．この過程には，視覚，嗅覚，味覚などの感覚器官により摂餌対象物の検知が行われ，続いて対象物への接近や追跡ならびに摂餌に骨格や筋肉などの運動器官が働いて摂餌に至る．捕食者の摂餌能力と被食者の隠蔽・逃避能力との相互関係で最終的な摂餌の成否が決まるので，常に摂餌が成立するわけではない．また，摂餌後の嚥下が成立するかも餌生物や餌飼料のサイズと口径との相互関係などにより決まるため，摂餌が起こっても嚥下に至らず吐き出すこともある．摂食機構は無顎類と顎口類とでは基本的に違うが，顎をもつ魚類でも，餌の種類と性質およびその多寡，生息場所，他の動物との被捕食関係，魚類自身の成長段階などによって，摂食する食物の種類は大きく異なる．

6-1　口

口の形態は顎の構造および機能と密接な関係がある（図6-1）．現存の無顎類は顎が形成されないので，口は特異な形態を示す．特にヤツメメウナギ類の口は，寄生生活に適応して吸盤状になっている．軟骨魚類では，通常，口は頭部下面に開く．口蓋方形軟骨と頭蓋骨との関節状態によって，顎の開閉効率に多少の違いがあり，舌接型の上顎は可動状態にあるが，大きく伸出させることはできない．

条鰭類，特に真骨類では，開口時に上顎を伸出させるものが多い．伸出機構には上顎を縁取る骨の動きが深く関与する．原始的な真骨類では，上顎の縁辺は前上顎骨と主上顎骨とによって縁取られ，伸出の度合いは小さい．進化した真骨類では前上顎骨が長く後方へ伸びて上顎の縁辺を縁取り，さらにその前端背方に上向突起が発達する（図26-7）．これによって上顎の可動性は向上し，

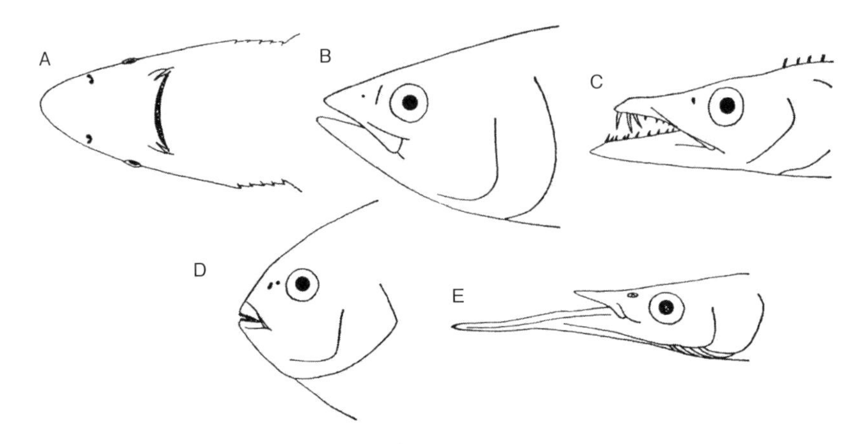

図 6-1　魚類の口（B-E は Suyehiro[1] を改変）
A：アブラツノザメ，B：キハダ，C：タチウオ，D：メジナ，E：サヨリ．

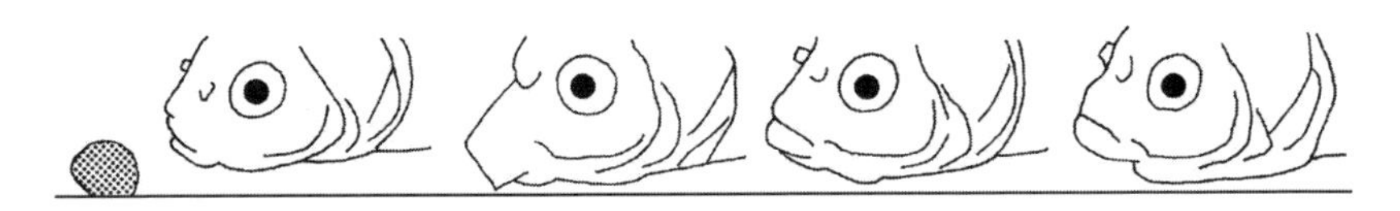

図 6-2　フナ類の摂食に伴う口の動き[2]

前方へ伸出させることによって口は前へ突出して，餌生物を効率よく口内に吸い取ることができる（図 6-2）．

口の位置や大きさは魚類の摂食行動と密接な関係がある．例えば，遊泳しながら小魚に襲いかかる種（カツオなど）では，口は頭部前端に位置する．底生生物を主な餌とする種（チョウザメなど）では，口は下位または下方へ曲がっている．前上方の餌を捕食する種（アンコウなど）では，口は上位または上向きになっている．これは一般的な傾向であり，もちろん例外もある．カタクチイワシは，下顎を大きく開くことに関連して吻が長く突出し，口は下位にある．マイワシのように，口が多少上向きになっていても，開口時には体軸の前端に開く状態になる例もある．このような口は機能的には前向きの口といえよう．

口の位置は，成長段階によっても変わることがある．多くの魚類は仔稚魚期には前向きの口を備える．このような口は仔稚魚が遊泳しながらプランクトンを摂食するのに適している．成長とともに餌生物の種類や大きさが変化するのに伴って顎の形に変化が生じ，上向きあるいは下向きの口になる．

口裂の大きさも摂食生態を反映することが多い．デトリタス食者（ボラなど），プランクトン食者（キビナゴなど），小型底生生物食者（カレイ類の一部など）の口は一般に小さい．魚食者（マダラなど）の口は大きい．また，自らよく動いて摂食する魚類の口は相対的に小さく，餌生物の接近を待ち伏せして襲う魚類の口は大きい傾向があるという．餌生物の少ない深海に生息する種（ホウライエソなど）では，多量の餌あるいは大型の餌を捕食できるように著しく大きい口を備える．

口内に取り入れられた食物は，口腔 oral cavity（buccal cavity），舌弓，鰓弓の内側を経由して咽頭 pharynx へ運ばれる．魚類の口腔では唾液腺を有する哺乳類などと異なり，消化酵素は分泌されない．

口は仔魚が受精卵から孵化して最も早く機能的になる摂餌器官である．口を支持するメッケル軟骨や前上顎骨，舌骨なども個体発生の最初期に形成されるが，仔魚期にはプランクトンなどの比較的やわらかい餌をとるため，摂餌形態も口腔内を陰圧にして，口のすぐ前に存在する餌生物を吸い込む吸い込み型の摂餌を行う．上顎や下顎に歯が発達し，体全体の筋肉系や骨格系が分化し，活発な遊泳を行える時期になると，餌生物を追跡し，これに噛み付くことで摂餌を行うようになる[3]．このころになると後述する消化能力も発達し，肉食性のものではプランクトン食性から魚食性に変化する．また，カワスズメの一部やオオクチバスなどでは被食者を襲う際に左右性があり，口の形もそれにより左右にやや偏っていることが知られている．この左右性は，仔魚期には顕著ではないが，成長とともに顕在化する．

6-2　歯

歯は摂食に際して重要な役割を果たすが，無顎類と，軟骨魚類，シーラカンス類，肺魚類および条鰭類とでは，その基本構造に違いがある．無顎類の歯は角質歯 honey tooth とよばれ，ケラチン質の層を中心に構成される[4]．構造は単純であるが，宿主動物に吸着するとか，他の動物の外皮に穴をあける習性に適応して先端は鋭くとがる．軟骨魚類とシーラカンス類，肺魚類および条鰭類の歯は種によって外形には著しい違いがあるが，基本構造はほぼ同じで，外側からエナメロイド enameloid，象牙質 dentine，および歯髄 dental pulp の 3 層によって構成される．魚類の歯の最外層を覆うエナメロイドは，哺乳類の歯にみられるエナメル質に似た高度に石灰化した組織であるが，エナメル質を分泌する細胞が外胚葉性の細胞であるのに対し，エナメロイドを分泌するのは中胚葉性の細胞であること，エナメル質中にはほとんど有機基質が含まれないのに対し，エナメロイド中にはコラーゲン線維が含まれることなどの違いがある．その発達程度は種によって異なり，歯の全表層を覆う型や，歯の先端部に冠状に付着する型などがあるが，ときには欠落することもある．象牙質もその構造によって，細胞体を内蔵する骨様象牙質 osteodentine，血管が分布する脈管象牙質 vasodentine，象牙細管を内蔵する真正象牙質 orthodentine などに分けられることがある．歯髄は歯の中心部に位置し，ここに血管や神経が入り込んでいる．

魚類の歯の形とその配列様式は食性を反映していることが多い（図 6-3）．軟骨魚類では，一般に肉食性の種（ホホジロザメなど）の歯は鋭くとがり，硬い餌生物を好む種（ネコザメ，シュモクザメなど）の歯は押し潰すのに適した臼歯状，プランクトン食性の種（イトマキエイなど）の歯は退化傾向にある．板鰓類では，最前列の作用歯の後方に数列の歯が並んでいて，歯は定期的にかなり頻繁に交換される．その頻度は種によって，また，成長段階によって異なるが，平均して 2 週間といわれる．作用歯の後列の歯が順次ベルトコンベヤー式に送り出されて交換が行われる（図 6-3A，D，E）．また，作用歯が欠損するか，あるいは脱落しても，同様の方式によって補充される．板鰓類とは類縁関係のかなり遠いボウズハゼでも，板鰓類と同様の方式により歯が補充されるが，ボウズハゼは石に繁茂する珪藻類を細かい歯で削り採って食べるため，消耗する歯を頻繁に交換する必要があるためと考えられる[7]．

真骨類では円錐歯 conical tooth とよばれる歯が一般的であるが，種によっていくつかの変形がある．活発に遊泳しながら魚類などを捕食するカツオやサワラなどの歯は小さいが円錐形で鋭い．待ち伏せ式の摂食法をとるマエソやアンコウなどの歯は細く鋭く，かつ多数並ぶ．貪食のミズウオやタチウオの歯は鋭く強固で，犬歯状歯 canine like tooth または牙状歯 fanglike tooth とよばれる（図 6-4A）．餌を噛み切る食性のアオブダイやフグ類の歯は板状の切歯状歯 incisor like tooth とよばれる．甲殻類などを破砕して食べるマダイなどは鋭い円錐歯と臼歯 molar tooth とを備える．アユは川へ上って付着藻類を摂食するようになると，両顎に櫛状歯 comb like tooth が発達する．藻類食者のメジナ

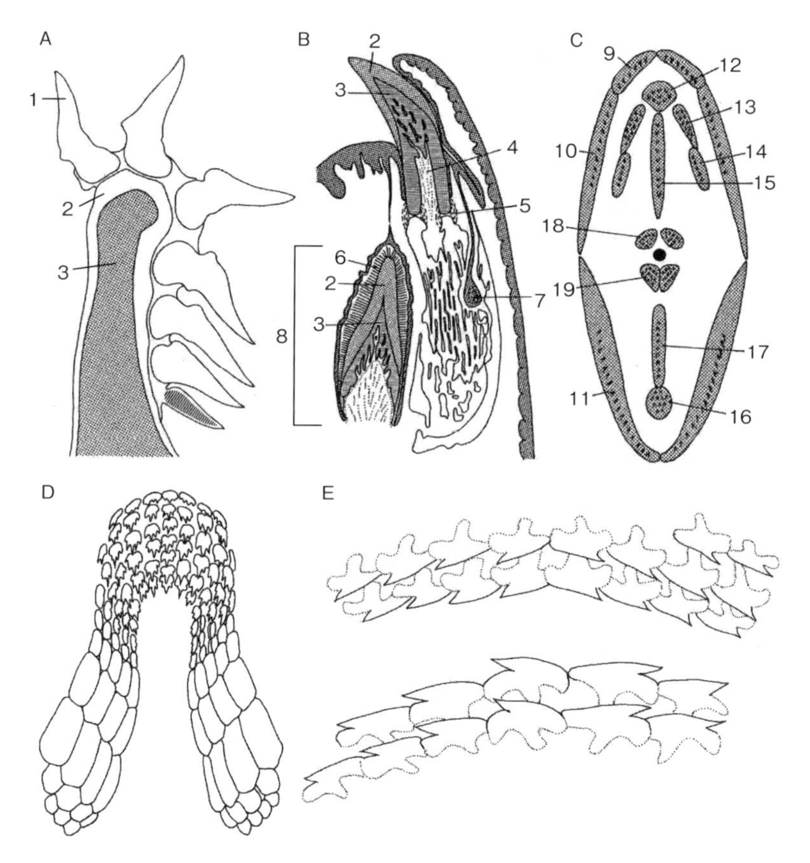

図6-3　魚類の歯の配列と構造
A：ネズミザメの上顎縦断模式図（James[5]を改変），B：ニザダイ[6]の上顎縦断面図，C：真骨類の口部の歯の配列，D：ネコザメの下顎歯，E：アブラツノザメの上下顎歯の一部．1：作用歯，2：エナメロイド，3：象牙質，4：歯髄，5：結合組織，6：舌側歯胚の上皮層，7：唇側歯胚，8：歯胚，9：前上顎骨，10：主上顎骨，11：歯骨，12：前鋤骨，13：口蓋骨，14：内翼状骨，15：副蝶形骨，16：基舌骨，17：基鰓骨の歯板，18：上咽頭歯，19：下咽頭歯．

の歯は先端が指状である（図6-4B）．真骨類では歯の補充様式は萌出式で，作用歯の前後の真皮中に補充歯となる歯胚 tooth germ が存在し，作用歯が脱落すると，それらが萌出して作用歯になる（図6-3B）．

摂食に直接作用するのは両顎の歯であるが，真骨類では両顎のほかに口腔に面する骨に歯を備える種が少なくない．上顎の伸出機構が未発達の種では，前

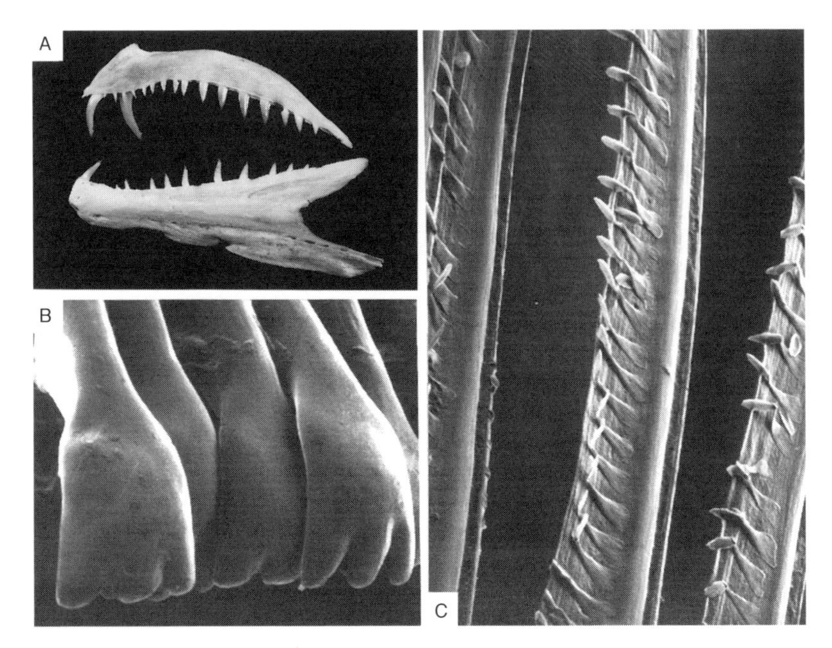

図 6-4　真骨類の顎骨（A・B）と鰓耙（C）
A：タチウオ，B：メジナ，C：マイワシ．

鋤骨，副蝶形骨，口蓋骨，内翼状骨，基舌骨，基鰓骨などのいずれかに歯が発達し，摂食に関与する（図 6-3C）．これらの骨の歯の有無は分類形質として利用される．真骨類には咽頭歯を備える種が多い．咽頭歯は腹側の第 5 角鰓骨と，背側の上鰓骨，咽鰓骨に付属し，口腔から送られてきた食物を捕らえて食道へ送り込む．その発達状態は種によって，また，食性によって異なる．例えば，オオクチバス類，ベラ・ブダイ類，ウミタナゴ，カワスズメ類などでは背腹両面の咽頭歯が発達してよく機能する咽頭顎を形成し，咀嚼の機能をもつ[8, 9]．両顎の歯を欠くコイ類では下咽頭歯のみが発達し，咽頭部背面に相対して発達する咀嚼台 chewing pad と噛み合わせて食物を咀嚼する[10]（図 6-5）．また，左右非相称な体をもつカレイ類などでは，顎の左右で顎に付属する歯の数や歯の有無，鰓耗の数などが異なる．

既述のように，現生種を含めて多くの脊椎動物の歯は通常 3 層構造をしているが，初期軟骨魚類の歯の表面は単層のエナメロイドで，また初期肉鰭類の

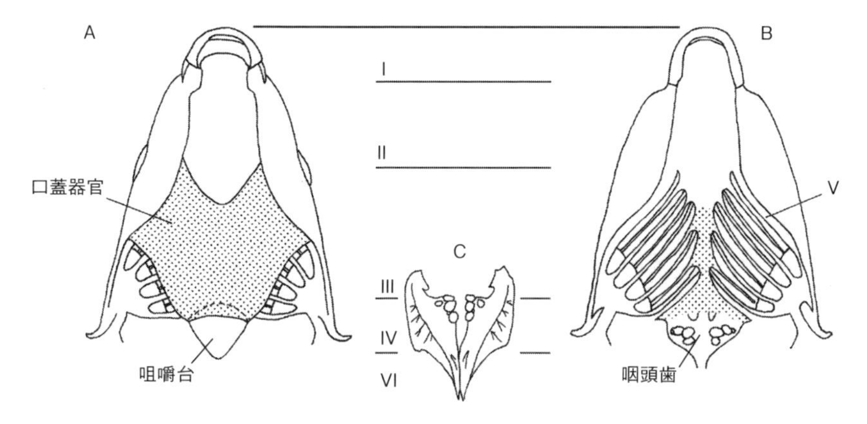

図 6-5　コイの口腔・咽頭部（Sibbing[10] を改変）
A：口腔・咽頭部背面，B：同腹面，C：咽頭歯（拡大）．
I：口腔前部 oral cavity，II：口腔後部 buccal cavity，III：咽頭前部，IV：咽頭後部，V：鰓腔，VI：食道．

歯の表面はエナメル層で覆われている．このことから，歯はより硬くて丈夫な方向へ，すなわち，多層化とエナメロイドからエナメルへと進化したと考えられる[11]．また，すでに絶滅した無顎類である Anaspida 等の皮膚には歯状突起 dentine scale cone が形成されており，歯状突起の 3 層構造が，歯の 3 層構造，すなわち表面が硬質のエナメル（またはエナメロイド），その下に象牙質層，さらにその下に骨質層をもつ構造に類似している[12, 13]．板皮類の顎に歯がなかったことから，外皮の皮骨性歯状突起が顎の形成後に前方から口の中に入り込んだことで，口腔内の歯が進化したとする outside-in hypothesis が提案されている[12, 14]．

歯を形成する象牙質やエナメロイド・エナメルの石灰化に関与するタンパク質 secretory calcium-binding phosphoprotein（SCPP）の遺伝子発現を魚類から哺乳類まで調べると，SCPP に最も類似していて進化的に原始的なタンパク質は，神経組織形成に関与する SPARCL1 で，SPARCL1 は象牙質と骨の非コラーゲン性タンパク質形成に関与する SPARCL から生じたことが報告された[12, 15, 16]．SPARCL1 の出現はヤツメウナギ類との分岐後，軟骨魚との分岐前であり，脊椎動物の初期に起こった 2 回目の全遺伝子重複 whole gene duplication 2 と関連している．また，SCPP の出現は条鰭類と肉鰭類の分岐の前であり，SPARCL1 に起こったタンデム型の遺伝子重複と関連している[16]．その後 SCPP は肉鰭類と条鰭類で独立に進化し，肉鰭類でエナメル形成を獲得した．Outside-in hypothesisでは，皮骨が歯の前駆体であったとしており，歯は外胚葉性となる[12]．一方，口中の歯の起源に関しては咽頭部に形成されている渦型歯状器官pharyngeal denticlesが歯に進化したと考えるinside-out hypothesisも提案されている[17, 18]．現生種の発生初期の観察から渦型歯状器官は内胚葉由来とされ，この仮説によると歯は内胚葉性とみなされる[12, 19]．いずれの仮説にしても歯の起源は顎の獲得以前にまで遡り，歯と顎は別個に進化したと考えられている．最近，原始的な魚類であるガー類では，ヒトを含む他の高次脊椎動物で歯のエナメル質形成に関与するタンパク質であるエナメリン遺伝子が歯には発現しないが，皮膚で発現し，皮膚に存在する鱗に認められるガノインとよばれるエナメルに類似した組織の石灰化を担っていることが示唆された[20]．また，シルル紀やデボン紀の化石魚類では，石灰化組織が皮膚にみられ，その後頭部や歯に広がった過程が観察されており[20]，原始的な魚類では進化の過程で初め皮膚に石灰化構造をもち，これが頭部や歯へと広がったと考えられた．

6-3　鰓　耙

無顎類を除く魚類では，鰓弓の内縁に鰓耙gill rakerとよばれる突起が並ぶ．鰓耙は前後2列に並び，第1鰓弓では前列のものが長い．鰓耙の形，数，発達状態は種によって異なり，食性と関係があるといわれるが，例外もある．また，分類形質としても重視される．軟骨魚類では一部のプランクトン食性の種を除いて鰓耙はあまり発達しない．真骨類の多くは鰓耙を備える（図6-6）．その形は，棟状，へら状，葉状，こぶ状など，種によって様々であり，密度と長さにより7種類（無鰓耙型，細棘型，針状棘型，突起状型，短片粗隔型，長片粗隔型，長片密集型）に分類されている[21]．マイワシ，

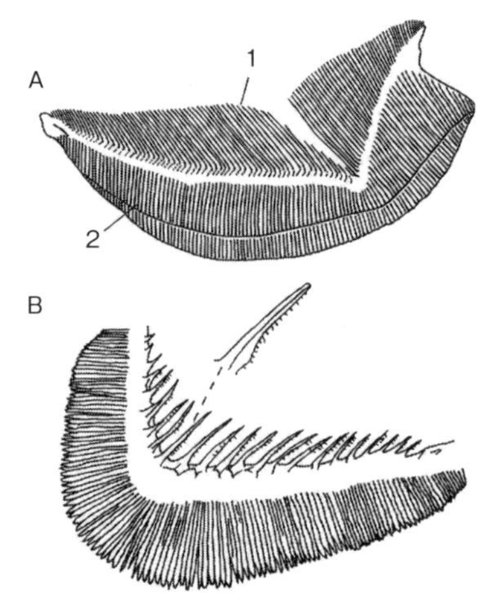

図6-6　真骨類の鰓耙
A：マイワシ，B：ニベ．
1：鰓耙，2：鰓弁．

コノシロ，ボラなどのように微細なプランクトンやデトリタスを濾過して摂食する魚類では鰓耙は長く，かつ密生する．また，鰓耙にはさらに二次的に微小な突起が並び（図 6-4C），濾過時に鰓耙のふるいを形成するようになっている．一方，肉食性の魚類では鰓耙は短く数も少ない．ハモ，アカカマス，アンコウなど，貪食の魚類では鰓耙は退化消失している．各々に食性の異なるフナ類では，底生動物を主に食べる雑食性のキンブナでは鰓耙数は 30 ～ 38 と少なく，底生動物のほか藻類やプランクトンなども食べるギンブナでは 41 ～ 57 とやや多い．一方，植物プランクトンを食べるゲンゴロウブナでは 100 以上ある[22]．このような例は一般的な傾向であって，鰓耙数の多い種がすべてプランクトン食性とは限らないし，鰓耙の発達が悪い種がすべて肉食性とは限らない．

6-4 消化器

消化管 digestive tract（alimentary canal）は発生初期には 1 本の直走する管であるが，成長するにしたがって長さは増し，種によっては複雑に湾曲する．消化管は成魚では，前から食道，胃および腸に区分される．その壁の基本構造は内側から外側へ向かって粘膜 mucosa，粘膜下組織 submucosa，筋肉層 muscular layer および漿膜 serosa の各部からなる．消化管は消化酵素の分泌などの消化に関わる肝臓，胆嚢，膵臓などの器官とともに腹腔内に収納されており，食物の摂餌，貯蔵，消化および吸収を行う（図 6-7）．摂食された餌は，口腔，咽頭，食道，胃および腸の順番に移動する際に物理的，化学的に細かい粒子にまで分解され，吸収される．また，消化管中には肝臓や膵臓，胆嚢などに由来する消化腺が分布しており，消化液を分泌している．消化酵素を分泌する肝臓や膵臓，幽門垂は，餌の種類により大きさが変わることもあり，魚粉などからなる配合飼料を給餌するとその重量が増加することも知られている．消化管内容物は，筋肉の蠕動 peristalsis によって後方へ運ばれる．

6-4-1 食 道

食道 esophagus は咽頭と胃を結ぶ短い管で，内面には皺の多い粘膜が発達する．粘膜上皮は前部では多層扁平上皮であるが，後部では単層円柱上皮へ移行する．多層上皮中には多数の粘液細胞があり（図 6-8A），組織学的染色性から少なくとも 2 種類の粘液が分泌される．円柱上皮の部分は海水中で浸透圧調

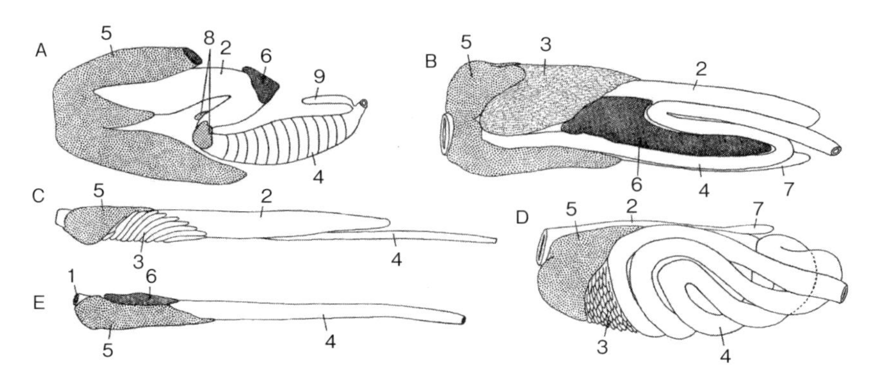

図 6-7　魚類の消化管など（B-E は Suyehiro[1] を改変）
A：アブラツノザメ，B：キハダ，C：タチウオ，D：メジナ，E：サヨリ．
1：食道，2：胃，3：幽門垂，4：腸，5：肝臓，6：脾臓，7：胆嚢，8：膵臓，9：直腸腺．

節に関与するといわれる（10-5-2 参照）．ウナギ類は長い食道をもつが，淡水から海水へ移すと，食道の上皮は水にもイオンにも透過性の低い淡水型から，水・イオンともに透過性の高い海水型へ変化し，ここで飲み込んだ海水の脱塩が行われる[23]．しかしながら，ボラの食道上皮は海水中でも淡水中でも形態に大きな変化はないという[24]．また，種によってはこの部分が消化に関与するともいわれる[25]．このほかイボダイ類では，咽頭と食道の間に 1 対の筋肉でできた食道嚢（咽頭嚢）toothed out pocketings とよばれる袋状の構造をもつ．内部には食道歯を備え，消化に機能していると考えられる．食道の粘膜下組織の発達状態は様々であるが，主として結合組織からなる．筋肉層は内側の縦走筋と外側の環走筋の 2 層からなるが，前者は薄い層である．いずれも骨格筋によって構成されるが，後部は内臓筋の層に変わる．漿膜はきわめて薄く，食道の外面を覆う．一般に淡水魚の方が海水魚よりも食道の収縮に機能する括約筋が強く，これを利用して生育環境中の水の飲み込みを避け，浸透圧の維持を担っていると考えられている．

6-4-2　胃

胃 stomach は食物の貯蔵と消化を行う器官で，吸収は行わない．胃壁は伸縮性に富み，満腹時には著しく拡張する．魚類の胃は入口の噴門部 cardiac portion，腸への出口となる幽門部 pyloric portion，および両者の中間にあって

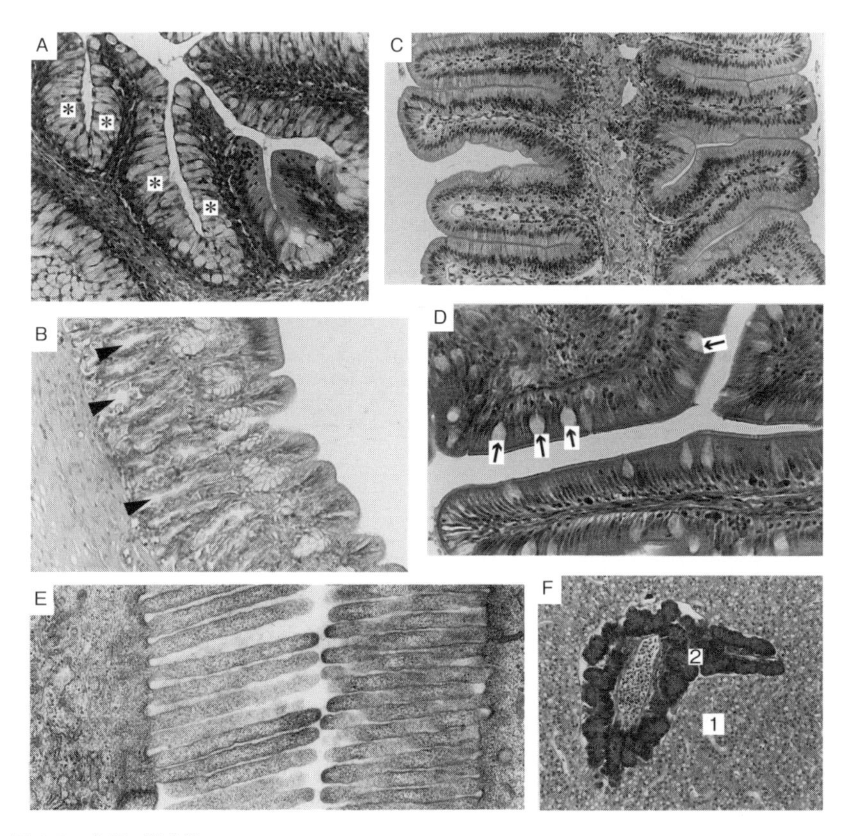

図 6-8　魚類の消化器
A：コイの食道，B：スズキの胃腺，C：ドチザメの螺旋腸の上皮，D：マダイの腸管上皮，E：コイの腸管上皮の条紋縁を形成する微絨毛，F：イシガレイの肝膵臓．
1：肝臓組織，2：膵臓組織，＊：粘液細胞，矢頭：胃腺，矢印：杯状細胞．

食物の貯蔵部となる盲嚢 blind sac の 3 部からなるが，各部の発達状態の差異によって次の 5 型に分けられる[1]．①I 型．各部の分化が不明瞭で，胃は直線状（シラウオ，ヤガラなど）．②U 型．盲嚢部は発達せず，噴門部と幽門部は緩やかに U 字状に連結する（軟骨魚類，コノシロなど）．③V 字型．盲嚢部がわずかに分化し，噴門部と幽門部の境界はとがって V 字状に連結する（サケ，マダイなど）．④Y 字型．盲嚢部は発達し，噴門部と幽門部の境界から後方へ突出する（マイワシ，カタクチイワシ，ニホンウナギなど）．⑤ト型．盲嚢部は著しく大きく，幽門部は盲嚢部の横に付着する（マエソ，マダラ，マサバ，カツオなど）．なお，ヤツメウナギ類，ヌタウナギ類，コイ類，ダツ，サンマ，サヨリ，トビウオ，ベラ・ブダイ類などには胃がない．フグ類は胃をもつが，この部分には胃腺 gastric gland をもたず消化機能はもたない[26]．胃がない魚類は無胃魚 stomachless fish とよばれる．無胃魚は系統分類上の様々な属にみられ，その分類群のすべてが無胃魚とは限らないことから，胃腺の消失は各分類群で独立に起こったと考えられる．

胃の粘膜は発達し，上皮・固有層 tunicapropria，緻密層 stratum compactum，顆粒層 stratum granulosum，粘膜筋層 muscularis mucosae などからなり，胃の内腔へ向かって多数のひだが複雑に隆起する．内面は単層円柱上皮によって覆われる．噴門部の粘膜は肥厚し，上皮の下に多数の腺細胞からなる胃腺が発達する（図 6-8B）．胃腺は上皮の小孔を通して胃の内腔へ開口し，ペプシンの前駆体のペプシノゲンと塩酸を分泌する[27]．魚類では同型の腺細胞からペプシノゲンと塩酸が分泌され，塩酸の分泌はヒスタミンの刺激によって促進されることも知られている[28]．食物が胃に入ると，その刺激によって胃液の分泌が活発になり，胃の中の pH が低下してペプシンによるタンパク質の消化が進む．しかし，無胃魚ではペプシンの分泌を欠くため，タンパク質の消化は膵臓からのトリプシンやキモトリプシンに依存しており，有胃魚 gastric fish であっても個体発生の途中で胃が分化する前の仔魚期には上述のペプシン以外のタンパク質分解酵素に依存している．胃の中での餌の消化速度は，餌の種類，水温，魚体の発育段階などにより異なる．真骨類の胃にはペプシン以外にもキチナーゼが存在し，キチン質の硬い殻をもつエビ・カニ類やカイアシ類などの甲殻類を餌とする魚種でその消化に関与している．

胃壁の筋肉層は食道と違って内臓筋からなり，内側の環走筋と外側の縦走筋の 2 層に分かれる．胃に食物が入ると筋肉層が伸びて胃は大きく膨れる．

有胃魚でも仔魚期には胃をもたないが，仔魚から稚魚に変態する過程で胃が分化する．胃が分化する時期は魚種により異なり，魚食性の強いクロマグロやサワラではマダイやヒラメなどと比較して，発育段階のより早期に胃が分化する．胃が形成された直後には胃酸やペプシンを分泌する胃腺を備えていても胃内の pH が十分に下がらず中性であるが，発育が進むと強い酸性となる．

6-4-3　腸

腸 intestine は胃の幽門部（無胃魚では食道後端）と肛門または総排出腔を結ぶ管で，食物の消化・吸収の中心的役割を果たす．魚類の腸は十二指腸 duodenum，中腸 midgut，直腸 rectum などに区分されることもあるが，それらの境界は明らかでない．しかし，いわゆる直腸部の前端はくびれ，内腔には直腸弁 ilio-rectal valve が付属する．軟骨魚類やシーラカンス類では，直腸部から背方へ向かって直腸腺 rectal gland が突出する．直腸腺は Na^{+}，Cl^{-} など，1価イオンの排出機能をもつ（10-4 参照）．腸の長さは種によって異なり，著しく長い種では腸は腹腔内で複雑に湾曲する．無顎類では腸は短く，直走する．軟骨魚類，チョウザメ類，肺魚類などの腸は螺旋腸と呼ばれ，外観的には太く短い管であるが，内面に螺旋弁 spiral valve が発達し，上皮の面積は比較的広くなっている（図 6-8C）．

腸の長さは食性と関係があり，一般に植物食性魚類は肉食性魚類と比べて相対的に長い腸を備える[29]．しかし，魚類の中で最も腸が長いグループでもウシやブタに比較して著しく短い．消化管（咽頭後端から肛門まで）の全長と体長の比は，プランクトン食者では 0.5 ～ 0.7 倍，肉食者では 0.6 ～ 2.4 倍，雑食者では 1.4 ～ 4.2 倍，植物食者では 3.7 ～ 6.0 倍である[30]．また，腸の始部から肛門までの直線距離と体長の比は，約 1 倍（ニシン，サケ，アユ，サンマなど），1.5 倍（クロマグロ，アンコウ），2.0 ～ 2.2 倍（マイワシ，マカジキ，スズキなど），4 倍（コイ，ウミタナゴなど），6 倍（ヒイラギ，イシダイ，メジナなど），8 倍（アイゴ，マンボウなど），10 倍以上（フナ類，ボラなど）と報告されている[1]．サンゴ礁に生息するベラ科，チョウチョウウオ科およびスズメダイ科の魚類の腸管の長さを比較すると，一般にサンゴ食者では細長く，肉食者では太く短く，植物食者では太く長いが，3 科の魚類の腸型を比較すると，チョウチョウウオ科魚類では細く長く，スズメダイ科魚類では太く長く，ベラ科魚類では太く短い傾向があり，同じ食性の魚類でも分類群によって微妙に異なる[31]．腸の長さはまた，同一種でも摂食状態や栄養状態によって変化し，継続的に摂食中には長く，絶食中には短くなる傾向がある．

腸壁は胃壁と基本構造は似ているが，筋肉層が薄いため腸壁そのものの厚さも薄い．粘膜にはひだがよく発達し，吸収面を広くしている．粘膜のひだは摂食状態に左右され，絶食時には急速に退縮する．また，冬季に摂食を停止する種では，その時期に粘膜のひだは退縮する．粘膜は上皮，固有層，緻密層および顆粒層からなるが，最後の2層は種によっては不明瞭である．上皮は単層で，円柱上皮細胞とその間に混在する杯状細胞 goblet cell とによって構成される．直腸部には杯状細胞が密に分布する．円柱上皮細胞の遊離縁には微絨毛 microvilli が発達する（図6-8D，E）．腸管内では消化酵素による食物の化学的消化が進み，消化された栄養物質は微絨毛の間隙に入って上皮細胞中へ吸収される．植物食性のイスズミ類，ニザダイ類，キンチャクダイ類などの一部は腸管内に共生する微生物の発酵作用によって海藻などを消化することが明らかにされている[32]．また，木質を餌とすることができるナマズ目ロリカリア科 *Panaque nigrolineatus* では，腸内にセルロースの分解と窒素固定を行う細菌叢をもつ[33]．筋肉層は内臓筋からなり，内側の環走筋と，外側の縦走筋の2層に分かれるが，ブリやカンパチなどのように2つ以上の層になる例も知られている．

仔魚期の腸管は，前腸および中腸で脂質の吸収を行い，直腸部分でタンパク質の吸収を行う．仔魚期には胃をもたないため，タンパク質やペプチドの分子を腸管の上皮細胞が飲作用 pinocytosis により取り込むことにより，タンパク質を吸収している．このタイプのタンパク質の吸収機構は，仔魚期に盛んに認められるが，稚魚に変態し機能的な胃をもつようになると，徐々に失われる．

6-4-4　幽門垂

真骨類と，一部の軟骨魚類[34]やシーラカンス類，軟質類などでは，胃と腸の始部の境界付近に幽門垂 pyloric caecum（複数形は pyloric caeca）とよばれる盲嚢が付属する（図6-7）．ただし，真骨類でも無胃魚や機能的な胃をもたないフグ目では幽門垂をもたない．幽門垂は，消化管の表面積を広くするとともに消化物の滞留時間を長くすることで栄養素の吸収効率を上げたり，吸収した脂質を貯蔵する役割を有すると考えられている．また，カスミアジの幽門垂には，例外的にリンパ球が分布しており，リンパ器官として機能する．

幽門垂を形成する盲嚢の数は魚種によって様々であり，1～10本以内が最も多く，多くても10～100本までであるが，なかには1,000本以上ある魚種も報告されている[35, 36]．また，幽門垂は活発に遊泳したり，回遊したりする魚種に多くみられる傾向にある[37]．さらに，分類学上は近縁種でありながら，その数に著しい差が存在するものがあり，日本産のマイワシが100本以上の盲嚢をもつのに対し，フランス産のものは7本しか存在しない[38]．

幽門垂が消化管に接続する部位は，系統分類上上位の種になるにしたがって，小腸全体から胃幽門部と小腸起始部間に集中する傾向が認められる．幽門垂の組織構築も系統的に下位から上位になるにつれて，単純な分泌腺から栄養吸収上皮である複雑な袋状の腺に変化し，筋層もより発達する傾向がある．また，幽門垂を構成する盲嚢の形態や数も，上位の種になるに伴って，長さが短く，数が少なくなる傾向がある．さらに，四肢動物は幽門垂をもたない．このことから，幽門垂は肉鰭類および真骨類の系統分類上の下位グループに初めて出現し，両生類へと進化する過程の中で失われたと考えられる．しかし，両生類では胃幽門部と小腸起始部間には十二指腸が位置しており，十二指腸と幽門垂の組織形態から推定される機能の類似性から，幽門垂は十二指腸の相同器官であるとも提唱されている[37]．

6-4-5　肝臓と胆嚢

肝臓 liver は胆液を産生して直接消化に関与すると同時に，栄養物質の代謝，血液成分の調整，異物の分解など，生命の維持に関わる重要な働きをする．魚類の肝臓は腹腔前部で胃に接して位置し，通常左右 2 葉に分かれる．しかし，無顎類やアユなどのように単葉に近い型，マダラやクロマグロなどのように 3 葉に分かれる型，コイのように不定形で腸管の周囲に一塊になる型など，外形は種によって異なる[37]．

肝臓の大きさも，種によって，季節によって，あるいは雌雄によって異なることが多い．肝臓の大きさの表示には比肝重値 hepatosomatic index（HSI，肝臓重量× 100 ／体重（%））が用いられる．軟骨魚類では肝臓が大きく，HSI は 10 ～ 20%に達するが，深海に生息するサメ類では 29%を超えることがある．多くの真骨類で HSI は 1 ～ 2%である．サヨリ，トビウオ，マサバ，マアジなどでは，産卵期近くに雌の肝臓が雄のそれより著しく大きくなると指摘されてきた[39]．真骨類では，雌の卵巣から分泌されるエストラジオール -17β の刺激を受けて，肝臓で卵黄の前駆体となる卵黄前駆物質 vitellogenin の産生が進むので（14-3-3 参照），卵形成が始まると肝臓が肥大する．その他にも，HSI は脂肪酸やビタミン欠乏，環境汚染によって影響を受ける[40]．

肝臓は多数の肝小葉 hepatic lobule からなり，各肝小葉はその中心となる静脈から放射状に広がる肝細胞索の集合体である．脊椎動物の肝細胞はエネルギーを主にグリコーゲンとして蓄積する．しかし，軟骨魚類や真骨類の一部ではエネルギーを肝細胞内に脂質の形で蓄積するものがある．そのため，魚類の肝臓はエネルギー蓄積の形態により，グリコーゲン型，脂質型およびその両方を併存するタイプの3つに分けられる．グリコーゲン型の肝細胞をもつ肝臓は赤褐色を呈し，脂肪型はより白色に近い色を呈する．スズキ系の魚類では，その多くはグリコーゲン型で，脂肪型はフグ目にみられる．脂肪とグリコーゲンの両方を蓄積するものはカサゴ目の一部（アナハゼなど）にみられる[40]．

肝臓には多数の胆細管が分布し，肝細胞で産生された胆液はこの細管を通って胆嚢 gall bladder へ入って，一時貯蔵される．胆嚢は種によっては肝臓中に埋没することもあるし，肝臓と腸の間に位置することもある．その形はヒラメやフグ類のように豆状のもの，クロマグロやタチウオなどのように著しく細長いものなど，様々である．色は胆液の色調を反映して透明感のある黄色または緑色を呈する．胆嚢に貯蔵された胆液は濃縮され，食物が消化管に入ると，総胆管 bile duct を通して腸の始部へ流入する．そのため，絶食させると胆液が消化管内に分泌されないため，胆液が蓄積して胆嚢が膨張する．胆液に含まれる胆汁酸や胆汁アルコールは主として脂質の消化・吸収に関与する．胆汁合成に必要なタウリンを欠く飼料を肉食性海水魚に与え続けると，胆汁の排出が起こらず，肝臓が緑色となるいわゆる緑肝症となることが知られている．

6-4-6　膵　臓

膵臓 pancreas は各種消化酵素を含む膵液を外分泌するとともに，インスリンのようなホルモンの内分泌も行う重要な器官である．その形態は無顎類，軟骨魚類および真骨類でかなり異なる．無顎類では独立した器官として存在せず，腸管の粘膜中に細胞の集合体として存在する．軟骨魚類では1～2葉の充実した器官として胃と腸の境界付近に付属する．硬骨魚類のうち真骨類では，ニホンウナギやナマズなど一部の例外を除くと，膵臓組織は腸の周辺，腸間膜，幽門垂の間隙などに分散していて，肉眼で確認するのは難しい．また，かなり多くの種では門脈を取り囲むようにして肝臓中に広がり，いわゆる肝膵臓 hepatopancreas を形成する[41]（図6-8F）．コイ，ゴンズイ，サヨリ，メジナ，マダイ，クロダイ，シロギス，メバル類，キュウセン，ブダイ，マハゼ，ヒラメ，イシガレイなどは肝膵臓を備える．コイでは肝臓組織は膵臓中にも入り込んでいる．フナ類，マイワシ，アユ，ニホンウナギ，ナマズ，ボラ，マアジ，スズキなどの肝臓内には膵臓組織は認められないという．

膵臓組織は房状に並ぶ腺細胞群によって構成され，アミラーゼ，トリプシンの前駆体トリプシノゲン，リパーゼなどが産生される．各房の縁辺部の細胞は濃縮した消化酵素を含む多数のチモーゲン顆粒 zymogen granule をもつのが特徴である．ヒラメの膵臓組織のチモーゲン顆粒はトリプシノゲンを含むことが確認されている[42]．分泌された膵液を輸送する膵管は総胆管と並んで腸管始部へ開口する．無胃魚ではこの位置が腸管始部の目安になる．膵臓組織中には導管を欠き，組織学的な染色性の異なる細胞塊が散在する．これらは膵島またはランゲルハンス島とよばれる内分泌器官である（11-2-3 参照）．

文　献

1) Suyehiro Y（1942）. A study on the digestive system and feeding habits of fish. *Jap. J. Zool*. 10: 1-303.

2) Alexander RMcN（1970）. Mechanics of the feeding action of various teleost fishes. *J. Zool. Lond*. 162: 145-156.

3) Moteki M et al.（2002）. Changes in feeding function inferred from osteological development in the early stage larvae of the Japanese flounder, *Paralichthys olivaceus*, reared in the laboratory. *Aquacult. Sci*. 50: 285-294.

4) Yoshie S, Honma Y（1979）. Scanning electron microscopy of the buccal funnel of the arctic lamprey, *Lampretta japonicas*, during its metamorphosis, with special reference to tooth formation. *Jpn. J. Ichthyol*. 25: 181-191.

5) James WW（1953）. The succession of teeth in elasmobranchs. *Proc. Zool. Soc. Lond*. 123: 419-474.

6) Wakita M et al.（1977）. Tooth replacement in the teleost fish *Prionurus microlepidotus Lacépède. J. Morphol*. 153: 129-142.

7) 中坊徹次（2005）. 硬骨魚類 .「魚の科学辞典」朝倉書店 . 38-69.

8) Lauder GV（1983）. Functional design and evolution-of the pharyngeal jaw apparatus in euteleostean fishes. *Zool. J. Linn. Soc*. 77: 1-38.

9) Liem KF, Greenwood PH（1981）. A functional approach to the phylogeny of the Pharyngognath teleosts. *Am. Zool*. 21: 83-101.

10) Sibbing FA（1991）. Food capture and oral processing. In: Winfield IJ, Nelson JS（eds）. *Cyprinid Fishes: Systematics, Biology and Exploitation*. Chapman & Hall. London, UK. 377-412.

11) Gillis JA, Donoghue PC（2007）. The homology and phylogeny of chondrichthyan tooth enameloid. *J. Morphol*. 268: 33-49.

12) 佐藤正純 . 魚が陸上を歩くまで . 2012. 9.（http://panmsato-1.jimdo.com/% E7% AC% AC3% E7% AB% A0% E3% 83% BC% EF% BC% 92-% E6% AD% AF/）. 閲覧日 2016 年 8 月 9 日 .

13) Reif W-E（1982）. Evolution of dermal skeleton and dentition in vertebrates: the odontode-regulation theory. *Evol. Biol*. 15: 287-368.

14) Donoghue PC, Sansom IJ（2002）. Origin and early evolution of vertebrate skeletonization. *Microsc. Res. Tech*. 59: 352-372.

15) Kawasaki K, Weiss KM（2006）. Evolutionary genetics of vertebrate tissue mineralization. *J. Exp. Zool. B Mol. Dev. Evol*. 306: 295-316.

16) Kawasaki K（2009）. The SCPP gene repertoire in bony vertebrates and granded differences in mineralized tissues. *Dev. Genes Evol*. 219: 147-157.

17) Smith MM, Coates MI（1989）. Evolutionary origins of the vertebrate dentition. *Eur. J. Oral Sci*. 106

(S1): 482-500.
18) Johanson Z, Smith MM (2003). Placoderm fishes, pharyngeal denticles, and the vertebrate dentition. *J. Morphol*. 257: 289-307.
19) Fraser GJ et al. (2009). An ancient gene network is co-opted for teeth on old and new jaws. *PloS Biol*. 7: 233-247.
20) Qu Q et al. (2015). New genomic and fossil data illuminate the origin of enamel. *Nature* 526: 108-111.
21) 富永盛治朗（1967a). 総論Ⅰ.「五百種魚体解剖図説（一)」角川書店 . 11-33.
22) 佐原雄二（2005). 食性 .「魚の科学辞典」朝倉書店 . 158-170.
23) 金子豊二 . 浸透圧調節・回遊 .「魚類生理学の基礎」（会田勝美編）恒星社厚生閣 . 215-232.
24) Cataldi E et al. (1993). Ultrastructural study of the esophagus of seawater and freshwater-acclimated *Mugil cephalus* (Perciformes, Mugilidae), euryhaline marine fish. *J. Morphol*. 217: 337-345.
25) Murray HM et al. (1994). A study of the posterior esophagus in the winter flounder, *Pleuronectes americanus*, and the yellowtail flounder, *Pleuronectes ferruginea*: morphological evidence for pregastric digestion? *Can. J. Zool*. 72: 1191-1198.
26) Yasugi S et al. (1988). Presence of pepsinogens immunoreactive to anti-embryonic chicken pepsinogen antiserum in fish stomachs: possible ancestor molecules of chymosin of higher vertebrates. *Comp. Biochem. Physiol*. 91A: 565-569.
27) Reifel CW et al. (1985). Cellular localization of pepsinogens by immunofluorescence in the gastrointestinal tracts from four species of fish. *Can. J. Zool*. 63: 1692-1694.
28) Mattisson A, Holstein B (1980). The ultrastructure of the gastric glands and its relation to Induced secretory activity of cod, *Gadus morhua* (Day). *Acta Physiol. Scand*. 109: 51-59.
29) Horn MH (1989). Biology of marine herbivorous fishes. *Ocearnogr. Mar. Biol. Ann. Rev*. 27: 167-272.
30) Al-Hussaini AH (1947). The feeding habits and the morphology of the alimentary tract of some teleosts living in the neighborhood of the Marine Biological Station, Ghardaqa, Red Sea. Publication of Marine Biological Station, Ghardaqa (Red Sea), Fouad 1 University. 5: 1-61.
31) Elliott JP, Bellwood DR (2003). Alimentary tract morphology and diet in three coral reef fish families. *J. Fish Biol*. 63: 1598-1609.
32) Clements KD (1996). Fermentation and gastrointestinal microorganisms in fishes. In: Mackie RI, White BA (eds). *Gastrointestinal Microbiology. Vol. 1. Gastrointestinal Ecosystems and Fermentations*. Chapman & Hall. 156-198.
33) McDonald R et al. (2012). Phylogenetic analysis of microbial communities in different regions of the gastrointestinal tract in *Panaque nigrolineatus*, a wood eating fish. *PLoS ONE* 7: e48018.
34) Holmgren S, Nillson S (1999). Digestive System. In: Hamlett WC (ed). *Shraks, Skates, and Rays. The Biology of Rlasmobranch Fishes*. Johns Hopkins University Press. 144-173.
35) 内田直行ら（1984). シロサケ幽門垂トリプシンの精製と 2, 3 の性質 . 日本水産学会誌 50: 129-138.
36) 赤崎正人（1987). 消化器官 .「魚類解剖学」（落合 明編著）緑書房 . 75-100.
37) 富永盛治朗（1976b）.「五百種魚体解剖図説 別冊」角川書店 .
38) 秋吉英雄ら（2003). 硬骨魚類における幽門垂の比較組織学的研究 . 幽門垂の解剖学および組織学的構築と系統発生学的相関 . 島根大学生命環境科学部紀要 8: 1-9.
39) 雨宮育作 , 田村 保（1948). 魚類肝臓重量の雌雄差に就て . 水産学会報 10: 10-13.
40) 秋吉英雄ら（2001). 海水魚類の高度と肝臓の組織生化学的諸相関に関する比較形態学的研究 . 島根大学生命環境科学部紀要 6: 7-16.
41) 佐藤敏彦（1958). 魚類の肝臓における膵臓組織について . 医学研究 28: 3244-3270.
42) Kurokawa T, Suzuki T (1995). Structure of exocrine pancreas of flounder (*Paralichthys olivaceus*): immunological localization of zymogen granules in the digestive tract using anti-trypsinogen antibody. *J. Fish Biol*. 46: 292-301.

7章

鰾

鰾は腹腔内にあるガスを包含する袋状の器官で，現生の魚類では肉鰭類と条鰭類にはあり，ヌタウナギ類，ヤツメウナギ類および軟骨魚類にはない．現生の肺魚類やポリプテルス類などでは鰾（これらの魚類では肺とよばれることもある）は空気呼吸の機能を備えるが，多くの真骨類ではその主な機能が水中生活で重要な浮力調整に変わり，さらに聴覚補助や発音などの機能が加わった．

7-1　鰾の構造

鰾 gas bladder（swim bladder）はもともと消化管前部から対をなして張り出した呼吸嚢として発達したとされる[1, 2]．鰾はふつう気道 pneumatic duct によって消化管と連絡する．鰾が空気呼吸の機能を備えるポリプテルス類では，対構造の鰾が消化管の腹方にあり，気道は消化管の腹面に開く．この特徴は四肢動物の肺と共通する．肺魚類も鰾が空気呼吸の機能を備えるが，鰾は腹腔の上部を占め，気道は長く，消化管の腹側あるいは腹面に開く．アフリカハイギョ類とミナミアメリカハイギョでは鰾は対構造をなすが，オーストラリアハイギョでは対をなさない[2]．シーラカンス類，チョウザメ類，ガー類，アミアおよび真骨類では，鰾は消化管の背方に位置し，気道は消化管の背面に通じる（図 7-1）．発生直後には鰾はすべて気道によって消化管と連絡し，ウナギ類，ニシン類，コイ類，サケ類などでは鰾は一生を通じて気道によって消化管と連絡する．このような鰾を開鰾（有気管鰾）physostomous gas bladder といい，それをもつ魚類を開鰾魚 physostomous fish とよぶ．一方，ハダカイワシ類，スズキ類，タラ類などは仔魚期までに気道を失い，成魚では鰾が消化管と連絡しない閉鰾（無気管鰾）physoclistous gas bladder をもち，閉鰾魚 physoclistous fish とよばれる．真骨類の鰾の外形は種により様々である（図 7-2）．ニシン類やサケ類では長紡錘形，スズキ類では卵形，コイ類では前室と後室の 2 室に分かれ，タラ類では袋状で前端に 1 対の盲嚢がある．また，ニベ類やキス類では袋状の両側に多くの樹状突起がある．カレイ類，ハゼ類，ゲンゲ類，カジ

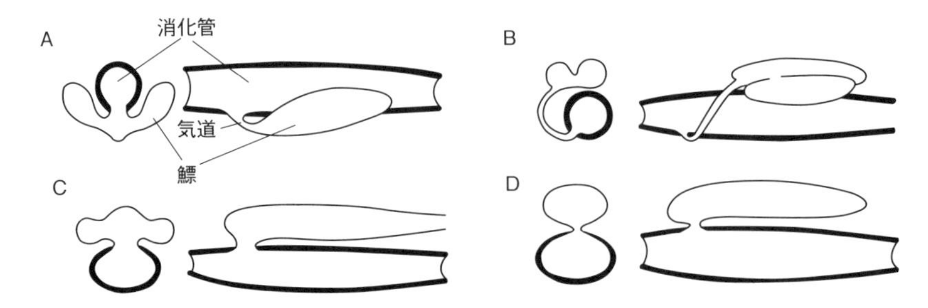

図 7-1　鰾と消化管の連絡（左：断面図，右：縦断面図）[3]
A：ポリプテルス類，B：肺魚類（*Protopterus*），C：ガー類，アミア，D：チョウザメ類，真骨類.

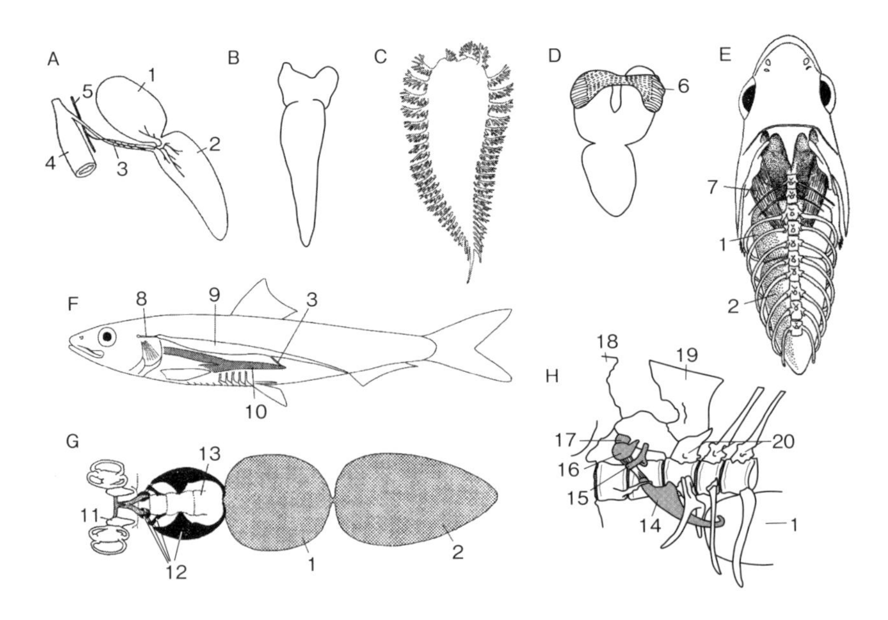

図 7-2　魚類の鰾
A：フナの開鰾，B：チゴダラ科（*Halargyreus*）の閉鰾[4]，C：ニベ科（シログチ）の閉鰾（山田梅芳氏提供），D：タラ上科（*Raniceps*）の閉鰾[4]，E：シマイサキの鰾，F：マイワシの鰾耳連絡構造，G：コイ類の鰾とウェバー器官，H：コイ科（*Opsariichthys*）のウェバー骨片[5].
1：鰾前室，2：鰾後室，3：気道，4：消化管，5：内臓動脈，6：内在筋，7：外在筋，8：内耳への導管，9：鰾，10：胃盲嚢部，11：球形嚢，12：ウェバー骨片，13：椎体，14：三脚骨，15：挿入骨，16：舟状骨，17：結骨，18：上後頭骨，19：上神経棘，20：第3～5脊椎骨の神経弓門.

カ類などの底生性魚類やヒメ目などの深海性魚類では，浮遊仔魚期にだけ鰾をもつものや，二次的に鰾を完全に退化消失させたものも知られる．

組織学的にみると，鰾壁の内面は扁平あるいは円柱上皮細胞からなる上皮層が覆い，その外側に内臓筋により構成される粘膜筋層，I型コラーゲン線維を含む外層（粘膜下組織層と外皮膜層とに分けることができる）が存在し，さらに最外層には漿膜が存在する[6]．鰾壁の粘膜下組織層には数層のグアニンの結晶板が並び，鰾内のガスの拡散を防ぐとされる[7]．鰾壁の厚さは魚種により異なり，また同一魚種でもその部位により異なる．例えば，キンギョやゼブラフィッシュの場合，鰾壁は背側で厚みが増している（図 7-3）．

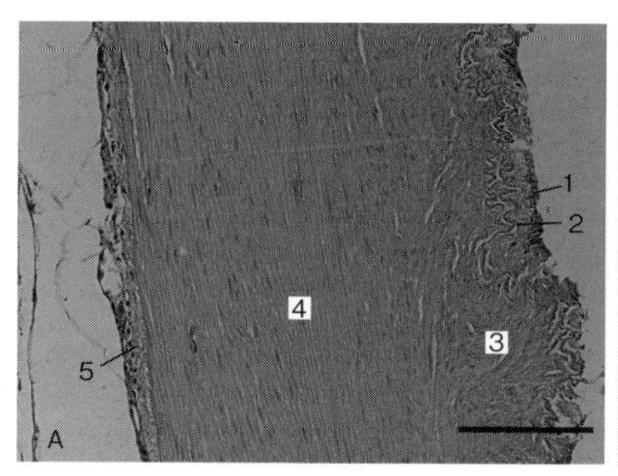

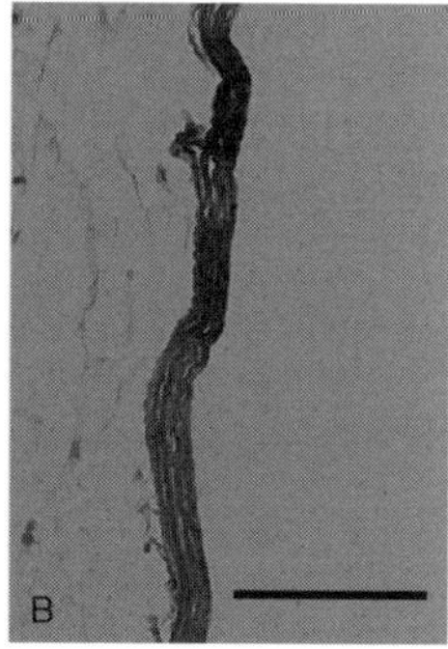

図 7-3　キンギョの鰾の構造（光学顕微鏡写真）
A：背側部横断面，B：腹側部横断面．
1：上皮層，2：粘膜筋層，3：粘膜下組織層，4：外皮膜層，5：漿膜．
スケール：50 μm.

7-2　鰾と浮力調節

魚類が鰾によって浮力を得る例は多い．淡水魚の場合，体の約 8%の容積の鰾によって，また海水魚ならば体の約 5%の容積の鰾によって，魚体の浮力は中立になるという[8]．鰾内のガスの成分は窒素，酸素，二酸化炭素などで，それぞれの割合は種により異なる．一般に浅海性魚類では大気とほぼ同様で窒素が約 80%，酸素が約 20%であるのに対して，深海性魚類では酸素の割合が高く，例えばホラアナゴ類では酸素が約 75%，窒素が約 20%，二酸化炭素が約 3%と微量なアルゴンとされる[9]．

魚が鉛直移動をする際には，内腔にガスを詰め込んだ鰾は水圧の影響を強く受ける．そのため水圧の変化に応じて鰾内ガス量を調節する必要がある．魚が深所に移動した場合には水圧により鰾が縮まるため，鰾内にガスを送り込む必要が生じる．鰾にガスを送り込む機構は，閉鰾魚と開鰾魚で大きく異なる．閉鰾魚には鰾壁の一部にガス腺 gas gland が発達し，ここに奇網とよばれる組織が存在する（図 7-4）．奇網には多数の動脈と静脈の毛細血管が存在し，動脈血と静脈血とが向き合って流れる対向流が形成されている（図 7-4）．血液は毛細動脈を流れてガス腺に達し，ここで酸素を鰾内に分泌し，続いて毛細静脈を流れて奇網の外に運ばれる．ガス腺の細胞はミトコンドリアをほとんどもたないためクレブス回路が働かず，主として解糖とペントースリン酸回路によりエネルギーを得る[11]．その結果，生成される水素イオン，乳酸および二酸化炭素によりガス腺の pH が低下し，ルート効果（pH の低下によりヘモグロビンに結合する酸素量が低下する現象）により赤血球から血液中へと酸素が放出さ

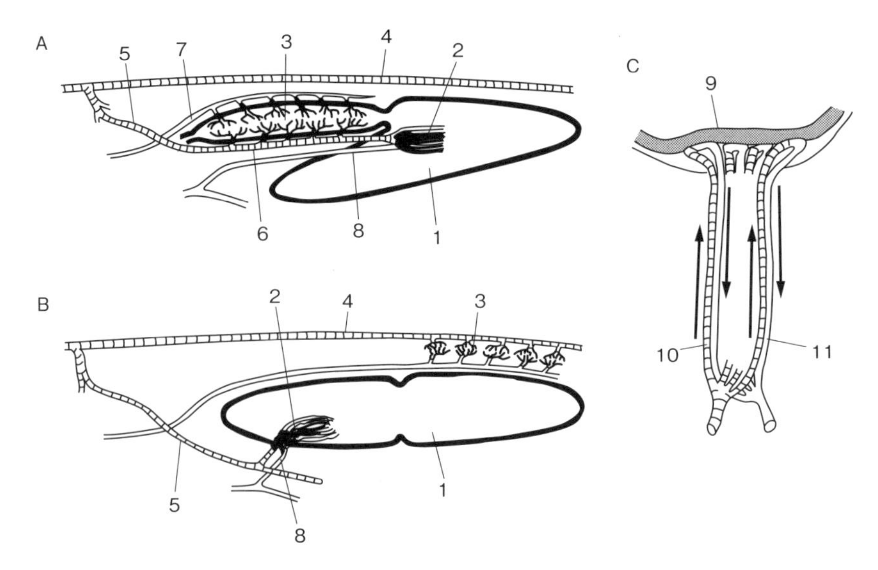

図 7-4　鰾のガス腺の模式図[6, 10]
A：ウナギ型鰾（開鰾），B：閉鰾，C：ガス腺．
1：鰾内腔，2：ガス腺奇網，3：ガス吸収血管網，4：背大動脈，5：内臓動脈，6：気道動脈，7：気道静脈，8：ガス腺静脈，9：鰾上皮，10：奇網中の動脈，11：奇網中の静脈．
矢印は血流の方向を示す．

れるとともに，血液中のイオン濃度の上昇に伴い酸素溶解度の減少が起こり（塩析作用），毛細動脈血から鰾内へと酸素ガスが効率的に輸送される[11]．窒素や二酸化炭素の鰾内への輸送も塩析作用により起こるとされている．一方，開鰾魚の場合は，水面に浮上して空気を吸い込み，消化管と気道を通して鰾内にガスを補給する．血液中から鰾へのガス分泌機能も備えるが，その機能は高くないものとされる．

魚が浅所に移動した場合には水圧が小さくなって鰾が膨れるため，ガスを放出する必要がある．開鰾魚では，気道から消化管を通して，あるいは気道の血管を通して鰾内のガスを体外へと排出する．閉鰾魚の場合，鰾壁の一部に存在する卵円体 oval body（卵円腺 oval gland）とよばれる毛細血管が集中した部分から鰾内のガスが血液中へと吸収される．血液中に吸収されたガスは，鰓からの拡散によって環境水中に排出される．

鰾をもたない魚類では浮力調節を体内の脂肪組織に負うことが多い．特にサメ類では大型の肝臓を備え，内部にスクアレン（比重 0.86）などの脂質を多く蓄積させている[10]．また，スマ，ソウダガツオ，ハガツオなどのサバ科魚類の多くは体側筋や骨格が発達しており，高速で泳いで胸鰭を翼のように用いて動的揚力を得るとされる[10]．

7-3　その他の機能

7-3-1　空気呼吸機能

肺魚類とポリプテルス類のほかにも，ガー類，アミア，ピラルクー，ナギナタナマズ類，デンキウナギ類（*Gymnotus*），ウンブラ類などの淡水魚は空気呼吸の機能を備える鰾をもつ[2]（8-4 参照）．

7-3-2　聴覚補助機能

鰾はガスを包含しているので，水中音はここで共鳴し鰾自体が音源となり内耳を刺激して聴覚の補助機能を果たす．さらに，特別な鰾耳連絡構造 otophysic connection をもつ魚類もおり，それらは音刺激に対してきわめて敏感に反応する．コイやナマズ類などの多くの骨鰾上目魚類では，脊椎骨から変化したウェバー器官 Weberian apparatus とよばれる構造があり，これを介して鰾と内耳とが連絡する（図 7-2 G，H）．この器官は靱帯により鎖状に連なる 4

個のウェバー骨片と，これを内耳の球形嚢へ導く細管の鎖とからなる．ウェバー骨片は前端の4つの脊椎骨の付属要素が変化したもので，鰾に接する三脚骨 tripus から前方に向かって挿入骨 intercalarium，舟状骨 scaphium，結骨 claustrum の順に並ぶ[12]．ニシンやマイワシなどのニシン目魚類の多くでは，鰾の前端が直径数 μm の細管によって内耳の卵形嚢に接する前耳胞 prootic bulla に連絡し，聴覚を補助する（図7-2 F）[13]．また，アカマツカサ，チゴダラなどでは鰾の前端両側から突出する盲嚢が膜を介して耳殻に接する[12]．

7-3-3　発音機能

多くの魚類は，警戒，威嚇，コミュニケーション，求愛などの行動に関連して音を発するが，それには鰾の役割が大きい．鰾自体を使って音を発する魚類では，鰾に付属する発音筋により鰾の壁面あるいは鰾内の隔壁に振動を起こし発音する．発音筋は，その一端だけが鰾に付着する外在筋 extrinsic muscle（ナマズ類，カサゴ類，イットウダイ類，ニベ類，シマイサキなど）と，筋肉が完全に鰾壁に付着する内在筋 intrinsic muscle（タラ類，マトウダイ，ホウボウ類，ガマアンコウ類，ハチなど）とに分類される（図7-2 D，E）[14]．鰾自体を使わず，咽頭歯をすり合わせたり，ナマズ類のように肩帯や鰭を振動させて発音する魚類でも，鰾は共鳴あるいは増幅によって発音の効果を高めている．

7-4　魚類増養殖における鰾開腔の重要性

多くの魚種において，仔魚は鰾が気道をもつ時期に水面で空気を呑み込み，気道を通じてガスを鰾に送ることで，鰾開腔 initial swim bladder inflation（ガスが充満した正常な鰾を発達させること）を起こすことが知られている．魚類の増養殖における仔魚飼育でも，餌料由来の油などにより飼育水面に被膜が形成されると正常な鰾開腔が起こらない個体が高率で発生する[15－20]．さらに，鰾開腔は光環境，水温，塩分，飼育水への通気量などの飼育環境のほか，餌料の栄養価によっても影響を受けることが知られている．鰾開腔しなかった個体は，鰾による浮力調節の能力を失い，これが原因で脊柱の変形（前彎症）や，成長，生残率の低下が起こり，増養殖に用いる種苗の生産効率を著しく低下させる．このため，仔魚飼育では鰾開腔を促進するため，適期に水面の被膜を除去する必要があるとともに，鰾開腔に適した環境や餌料で飼育する必要がある．

文　献

1) Liem KF et al. (2001). *Functional Anatomy of the Vertebrates 3rd ed.* Harcourt College Publishers.
2) Graham JB (1997). *Air-breathing Fishes*. Academic Press.
3) Kluge AG et al. (1977). *Chordate Structure and Function 2nd ed.* Macmillan.
4) Endo H (2002). Phylogeny of the order Gadiformes (Teleostei, Paracanthopterygii). *Mem. Grad. School Fish. Sci. Hokkaido Univ.* 49: 75-149.
5) Fink SV, Fink WI (1981). Interrelationships of the ostariophysan fishes (Teleostei). *J. Linn. Soc.(Zool.)* 72: 297-353.
6) Fänge R (1953). The mechanisms of gas transport in the swimbladder of euphysoclists. *Acta Pkysiol. Scand.* 30, Suppl. 110: 1-133.
7) Lapennas GN, Schmidt-Nielsen K (1977). Swimbladder permeability to oxygen. *J. Exp. Biol.* 67: 175-196.
8) Pelster B (1998). Buoyancy. In: Evans DH (ed). *The Physiology of Fishes, 2nd ed.* CRC Press.
9) Bond CF (1996). *Biology of Fishes 2nd ed.* Saunders College Publishing.
10) 岩井 保 (2001).「水産脊椎動物Ⅱ 魚類 , 新水産学全集 4 (第 6 版)」恒星社厚生閣 .
11) 難波憲二 (2002). 第 3 章 呼吸・循環 , § 6. 鰾 .「魚類生理学の基礎」(会田勝美編) 恒星社厚生閣 . 55-57.
12) 岩井 保 (2005).「魚学入門」恒星社厚生閣 .
13) Whitehead PJP, Blaxter JHS (1989). Swimbladder form in clupeoid fishes. *Zool. J. Linn. Soc.* 97: 299-372.
14) Tavolga WN (1971). Sound production and detection. In: Hoar WS, Randall DJ (eds). *Fish Physiology, vol. 5*. Academic Press. 135-205.
15) 北島 力ら (1981). マダイ仔魚の空気呑み込みと鰾の開腔および脊柱前彎症との関連 . 日本水産学会誌 47: 1289-1294.
16) Chatain BN, Ounais-Guschemann N (1990). Improved rate of initial swim bladder inflation in intensively reared *Sparus auratus*. *Aquaculture* 84: 345-353.
17) Friedmann B, Shutty KM (1999). Effect of timing of oil film removal and first feeding on swim bladder inflation success among intensively cultured striped bass larvae. *North Am. J. Aquacult.* 61: 43-46.
18) Trotter AJ et al. (2005). A finite interval of initial swimbladder inflation in *Latris lineata* revealed by sequential removal of water-surface films. *J. Fish Biol.* 67: 730-741.
19) 今井彰彦ら (2011). 飼育試験と鰾の個体発生から推察したカンパチ仔魚の鰾開腔メカニズム . 日本水産学会誌 77: 845-852.
20) Kurata M et al. (2012). Promotion of initial swimbladder inflation in Pacific bluefin tuna, *Thunnus orientalis* (Temminck and Schlegel), larvae. *Aquacult. Res.* 43: 1296-1305.

8章

呼吸器

水は空気と比べて酸素容量が小さく，かつ，水中では酸素の拡散速度も小さいので，酸素が欠乏しやすい．また，水は空気と比べて比重が大きく，粘性も高い．したがって，水呼吸動物の呼吸条件は空気呼吸動物に比べて決して良好とはいえない．しかし，魚類は水中の呼吸に適した鰓を備え，絶えず新しい水を鰓へ送る換水機構が発達していて，水中で効率よく呼吸をすることができる．ムツゴロウやトビハゼのように皮膚呼吸が重要な役割を果たしている魚類も知られているし，アミアやガー類のように鰾を使って空気呼吸をする魚類もいるが，魚類の主要な呼吸器は鰓である[1－3]．

8-1　鰓の構造

鰓 gill は咽頭部の膨出と，それに対応する体表部分の陥入によって形成される鰓裂 gill slit（gill cleft）の壁面に形成される[4, 5]．無顎類以外の魚類では，一部の例外を除いて咽頭部には5対の弓状骨格によって支持される組織が形成され，これらは鰓弓 gill arch とよばれる（図 8-1）．鰓弓には薄板状の鰓弁 gill filament が2列になって並ぶ．さらに，各鰓弁の両面には葉状の二次鰓弁 secondary lamella が多数存在して，ガス交換の場となっている（図 8-1D）．鰓弓に並ぶ2列の鰓弁のうち，片側の鰓弁列を片鰓 hemibranch，2列合わせて全鰓 holobranch とよぶ．最後方の第5鰓弓の骨格は周辺の組織に埋在しており，通常は鰓弁を生じない[4]．

無顎類では鰓裂の数が多く，ヌタウナギ類では5～14対，ヤツメウナギ類では7対ある（図 8-1A）．各鰓裂の中央部は球状に膨らみ，鰓嚢 gill pouch を形成し，その内面の前後縁に鰓弁が並ぶ．各鰓嚢は体軸側ではそれぞれ流入管によって食道部と合流するが，ヤツメウナギ類の成魚では，食道の下方に分枝する鰓管 branchial canal へ開き，この管を通して咽頭部と連絡する．各鰓嚢からの流出管は円形の外鰓孔として体表に開口する．無顎類の外鰓孔の数は鰓嚢の数と一致するのがふつうであるが，ヌタウナギ類には，流出管が途中で合流

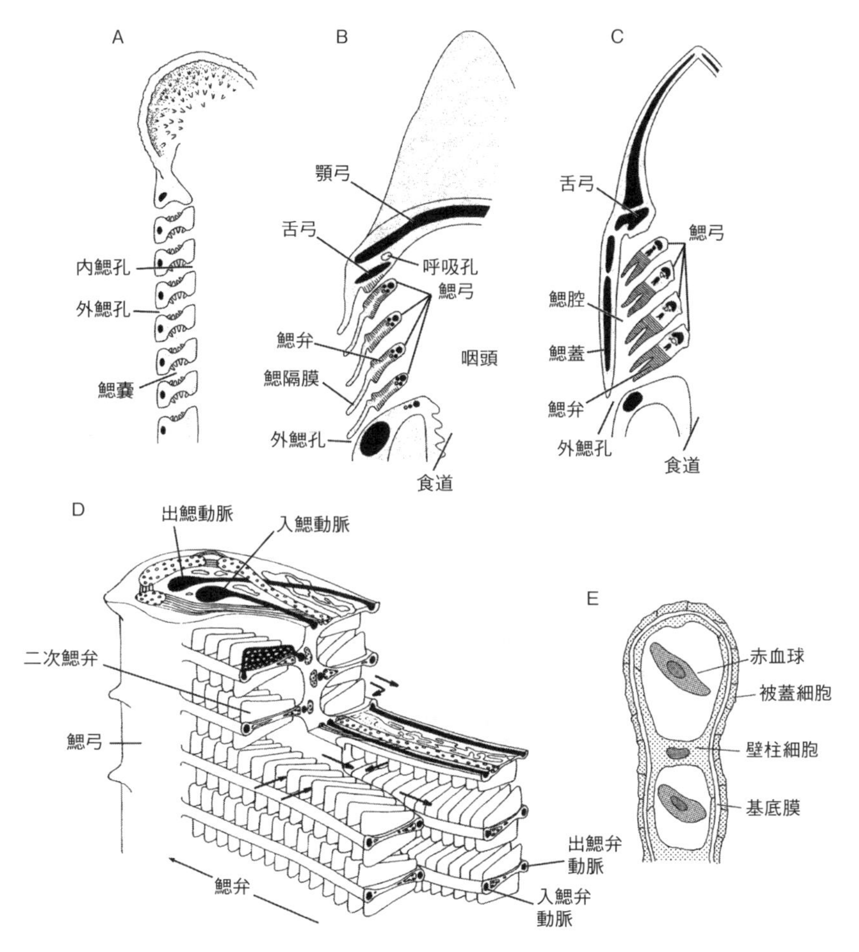

図 8-1　魚類の頭部横断面（A-C）および真骨類の鰓の構造（D, E）
A：ヤツメウナギ類，B：軟骨魚類，C：真骨類[3]，D：鰓弓[6]，E：二次鰓弁[7]の断面.

して，1個の外鰓孔によって体表に開く例がある．また，ヌタウナギ類では左側最後部の鰓裂は鰓嚢を形成せず，咽皮管 pharyngocutaneous duct となり，その直前に位置する鰓嚢の流出管に合流する．

軟骨魚類では鰓裂は通常5対あり，ギンザメ類を除き，各鰓弓の鰓弁列の間に介在する鰓隔膜 interbranchial septum が長く伸びて体表まで達しているので，外鰓孔も5対ある（図8-1B）．2列の鰓弁は鰓隔膜に固定されているため，両者の間の角度は変化しえない．また，多くの種では，顎弓と舌弓との間の裂腔が眼の後背方に呼吸孔（噴水孔）spiracleとして開口する．ギンザメ類では鰓隔膜は退縮して体表まで届かず，鰓が収納される鰓腔branchial cavityは薄い鰓蓋状の構造物で保護され，1個の外鰓孔によって体表へ開く[8]．

真骨類では5対の鰓弓が発達し，多くの場合，前4対の鰓弓に鰓弁が並ぶ（図8-1C）．最後方の第5鰓弓には鰓弁はなく，その下枝は下咽頭歯に変形している（図5-11C）．また，鰓隔膜は退縮して短くなり，鰓弁列は鰓腔内に納まる．鰓弁は薄くて細長く，基部にある内転筋と外転筋の働きによって2列の鰓弁列の間の角度が変化する[9]．鰓腔の外側は鰓蓋によって覆われ，呼吸水は鰓蓋の後縁に開く1個の外鰓孔を通って体外へ流出する．

二次鰓弁中の血液の流路は，血管の内皮細胞が変形した壁柱細胞pillar cellによって支持される狭い空間で，赤血球がかろうじて通過できる広さである（図8-1E）[10]．心臓から拍出されて鰓に到達した静脈血が二次鰓弁を通過する間に，壁柱細胞の薄縁，基底膜および被蓋細胞の層からなるきわめて薄い壁を通して血液と外界水との間でガス交換が行われる．また，二次鰓弁を通過する際には赤血球は大きく変形し，これがさらにガス交換効率を高めているといわれている[11]．二次鰓弁の内部を流れる血流の方向は，外側を流れる水流の方向とは逆になっており（図10-3），対向流countercurrentの原理によって水と血液の間に酸素と二酸化炭素の分圧の差が保たれ，ガス交換が効率よく行われる．また，すべての二次鰓弁にいつも血液が流れているわけではなく，空気と平衡した水中にいるニジマスでは，全二次鰓弁数の60％程度が血液で潅流されているだけである．低酸素水中では，血液が流れている二次鰓弁の割合が増加し，ガス交換のための有効表面積が増加する[12]．

ガス交換の場となる二次鰓弁の総表面積を鰓面積gill areaとよぶ．鰓面積は，種，成長段階および環境条件によって異なる（表8-1）．一般に鰓面積の値は活発に遊泳する魚類では大きく，底生性の動作の緩慢な魚類では小さい．また，二次鰓弁は前者では密に並び（1 mmあたり20～40枚），その壁の厚さ（水と血液間の距離）はきわめて薄い（1～数μm）が，後者では二次鰓弁間の間隔は広く，その壁は比較的厚い傾向がある[5, 13]．高体温を維持できるカツオ，マグロ類，アオザメ，ホホジロザメなどは，一般の魚類より鰓面積は大きい[14]．ヨーロッパブナ（*Carassius carassius*）やキンギョなどでは，溶存酸素濃度や

表 8-1 鰓弁および二次鰓弁の計測値[12, 13]

魚 種	体重 (g)	全鰓弁数	鰓弁上の二次鰓弁数 (/mm)	鰓面積 mm^2/g	鰓面積 A_{200}*	水と血液間の距離 (μm)
Scyliorhinus canicula (トラザメ科)	520	749	11.25	210	217.9	11.27
アブラツノザメ	1,000	1,000	7	370	−	10.14
カツオ	3,258	6,066	31.8	1,350	2,051.7	0.598
クロマグロ	26,600	6,480	24.3	885	1,436.1	−
Trachurus trachurus (アジ科)	26	1,665	38.5	783	−	2.221
Pleuronectes platessa (カレイ科)	86	218	20	443	−	3.85
Lophius piscatorius (アンコウ類)	1,550	385	11	143	−	−
Opsanus tau (ガマアンコウ類)	251	660	10.9	192	201.3	5
コイ	531	2,567	20	139	−	−
Anguilla anguilla (ヨーロッパウナギ)	69.5	119	15	990	−	−
ニジマス	394.3	1,606	18.5	197	206.3	6.37

* A_{200} は体重 200 g の個体の計算値

水温によって鰓面積が大きく変化する．すなわち，これらの種では，低温で溶存酸素が十分な水中では隣り合う二次鰓弁の間が細胞塊で埋まっているが，低酸素水中や高温条件下では二次鰓弁間の細胞塊が退縮して鰓面積が増大する[15]．

8-2 換水機構

魚類の呼吸に必要な水は，巧妙な仕組みによって絶えず口から流入し，鰓腔を通過して体外へ抜けるようになっている．

無顎類では主として鰓嚢に付属する筋肉の働きによって換水が行われる．

無顎類以外の魚類では，基本的には水を口腔から鰓腔へ押し込む加圧ポンプと，水を鰓腔（板鰓類では口腔・鰓腔と副鰓腔に区分することもある）へ引き込む吸引ポンプからなる二重ポンプ double-pumping 機構によって換水が行われる[5]．

コイの換水機構を例にとると，加圧ポンプ相は口を開いた状態から閉じる方向に動くときである．口腔弁は閉じ，口腔の容積は小さくなる．口腔の内圧は上昇して水は鰓弁と二次鰓弁が形成する抵抗を押して鰓腔へ入り，鰓蓋弁を押し開いて外鰓孔から流出する（図8-2）．吸引ポンプ相は鰓蓋が外側へ開く方向に働くときである．鰓蓋弁は閉じ，鰓腔が拡大して内圧は低下し，水は口腔から鰓腔へ吸い込まれる．同時に口腔の内圧も低下し，水は口腔弁を押し開いて口腔へ流入する．短い休止期を挟んで，このポンプ系は連動し，絶えず新鮮な水が鰓の表面を流れる．エイ類やカレイ類のような底生性の魚類では吸引ポンプの役割が大きい．

コイやフナなどは，水が濁ったり，鰓に異物が付着したりすると，鰓腔から口腔へ向かって瞬間的に水を逆流させる洗浄運動 cleaning movement を行う．

ブリ，マサバ，カツオ，マグロ類などのように常時遊泳を続ける魚類は，口と鰓蓋を開いたまま泳ぎ，水を口腔から鰓腔へ流し込む．このような換水方式はラム換水 ram ventilation とよばれる．これらの魚類は遊泳速度が低下すると二重ポンプ系の換水方式に切り替えるが，換水効率は悪くなり，場合によっては窒息することがある．ラム換水を行うカツオ，マグロ類，カジキ類などでは，隣接する二次鰓弁間あるいは鰓弁間に部分的な融合がみられる．この特異な構造は高速遊泳によって鰓の呼吸面にかかる圧力に対して，これを補強する役割

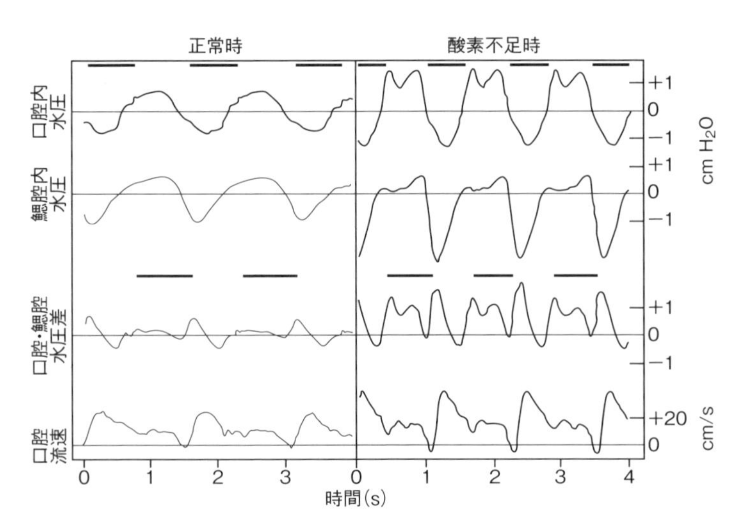

図8-2　正常時と酸素不足時（酸素飽和度20～30%）におけるコイの呼吸運動[16)]
太横線は口腔弁（上）および鰓蓋弁（下）が開いている期間を示す．

を演ずるという[14]．

換水量は魚類の呼吸条件に合わせて調整される．水中の酸素濃度が低下したり，鰓弁の損傷などによって動脈血中の酸素濃度が低下したりすると，呼吸頻度や呼吸振幅は大きくなり（図 8-2），換水量も増大する．水中では酸素欠乏が生じやすく，貧酸素状態は，有機物の多い内湾などでは夏の成層期によく起こるし，水の交換が悪い養魚場でも残餌や排出物が堆積するときによくみられる．このような水中では魚類は酸素不足症 hypoxia に陥り，最悪の場合には窒息死する．魚類が健全に生活できる水中の最小酸素飽和度は種によって異なるが，ニジマスでは 60%，コイでは 50%，ニホンウナギでは 30%であるという[17]．

8-3　酸素消費量

酸素消費量は単位時間に消費される単位体重あたりの酸素量として表し，魚類のエネルギー代謝を論ずるうえで重要な指標となる．代謝量は安静な状態で得られる標準代謝量 standard metabolism，最大活動時に得られる活動代謝量 active metabolism，平常運動時に得られる平常代謝量 routine metabolism などに分類される．

魚類の酸素消費量は，生活様式，発育段階，栄養状態，性的成熟度などの内的要因や，水温，光，塩分，溶存酸素濃度，水質などの外的要因によって複雑に変化する．

水温は魚類の代謝に強く影響し，水温が上昇すれば酸素消費量も増加する．しかし，種によって適応可能な上限温度があり，この上限温度を超えると代謝が急速に低下し，極端な場合は死に至る．

成長に伴って単位体重あたりの酸素消費量は減少する．これは体重の増加に伴って，脳や腎臓などのように代謝活性の高い組織の体全体に占める重量比が低下するのに対し，体側の白色筋などのように代謝活性の低い組織の体全体に占める重量比が増加するためといわれる[18]．

また，同一種でも群れの状態になると単独状態のときより単位体重あたりの酸素消費量は減少することが，ゴンズイをはじめとするかなり多くの種で明らかにされている[18]．摂食後には魚類の酸素消費量は，数十～数百時間にわたって，絶食時より高い値を示す．この現象は特異動的作用 specific dynamic action（SDA）とよばれ，魚類のみならずすべての動物で知られている．

8-4　空気呼吸

鰓を用いた水呼吸と，特殊化した器官を用いた空気呼吸を併用する魚類がいる[19]．空気呼吸は肺魚類および条鰭類でのみ知られている．空気呼吸が可能な魚類は空気呼吸魚類 air-breathing fish と総称され，ドジョウやカムルチーのように水中に生息して空気呼吸を行い，酸素摂取を補う水生空気呼吸魚 aquatic air-breathing fish と，ムツゴロウやトビハゼのように陸上に出て空気呼吸を行う両生空気呼吸魚 amphibious air-breathing fish に大別される．

肺魚類やポリプテルス類の空気呼吸器官（肺）は，気道が消化管の腹側に開き（図 7-1），肺動脈が第 6 大動脈弓 aortic arch（脊椎動物胚の鰓弓を通り，腹大動脈と背大動脈をつなぐ動脈群）に由来し，肺静脈が静脈洞に直接つながっている点で，四肢動物の肺と同じ構造を示す．これに対して，ガー類やピラルクーなどの空気呼吸器官（鰾）は，気道が消化管の背側に開き（図 7-1），動静脈の配列も四肢動物とは異なる[19]．肺と鰾の進化は，形態学的にも分子生物学的にも様々に研究がなされているが，両者の関係は未だに明らかになっていない[20, 21]．

上鰓骨由来の迷路器官，上鰓器官，空気嚢などの空気呼吸器官はタウナギ類，カムルチー類，キノボリウオ，ヒレナマズ類など，系統と無関係に真骨類の分類群に独立して発達している[19]．

空気呼吸魚の空気呼吸への依存度は，種によって大きく異なるほか，水温，活動度，溶存酸素濃度によっても変動する．カムルチーの場合，水中の酸素濃度が飽和に近くても，酸素摂取量の約 60％を空気呼吸に依存し，水中酸素飽和度が 30％以下になるとその値は約 85％に上昇する．一方，二酸化炭素排出は，水中の酸素濃度に関わりなく 80％以上を水呼吸に依存している[22]．

ドジョウは口から飲み込んだ空気から腸の上皮を通して酸素を摂取し[23]，ウナギは皮膚呼吸によって空気中で呼吸ができる．トビハゼやムツゴロウは水中でも空気中でも鰓，口腔・鰓腔内上皮と皮膚から酸素摂取が可能である[24]．

8-5　偽　鰓

アミアや多くの真骨類の鰓蓋基部の裏面背端には，偽鰓 pseudobranch とよばれる鰓弁構造が存在する．この構造はナマズ類など，一部の種では欠落していたり，上皮に覆われて不明瞭であったりして，偽鰓の有無や形態は分類形質にもなる．動脈血によって潅流されていることから呼吸機能はないようで，浸透圧調節に関わるとか，分泌機能があるとか，ある種の受容器であるとか，諸説がある．しかし，現在のところ，偽鰓は眼の脈絡膜の奇網（9-3 参照）と連携して網膜へ供給される血液の酸素分圧の増強と調整に関与するという説が有力である[25]．

文 献

1） Hoar WS, Randall DJ（1984）. *Fish Physiology. Vol. 10. Gills. Pt. A & B*. Academic Press.

2） Kardong KV（2015）. *Vertebrates: Comparative Anatomy, Function and Evolution, 7th ed*. McGraw-Hill Education.

3） Evans DH et al.（2006）. The multifunctional fish gill: dominant site fo gas exchange, osmoregulation, acid-base regulation, and excretion of nitrogenous waste. *Physiol. Rev*. 85: 97-177.

4） Liem KF et al.（2001）. *Functional Anatomy of the Vertebrates: An Evolutionary Perspective, 3rd ed*. Brooks/Cole.

5） Hughes GM（1984）. General anatomy of the gills. In: Hoar WS, Randall DJ.（eds）. *Fish Physiology. Vol. 10. Gills. Pt. A. Anatomy, Gas Transfer, and Acid-Base Regulation*. Academic Press. 1-72.

6） Morgan M, Tovell PWA（1973）. The structure of the gill of the tout, *Salmo gairdneri*（Richardson）. *Z. Zellforsch. mikrosk. Anat*. 142: 147-162.

7） Randall DJ（1982）. The control of respiration and circulation in fish during exercise and hypoxia. *J. Exp. Biol*. 100: 275-288.

8） Dean MN et al.（2012）. Very low pressures drive ventilatory flow in chimaeroid fishes. *J. Morphol*. 273: 461-479.

9） Dunel-Erb S, Bailly Y（1987）. Smooth muscles in relation to the gill skeleton of *Perca fluviatilis*: organization and innervation. *Cell Tissue Res*. 247: 339-350.

10） Olson KR（2002）. Vascular anatomy of the fish gill. *J. Exp. Zool*. 293: 214-231.

11） Nilsson GE et al.（1995）. Extensive erythrocyte deformation in fish gills observed *in vivo* microscopy: apparent adaptations for enhancing oxygen uptake. *J. Exp. Biol*. 198: 1151-1156.

12） Booth JH（1979）. The effects of oxygen supply, epinephrine, and acetylcholine on the distribution of blood flow in trout gills. *J. Exp. Biol*. 83: 31-39.

13） Hughes GM, Morgan M（1973）. The structure of fish gills in relation to their respiratory function. *Biol. Rev*. 48: 419-475.

14） Wegner NC et al.（2010）. Gill morphometrics in relation to gas transfer and ram ventilation in high-energy demand teleosts: scombrids and billfishes. *J. Morphol*. 271: 36-49.

15） Nilsson GE et al.（2012）. New insights into the plasticity of gill structure. *Resp. Physiol. Neurobi*. 184: 214-222.

16） Holeton GF, Jones DR（1975）. Water flow dynamics in the respiratory tract of the carp（*Cyprinus carpio* L.）. *J. Exp. Biol*. 63: 537-549.

17） Itazawa Y（1971）. An estimation of the minimum level of dissolved oxygen in water required for normal life of fish. *Bull. Japan. Soc. Sci. Fish*. 37: 273-276.

18）板沢靖男（1991）. 呼吸 .「魚類生理学」（板沢靖男・羽生 功編）恒星社厚生閣 . 1-34.

19）Graham JB（1997）. *Air-Breathing Fishes: Evolution, Diversity and Adaptation*. Academic Press.

20）Lambertz M, Perry SF（2016）. The lung-swimbladder issue: a simple case of homology - or not? In: Zaccone G et al.（eds）. *Phylogeny, Anatomy and Physiology of Ancient Fishes*. CRC Press. 201-211.

21）Tatsumi N et al.（2016）. Molecular developmental mechanism in polypterid fish provides insight into the origin of vertebrate lungs. *Sci. Rep*. 6: 30580.

22）Itazawa Y, Ishimatsu A（1981）. Gas exchange in an air-breathing fish, the snakehead *Channa argus*, in normoxic and hypoxic water and in air. *Bull. Japan. Soc. Sci. Fish*. 47: 829-834.

23）McMahon BR, Burggren WW（1987）. Respiratory physiology of intestinal air breathing in the teleost fish *Misgurnus anguillicaudatus*. *J. Exp. Biol*. 133: 371-393.

24）Tamura SO et al.（1976）. Respiration of the amphibious fishes *Periophthalmus cantonensis* and *Boleophthalmus chinensis* in water and on land. *J. Exp. Biol*. 65: 97-107.

25）Berenbrink M（2007）. Historical reconstructions of evolving physiological complexity: O_2 secretion in the eye and swimbladder of fishes. *J. Exp. Biol*. 209: 1641-1652.

9章

循環系と血液

呼吸，栄養物質と老廃物質の運搬，排泄，浸透圧調節などに直接関わる重要な役割をもつ脊椎動物の循環系は，血管系とリンパ系とからなる．前者は心臓と動脈，静脈および毛細血管によって構成される閉じられた脈管系（閉鎖血管系）で，血液の流路となる．従来魚類でリンパ系とよばれていた脈管系は，脊椎動物の他のグループにおけるリンパ系とは異なって動脈ともつながっており，二次循環系とよばれる．

9-1　心　臓

魚類の血液循環経路は，心臓を起点として，呼吸器すなわち鰓を経て，体内に張りめぐらされた血管を循環して心臓へ戻る構造になっている．

魚類の心臓は胸部腹側の囲心腔 pericardial cavity の中に位置し，後部から静脈洞 sinus venosus，心房 atrium，心室 ventricle および動脈円錐（心臓球ともよばれる）conus arteriosus または動脈球 bulbus arteriosus の各部に区分される（図 9-1）．これら各部の境界はくびれ，血液の逆流を防ぐ弁がある．

静脈洞へ戻ってきた静脈血は心臓で加圧されて，腹大動脈 ventral aorta へ送り出される．心臓ポンプの主要な働きをするのは心房と心室の壁を形成する心筋であるが，心房壁は薄く，拍出に深く関与する心室壁は厚い．心室壁がスポ

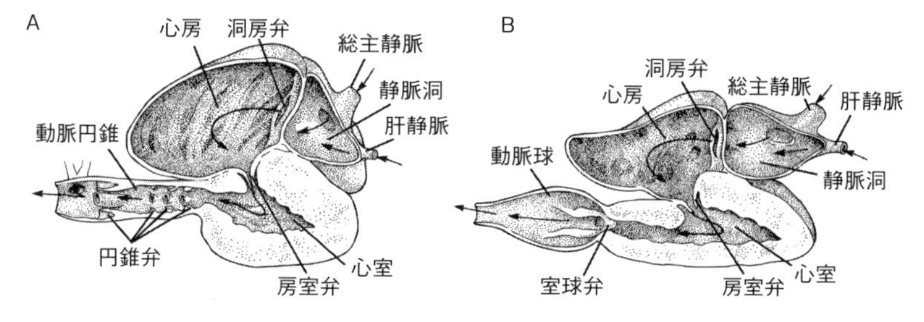

図 9-1　魚類の心臓（Kardong[1] を改変）
A：軟骨魚類，B：真骨類（矢印は血流の方向を示す）．

ンジ構造の層のみからなる種と，スポンジ層の周囲を緻密層が取り巻く種とがある．心房も心室も大きさと形は種によってかなりの違いがあり，真骨類では心室の形は，管型，嚢型およびピラミッド型の3型に大別される[2)]．管型はウナギなど細長い体型の魚類に，嚢型は多くの海産真骨類に，ピラミッド型はサケ類やサバ類など，活発な魚類にみられる[3)]．体側筋中に熱保存機構を備えて高速遊泳をするアオザメ，ホホジロザメなどは，他のサメ類と比べて心室壁のスポンジ構造の層が厚く，活発な運動に必要な多量の血液の拍出に適応した構造になっている[4)]．

軟骨魚類，肺魚類，ポリプテルス類，チョウザメ類，アミアなどでは心室の前には動脈円錐が付属する[5)]．一方，ほとんどの真骨類では心室の出口に動脈球が付属する．動脈円錐は心筋を含んでおり，律動的に収縮する．動脈円錐の内面には弁が並び，逆流を防ぐ働きをしている．また，板鰓類では弁の配列様式は分類形質にもなる．動脈球は平滑筋を含んでおり，自身は収縮能をもたない．動脈球壁は厚くて弾性に富み，心臓の弛緩期（心室から血液が拍出されていない間）でも鰓への血液の流れを維持するように働く．キハダ，メバチ，クロカジキなど，高速遊泳魚では動脈球は腹大動脈の血圧保持に適応した構造を示す[6)]．

9-2　血管系

血管は動脈と静脈および両者をつなぐ毛細血管とからなる．動脈壁は静脈壁より厚い．心臓から出る腹大動脈は，左右の各鰓弓へ入鰓動脈 afferent branchial artery を1本ずつ派出する．入鰓動脈は各鰓弁に入鰓弁動脈 afferent filamental artery を分枝し，入鰓弁動脈から出る入二次鰓弁細動脈 afferent lamellar arteriole が二次鰓弁の流路に血液を送っている（図8-1D）．二次鰓弁を通り過ぎるのに要する時間は1から数秒程度であり[7)]，この間に血液と水の間で酸素と二酸化炭素の交換が行われる（8-1参照）．

二次鰓弁を出て動脈血となった血液は，出二次鰓弁細動脈 efferent lamellar arteriole，出鰓弁動脈 efferent filamental artery を経て出鰓動脈 efferent branchial artery に集まり，背側の背大動脈 dorsal aorta へ入る．背大動脈は後頭部より前方では左右に分枝することが多く，側背大動脈 lateral dorsal aorta とよばれる．一般に軟骨魚類では背大動脈の分枝部分が短く，左右の出鰓動脈の多くは背大動脈の幹管へ合流するが，多くの真骨類では分枝部分が長く，左右の出鰓動脈はほとんどが側背大動脈と連絡する．この分枝部が前方へ延長した部分は内頸動脈 internal carotid artery とよばれ，脳をはじめとする頭部の各方面へ分枝を派出する．

背大動脈はまた，体の後部へ向かって脊柱の直下を縦走し，鎖骨下動脈 subclavian artery，腹腔動脈 coeliac artery，腎動脈 renal artery，生殖腺動脈 gonadal artery など，体の各部へ向かって多数の動脈を派生する（図 9-2）．背大動脈は後方へ伸びて尾端に達するが，腹腔より後方で尾椎骨の血管弓門を貫いて走る部分は尾動脈 caudal artery とよばれる．こうして動脈の分枝は脳，内臓，筋肉，皮膚，鰭など，体のすみずみまで広がる．

心筋に動脈血を供給する血管は，冠状動脈 coronary artery とよばれる．心室がスポンジ層のみからなる種は冠状動脈を欠くが，スポンジ層と緻密層からなる心室をもつ種では冠状動脈は様々な程度に発達している．心室の冠状動脈の分布様式は，心筋の層構造と深く関係し，4 型に分けることができる[9]．

静脈は体の各部から静脈洞へ戻る静脈血の通路となる．腎臓以外のほとんどの内臓からの静脈血は，肝臓の肝小葉（6-4-5 参照）の間を流れる洞様毛細血

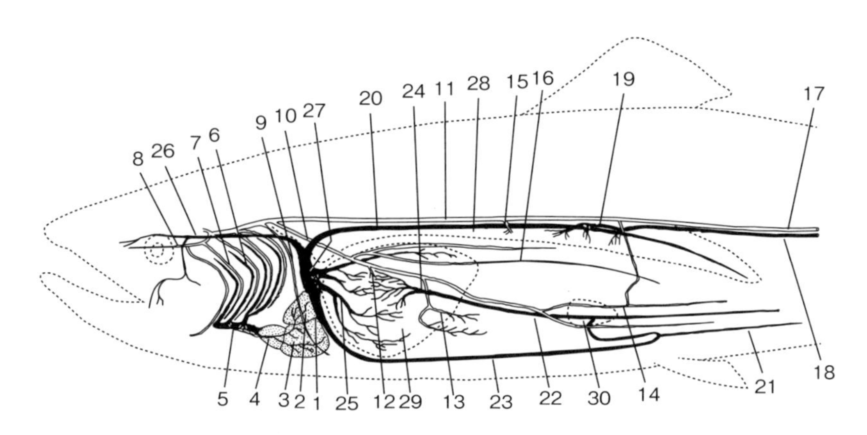

図 9-2　真骨類の血管系略図[8]
1：静脈洞，2：心房，3：心室，4：動脈球，5：腹大動脈，6：入鰓動脈，7：出鰓動脈，8：頸動脈，9：鎖骨下動脈，10：腹腔動脈，11：背大動脈，12：肝動脈 hepatic artery，13：胃動脈 gastric artery，14：腸動脈 instestinal artery，15：腎動脈，16：生殖腺動脈，17：尾動脈，18：尾静脈，19：腎門脈，20：後主静脈，21：腸下静脈 subintestinal vein，22：腸静脈，23：腹静脈 abdominal vein，24：肝門脈，25：肝静脈，26：前主静脈，27：総主静脈，28：腎臓，29：肝臓，30：脾臓．

管（壁に小さな穴が開いた太い毛細血管）に送られる．肝臓を通過した静脈血は肝静脈 hepatic vein によって静脈洞へ戻される．腎臓では尾静脈 caudal vein および体節静脈からの静脈血が細尿管を取り巻く毛細血管に送られる．このように，静脈から再び毛細血管が形成される場合，その上流側の静脈を門脈 portal vein（肝門脈 hepatic portal vein，腎門脈 renal portal vein）とよぶ（図9-2）．腎臓を通過した静脈血は，左右の後主静脈 posterior cardinal vein（多くの場合，左側後主静脈は右側よりかなり細い）によって総主静脈 common cardinal vein（キュビエ管 duct of Cuvier ともよばれる）に送られる．頭部からの静脈血は種々の静脈枝を経て左右の前主静脈 anterior cardinal vein へ流れ込み，肩帯の付近で総主静脈に合流し，後主静脈からの静脈血とともに静脈洞へ戻される．下顎からの静脈血は下頸静脈 inferior jugular vein により静脈洞へ戻される．

空気呼吸魚（8-4 参照）の血管系は，空気呼吸器官が発達する部位やその構造に応じて，真骨類の血管系の構築様式から様々な変異をみせる．しかし，空気呼吸器官からの酸素を多く含む血液と，組織から戻される静脈血を分離するための形態は，肺魚類とカムルチーを除いては知られていない[10]．

9-3　奇　網

魚類では体内の特定の部分で，動脈と静脈がそれぞれ多数の毛細血管に分枝して互いに密着して並び網状の奇網 rete mirabile を形成することがある．奇網では動脈血と静脈血が薄い血管壁を挟んで，互いに反対方向に流れ，対向流の原理によって生理的に重要な役割を果たす．

ネズミザメやアオザメ類などと，クロマグロ，メバチなどのマグロ類では，体側の皮下を縦走する皮膚動脈（体側動脈）と皮膚静脈（体側静脈）から体側筋中へ分枝する血管が奇網を形成し，対向流によって静脈血の熱が効率よく動脈血へ伝わる熱保存機構が発達する．その結果，体側筋の温度を環境水の温度より高く保持でき，筋収縮などに有利に働く．この構造が系統分類上かけ離れた高速遊泳魚であるサメ類とマグロ類に発達することは，収束進化（収斂進化）convergent evolution の一例として注目されている[11]．ネズミザメ，アオザメなどと，クロマグロ，ビンナガ，メバチなどは，循環経路は少々違うが，脳や内臓血管系にも奇網を備え，これらの器官を高温に保持する．また，最近アカマンボウも体温を環境水より高く保持していること，鰓弓内に奇網による熱保存機構があり，熱の損失を防いでいることが発見された[12].

多くの真骨類の眼の脈絡膜（13-2 参照）には奇網が付属し，網膜へ酸素を供給する．同様に，多くの真骨類の鰾のガス腺にも奇網が付属し，酸分泌と対向流によって血液の酸素分圧を著しく上昇させ，ガス腺から鰾内へ効率よく酸素を拡散させる[13]（7-2 参照）.

9-4　血液循環

血管内を循環する血液が血管壁に与える圧力，つまり血圧は体の部位によって大きく異なる．心臓から拍出された血液は，体組織へ送られる前に鰓の大きな抵抗を通過するため，背大動脈血圧は腹大動脈血圧と比べて 20 ～ 40%程度低い（図 9-3）．魚類の背大動脈血圧は，多くの種において安静状態で 20 ～ 40 mmHg であり，哺乳類の血圧（ヒトの平均血圧 100 mmHg）と比べるとかなり低い.

心臓から一定時間内に拍出される血液量を心拍出量 cardiac output とよぶ．心拍出量は心拍数 heart rate と，心臓が 1 回の収縮ごとに拍出する血液量である 1 回（あるいは毎回）拍出量 stroke volume の積として表される．心拍出量は種によって，また同一種内でも体重，運動状態，温度などによって変化し，安静時の真骨類および軟骨魚類成魚では 10 ～ 40 mL/kg/min 程度である．活

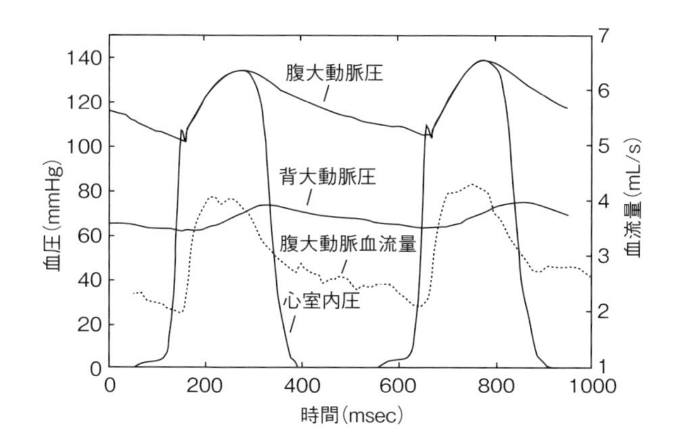

図 9-3　麻酔下で測定されたキハダの血圧と心拍出量[14]

発な魚種ほど心拍出量は大きい[9]．

水中の酸素濃度が低下すると心拍数は低下して徐脈 bradycardia が生じ，鰓や末梢血管の抵抗は大きくなって血圧は上昇する（図 9-4）．心拍出量は，1 回拍出量が上昇することによって，徐脈にも関わらず変化しない場合が多い．徐脈をもたらす酸素欠乏の程度は種によって異なり，カラシン科のドラド（*Salminus brasiliensis*）では水中酸素分圧が 110 mmHg，ニジマスやニホンウナギでは 70 mmHg，タイセイヨウマダラ（*Gadus morhua*）では 35 mmHg で徐脈が始まるという[15]．

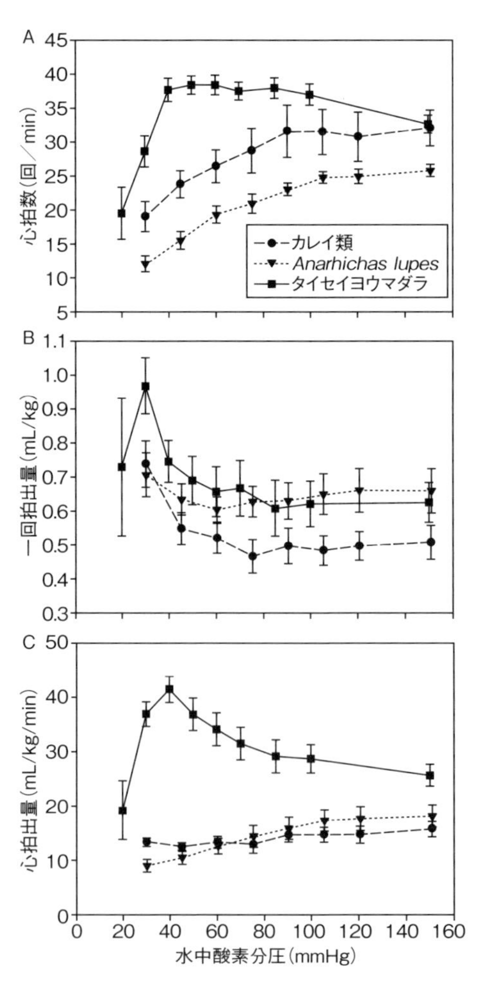

図 9-4　酸素分圧が魚類の心機能に及ぼす影響
A：心拍数，B：1 回拍出量，C：心拍出量[15]．

サメ類では後主静脈や静脈洞の弛緩期圧（心臓が弛緩したときの血圧）は負になる．このような中心静脈における負圧は心臓へ血液を吸引する効果をもつが，魚類にはさらに種々の血流補助機構が発達している．魚類の主幹静脈（前主静脈，後主静脈など）には陸上動物にみられるような弁は存在しないが，体節静脈の後主静脈への開口部には弁があり，遊泳時に胴体部の筋肉が収縮する際，心臓への血液の環流を助けているといわれる．また，サメ類では，尾部の静脈にはいくつかの小洞が付属し，遊泳運動に伴う筋肉の動きによってこれらがポンプの働きをする[5]．

9-5 血 液

魚類の血液の総量は，無顎類では体重の 8 ～ 20%，軟骨魚類では 4 ～ 8%，真骨類では 3 ～ 7%といわれる[16]．

血液は有形成分としての血球 blood cell と，液体成分としての血漿 plasma とからなる．血液を遠心分離すると，赤血球の層，白血球・栓球の層および血漿の層に分かれるが，赤血球の血液全体に対する容積百分率をヘマトクリット hematocrit（Ht）とよぶ．ヘマトクリットは種によって，また個体の健康状態や生理状態によって異なる．安静時のヘマトクリットは，軟骨魚類では 10 ～ 25%，真骨類では 20 ～ 40%である[17]．軟骨魚類，真骨類ともに活動度が高い魚種はヘマトクリットが高い傾向にある．採血時のストレス（捕獲，ハンドリングや空気曝露など）はヘマトクリットを上昇させる．また，絶食はヘマトクリット低下の大きな要因となる．

血球は赤血球 erythrocyte，白血球 leucocyte および栓球 thrombocyte の 3 種類に大別される．

魚類の赤血球は円盤状または楕円体で，哺乳類を除く他の脊椎動物と同じく核をもつ（図 9-5）．魚類の赤血球の大きさは，8 ～ 15 μm 程度である．細胞質中に血色素ヘモグロビン hemoglobin を含有し，酸素運搬の中心的役割を果たす．血液中の赤血球は絶えず更新されるが，若い赤血球はヘモグロビンの含有量が少なく，ミトコンドリアなどの細胞内小器官をもつなどの特徴がある．赤血球の大きさと総数は種によって異なり，同一種でも変異がある．一般に無顎類や軟骨魚類では真骨類と比較して赤血球は大型でその数は少ない．真骨類でも活発に遊泳するサバ類は，動作が緩慢なアンコウ類などより赤血球数は多い．南極海のコオリウオ類は赤血球がほとんどなく，ヘモグロビンを欠くことで有名である[18]．

白血球は形状や染色性などによってリンパ球 lymphocyte，顆粒細胞 granulocyte（好中球 neutrophil，好酸球 acidophil（eosinophil），好塩基性白血球 basophil に区分される），単核白血球 monocyte などに分類され，体内に侵入した病原体や異物に対する食作用や免疫に関与するなど，生体防御の働きをする．魚類の血液は，白血球が非常に多いという特徴をもつ（真骨類 15 ～ 135 × 10^3 / μL，軟骨魚類 22 ～ 57 × 10^3 / μL，ヒト 7 × 10^3 / μL）[18]．

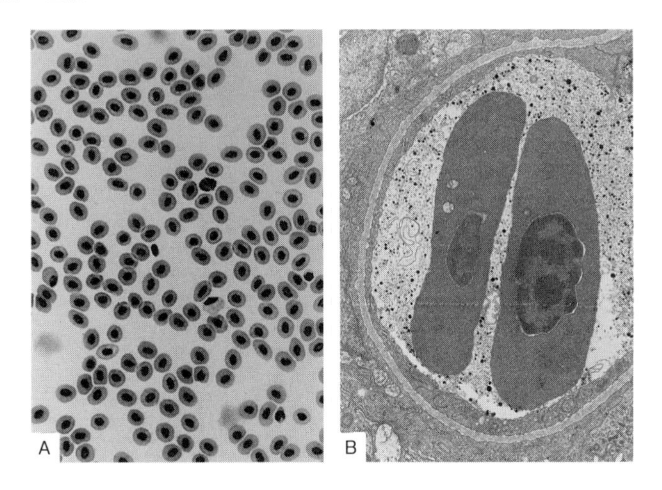

図 9-5　魚類の赤血球
A：アカエイ，B：イシダイの二次鰓弁中の赤血球.

栓球は血球のうち最も小さい細胞で，血漿中のフィブリノーゲンとともに血液凝固に関与する．魚類の栓球は哺乳類の栓球（血小板）と異なり，有核である.

血漿は，凝固を引き起こすフィブリンのもととなるフィブリノーゲン fibrinogen と，タンパク質その他の成分を含む透明な血清 serum とに分けられる．血漿にはナトリウムや塩化物イオンなどの電解質，アルブミン，グロブリンなどの血漿タンパク質，ホルモン，グルコースや脂肪酸などの栄養分，そしてアンモニアなどの老廃物が含まれる.

9-6　造血器官

造血器官 hematopoietic organ（hemopoietic organ）は多くの魚類では腎臓 kidney と脾臓 spleen である[5)]．脾臓は無顎類にはないが，造血細胞群がヌタウナギ類では腸管壁中に，ヤツメウナギ類の幼生では腸内縦隆起にある．軟骨魚類では胃の付近に，真骨類では胃の付近で腸管に接して脾臓が存在し，その外形は種により変異がある．腎臓は魚類では頭腎と体腎に分かれるが，両者ともに造血機能をもつ．哺乳類の主要な造血部位である骨髄造血組織は魚類には存在しない[19)]．リンパ球は胸腺 thymus でも生成される．胸腺は左右 1 対あり，鰓腔背壁の上皮下に埋没していて，存在場所と形状は種により異なる．高等脊椎動物では胸腺は成長に伴って退縮するが，真骨類では種により異なる[20]．

軟骨魚類ではこのほかに食道粘膜下組織中のライディヒ器官 Leydig organ や，生殖腺に接するエピゴナル器官 epigonal organ にも造血機能があるといわれる．

脾臓は造血器官であるばかりでなく，老成した血球の破壊場所でもあり，さらに赤血球の貯蔵場所でもある[21]．全速遊泳をさせた直後のブリの血液のヘマトクリットとヘモグロビン含量は，遊泳前と比較して 40％以上も上昇する．これは主として脾臓に保有されていた赤血球が必要に応じて血液中へ放出されるからであるという[22]．

9-7 二次循環系

従来リンパ系とよばれていた魚類の脈管系は，四肢動物のリンパ系とは基本的に構造が異なり，二次循環系 secondary circulatory system とよばれる[23]．二次循環系は，赤血球よりも細い直径の連絡血管で動脈とつながっており，体の内外表面に独自の毛細管網をもつ．静脈とは尾部心臓（尾鰭の基部にある拍動性の器官）caudal heart および総主静脈の部分でつながっており，二次循環系を流れる液はここで静脈へ戻される．二次循環系を流れる液体は赤血球を含んでいるが，血液と比べてヘマトクリットが非常に低く，安静時のニジマスでは背大動脈血のヘマトクリットが 24％であるのに対して，わずか 3％程度である[24]．二次循環系を流れる液体の量は，血液量と同じかそれ以上といわれている[23]．これまで調べられたほとんどの真骨類が二次循環系をもつことから，この脈管系は重要な生理機能を果たしていると推測されるが，未だ明らかにされていない．軟骨魚類では，二次循環系は鰓のみに存在し，それ以外の部分にはないとの報告がある[25]．

文 献

1） Kardong KV（2015）. *Vertebrates: Comparative Anatomy, Function, Evolution, 7th ed*. McGraw-Hill.

2） Santor RM（1985）. *Morphology and Innervation of the Fish Heart. Advances in Anatomy and Embryology and Cell Biology, Vol. 89*. Springer-Verlag.

3） Icardo JM（2012）. The teleost heart: a morphological approach. In: Sedmera D, Wang T（eds）. *Ontogeny and Phylogeny of the Vertebrate Heart*. Springer. 35-53.

4）Emery SH et al.（1985）. Ventricle morphology in pelagic elasmobranch fishes. *Comp. Biochem. Physiol.* 82A: 635-643.
5）Satchell GH（1991）. *Physiology and Form of Fish Circulation.* Cambridge University Press.
6）Braun MH et al.（2003）. Form and function of the bulbus arteriosus in yellowfin tuna（*Thunnus albacares*）, bigeye tuna（*Thunnus obesus*）and blue marlin（*Makaira nigricans*）: static properties. *J. Exp. Biol.* 206: 3311-3326.
7）Randall DJ（1982）. The control of respiration and circulation in fish during exercise and hypoxia. *J. Exp. Biol.* 100: 275-288.
8）Smith LS, Bell GR（1976）. A practical guide to the anatomy and physiology of Pacific salmon. *Fish. Mar. Serv. Misc. Spec. Publ.* 27: 1-14.
9）Farrell AP, Jones DR（1992）. The heart. In: Hoar WS, Randall DJ Farrell AP（eds）. *Fish Physiology. Vol. 12. Pt. A. The Cardiovascular System.* Academic Press. 1-88.
10）Ishimatsu A（2012）. Evolution of the cardiorespiratory system in air-breathing fishes. *Aqua-BioSci. Monogr.* 5: 1-28.
11）Bernal D et al.（2001）. Review: analysis of the evolutionary convergence for high performance swimming in lamnid sharks and tunas. *Comp. Biochem. Physiol.* 129A: 695-726.
12）Wegner NC et al.（2015）. Whole-body endothermy in a mesopelagic fish, the opah, *Lampris guttatus. Science* 348: 786-789.
13）Berenbrink M（2007）. Historical reconstructions of evolving physiological complexity: O_2 secretion in the eye and swimbladder of fishes. *J. Exp. Biol.* 209: 1641-1652.
14）Jones DR et al.（1993）. Ventricular and arterial dynamics of anaesthetised and swimming tuna. *J. Exp. Biol.* 182: 97-112.
15）Gamperl AK, Driedzic WR（2009）. Cardiovascular function and cardiac metabolism. In: Richards JG et al.（eds）. *Fish Physiology Vol. 27. Hypoxia.* Academic Press. 301-360.
16）Moyle PB, Cech JJ Jr（2004）. *Fishes: An Introduction to Ichthyology, 5th ed.* Pearson.
17）Gallaugher P, Farrell AP（1998）. Hematocrit and blood oxygen-carrying capacity. In: Perry SF, Tufts B（eds）. *Fish Physiology Vol. 17. Fish Respiration.* Academic Press. 185-227.
18）Fänge R（1992）. Fish blood cells. In: Hoar WS et al.（eds）. *Fish Physiology Vol. 12. Pt. B. The Cardiovascular System.* Academic Press. 1-54.
19）森友忠昭（2014）. 魚類造血機構の解明 . 魚病研究 49: 85-92.
20）Press CMcL, Evensen Ø（1999）. The morphology of the immune system in teleost fishes. *Fish Shellfish Immun.* 9: 309-318.
21）Fänge R, Nilsson S（1985）. The fish spleen: structure and function. *Experientia* 41: 152-158.
22）Yamamoto K et al.（1980）. Supply of erythrocytes into the circulating blood from the spleen of exercised fish. *Comp. Biochem. Physiol.* 65A: 5-11.
23）Steffensen JF, Lomholt JP（1992）. The secondary vascular system. In: Hoar WS et al.（eds）. *Fish Physiology Vol. 12. Pt. A. The Cardiovascular System.* Academic Press. 185-217.
24）Ishimatsu A et al.（1988）. *In vivo* analysis of partitioning of cardiac output between systemic and central venous sinus circuits in rainbow trout: a new approach using chronic cannulation of the branchial vein. *J. Exp. Biol.* 137: 75-88.
25）Skov PV, Bennett MB（2004）. The secondary vascular system of Actinopterygii: interspecific variation in origins and investment. *Zoomorphology* 123: 55-64.

10章

排出と浸透圧調節

魚類は閉鎖血管系を有することから，体外と体内の環境は明確に区分される．そのため体内環境を体外環境の変化によらず一定に保つことが生命維持に必要である．このような状態のことを恒常性 homeostasis とよぶ．一般に生体内の恒常性は体外との物質の受動的な移動を抑えるだけでなく，体内で過剰または不足する物質については選択的かつ能動的に輸送することにより，動的にその状態が維持されている．魚類における代表的な恒常性維持機構として老廃物の排出および浸透圧調節 osmoregulation が挙げられる．体内で生じる老廃物は様々であるが，窒素代謝によって生じる主たる最終産物はアンモニアである．陸上脊椎動物はこれを尿素または尿酸に変えて主に腎臓で産生される尿を介して排出する．哺乳類，両生類が前者に，鳥類，爬虫類が後者にあたり，それぞれ尿素排出動物 ureotelic animal，尿酸排出動物 uricotelic animal とよばれる．ところが多くの真骨魚はアンモニアのまま排出するのでアンモニア排出動物 ammonotelic animal ということになる．アンモニアはすべての脊椎動物において有害であるが，魚類においては腎臓の機能に加えて，尿を介さず直接鰓からアンモニアを排出する機構を発達させており，尿産生量の限度などに縛られずに体内のアンモニアを低濃度に維持することが容易である．そのため，アンモニアを無害な尿素もしくは尿酸に変換する必要性が陸上動物と比較して低いことから，特有の窒素代謝産物の排出戦略を選択したと考えられている．また，含窒素排出物のすべてがアンモニアというわけではなく，一部は尿素，トリメチルアミンオキシド trimethylamine oxide（TMAO），クレアチンなどの状態で尿中に排出される．板鰓類はアンモニアのほとんどを尿素に変えてその一部を排出するので，尿素排出動物に入るが，同時に体内に多量の尿素を保持して血液浸透圧の維持を行うので，尿素浸透圧性動物 ureosmotic animal ともよばれる．

また，魚類は水中に生息するため，常に外環境からの浸透圧ストレスにさらされており，浸透圧調節も生命維持に必須なものである．魚類では腎臓，鰓，腸等が主要な浸透圧調節器官であるが，その機能については魚がどのような環境で生息するかによって大きく異なる．淡水魚の体液は環境水より高浸透圧

hyperosmotic であり，常に水の浸透および体液からの塩類の流出により水ぶくれになる危険にさらされている．逆に多くの海水魚の体液は環境水より低浸透圧 hyposmotic であり，水の流出および塩類の流入による生理的脱水の危険にさらされている．このような環境下において体液浸透圧の恒常性を維持するために，浸透圧調節器官はそれぞれ協調して水や塩類の出入りの収支を調節するうえで重要な役割を果たす．

10-1　腎　臓

魚類においては，発生学的に中腎 mesonephros が発達したものが成体で腎臓として機能する．発生初期では前腎 pronephros が形成され，胚・仔魚期において腎臓として機能するものの，個体発生の進行に伴って退縮する．例外としてヌタウナギ類では成体においても中腎と独立して前腎が残存する[1]．真骨類の腎臓は前端部の頭腎 head kidney と本体部の体腎 body kidney に区別される．頭腎は前腎の残存組織に由来し，排出器官としての役割はもたず，間腎腺およびクロム親和細胞とよばれる内分泌器官を含み（11-2-2 参照），造血器官としての役割ももつ[2]．また体腎部は中腎に由来し，尿の産生を担うとともに造血器官の役割をもつ（9-6 参照）．

魚類の腎臓は一般に左右 1 対の器官で，体腔背部にあって脊椎骨の腹側に位置するが，魚種によりその外部形態は様々である．

無顎類の腎臓は形態・機能的に十分に発達しているとはいえない．ヌタウナギ類では前腎が成体においても腎臓として機能し，充実した組織として存在しない．ヤツメウナギ類では生活史の大きな部分を占めるアンモシーテス幼生期に前腎由来の腎臓が形成される．その後成体への変態に伴い，中腎由来の腎臓が形成される．

軟骨魚類では腎臓はサメ類でみられるような細長いものと，エイ類にみられるような葉状のものに形態が大別される．

真骨類では腎臓の外部形態は次の 4 型に大別される[3]．①左右の腎臓が接合し，前端の頭腎部がやや膨らむ（ニシン，マイワシ，サケ，アユなど）．②左右の腎臓が頭腎部のみで明瞭に分離しており，体腎部は接合する（コイ，フナ類，ナマズなど）．③左右の腎臓が頭腎部および体腎前部では分離して発達し，体腎後部だけで接合する（スズキ，カサゴなど）．④左右の腎臓は完全に分離し，頭腎は不明瞭である（アンコウ，フグ類など）（図 10-1A）．

10-1-1　ネフロン

腎臓の内部構造は多数のネフロン nephron と，その間質を埋め，造血機能を担うリンパ様組織からなる．ネフロンとは腎単位ともよばれ，尿の生成を担う機能単位である．ネフロンは一般に腎小体 renal corpuscle と細尿管 renal tubule からなる（図 10-1D）．細尿管は尿細管，腎細管ともよばれる．

腎小体は腎動脈の毛細血管が毛玉状構造をとる糸球体 glomerulus と，これを包むボーマン嚢 Bowman's capsule からなり（図 10-1B），ここで血漿中の成

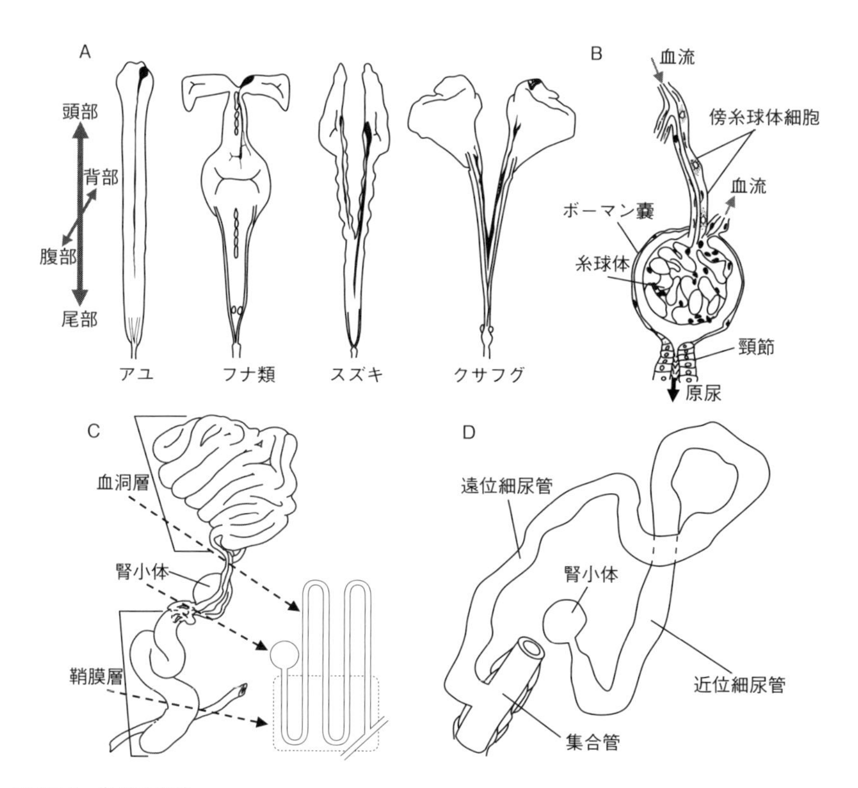

図 10-1　魚類の腎臓
A：真骨類の腎臓外部形態[3]，B：真骨類（キンギョ）の腎小体およびその周辺の組織形態，C：軟骨魚類のネフロン，D：真骨類（ニホンウナギ）のネフロン[4]．

分のうち，低分子有機物や無機イオンが水とともに濾過される．真骨類の糸球体の形態は魚種が生息する環境によって異なり，一般的に尿量の多い淡水魚では大きく，数も多いが，尿量の少ない海水魚では小さく，数も少ない傾向がある．またヨウジウオ，アンコウ類などの腎臓では糸球体がみられず，このような腎臓は無糸球体腎 aglomerular kidney とよばれる．軟骨魚類および真骨類では，糸球体へ入る血管はその周囲に分布する傍糸球体細胞 juxtaglomerular cell によって包まれる．この細胞は無糸球体腎でも存在し，血圧や飲水の調節作用機構として知られるレニン−アンギオテンシン系をつかさどるレニンの分泌を担う（11-3-3 参照）．また，血管の収縮を制御し，糸球体内への血液流入量を変化させることで，原尿量を調節すると考えられている．

細尿管は複雑に屈曲する微細な管で，内腔上皮の構造と機能にもとづいて，腎小体から原尿が流出する部分から，頸節 neck segment，近位細尿管 proximal tubule，遠位細尿管 distal tubule の各部に分けられ，集合管 collecting duct を経て 1 対の輸尿管 ureter へ連結される．一般に集合管には複数の細尿管が接続しており，これら一連の管を構成する上皮細胞が担う物質輸送により尿が生成される．軟骨魚類や真骨類では近位および遠位細尿管のそれぞれがさらに前節と後節に区分される．

細尿管の構造は魚類全般にわたって一様でなく，それに伴い，腎臓の機能も多様である．ヌタウナギ類では，ネフロンは体節ごとに点在し，細尿管は細く，各部位に分化していない．ヤツメウナギ類の成体では，頸節および近位・遠位細尿管に分化したネフロンが観察され，これらは集合管に接続する．

板鰓類では近位および遠位細尿管の間に中間節 intermediate segment が存在し，遠位細尿管の後に集合細管 collecting tubule を経て，集合管へと接続する．ネフロンの構造は複雑に湾曲するが，特徴的な管の配置を示す．まず細尿管は 4 回ループ構造を取り，血洞層 sinus zone と不透性の鞘膜に包まれた鞘膜層 bundle zone の間を行き来する（図 10-1C）．血洞層では比較的自由に細尿管が走行するが，鞘膜層では細尿管同士が隣接して走行し，対向流システムを形成する．

これに対して真骨類では細尿管の走行パターンには特徴的な構造はみられず[4]，対向流による尿濃縮機構なども存在しないと考えられている．このことは海水魚であってもその個体の血液浸透圧よりも高張な尿を産生できないということと一致する．また，多くの海水魚では遠位細尿管を欠く．

10-1-2　ネフロンでの物質輸送

細尿管では糸球体において濾過された原尿から体内に必要な物質を再吸収し，不要な物質は原尿中に排出するなどの尿成分の調整が行われる．細尿管を構成する細胞の形態をもとにネフロンの区分はなされており，近位細尿管では細胞の管腔側の細胞膜には刷子縁とよばれる微絨毛構造が発達するなどの特徴がある．このような形態的区分と機能的区分は一致しており，部位ごとに担う役割が異なる．近位細尿管では主に原尿中に含まれているグルコース，遊離アミノ酸等の再吸収が行われる．

板鰓類ではほとんどの種類が海産であり，体内に高濃度の尿素を保持して体液浸透圧調節に用いる．そのため体外への尿素の流出を最小限に抑えるべく腎臓での尿素再吸収機構が発達している．生体内で尿素はその濃度勾配にしたがって移動し，尿素輸送体を介して細胞膜を通過する．そのため，まず Na^+，Cl^- などの再吸収により原尿の浸透圧を下げて，水を再吸収することで尿素を濃縮してから再吸収を行うと考えられている[5)]．

真骨類では近位細尿管でグルコースや遊離アミノ酸に加えて，海水魚，淡水魚を問わず Na^+，Cl^- などの1価イオンも再吸収する．しかしここでのイオン再吸収の意義は環境によって異なり，淡水魚では1価イオンの体外への流出を最小限に抑えるために，海水魚では原尿の浸透圧を下げて水を体内に再吸収するために行われる．また海水魚では近位細尿管において Mg^{2+}，Ca^{2+}，SO_4^{2-} といった2価イオンが能動的に排出される．加えて1価イオンの再吸収で生じる管腔内からの水の再吸収により，原尿中の2価イオンはさらに濃縮される．この機構により海水魚は高濃度に2価イオンを含む尿を産生する．また遠位細尿管は淡水魚ではさらなる1価イオンの再吸収を担う．これにより低張な尿を産生し，不足するイオンを最大限体内に保持しつつ，過剰となる水を排出する．

10-2　排　出

老廃物とよばれる物質は主に窒素代謝により生じる最終産物を指し，これを体外に輸送することをここでは排出として扱う．前述の通り，板鰓類では体内でアンモニアを尿素合成系により無害な尿素に変換し，真骨類では一部の例外を除いて，アンモニアを鰓から体外に直接排出する．また無顎類でもアンモニアを体外に直接排出する経路が主であると考えられている．真骨類や無顎類の鰓上皮には Rh glycoprotein に属するアンモニア輸送体が発現しており，これらを介してアンモニアが環境水中に排出される[6–8]．

板鰓類では尿素は不要な物質ではなく，体液の浸透圧調節に利用される．そのため尿素を老廃物として排出することはせず，尿中に含まれる尿素は再吸収されなかったものが体外に流出しているに過ぎない．

10-3　浸透圧調節

魚類の浸透圧調節は腎臓，鰓，腸などの複数の器官が協調して成立する．一般に浸透圧調節機構を考える場合，血液イオン組成の大部分を占める Na^+ と Cl^- の濃度の調節機構に着目することが多い．しかし他の無機イオンの濃度も一定の範囲内に維持されており，様々な調節メカニズムが存在することが知られるようになった．また魚類の血液および体液の浸透圧ならびに各種イオン濃度は多様であり，生息する環境も淡水から海水まで変化に富んでいる．これに対応して魚類における浸透圧調節機構も魚種により多種多様であることが近年の研究により明らかになってきている．

外界の浸透圧環境に適応するうえで最も単純な戦略として，体内の浸透圧を外界に合わせることが挙げられる．このような動物を浸透圧順応型動物 osmoconformer とよぶ．なかでもヌタウナギ類は血液浸透圧およびイオン濃度が生息環境である海水とほぼ等しい．このような魚種においても血液恒常性の維持は行われている．これに対して軟骨魚類やシーラカンス類では，血液浸透圧が海水よりわずかに高張であるものの，その組成は海水と大きく異なり，尿素を多量に含む．これにより無機イオン濃度は海水よりもかなり低く抑えられており，積極的な血液イオン濃度調節が行われていることがわかる．これらの魚種は浸透圧順応型の戦略をとることで，体内外間での浸透圧差による水の移動を最小限に抑えつつ，外部環境と完全に独立した状態で血液恒常性を維持する能力をもつといえる．

これに対して血液浸透圧を外環境と完全に独立して調節する動物を浸透圧調節型動物 osmoregulator とよぶ．前述の魚種以外がこれにあたる．これらの魚類において血液浸透圧は海水のおよそ 3 分の 1 に調節される（図 10-2）．また魚類の中には多様な浸透圧環境に適応可能な魚種が存在し，このような特徴を

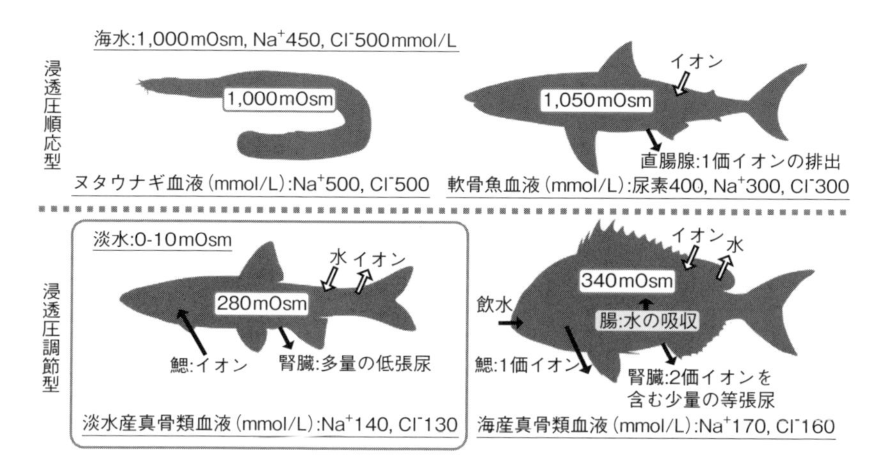

図 10-2　浸透圧順応型ならびに浸透圧調節型魚類における血液成分組成および浸透圧と環境との関係性
白矢印は環境と体内の間で生じる受動的拡散を，黒矢印は体液恒常性維持のためのイオンおよび水の移動を示す．mOsm（ミリオスモル）とは水溶液の浸透圧を表す単位．1,000 mmol（= 1 mol）の非電解質もしくはイオンを含む水溶液 1 kg の浸透圧を 1,000 mOsm（= 1 Osm）とする．正式には mOsm/kg H_2O と表記されるが，mOsm 以下は省略されることが多い．

もつ魚類を広塩性魚 euryhaline fish とよぶ．反対に，ある特定の浸透圧環境のみで生息可能な魚類のことを狭塩性魚 stenohaline fish という．広塩性の特徴をもつ魚種は主に真骨類にみられるが，無顎類のカワヤツメや板鰓類のオオメジロザメなども淡水および海水に生息する期間をもつことが知られている．

10-4　浸透圧順応型魚類の血液浸透圧維持機構

ヌタウナギ類は血液組成が海水に近い．しかし Mg^{2+} や Ca^{2+} 等については海水と比較しておよそ半分以下に保たれる．このことからヌタウナギ類においてもイオン調節による血液恒常性維持が行われていることが考えられる．軟骨魚類では血液浸透圧構成成分の半分程度は尿素であり，残りの部分は無機イオンである．血液中の尿素濃度を高く維持するために生体内で尿素を肝臓および筋肉で盛んに合成しており，体外への排出を最小限に抑えるために腎臓で再吸収して，尿素をほとんど含まない尿を産生する．また軟骨魚類の血液中では無機イオン濃度は海水よりも低く抑えられており，Na^+およびCl^-については直腸腺とよばれる器官により排出される．直腸腺は総排泄孔直前に開口しており，これらのイオンを多量に含む液を直腸に排出し，その後体外に排出する．浸透圧順応型動物では血液浸透圧が環境浸透圧よりもわずかに高張もしくは等張であるため，水が体外に流出しない．そのため海水中であっても水が体内で不足することはない（図10-2）．

10-5　浸透圧調節型魚類の血液浸透圧調節機構

浸透圧調節型魚類では血液浸透圧は海水の約3分の1に維持されており，そのイオン組成も魚種によらず一定である．浸透圧調節を担う器官もほぼ共通であり，鰓・腸・腎臓が協調してイオンおよび水の調節を行う．ここからは研究の進んでいる真骨類に着目して浸透圧調節機構について解説する．

10-5-1　真骨類の鰓における浸透圧調節機構

淡水中ではNa^+およびCl^-は不足し，水が過剰となる．逆に海水中ではNa^+およびCl^-は過剰となり，水が不足する．真骨類では鰓がNa^+およびCl^-の調節に主たる役割を果たし，鰓上皮を介して体内と環境水との間でイオンのやり取りを行う．このイオン輸送は鰓に存在する塩類細胞 ionocyte（chloride cell）により行われる．近年の研究の進展により，塩類細胞はCl^-のみならず，様々なイオンの輸送能をもつことが明らかになってきたため，英語では ionocyte と呼称されることが主流である．塩類細胞はその機能から淡水型および海水型塩類細胞に大別され，それぞれイオンの取り込みと排出を担う．また塩類細胞は個体が生息する浸透圧環境によらず，入鰓弁動脈側の鰓上皮に偏在する（図10-3A）．このことは，淡水環境で体表の大部分を占める鰓上皮から流出したイオンを，鰓を換水する水流の下流側で再度取り込むことに寄与し，海水中では排出したイオンが鰓から再度浸入することを防いでいると考えられている．浸透圧調節のためには体内と環境水中の濃度勾配に逆らったイオンの能動輸送を行う必要があり，塩類細胞の細胞膜上に存在するイオン輸送体がこれを担う．浸透圧調節に伴う能動的なイオン輸送の駆動力を供給するのが塩類細胞の体内側の細胞膜に局在する Na^+ / K^+-ATPase である．Na^+ / K^+-ATPase によって生じた電気的および濃度的勾配を利用して浸透圧調節のためのイオン輸送は行わ

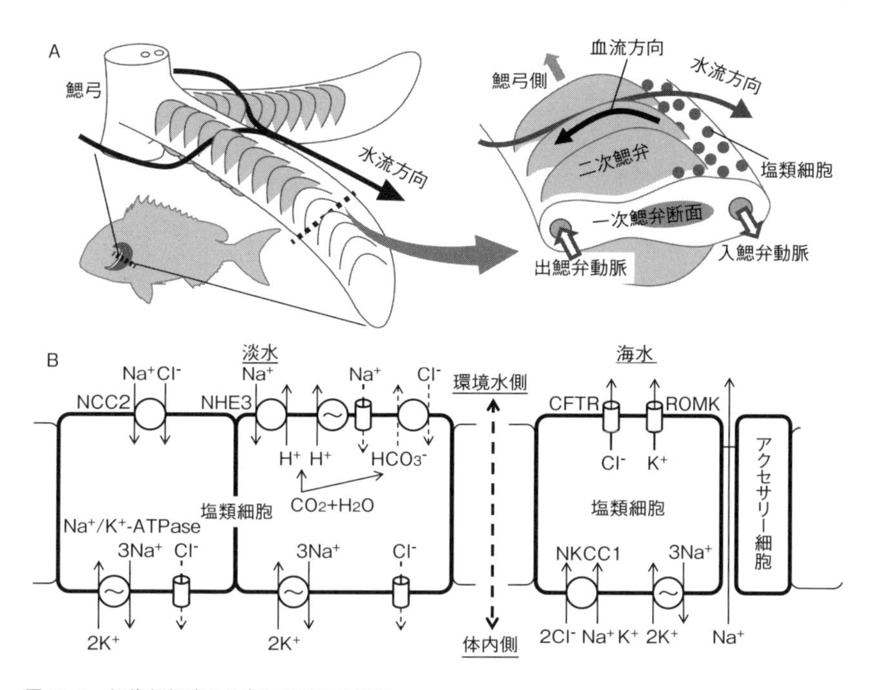

図 10-3　鰓塩類細胞の分布およびその機能
A：鰓弁での水交換システムと塩類細胞の分布，B：鰓塩類細胞のイオン輸送メカニズム[9]．

れ，このことは淡水および海水型塩類細胞で共通である．

淡水中で不足するイオンは，塩類細胞の環境水に接する細胞膜に局在する 2 種類のイオン輸送体，すなわち Na^+ / H^+ exchanger-3（NHE3）および Na^+, Cl^- cotransporter-2（NCC2）によって取り込まれる[9]．これら 2 つの輸送体は別々の塩類細胞に存在し，この輸送体の局在によって淡水型塩類細胞は少なくとも 2 つに分類される（図 10-3B）．しかし淡水適応機構を担う塩類細胞のイオン輸送機構は魚種によって異なることも示唆されている[10]．

海水中では海水型塩類細胞の環境側細胞膜に局在する Cl^- 輸送体である cystic fibrosis transmembrane conductance regulator（CFTR）によって海水中に Cl^- が排出される[9]．加えて海水型塩類細胞の体内側細胞膜には Na^+，K^+，$2Cl^-$ cotransporter-1（NKCC1）が局在し，血液から塩類細胞内へ各イオンを輸送する．また Na^+ については塩類細胞と，これに隣接して存在するアクセサリー細胞との細胞間隙から排出される．淡水型塩類細胞と異なり，これまで報告された魚種でほぼすべての海水型塩類細胞にCFTRとNKCC1が局在する（図10-3B）．このことから海水魚の鰓でのイオン輸送機構は魚種間で高度に保存されていると考えられる．また近年，海水型塩類細胞の海水に接する細胞膜にrenal outer medullary K^+ channel（ROMK）の局在が確認され，K^+の排出も塩類細胞が担うことが明らかとなった．

10-5-2　真骨類の腎臓・腸における浸透圧調節機構

真骨類の腎臓での浸透圧調節機構については10-1-2で述べた通り，ネフロンがその役割を担い，淡水中では多量の低張尿を，海水中では2価イオンを高濃度に含む少量の等張尿を産生する．

腎臓・鰓に加えて腸も重要な浸透圧調節器官である．淡水環境下での腸における浸透圧調節作用としては，摂餌したものから各種イオンを取り込むことが挙げられる．しかし多くの真骨類は長期の絶食に耐えうることから，淡水中において腸でのイオン吸収機構は鰓の浸透圧調節機構の働きを補助する程度であると考えられている．これに対して海水中では不足する水の取り込みに主たる役割を果たす．海水魚では利用可能な水は海水のみであり，飲んだ海水から水を取り込み，体内で不足する水を補わなければならない．しかし浸透圧勾配に逆らって能動的に水を輸送することはできない．そのため海水から水を取り込むためには，その浸透圧を下げることが必要となる．海水魚では，まず飲水した海水から食道および腸前部でNa^+およびCl^-を体内へ受動的に輸送し，その浸透圧を体液に近いレベルまで低下させる．その後，さらに消化管内の水の浸透圧を下げるためにNa^+およびCl^-を能動的に取り込む．腸前部から後部にかけての上皮細胞の管腔内側の細胞膜にNa^+, K^+, $2Cl^-$ cotransporter-2（NKCC2）およびNa^+，Cl^- cotransporter-1（NCC1）が局在し[11]，これらの輸送体が腸内液の浸透圧低下を担うと考えられている（図10-4）．これらのイオン輸送の働きによって体液より低張となった腸内液から体内へ水が移動することで水吸収が行われる．このとき腸上皮細胞の管腔内側の細胞膜に局在する水チャネルaquaporin-1（AQP1）を介して水が輸送される[12, 13]．

また海水中には多量のCa^{2+}，Mg^{2+}が含まれ，水吸収の過程において消化管内で濃縮される．Na^+，Cl^-等については鰓から排出できるため，いったん体内に取り込んでも問題ないが，これらの2価イオンは尿を介してのみ排出可

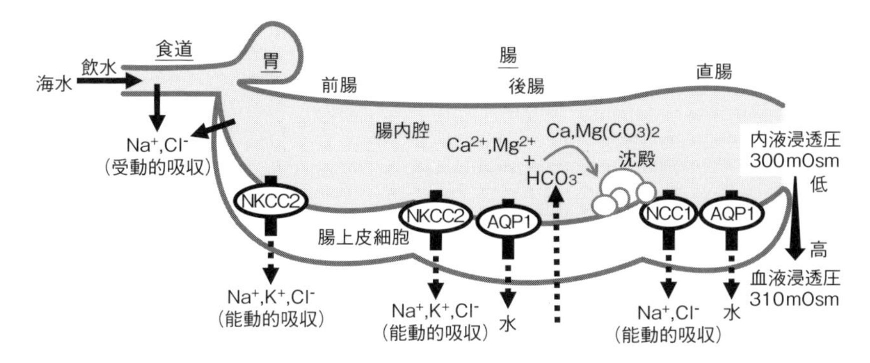

図 10-4　海産真骨類の消化管における水吸収機構

能であり，水の収支を考慮すると体内へ取り込んで腸内液の浸透圧を低下させるメリットは少ない．そこで海水魚では腸内に HCO_3^- を分泌し，これら 2 価イオンと反応させて沈殿を形成させることで，腸内の浸透圧を低下させている[14]．このように海水魚は消化管内に取り込んだ海水から各種イオンを除去し，その浸透圧を体液よりも低下させ，最大限の水吸収を可能としている．

文　献

1) Dantzler WH, Braun EJ (1997). Vertebrate renal system. In: Dantzler WH (ed). *Handbook of Physiology. Section 13. Comparative Physiology*. Oxford University Press. 481-575.
2) 鈴木 譲 , 末武弘章 (2013). 生体防御 .「増補改訂版 魚類生理学の基礎」(会田勝美 , 金子豊二編). 恒星社厚生閣 . 234-251.
3) Ogawa M (1961). Comparative study of external shape of the teleostean kidney with relation to phylogeny. *Sci. Rep. Tokyo Kyoiku Daigaku, Sec. B* 10: 61-88.
4) Teranishi K, Kaneko T (2010). Spatial, cellular, and intracellular localization of Na^+/K^+-ATPase in the sterically disposed renal tubules of Japanese eel. *J. Histochem. Cytochem*. 58: 707-719.
5) Hyodo S et al. (2014). Morphological and functional characteristics of the kidney of cartilaginous fishes: with special reference to urea reabsorption. *Am. J. Physiol*. 307: R1381-1395.
6) Braun MH, Perry SF (2010). Ammonia and urea excretion in the Pacific hagfish *Eptatretus stoutii*: Evidence for the involvement of Rh and UT proteins. *Comp. Biochem. Physiol. A*. 157: 405-415.
7) Ip YK, Chew SF (2010). Ammonia production, excretion, toxicity and defense in fish: A Review. *Front. Physiol*. doi: 10.3389/fphys.2010.00134.
8) Edwards SL et al. (2015). Ammonia excretion in the Atlantic hagfish (*Myxine glutinosa*) and responses of Rhc glycoprotein. *Am. J. Physiol*. 308: R769-778.
9) 金子豊二 , 渡邊壮一 (2013). 浸透圧調節・回遊 .「増補改訂版 魚類生理学の基礎」(会田勝美 , 金子豊二編) . 恒星社厚生閣 . 216-233.
10) Takei Y et al. (2014). Diverse mechanisms for body fluid regulation in teleost fishes. *Am. J. Physiol*.

307: R778-792.
11）Watanabe S et al. (2011). Electroneutral cation-Cl- cotransporters NKCC2 β and NCC β expressed in the intestinal tract of Japanese eel *Anguilla japonica. Comp. Biochem. Physiol. A*. 159: 427-435.
12）Aoki M et al. (2003). Intestinal water absorption through aquaporin 1 expressed in the apical membrane of mucosal epithelial cells in seawater-adapted Japanese eel. *J. Exp. Biol*. 206: 3495-3505.
13）Kim YK et al. (2008). Rectal water absorption in seawater-adapted Japanese eel *Anguilla japonica. Comp. Biochem. Physiol. A*. 151: 533-541
14）Mekuchi M et al. (2010). Mg-calcite, a carbonate mineral, constitutes Ca precipitates produced as a byproduct of osmoregulation in the intestine of seawater-acclimated Japanese eel *Anguilla japonica. Fish. Sci*. 76: 199-205.

11章

内分泌系

内分泌系はホルモンと受容体，およびそれらを分泌する，あるいは含む器官や組織で構成される．魚類は脊椎動物の内分泌系の基本型を有しており，四肢動物にみられる主な内分泌器官 endocrine organ のほとんどを備える（図 11-1）．各内分泌器官で産生された各種のホルモンは血液中に放出されて，対応する受容体が存在する標的器官に作用して生体機能を調節する．ホルモンは化学物質であり，ペプチド・タンパク質ホルモン，ステロイドホルモン，チロシン誘導体ホルモン，生体アミンホルモンなどがある．ホルモン受容体はホルモンの化学的性質に関わらずすべてタンパク質である[1, 2]．

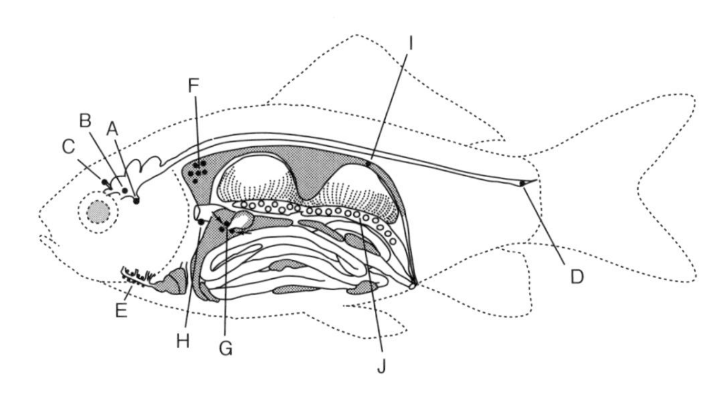

図 11-1　真骨類の内分泌器官
A：下垂体，B：視床下部，C：松果体，D：尾部下垂体，E：甲状腺，F：頭腎（間腎腺およびクロム親和細胞），G：膵島（矢印），H：鰓後腺，I：スタニウス小体，J：生殖腺．

11-1　中枢神経系の内分泌器官・組織と下垂体

11-1-1　下垂体と視床下部

下垂体 hypophysis（pituitary）（脳下垂体ともいう）は内分泌系の中枢となる重要な器官であり（図 11-1A），個体の維持・成長と繁殖，すなわち生命の連続性に重要な役割を果たす．ここから分泌されるホルモンは直接標的器官を制御するほか，魚体に散在する別の内分泌器官からのホルモン分泌を刺激し，間接的に制御することが多くみられる．また，下垂体からのホルモン分泌は視床下部 hypothalamus から分泌される視床下部ホルモンにより制御される場合が多い．末梢の内分泌器官から分泌されるホルモンは視床下部や下垂体からのホルモン分泌に影響を及ぼす場合が多く，これをフィードバック機構という．

下垂体は間脳の視床下部の腹側に位置する小さな器官であり，神経下垂体 neurohypophysis と腺下垂体 adenohypophysis によって構成される．シーラカンス類，肺魚類および条鰭類では，神経下垂体の後部は神経葉 pars nervosa とよばれる．前部に特定の名称はなく，神経下垂体前部や正中隆起相同部などとよばれる．腺下垂体は主葉 pars distalis と中葉 pars intermedia に区分され，主葉はさらに主葉前部（主葉端部）rostral pars distalis と主葉後部（主葉主部）proximal pars distalis に分かれる．このように腺下垂体は 3 部で構成される（図 11-2）．主葉は前葉 anterior lobe ともよばれる．条鰭類では種によって各葉の形状に多少の違いはあるが，基本構造は共通する．

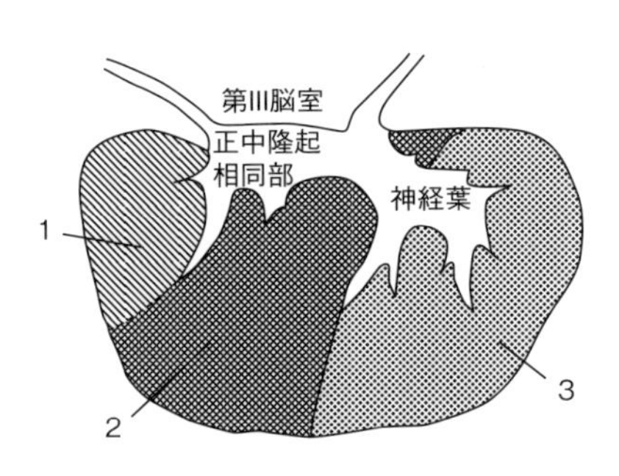

図 11-2　真骨類の下垂体
1：主葉前部，2：主葉後部，3：中葉．

以下に，主に条鰭類の下垂体と視床下部のホルモンを概説する[3, 4]．

A. 下垂体主葉ホルモン

下垂体の各部には複数種のホルモン産生細胞が存在し，それぞれ特定のペプチド・タンパク質ホルモンを産生する[1, 4]．主葉からは次のようなホルモンが分泌される．

① **プロラクチン** prolactin（PRL）：主葉前部から分泌され，水・電解質代謝に関わる．鰓における水の透過抑制，腸管上皮での水と Na^+，Cl^- イオンの吸収抑制，腎臓の糸球体濾過量の増加，表皮の粘膜分泌の促進などを通じて，淡水中に生存する魚類の浸透圧調節機能に深く関わる．

② **副腎皮質刺激ホルモン** adrenocorticotropic hormone（ACTH）：主葉前部から分泌される．哺乳類の副腎皮質と相同な組織である間腎腺からの副腎皮質ホルモンの分泌を促す．

③ **甲状腺刺激ホルモン** thyroid-stimulating hormone（TSH）：主に主葉後部から分泌される糖タンパク質ホルモンである，甲状腺を標的として甲状腺ホルモンの分泌を促す．

④ **生殖腺刺激ホルモン** gonadotropic hormone（GTH）：主葉後部から分泌される糖タンパク質ホルモンである．濾胞刺激ホルモン follicle-stimulating hormone（FSH）と黄体形成ホルモン luteinizing hormone（LH）とがある．

⑤ **成長ホルモン** growth hormone（GH），somatotropic hormone（STH）：主葉後部から分泌され，魚体の成長を促進する．標的組織に直接作用するほか，成長促進作用を有するインスリン様成長因子 -I の肝臓からの分泌を刺激する[5]．サケ科魚類では，海水適応時の浸透圧調節機能にも関わるとされる．

B. 下垂体中葉ホルモン

① **黒色素胞刺激ホルモン** melanophore-stimulating hormone（MSH）：中葉から分泌される．黒色素胞のメラノソームを拡散させ，体色の黒化を引き起こす．代謝にも関わり，肝臓では脂肪を分解する[6]．

② **ソマトラクチン** somatolactin（SL）：下垂体中葉から分泌される．体色変化と脂質代謝に関与するほか，血液の酸・塩基調節にも関わるとされる[7]．

C. 神経下垂体ホルモン

視床下部の神経分泌細胞でつくられたペプチドが軸索によって神経葉に運ばれ，そこから血液中に分泌されるホルモンが神経葉ホルモンとなる．視床下部から腺下垂体へ投射した神経の軸索から分泌され，腺下垂体ホルモンの分泌調節に関わるホルモンは視床下部ホルモンである[1, 4]．

a. 神経葉ホルモン

① **アルギニンバソトシン** arginine vasotocin（AVT）：バソプレシン系のホルモンであり，血管平滑筋を収縮して血圧を上げる．哺乳類では，腎臓の糸球体濾過量増大により水の再吸収を促進させて抗利尿的に作用する．

② **イソトシン** isotocin（IT）：オキシトシン系のホルモンであるが，魚類での作用はあまり知られていない．肺魚類ではメソトシンとよばれる．

③ **メラニン凝集ホルモン** melanin-concentrating hormone（MCH）：黒色素胞に作用してメラノソームを凝集することにより体色を明るくする（図 11-3）．

b. 視床下部ホルモン

視床下部（図 11-1B）で産生される以下の代表的ホルモンはすべてペプチドホルモンであり，ソマトスタチンを除いてそれぞれの名称に含まれている腺下

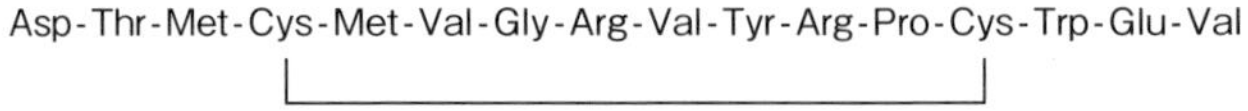

Asp-Thr-Met-Cys-Met-Val-Gly-Arg-Val-Tyr-Arg-Pro-Cys-Trp-Glu-Val

図11-3　メラニン凝集ホルモン（ペプチドホルモンの例）
アミノ酸残基を3文字記号で示す．Cys と Cys の間の線はジスルフィド結合．ペプチドは2～60個のアミノ酸で，タンパク質は50個以上のアミノ酸でできているが，両者の境界は曖昧である．

垂体ホルモンの分泌を促進する．ソマトスタチンは成長ホルモンの分泌を抑制する．甲状腺刺激ホルモン放出ホルモンの生理作用は明確ではない[1, 4]．

① **プロラクチン放出ペプチド** prolactin-releasing peptide（PrRP）
② **副腎皮質刺激ホルモン放出ホルモン** corticotropin-releasing hormone（CRH）
③ **成長ホルモン放出ホルモン** growth hormone-releasing hormone（GHRH）
④ **ソマトスタチン** somatostatin（SS）
⑤ **生殖腺刺激ホルモン放出ホルモン** gonadotropin-releasing hormone（GnRH）
⑥ **甲状腺刺激ホルモン放出ホルモン** thyrotropin-releasing hormone（TRH）

真骨類の視床下部と腺下垂体の連絡様式は軟骨魚類などと大きな違いがある．真骨類では，視床下部からの軸索が直接腺下垂体のホルモン産生細胞に伸びている．軟骨魚類などでは下垂体門脈 hypophysial portal vein（pituitary portal vein）によってつながれており，視床下部ホルモンは軸索から門脈に分泌される．

D. 神経ペプチドホルモンと生体アミンホルモン

脳内にはオレキシン orexin（ORX）や神経ペプチドY neuropeptide Y（NPY）などの食欲調節に関わるペプチドホルモンや，オピオイドペプチドのエンケファリン enkephalin（ENK）などをはじめとして，多くの神経ペプチドが存在する．生体アミンのドーパミンも産生される．これは下垂体からのPRL分泌の抑制に関わるとされる[1]．

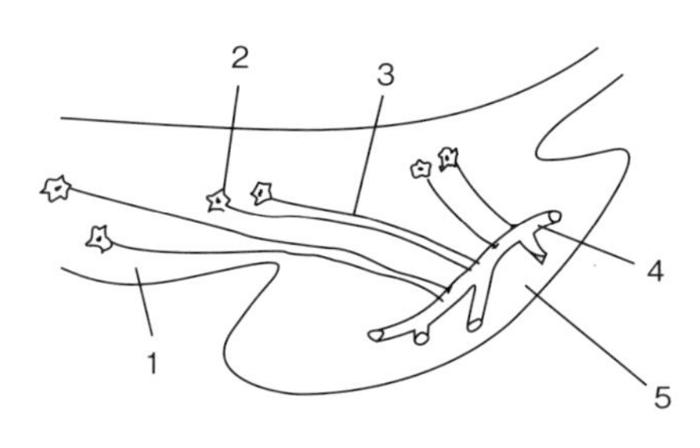

図11-4　尾部神経分泌系
1：脊髄，2：神経分泌細胞，3：軸索，4：血管，5：尾部下垂体．

11-1-2　尾部下垂体

尾部下垂体 urophysis は脊髄後端腹側に付属する真骨類特有の器官であり（図11-1D），脊髄末端部の神経分泌細胞から伸びた軸索からホルモンが分泌される（図11-4）．軟骨魚類では尾部下垂体は形成されないが，神経分泌細胞は存在する．尾部下垂体からは，血圧上昇，血液中 Na^+ 濃度の調節，内臓筋の収縮などに関わるウロテンシンⅠ urotencin I とウロテンシンⅡ urotencin II が分泌される[8, 9]．

11-1-3 松果体

松果体 pineal body は間脳の背側へ突出する小突起で（図 11-1C），その構造は魚種によって多少異なるが，先端の嚢胞部と，間脳に連なる柄部とからなる．松果体は光受容器であると同時に内分泌器官でもあり，生体アミンホルモンのメラトニン melatonin（MT）を分泌する（図 11-5）．血液中の MT 濃度は夜間に高く，昼間に低い．MT 分泌は明暗サイクルに同調し，概日リズムが観察されることから，松果体には生物時計が存在し，MT は明暗リズムを体内に伝達すると考えられている．MT には色素胞のメラノソームを凝集する作用もある[1, 4]．

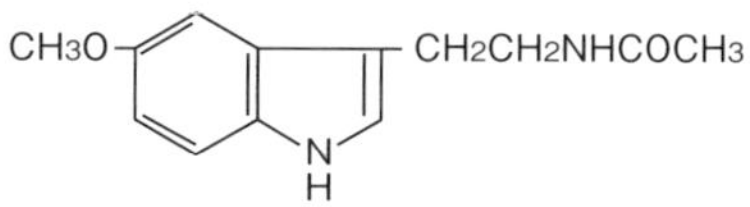

CH_3O　$CH_2CH_2NHCOCH_3$　N　H

図 11-5　メラトニン（生体アミンホルモンの例）

11-2 中枢神経系と下垂体以外の内分泌器官・組織

11-2-1 甲状腺

甲状腺 thyroid gland は立方上皮に包まれたコロイド状物質を内蔵する小さい濾胞 follicle の集合体であり，魚類では心臓近くの動脈や鰓動脈の周囲に散在する（図 11-1E）．

甲状腺で産生されるホルモンはチロシン誘導体ホルモンであり，チロキシン thyroxine（tetraiodothyronine）(T_4)（図 11-6）とトリヨードチロニン triiodothyronine (T_3) とがある．量的には前者が多く，活性は後者が強い．甲状腺ホルモンは哺乳類などでは基礎代謝に関与するが，魚類では変態をはじめとする初期発生に重要とされる[1, 10, 11]．ヒラメ・カレイ類では仔魚の変態・着底時に T_4 と T_3 の濃度が高くなり，変態を促進する．サケ科魚類ではスモルト期に銀

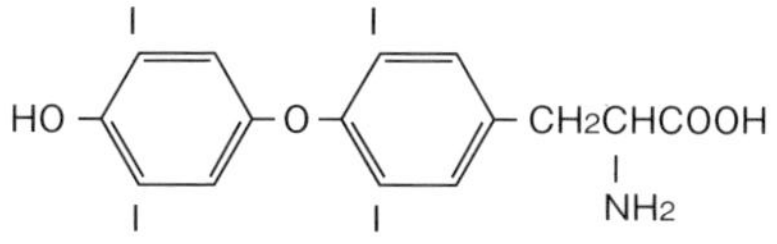

I　I　HO　O　$CH_2CHCOOH$　NH_2　I　I

図 11-6　チロキシン（チロシン誘導体ホルモンの例）

化 silvering（スモルト化 smoltification）を引き起こす．

11-2-2　間腎腺（副腎）

魚類には副腎 adrenal gland そのものは存在しないが，副腎皮質 adrenal cortex に相当する間腎腺 interrenal gland と，副腎髄質 adrenal medulla に相当するクロム親和細胞 chromaffin cell の集団が存在する(図 11-1F，11-7)．

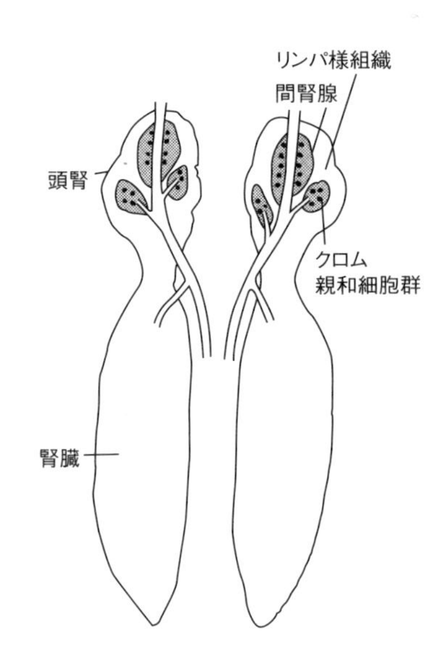

図 11-7　真骨類の頭腎と間腎腺・クロム親和細胞の分布

間腎腺は頭腎中の後主静脈およびその分枝に沿って分布する．クロム親和細胞群も間腎腺内あるいはその付近に存在するが，その分布様式は魚種によって異なる．

真骨類の間腎腺ではステロイドホルモンのコルチゾル cortisol などが産生される（図 11-8）．これらのホルモンは糖代謝や電解質代謝に関与する．コルチゾル分泌は下垂体からの ACTH が促進する．また，ウナギ類が降河回遊をするときにはコルチゾルの作用によって鰓の Na^+ イオン排出機能や腸管上皮の水の吸収機能が活発になり，海水魚型の浸透圧調節が始まる．

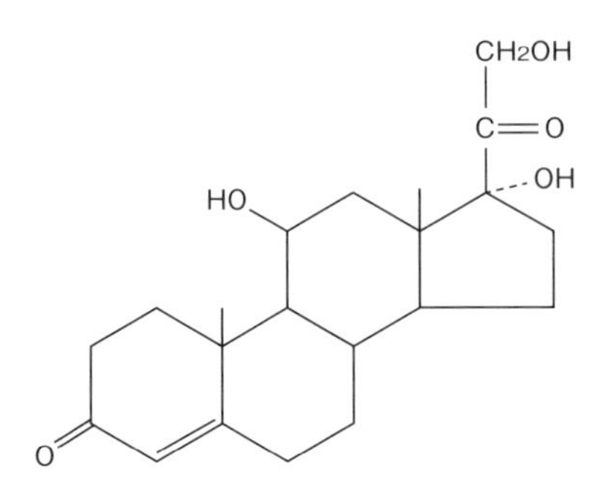

図 11-8　コルチゾル（ステロイドホルモンの例）

交感神経に由来するクロム親和細胞からはカテコールアミンの一種である生体アミンホルモンのアドレナリン adrenalin とノルアドレナリン noradrenalin が分泌され，交感神経の作用と同様に様々な器官の機能を調節する[1, 12]．

11-2-3　胃腸膵内分泌系

膵臓や消化管などには，同化や異化など物質代謝の調節に関わる種々のホルモンを産生・放出する内分泌細胞が広く分布する．なかでも膵臓中に存在する膵島 pancreatic islet（ランゲルハンス島 islet of Langerhans）は内分泌腺組織としてよく知られている（図 11-1G）．真骨類では膵島は膵臓中だけでなく，結合組織に包まれたブロックマン小体 Brockmann body とよばれる独立した小体として，胆嚢付近にも存在する．

真骨類の膵島には，それぞれ異なるホルモンを産生する内分泌細胞として A 細胞，B 細胞，D 細胞，PP 細胞が存在する．B 細胞からはタンパク質ホルモンのインスリン insulin が分泌される．インスリンは細胞へのグルコースの取り込みを促進して血糖値を下げるとともにグリコーゲンを合成するほか，アミノ酸の細胞への取り込みにも作用する．A 細胞から分泌されるペプチドホルモンのグルカゴン glucagon はインスリンと逆の作用を有しており，グリコーゲンを分解して血液中にグルコースを供給する．D 細胞からはソマトスタチンが，PP 細胞からは膵ポリペプチド pancreatic polypeptide（PP）が分泌される．

消化管でもソマトスタチン，グレリン ghrelin（GHRL），モチリン motilin，コレシストキニン cholecystokinin（CCK），ガストリン gastrin，ペプチド YY peptide YY（PYY）などのペプチドホルモンが産生される[1, 13]．

11-2-4　鰓後腺

鰓後腺 ultimobranchial gland は哺乳類以外の脊椎動物に存在する内分泌器官であり，魚類では咽頭部または食道近くに位置する（図 11-1H）．鰓後腺から分泌されるペプチドホルモンはカルシトニン calcitonin とよばれ，血液中のカルシウム濃度を低下させる．このホルモンは鰓や腎臓からカルシウムを排出すると考えられるが，その作用は明確ではなく特殊な生理条件下で機能するとされる[1, 14]．

11-2-5　スタニウス小体

スタニウス小体 corpuscles of Stannius は真骨類とアミアにおいて認められる．腎臓に由来し，腎臓や輸尿管に付着している（図 11-1 I）．魚種によりその数は大きく異なる．ニホンウナギなどでは 1 対，サケ科魚類では 10 個前後，アミアでは数百に及ぶ．この小体からは，血液中のカルシウム濃度を低下させるタンパク質ホルモンのスタニオカルシン stanniocalcin（STC）が分泌される[1, 14, 15].

11-2-6　生殖腺

生殖腺 gonad（図 11-1J）では，下垂体から分泌される GTH の作用によって性ホルモンの産生が活発になって卵巣や精巣の発達が進む．性ホルモンはコレステロールを前駆体とするステロイドホルモンである．性ホルモンには発情ホルモン（エストロゲン estrogen），黄体ホルモン（プロゲスチン progestin），雄性ホルモン（アンドロゲン andorogen）の 3 種類がある．エストロゲンとプロゲスチンを併せて雌性ホルモンとよぶ．これら 3 種の性ステロイドホルモンは，程度と作用機構は異なるが，卵巣にも精巣にも作用する．真骨類の卵形成過程に関しては 14-3-2，14-3-3 に詳細な説明がある．真骨類の精子形成過程に関しては 14-3-6，14-3-7 に詳細な説明がある[1, 16, 17].

11-3　その他のホルモン産生器官・組織等

11-3-1　心　臓

真骨類の心房と心室の心筋細胞において，イオンの代謝や血圧の調節に関与するホルモンが産生される．前者のホルモンは心房性ナトリウム利尿ペプチド atrial natriuretic peptide（ANP）とよばれ，後者のホルモンは心室性ナトリウム利尿ペプチド ventricular natriuretic peptide（VNP）とよばれる[18].

11-3-2　肝　臓

肝臓からは GH の刺激によりタンパク質ホルモンのインスリン様成長因子 - I insulin-like growth factor- I（IGF- I）が分泌される．IGF-I は軟骨の成長を促進する．サケ科魚類などでは海水適応にも関わるとされる[5].

11-3-3　レニン・アンギオテンシン系

腎臓の傍糸球体細胞から分泌されるレニン renin とよばれる酵素は，肝臓から分泌されるアンギオテンシノゲン angiotensinogen に作用して限定的に分解し，ペプチドホルモンのアンギオテンシン I angiotensin I をつくる．アンギオテンシン I は血液中のアンギオテンシン変換酵素によりアンギオテンシン II となる．アンギオテンシン II は血圧の上昇，飲水の誘引，水分の保持（抗利尿）に関わる[1, 12].

11-3-4　脂肪細胞

脂肪細胞などからはタンパク質ホルモンのレプチン leptin が分泌される．レプチンは視床下部に作用して食欲を抑制する[19].

11-3-5　エイコサノイド系ホルモン

エイコサノイド系ホルモンは，脂肪酸の一種プロスタン酸を基本骨格とする，種々の組織で産生されるホルモンである（図 11-9）．その 1 つであるプロスタグランジン prostaglandin（PG）は血圧の調節のほか，雌の排卵や雄の性行動誘起に働く．また，フェロモンとしても作用する[1, 20].

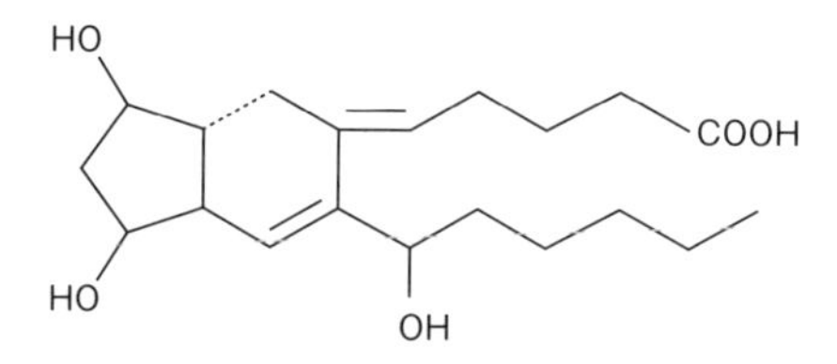

図 11-9　プロスタグランジン F2α（エイコサノイド系ホルモンの例）

文　献

1）天野勝文ら（2013）. 内分泌 .「増補改訂版 魚類生理学の基礎」（会田勝美 , 金子豊二編）恒星社厚生閣 . 122-148.

2）海谷啓之 , 内山 実（2016）. 序論 .「ホメオスタシスと適応 , ホルモンから見た生命現象と進化シリーズ V」（海谷啓之 , 内山 実編）裳華房 . 1-14.

3）小林英司（1979）.「下垂体」東京大学出版会 . pp. 138.

4）Norris DO, Carr JA（2013）. The hypothalamus-pituitary system in non-mammalian vertebrates. In: Norris Do, Carr JA（eds）. *Vertebrate Endocrinology 5th ed*. Elsevier. 151-205.

5）森山俊介 , 清水宗敬（2016）. 成長のホルモン調節－「下垂体 - 肝臓軸」の重要性 .「成長・成熟・性決定 , ホルモンから見た生命現象と進化シリーズ III」（伊藤道彦 , 高橋明義編）裳華房 . 10-25.

6）Yada T et al.（2000）. Effects of desacetyl-α-MSH on lipid mobilization in the rainbow trout, *Oncorhynchus mykiss*. *Zool. Sci*. 17: 1123-1127.

7）Kakizawa S（2016）. Somatolactin. In: Takei T et al.（eds）. *Handbook of Hormones*. Elsevier. 114-115.

8）Amano M（2016）. Urotensin-I. In: Takei T et al.（eds）. *Handbook of Hormones*. Elsevier. 26-27.

9）Konno N（2016）. Urotensin II. In: Takei T et al.（eds）. *Handbook of Hormones*. Elsevier. 88-90.

10）三輪 理 , 田川正朋（2013）. 変態 .「増補改訂版　魚類生理学の基礎」（会田勝美 , 金子豊二編）恒星社厚生閣 . 184-192.

11）田川正朋（2016）. 魚類の変態とホルモン .「発生・変態・リズム , ホルモンから見た生命現象と進化シリーズ II」（天野勝文・田川正朋編）裳華房 . 64-81.

12）Norris DO, Carr JA（2013）. Comparative aspects of vertebrate adrenals. In: Norris DO, Carr JA（eds）.

Vertebrate Endocrinology 5th ed. Elsevier. 291-315.
13）安藤 忠（2016）. インスリン機能の進化的理解 .「成長・成熟・性決定 , ホルモンから見た生命現象と進化シリーズ III」（伊藤道彦 , 高橋明義編）裳華房 . 26-40.
14）鈴木信雄ら（2016）. 血液中のカルシウムを調節するしくみ－水生動物から陸上動物まで－ .「ホメオスタシスと適応 , ホルモンから見た生命現象と進化シリーズ V」（海谷啓之 , 内山 実編）裳華房 . 139-157.
15）Suzuki N（2016）. Stanniocalcin. In: Takei T et al.（eds）. *Handbook of Hormones*. Elsevier. 247-249.
16）小林牧人 , 大久保範聡 , 足立伸次（2013）. 生殖 .「増補改訂版 魚類生理学の基礎」（会田勝美 , 金子豊二編）恒星社厚生閣 . 149-183.
17）三浦 猛 , 三浦智恵美（2016）. 魚類生殖腺の成熟 .「成長・成熟・性決定 , ホルモンから見た生命現象と進化シリーズ III」（伊藤道彦 , 高橋明義編）裳華房 . 59-75.
18）御輿真穂 , 坂本竜哉（2016）. 水・電解質代謝とホルモン .「ホメオスタシスと適応 , ホルモンから見た生命現象と進化シリーズ V」（海谷啓之 , 内山 実編）裳華房 . 124-138.
19）Chisada SI et al.（2014）. Leptin receptor-deficient（knockout）medaka, *Oryzias latipes*, show chronical up-regulated levels of orexigenic neuropeptides, elevated food intake and stage specific effects on growth and fat allocation. *Gen. Comp. Endocrinol*. 195: 9-20.
20）小林牧人 , 棟方有宗（2016）. 魚類の性行動とホルモン .「求愛・性行動と脳の性分化 , ホルモンから見た生命現象と進化シリーズ IV」（小林牧人ら編）裳華房 . 9-32.

12章

神経系

魚類の様々な感覚器が受容する情報は，末梢神経系 peripheral nervous system を通って中枢神経系 central nervous system に運ばれ，統合・処理される．中枢神経系からの指令が，末梢神経系を通って効果器（骨格筋，平滑筋，腺など）に送られることによって適切な行動が起こる．

12-1　中枢神経系

中枢神経系は脳 brain と脊髄 spinal cord から構成されている．脳は初期発生期に神経管の前方部が膨らみ，それがいくつかの膨隆部として区分化されることにより発生する[1)]．脊髄は脳の尾方に続く神経管の後方部から発生する．神経管の内腔は，脳では脳室 ventricle に，脊髄では中心管 central canal となる．ヌタウナギ類と一部の板鰓類では脳室は退化的である．

12-1-1　脳

魚類の体重に対する脳重の割合は，哺乳類よりも低いことが一般的である．しかし一部の板鰓類は哺乳類に匹敵する割合を示すが[2, 3)]，その理由は不明である．

脳は前方から終脳 telencephalon（大脳 cerebrum），間脳 diencephalon，中脳 mesencephalon，後脳 hindbrain（小脳 cerebellum と橋 pons），髄脳 myelencephalon（延髄 medulla oblongata）の各部に分けられる（図 12-1A，B）．中脳，橋，延髄を合わせて脳幹 brain stem とよぶ．なお，無顎類では小脳の存在は疑問視されている[4)]．軟骨魚類では脳の各部は明瞭に分化するが，分類群によって形態は異なる[5)]．真骨類では脳の形態には種特有の顕著な特徴がみられる．生態や生息環境を反映していると思われ，種にとって重要な感覚を処理する領域が肥大化する傾向が強い[6, 7)]．

A. 終　脳

終脳は脳の前端に位置する．終脳の構造のうち，嗅覚の一次中枢である嗅球

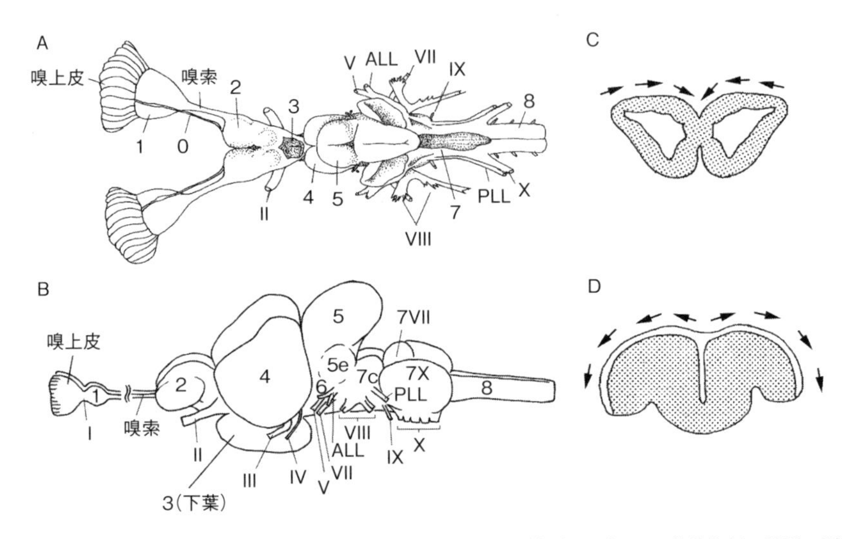

図 12-1　A：アブラツノザメの脳（背側面），B：コイの脳（左外側面），C：軟骨魚類の終脳の断面，D：真骨類の終脳の断面
CとDの矢印は，このような形態になる原因と思われる，個体発生中の神経管背側部分の形態形成運動の方向を示す．
1：嗅球，2：終脳，3：間脳，4：視蓋，5：小脳体，5e：小脳の顆粒隆起，6：橋，7：延髄，7c：小脳稜，7VII：顔面葉，7X：迷走葉，8：脊髄，0：終神経，I-X：第I-X脳神経，ALL：前側線神経，PLL：後側線神経．

olfactory bulbが最も前方に膨らみを形成している．終脳本体は終脳背側野（哺乳類の終脳外套に相当）と終脳腹側野（哺乳類の終脳外套下部に相当）に分けられる．終脳の最も後方の領域は視索前野 preoptic areaである．

無顎類では，ヌタウナギ類とヤツメウナギ類は脳形がかなり異なっており，特にヌタウナギ類の終脳は大きい（図12-2A，B）．

軟骨魚類と真骨類では終脳の発生過程が異なるため，構造に大きな違いがある[3, 8]．軟骨魚類では，発生過程において天井部である蓋板が内側に向かって進展し，正中部付近で陥入・くびり切れることにより，左右1対の側脳室が形成される（図12-1C）．ほとんどの脊椎動物の終脳は，内翻とよばれるこのような発生過程を経る．一方真骨類では，外側に向かって蓋板が広がっていき（外翻とよばれる），最終的には終脳の背側と外側を覆う膜状構造となる．したがって終脳の脳室は，左右がつながったT字状の形になる（図12-1D）．

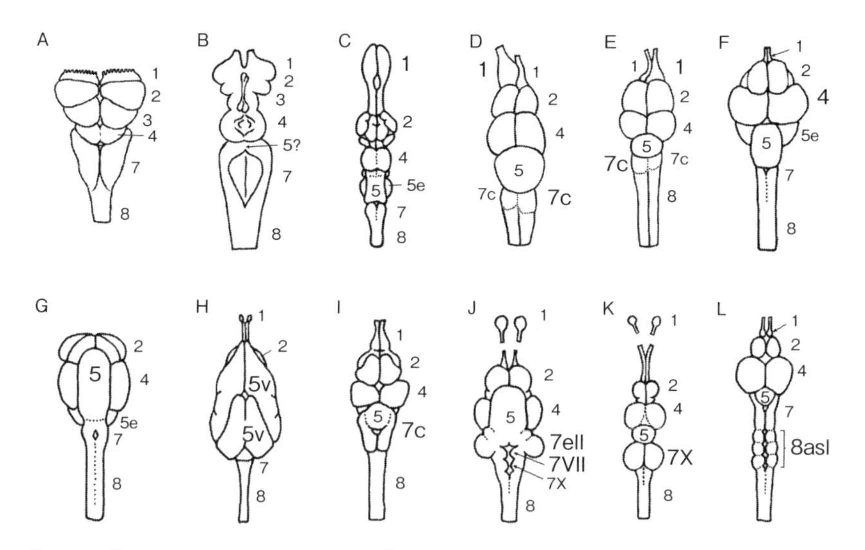

図 12-2　様々な魚類の脳（背側面）（山本[9] を改変）
A：ヌタウナギ，B：ヤツメウナギ類，C：ウツボ，D：クロウシノシタ，E：シマウシノシタ，F：カワハギ，G：ニザダイ，H：エレファントノーズフィッシュ，I：イシモチ，J：ナマズ，K：フナ類，L：ホウボウ．
1：嗅球，2：終脳，3：間脳（真骨類では背側からはほとんど見えない），4：視蓋，5：小脳体，5v：小脳弁，5e：顆粒隆起，7：延髄，7c：小脳稜（延髄の一部），7VII：顔面葉（延髄の一部），7X：迷走葉（延髄の一部），7ell：電気感覚性側線葉（延髄の一部），8：脊髄，8asl：脊髄副感覚葉．
相対的に発達している脳部位の記号を大きくしてある．

魚類の終脳には層構造はないため，哺乳類の大脳新皮質に相当する構造は存在しないとされ，嗅覚処理のみに関わる“嗅葉”とよばれることもあった．しかし実際には，視覚，聴覚，側線感覚，味覚などの感覚情報が終脳に到達する．

板鰓類では，嗅球は嗅上皮の後方に接して位置し，嗅索を介して終脳腹側野に嗅覚情報を送っている．終脳背側野には，視覚，電気的側線感覚，機械的側線感覚などの情報が送られている[5]．

真骨類の多くの種では，嗅球は終脳本体の前端に接する位置にある．しかし，コイ科など一部の種では，軟骨魚類と同様に嗅球が嗅上皮のすぐ後方にあり，長い嗅索を介して終脳と連絡する（図 12-2J，K）．嗅覚に強く依存した生態をもつ種では，嗅球の巨大化がみられる（図 12-2C）．また，ヒラメやウシノシタ類では，嗅球は左右非対称で，有眼側の方が大きい（図 12-2D，E）．

真骨類において，終脳腹側野は主に嗅球由来の嗅覚情報と味覚情報を受け取っている．終脳背側野には視覚，聴覚，側線感覚，味覚など各種感覚が到達している．また哺乳類の大脳新皮質の各種感覚野の場合と同様に，感覚の種類ごとに特定の領域に到達しているため，大脳新皮質と相同な構造の存在が示唆されている[10, 11]．終脳各部を電気刺激すると，生殖行動や摂食行動などが誘発されることから，終脳が行動制御の役割をもつこともわかっている[12]．視索前野については以下で説明する．

B. 間　脳

間脳は終脳の後方に続く脳部位であり（図 12-1），内部に第 3 脳室がある．間脳には，背側から腹側に向かって視床上部 epithalamus，視蓋前域 pretectum，視床 thalamus（背側視床 dorsal thalamus と腹側視床 ventral thalamus にさらに細分化できる），視床下部 hypothalamus が位置している．また真骨類では，後結節 posterior tuberculum とよばれる領域が存在するが，他の脊椎動物のどの間脳領域と相同なのかはっきりしていない．

視床上部は，松果体 pineal，副松果体 parapineal（みかけ上存在しない種もある）および手綱 habenula から構成されている．手綱は松果体や副松果体から光情報を受けるとともに，終脳からの入力も受け，線維（軸索）を脳幹に送っている[13]．視蓋前域は，網膜や視蓋から視覚性の情報を受け，眼球運動制御や遠近調節に関わっている．

板鰓類では，哺乳類と同様に視床が終脳背側野に各種感覚情報を中継している[14]．一方真骨類では，視床は感覚の終脳背側野への中継にはあまり関与しておらず，糸球体前核群とよばれる神経核群が各種感覚情報を終脳背側野に伝えている[10]（後述）．神経核とは，中枢神経内に存在する神経細胞体の集まりであり，情報の受け渡しを行っている．

視床下部は，様々な行動の調節や内分泌系の調節など生命活動の維持に深く関わっている．視床下部とその前方への機能的延長部である終脳の視索前野は，下垂体からのホルモン分泌制御を行っている（11-1-1 参照）．視床下部の腹外側部は下葉 inferior lobe とよばれる膨隆部を形成している．下葉を電気刺激すると摂食行動様の運動が誘発される[12]．下葉は味覚情報を受け，その出力は最終的に小脳に至るので，このような神経回路が摂食行動制御に関わると思われる．視床下部正中部の腹側には，前方では下垂体が，後方では血管嚢 saccus vasculosus（ない種もある）がある．血管嚢の機能は長らく不明であったが，季節繁殖の制御に関わることがわかってきた[15].

C. 中　脳

中脳は背側に半球状に膨出した視蓋 optic tectum と中脳脳室を挟んでその腹側に位置する中脳被蓋 mesencephalic tegmentum から構成される（図 12-1).

視蓋は網膜からの情報を受ける視覚の一次中枢であり，かつては視葉 optic lobe ともよばれたが，実際には聴覚，側線感覚，一般体性感覚（触覚など）の入力も受ける[16]．視覚依存度の高い種では視蓋が大きくなる傾向がある（図 12-2F)．真骨類では視蓋は 6 層に区分され，各層の厚さは習性を反映して種によって異なるといわれる[17]．視覚情報は主に表面から 2，3 番目の層に，その他の感覚情報は主に 5 番目の層に入力する[16]．視蓋には多くのタイプの神経細胞（ニューロン）があり，キンギョでは 15 種類同定されている[18].

真骨類では，視蓋正中部の腹側に縦走堤 torus longitudinalis が前後に走行している．姿勢制御や眼球運動に関与するという報告もあるが，実際の機能はよくわかっていない.

中脳被蓋の外側部には，中脳脳室に向かって背側に膨隆する半円堤 torus semicircularis がある．半円堤は，主に聴覚，側線感覚，一般体性感覚の入力を受けている[19, 20].

D. 小　脳

小脳は中脳の後方に位置し（図 12-1)，背側に膨隆する小脳体 corpus cerebelli，中脳脳室の中に位置し前方へと膨隆する小脳弁 valvula cerebelli，および小脳体の基部の外側に接して存在する顆粒隆起 eminentia granularis がある.

小脳体は脊髄や延髄から入力を受け，運動制御に関わるといわれている．実際，海洋表層を高速遊泳する種や岩礁域やサンゴ礁で方向転換しながら複雑な遊泳をする種で複数の葉に分かれたり，大きくなる傾向がある（図 12-2G)．軟骨魚類では定量的な比較研究によって，小脳体の大きさや皺の数が，上記のような生態と関連があることが示唆されている[21, 22].

小脳弁は，姿勢制御に関わるとされているが，研究が乏しく実際の機能はよくわかっていない．なお，弱い電気を発して周囲の障害物を探知したり，仲間とのコミュニケーションを行っているモルミュルス科エレファントノーズフィッシュ（*Gnathonemus petersii*）では，小脳弁が巨大化して他の脳領域を覆い隠すほどになっている（図 12-2H)．したがって，小脳弁は電気的側線感覚をはじめとする感覚の処理（とそれに関連した運動制御）に関連している可能性がある．

顆粒隆起には聴覚や側線感覚が入力していて，延髄の内耳側線野 octavolateral area に出力を送っている[9]．

E. 橋

橋は中脳被蓋の後方に続く脳領域で，その背側には小脳がある（図 12-1B）．魚類には橋がないとする記述がしばしばみられる．しかし，これは哺乳類において大脳皮質からの情報を小脳に伝える橋核に相当する構造が，魚類ではこの領域に認められないことから生じた誤解である．橋には二次味覚核などが存在する．

F. 延　髄

延髄は脳の最後方の部位であり，後端は脊髄へと移行する（図 12-1）．延髄の背側部は感覚性領域で，腹側部は運動性領域である．

延髄の前方背側部は内耳側線野 octavolateral area とよばれる領域である．背側表面には小脳稜 crista cerebellaris とよばれる膨隆部がある．側線感覚や平衡感覚が発達している種では，小脳稜が顕著に膨隆する傾向がある（図 12-2I）．小脳稜の下には，内耳側線野に属するいくつかの神経核がある．これらの核のニューロンには，樹状突起を小脳稜の中に伸ばしているものがあり，ここで顆粒隆起に由来する線維から入力を受けている．電気的側線感覚が発達している種では，電気受容器からの感覚は内耳側線野の最外側にある電気感覚性側線葉 electrosensory lateral line lobe とよばれる膨らみに送られていて（図 12-2J），機械的側線感覚はより内側に送られている．

真骨類の延髄の後方部には，顔面神経（第 VII 脳神経）と迷走神経（第 X 脳神経）から味覚情報を受け取る顔面葉と迷走葉が発達している（図 12-1B）．舌咽神経（第 IX 脳神経）が入力する場所は，迷走葉の中に取り込まれていることが多いが，種によっては迷走葉と区別可能な小葉（舌咽葉）を形成することもある．体表の味覚が発達しているナマズ類では，顔面葉が大きな膨隆を形成していて，咽頭の味覚が発達しているコイやフナ類では迷走葉が膨隆している（図 12-2J，K）．

真骨類の延髄には，マウスナー細胞 Mauthner cell とよばれる巨大な細胞が左右 1 つずつ存在する（ない種もある）．このニューロンの太い線維は，反対側の延髄へと交叉したあと脊髄に入り，脊髄の後端近くまで到達する．マウスナー細胞は，聴覚や視覚刺激による素早い逃走行動を誘発する[23]．

12-1-2　脊　髄

脊髄は体軸に沿って脊柱管の後端付近まで達する種が多いが，一部のフグ類やマンボウ類では，極端に短い[24]．無顎類の脊髄は上下に扁平で，脊索によって支えられている．それ以外の魚類では，脊髄は円柱状の形態で，周囲は脊椎骨の神経弓門によって取り囲まれている．

脊髄は，筋節に対応したくり返し単位である髄節 spinal segment が前後につながって並んでできている（ただし髄節の境界は不明瞭）．中心部に中心管があり，その周囲にニューロンの細胞体が集まる灰白質 gray matter が，さらにその周囲に線維が走行する白質 white matter がある．灰白質の背側領域は背角 dorsal horn とよばれ，感覚性ニューロンが分布する．腹側領域は腹角 ventral horn とよばれ，運動ニューロンが分布する．白質には，脳から脊髄に下行してくる線維，脊髄から脳へ上行する線維，および異なる吻尾レベルの髄節の間を連絡する線維が走行している．

脊髄においても，発達した感覚に対応した形態の特殊化がみられる．ホウボウ類では，胸鰭に 3 対の遊離軟条があり，海底の“歩行”に使われている．遊離軟条を覆う皮膚表面には，単独化学受容細胞が多数存在していて，それらかからの感覚情報が到達する脊髄領域に，3 対の顕著な膨隆が形成される（図 12-2L）．

12-2　末梢神経系

末梢神経系は，中枢神経系と体の各部の間を走行している神経線維の束である．末梢神経の中を通る線維には，末梢から中枢に情報を伝える求心性（感覚性）の線維と中枢から末梢に指令を伝える遠心性（運動性）の線維がある．脳に出入りするものは脳神経 cranial nerve，脊髄に出入りするものは脊髄神経 spinal nerve とよぶ．また脳神経や脊髄神経を構成する神経線維の一部として脳および脊髄から発し，内臓や血管を支配するものを自律神経 autonomic nerve とよぶ．

12-2-1　脳神経

魚類の脳神経は，魚類特有のものを含め，12 対存在する（図 12-1）．

① **終神経** terminal nerve：第 0 脳神経ともよばれる．嗅上皮・嗅球から嗅索

に沿って走行する“余分な脳神経”としてサメ類で最初に発見された．神経の途中に細胞体の集まり（神経節）が存在する．他の魚類では嗅神経あるいは嗅索の中を走行し，走行経路に沿って細胞体がある．これらの細胞体は生殖腺刺激ホルモン放出ホルモンを産生し，その線維は脳の広範囲および網膜に分布していて，繁殖行動制御に関わることが示唆されている[25]．

② **嗅神経** olfactory nerve（第I脳神経）：嗅上皮に分布する嗅細胞の線維が集まったもので，嗅球（一次嗅覚中枢）に到達する．

③ **視神経** optic nerve（第II脳神経）：網膜から発し，間脳の腹側で視神経交叉を形成したのちに脳に至る．最大の投射先は視蓋であるが，視床や視蓋前域などにも到達する．

④ **動眼神経** oculomotor nerve（第III脳神経）：中脳から発する脳神経で，眼球のまわりにある外眼筋（眼球を運動させる筋肉）を支配する運動性の神経線維が主である．水晶体筋を支配し遠近調節をする自律神経性線維も混ざっている．

⑤ **滑車神経** trochlear nerve（第IV脳神経）：中脳から発し，外眼筋を支配する．

⑥ **三叉神経** trigeminal nerve（第V脳神経）：橋から発する脳神経で，頭部の感覚（触覚など）を求心性に運ぶ神経線維と，鰓蓋や顎の筋肉を支配し，呼吸や咀嚼を制御する遠心性の運動線維が含まれる．

⑦ **外転神経** abducens nerve（第VI脳神経）：延髄から発し，外眼筋を支配する．

⑧ **顔面神経** facial nerve（第VII脳神経）：延髄から発し，口腔前方部の味蕾からの（体表に存在する種では体表の味蕾からも）味覚情報を脳に伝える求心性線維と鰓蓋運動を制御する遠心性の線維からなる．

⑨ **内耳神経** octaval nerve（第VIII脳神経）：内耳の三半規管と耳石器官からの平衡感覚を延髄に伝える成分と，耳石器官からの聴覚を延髄に伝える成分からなる．

⑩ **側線神経** lateral line nerve：側線感覚器（感丘）からの情報を延髄に伝える．頭部の側線感覚を運ぶ前側線神経と躯幹部からの感覚を運ぶ後側線神経がある．電気感覚性の側線器をもつ種では，電気感覚を伝える線維もある．

⑪ **舌咽神経** glossopharyngeal nerve（第IX脳神経）：口腔後部～咽頭前部からの味覚を延髄に伝える．鰓の筋肉の支配をする運動性の線維と鰓の血管の平滑筋を支配する自律神経性の遠心性線維も含まれる．

⑫ **迷走神経** vagal nerve（第X脳神経）：咽頭後部からの味覚や内臓の感覚を脳に伝える．鰓や咽頭の筋肉を支配する運動性線維と内臓の働きを制御する

自律神経性の線維も含まれている.

12-2-2　脊髄神経

個々の髄節から左右1対の脊髄神経が発している. 皮膚などの一般体性感覚を運ぶ求心性線維（背根を通って背角に入る）と骨格筋を支配する運動性線維（腹角に由来し腹根を経由する）が合流して脊髄神経となり, 末梢に向かう. 自律神経性の線維も腹根内を走行する.

12-2-3　自律神経系

自律神経系には交感神経系 sympathetic nervous system と副交感神経系 parasympathetic nervous system があり, 両者の作用は互いに拮抗的である. 前者の起始細胞は脊髄にあり, 後者の起始細胞は脳内にある. 心筋, 血管や消化管の平滑筋, 眼球の水晶体筋, クロマフィン細胞（哺乳類の副腎髄質に相当）, 色素胞などの調節に関与する[26].

12-3　脳内神経回路

魚類の脳機能やそれを可能とする神経回路の研究は, 特に真骨類において飛躍的に進歩した[27]. 近年のゼブラフィッシュやメダカ類などの小型モデル魚類を用いた実験系の導入により, 今後さらに発展が期待できる.

感覚系に関しては, 視覚, 聴覚, 側線感覚, 一般体性感覚, 味覚などが, 間脳の糸球体前核群で中継され, 終脳背側野に至ることがわかってきた（図12-3）. 糸球体前核群に属する特定の神経核が, 特定の感覚を終脳背側野の一定の領域に中継しており, これは哺乳類の視床から大脳新皮質に至る感覚経路と同じである. 糸球体前核群は後結節に属するとされてきたが[28], 発生過程[29]や上述の回路特性を考えると, 哺乳類の視床の感覚中継部に相当する可能性がある.

脊髄より上位の運動中枢についての理解も進みつつある. 中脳の内側縦束核が尾鰭の運動制御に重要であることが明らかになっている[27]. 2つの中脳の神経核が胸鰭の運動制御に重要とされる赤核の候補として挙げられていたが, 最近2つの神経核のうち, より前方に位置するものが, 他の脊椎動物の赤核に相当することもわかってきた[30].

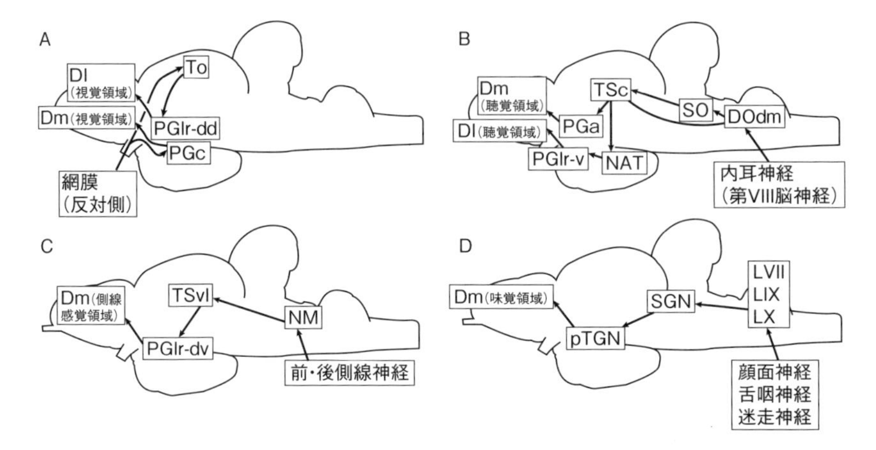

図 12-3　キンギョにおける視覚（A），聴覚（B），側線感覚（C），味覚（D）が終脳に到達する神経路（上行路）

それぞれの感覚は，間脳の糸球体前核群の異なる場所を経由して，終脳背側野の異なる領域に到達する．

Dl：終脳背側野外側部，Dm：終脳背側野内側部，DOdm：第 VIII 脳神経下行核の背内側部，LVII：顔面葉，LIX：舌咽葉，LX：迷走葉，NAT：前結節核，NM：内耳側線野の内側核，TO：視蓋，PGa：吻側糸球体前核，PGlr-dd：外側糸球体前核吻背側部の背側領域，PGlr-dv：外側糸球体前核吻背側部の腹側領域，PGlr-v：外側糸球体前核吻腹側部，PGc：交連性糸球体前核，pTGN：糸球体前三次味覚核，SGN：二次味覚核，SO：二次聴覚核，TSc：半円堤中心核，TSvl：半円堤腹外側核．

文　献

1）石川裕二（2000）. メダカを用いた脳発生の研究 . 比較生理生化学 . 17: 126-136.

2）Northcutt RG（1978）. Brain organization in the cartilagenous fishes. In: Hodgson ES, Mathewson RF（eds）. *Sensory Biology of Sharks, Skates, and Rays*. Office of Naval Research. 117-193.

3）Northcutt RG（1989）. Brain variation of phylogenetic trends in elasmobranch fishes. *J. Exp. Zool*. 2: 83-100.

4）Lannoo MJ, Hawkes R（1997）. A search for primitive Purkinje cells: zebrin II expression in sea lampreys（*Petromyzon marinus*）. *Neurosci. Lett*. 237: 53-55.

5）Smeets WJAJ（1998）. Cartilagenous fishes. In: Nieuwenhuys R et al.（eds）. *The Central Nervous System of Vertebrates. Vol 1*. Springer. 551-654.

6）Kotrschal K et al.（1998）. Fish brains: evolution and environmental relationship. *Rev. Fish. Biol. Fish*. 8: 373-408.

7）伊藤博信，吉本正美（1991）. 神経系 .「魚類生理学」（板沢靖男 , 羽生 功編）恒星社厚生閣 . 363-402.

8）吉本正美，伊藤博信（2002）. 終脳（端脳）の構造と機能 .「魚類のニューロサイエンス」（植松一眞ら編）恒星社厚生閣 . 178-195.

9） 山本直之（2005）. 神経系 .「魚の科学事典」（谷内 透ら編）朝倉書店 . 132-147.

10） 山本直之（2008）. 魚類の終脳（大脳）における「感覚表現」. 認知神経科学 10: 255-260.

11） Kato T et al.（2012）. Ascending gustatory pathways to the telencephalon in goldfish. *J. Comp. Neurol.* 520: 2475-2499.

12） Demski LS（1983）. Behavioral effect of electrical stimulation of the brain. In: Davis RE, Northcutt RG（eds）. *Fish Neurobiology. Vol 2. Higher Brain Areas and Funcstions*. University of Michigan Press. 317-359.

13） Yañez J, Anadón R（1996）. Afferent and efferent connections of the habenula in the rainbow trout（*Oncorhynchus mykiss*）: an indocarbocyanine dye（DiI）study. *J. Comp. Neurol*. 372: 529-543.

14） Nieuwenhuys R et al.（1998）. The meaning of it all. In: Nieuwenhuys R et al.（eds）. *The Central Nervous System of Vertebrates. Vol 3*. Springer. 2135-2195.

15） Nakane Y et al.（2013）. The saccus vasculosus of fish is a sensor of seasonal changes in day length. *Nat. Comm*. DOI: 10.1038/ncomms3108.

16） Kinoshita M et al.（2006）. Periventricular efferent neurons in the optic tectum of rainbow trout. *J. Comp. Neurol*. 499: 546-564.

17） Kishida R（1979）. Comparative study on the teleostean optic tectum. Lamination and cytoarchitecture. *J. Hirnforsch*. 20: 57-67.

18） Meek Y, Schellart NAM（1978）. A Golgi study of goldfish optic tectum. *J. Comp. Neurol*. 182: 89-122.

19） Yamamoto N, Ito H（2005）. Fiber connections of the central nucleus of semicircular torus in cyprinids. *J. Comp. Neurol*. 491: 186-211.

20） Yamamoto N et al.（2010）. Somatosensory nucleus in the torus semicircularis of cyprinid teleosts. *J. Comp. Neurol*. 518: 2475-2502.

21） Yopak KE et al.（2007）. Variation in brain organization and cerebellar foliation in chondrichthans: Sharks and holocephalans. *Brain Behav. Evol*. 69: 280-300.

22） Lisney TJ et al.（2008）. Variation in brain organization and cerebellar foliation in chondrichthans: Batoids. *Brain Behav. Evol*. 72: 262-28.

23） 小田洋一 , 中山寿子（2002）. 逃避行動の制御と学習を担うマウスナー細胞 .「魚類のニューロサイエンス」（植松一眞ら編）恒星社厚生閣 . 22-37.

24） Yamamoto N（2017）. Adaptive radiation and vertebrate brain diversity: cases of teleosts. In: Shigeno S et al.（eds）. *Brain Evolution by Design*. Springer Japan. 129-147.

25） Yamamoto N et al.（1997）. Lesions of gonadotropin-releasing hormone-immunoreactive terminal nerve cells: effects on the reproductive behavior of male dwarf gouramis. *Neuroendocrinology* 65: 403-412.

26） 船越健悟（2002）. 自律神経系.「魚類のニューロサイエンス」（植松一眞ら編）恒星社厚生閣 . 263-273.

27） 植松一眞 , 山本直之（2013）. 神経系 .「増補改訂版 魚類生理学」（会田勝美 , 金子豊二編）恒星社厚生閣 . 28-64.

28） Braford MR Jr, Northcutt RG（1983）. Organization of the diencephalon and pretectum of the ray-finned fishes. In: Davis RE, Northcutt RG（eds）. *Fish Neurobiology. Vol. 2*. University of Michigan Press. 117-163.

29） Ishikawa Y et al.（2007）. Developmental origin of diencephalic sensory relay nuclei in teleosts. *Brain Behav. Evol*. 69: 87-95.

30） Nakayama T et al.（2016）. Nucleus ruber of actinopterygians. *Brain Behav. Evol*. 88: 25-42.

13章

感　覚

魚類は体外および体内の様々な情報を把握し，状況に応じた適切な行動をとることによって生存し，適切な時期と場所を選んで繁殖を行っている．情報の集約と判断は神経系が果たす役割であるが，情報を収集するためには各種感覚器が不可欠である．感覚の分類の仕方にはいろいろあるが，本章では，①嗅覚 olfactory sense や味覚 gustatory sense などが含まれる化学感覚 chemical sense，②視覚 vision，③聴覚 auditory sense，平衡感覚 equilibrium，側線感覚 lateral line sense，電気感覚 electrosense，磁気感覚 magnetosense などが含まれる物理的感覚 physical sense の 3 つの大きなカテゴリーに分類し，この順で概説する．その種の生活する環境や習性に依存して，感覚器の発達程度には違いがみられ，その違いは感覚中枢にも反映される（12 章）．

13-1　化学感覚

魚類の化学感覚には，嗅覚，味覚，単独化学受容細胞 solitary chemosensory cell による感覚が含まれる．水中生活をする魚類では，「匂い」や「味」の感覚が区別できないと思われがちであるが，これらの感覚は異なる感覚器によって受容され，異なる中枢神経回路で処理されるため区別されている．また嗅覚器は遠隔受容器として，味覚器と単独化学受容細胞は接触受容器とみなすこともできる．

皮膚や内臓には，他の特殊な細胞によって包まれないで，裸のまま終わる神経線維，すなわち自由神経終末 free nerve ending が存在する．これらの自由神経終末による化学感覚も存在すると考えられる．

13-1-1　嗅　覚

魚類の嗅覚器 olfactory organ は，吻部に位置していて，表皮の陥入によって形成される鼻腔 nasal cavity の壁にある上皮である．鼻腔は鼻孔 nostril を介して外界に通じている．

無顎類では，鼻腔は無対性で正中に1つだけ開口しているが，嗅神経は左右1本ずつある[1]．軟骨魚類では一対の鼻腔が吻部の腹側にあり，直接外界に開口しているが，中央部に皮弁があるため，前後2つの鼻孔がある．定着性の種では，前孔から入り後孔を通って出てきた水が呼吸水とともに口腔に流入しやすい構造になっている[2]．

真骨類では鼻腔は吻部の背側にあり，通常前鼻孔と後鼻孔がある．前鼻孔と後鼻孔の間に仕切りがあり，遊泳による鼻腔への水の出入りを効率化している種もある（図13-1A）．また，呼吸運動に伴う鼻腔の伸縮や鼻腔壁での繊毛運動によって，鼻腔での水の流れを促進する種もある[3]．しかしメダカ類などでは，鼻孔は1つしかない．鼻腔壁の上皮には，匂いを受容する嗅細胞 olfactory receptor cell が分布する嗅上皮 olfactory epithelium と非感覚性上皮の部分がある．鼻腔内に嗅板 olfactory lamella とよばれる板状の組織をもつ種が多く，嗅板の枚数とその配列は種によって異なり，平行に並んでいる場合や中央部から放射状に広がって配列している種など様々なパターンがみられる[4]．嗅板の集

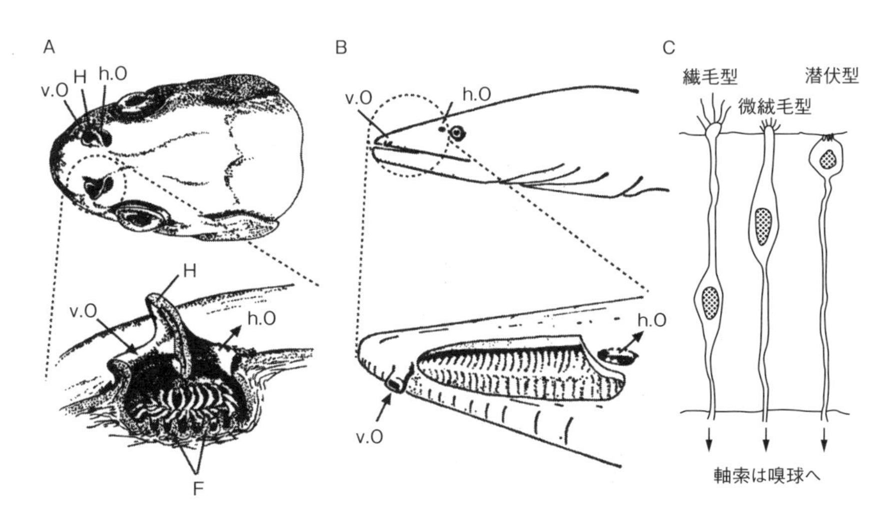

図13-1　真骨類の嗅覚器

A：アブラハヤ類の一種の嗅覚器．嗅房は狭く，前後の鼻孔は仕切りで境されているだけである．B：ヨーロッパウナギの嗅覚器．前後の鼻孔は大きく離れていて，その間に皮下に隠れた巨大な嗅房がある（図では内部が見えるように皮膚が切り開いてある）．C：3種類の嗅細胞の模式図．上が水に接する側．
F：嗅房，H：前後の鼻孔の間の仕切り，h.O：後鼻孔，v.O：前鼻孔．

まり全体を嗅房 olfactory rosette とよぶ．特にウツボやウナギ類のように嗅覚に大きく依存した生態をもつ種では，多数の嗅板が配置されていて，前鼻孔と後鼻孔の間は大きく離れている（図 13-1B）．また，嗅板上の嗅細胞の分布様式にも種差があり，嗅細胞の集団が点在するパターンや嗅板上にむらなく存在するパターンが知られる．嗅細胞には寿命があり（ニジマスでは約 3 ヵ月），新たに生まれた嗅細胞が脱落した細胞に取って代わる[5]．

嗅上皮には，匂い物質を感知する嗅細胞の他に，支持細胞と基底細胞がある．嗅細胞には，鼻腔に向かって伸びる突起の先端に繊毛を伴う繊毛型，微絨毛を伴う微絨毛型がある（図 13-1C）．真骨類では，鼻腔内壁に至る突起をもたない潜伏型も報告されている．嗅細胞は感覚受容細胞であると同時にニューロンでもあり，その線維（軸索）は一次嗅覚中枢である嗅球に到達する．

魚類嗅覚系の匂い刺激に対する応答性は，感覚器である嗅上皮，嗅神経，一次嗅覚中枢である嗅球における電気的変化を記録することによって調べられている．それによると，魚類の嗅覚器はアミノ酸に対する感度が高く，刺激閾値は 10^{-9} ～ 10^{-6} M ときわめて低い[3]．いろいろなアミノ酸を刺激物質として投与して調べると，応答は種の違いを越えて類似した特性を示す．すなわち，ある種において強い刺激効果のあるアミノ酸は他の魚種でも強い応答を引き起こす傾向がある．匂いに対する対応の仕方には種差があるが，これは二次感覚中枢以降で情報が処理されることによって初めて摂餌するか逃避するかなどの行動レベルの対応が決まってくることを意味している．また後述するように，魚類の嗅覚器は，ステロイド，胆汁酸やプロスタグランジンなどにも高い反応性を示すことが知られている．

サケ科魚類のうち海洋を大回遊する種では，産卵のために生まれた川（母川）に戻ってくることはよく知られている．外洋を回遊した後で母川近くの海域まで戻ると，嗅覚を頼りにして正確に母川を選んで遡上し，産卵場に到達すると考えられている．このような種では，河川水に含まれる化学物質の組合せや濃度によって母川を他の川と見分けていると考えられ，アミノ酸がそのような化学物質の候補として挙げられている[6]．降河に備えて銀毛したベニザケの嗅球において，情報伝達が長期間にわたって強くなる長期増強 long-term potentiation（LTP）が起こることが知られている[7]．LTP は記憶形成に関わることが知られている現象であり，このような過程を経て記憶された匂いが母川回帰に重要な役割を果たすと考えられる．

体外に放出され同種他個体の生理機能や行動に影響を与えるフェロモンも嗅覚系によって受容される．例えばキンギョでは，排卵を目前に控えた雌から放出された卵成熟誘起ステロイドが雄の嗅覚系を刺激し，精液産生を促進する．また排卵した雌から放出されるプロスタグランジンが雄に性行動を誘発することも知られている[8]．これらのフェロモンの嗅覚刺激閾値は，それぞれ10^{-13}～10^{-12} M および10^{-10} M ときわめて低い．ヤツメウナギ類においては，雄由来の胆汁塩が雌を誘引するフェロモンとして働くことも知られている[9]．さらに，ヤツメウナギ類においては河川にいる幼生から放出されるステロイド誘導体が成体を誘引するフェロモンとして働く[10]．これは，産卵と幼生の成長が現に進行している河川，すなわち産卵をするのに適した場所へと成体を誘導する意義があると考えられる．このように，嗅覚器は個体間相互作用にとってもきわめて重要である．

13-1-2　味　覚

味覚は，味蕾 taste bud にある味細胞が味物質を検出することによって生じる感覚である．魚類では，味蕾は口腔だけではなく，口唇，鰓弓や鰓耙にも分布していて，さらに頭部の体表にも分布する種がある．ゴンズイなどのナマズ類では，鰭を含めた全身の体表面に味蕾が分布する種も存在する[11]．味蕾は西洋梨型をしていて，内部には合計数十個程度の3種類の細胞がある．内部に管状の構造をもつ t- 細胞（明細胞），内部に多くの線維をもつ f- 細胞（暗細胞），および味蕾の基底部にある基底細胞である（図 13-2A）．t- 細胞は先端に棍棒状の突起をもち，f- 細胞の先端には微絨毛が生えている．これらの突起が味孔とよばれる開口部から外部に伸び出している．t- 細胞が味物質を受容する味細胞 taste cell と考えられている．

ニューロンでもある嗅細胞とは異なり，味細胞は純粋に感覚受容細胞であり，中枢に味覚を伝える脳神経の線維が味蕾に到達している（図 13-2B）．味蕾の分布する場所によって関与する脳神経は異なっており，体表や口腔前方部は顔面神経（第 VII 脳神経）が，口腔後方部は舌咽神経（第 IX 脳神経）が，咽頭は迷走神経（第 X 脳神経）が支配している．ナマズやコイなど多くの魚種が口の周囲に触鬚（ヒゲのような構造）をもつが，その表面には多数の味蕾が分布している．そのため触鬚をもつ種では，顔面神経が伝える味覚の一次中枢である顔面葉が巨大化している場合が多い[12]（図 12-2J）．またコイ科魚類では，

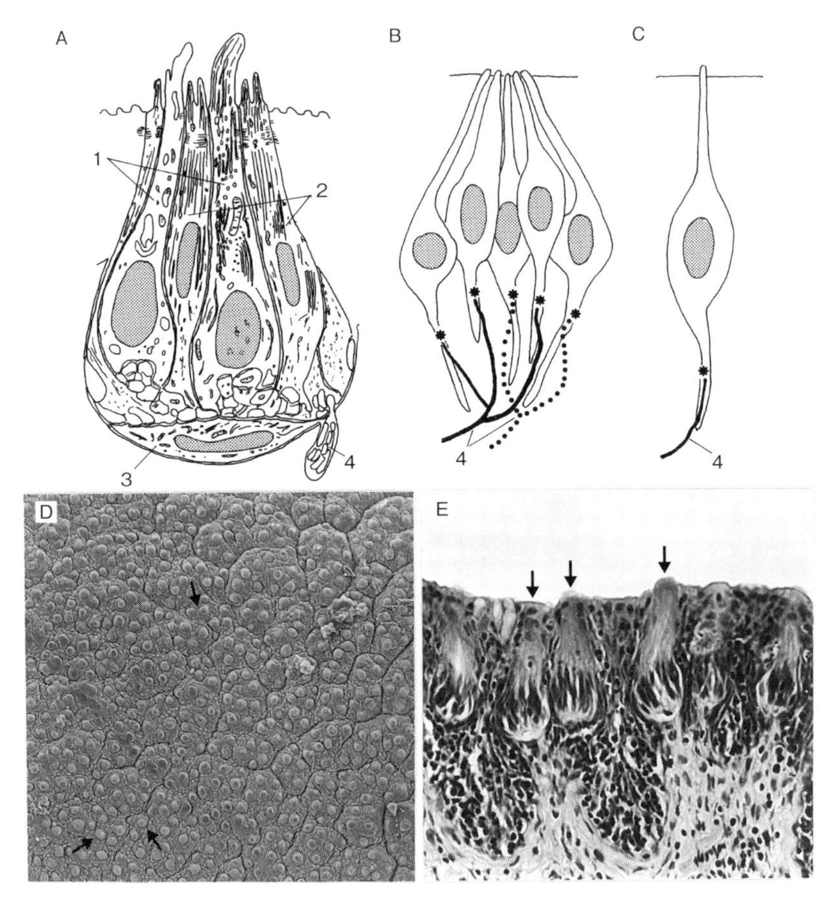

図 13-2　魚類の味蕾
A：真骨類の味蕾の切片模式図，B：味蕾の模式図，C：単独化学受容細胞の模式図，D：コイの口蓋器官の走査電子顕微鏡像．多数の円形構造は，味蕾を構成する細胞の味孔からの突出部（矢印）．E：コイの口蓋器官の光学顕微鏡像．表面近くに味蕾（矢印）が並んでいる．
1：t- 細胞，2：f- 細胞，3：基底細胞，4：神経線維．

口内に取り込んだ砂利や泥を餌となるものから選別するために，口腔の天井（口蓋）に筋肉質の器官（口蓋器官 palatal organ）があり，口蓋器官表面と鰓に多数の味蕾がある[13]（図 13-2D，E）．そのため，コイ科魚類ではこの領域の味覚が伝えられる迷走葉がきわめて大きく膨隆している[12]（図 12-2K）．

魚類の味覚系は，アミノ酸，ペプチド，核酸，四級アンモニウム塩基（苦味），有機酸などに応答する．特にアミノ酸に対する感受性が高く，反応の閾値は 10^{-11} ～ 10^{-9} M 程度である．その種が餌とする生物に含まれるアミノ酸やエキス成分によく反応する傾向があり，味覚が摂食制御に特に重要であることがうかがわれる．前述したように嗅覚系もアミノ酸に対する感受性が高いが，嗅覚の場合は種の違いを越えて類似した応答特性を示すのとは対照的である[3]．単独の物質よりも複数の味物質の組合せの方が，味覚刺激効果が高いことも知られている[3]．

13-1-3　単独化学受容細胞

真骨類の単独化学受容細胞は，味蕾の味細胞によく似た細胞であり，体表および口腔内上皮に存在する．単一の突起あるいは微絨毛を外界に伸ばしており，感覚情報を中枢神経系に伝える線維が到達している．しかしながら，多数の味細胞がある味蕾とは異なり，単独化学受容細胞はその名前が示す通り，1 個の受容細胞がばらばらに分布する（図 13-2C）．

支配神経は単独化学受容細胞がどこに分布するかによって異なり，三叉神経，顔面神経，舌咽神経，迷走神経，あるいは脊髄神経が関わっている．タラ科の rockling（*Ciliata mustela* など）は，背鰭の前方部の鰭条に顔面神経支配の単独化学受容細胞が多数存在している．これらは味覚刺激物質に対してほとんど応答せず，外敵の忌避行動に関わっているとされている[14]．ホウボウの特殊化した胸鰭の遊離軟条にも多数の単独化学受容細胞が存在するが，こちらは海底の餌の探索に使うとみられる．したがって，単独化学受容細胞の機能は種によって異なるらしい．

真骨類の単独化学受容細胞と相同と思われる細胞が，ヌタウナギ類，ヤツメウナギ類，サメ類にも存在する．

13-2　視　覚

魚類の光受容器は，眼球 eye，松果体 pineal および存在する種では副松果体 parapineal である．また視床下部の腹側に位置する血管嚢 saccus vasculosus が光受容能をもち季節繁殖を制御することが，サクラマスで最近わかってきた[15]．さらに，ゼブラフィッシュ胚の後脳には光受容能をもつニューロンが存在し，光刺激に応答して遊泳行動を誘発する[16]．皮膚の色素胞も，光を受容して色素顆粒を凝集・拡散させることが知られている[17]．眼球は，外界の様子を精度高く“みる”ための感覚器，すなわち視像が形成される視覚器である．その他の光受容器は，明暗情報を受容してはいるが，明瞭な像として光情報をとらえるものではなく，非視像形成性の光受容器とよばれる．本節では，視像形成性の光受容器，すなわち視覚器である眼球について記述する．

魚類眼球の主な構成要素は，角膜 cornea，虹彩 iris，硝子（ガラス）体 vitreous body，水晶体（レンズ）lens，網膜 retina，脈絡膜 choroid，および強膜 sclera である（図 13-3A）．これらには，カメラとよく似た 3 つの機能的要素が含まれる．すなわち，①結像面である網膜（カメラのフィルムやデジタルカメラの CCD 画像センサー），②結像させるための水晶体（レンズ），③眼球の形態を保持し，内部に網膜を入れる角膜と強膜（カメラボディ）の 3 つである．水中生活をする魚類では，水と屈折率がほとんど同じ角膜において光の屈折がほとんど起こらないため，レンズは屈折力が最大となるようにほぼ完全な球形である．したがって，水晶体筋 lens muscle によって水晶体の位置を変えることによって遠近調節をしている（図 13-3A）．

網膜には，硝子体側から眼球表面側に向かって，以下の 10 層がある：内限界膜 inner limiting membrane，神経線維層 nerve fiber layer，神経節細胞層 ganglion cell layer（視神経細胞層 optic nerve cell layer），内網状層 inner plexiform layer，内顆粒層 inner nuclear layer，外網状層 outer plexiform layer，外顆粒層 outer nuclear layer，外限界膜 outer limiting membrane，桿体・錐体層 layer of rod and cone，色素上皮 pigment epithelium（図 13-3B）．眼球に入射した光が結像するのは，外限界膜付近である．

角膜，水晶体，硝子体を通過して網膜に入射した光は，いくつもの層を透過したのち視細胞 visual cell によって受容される．視細胞の核は外顆粒層にあるが，そこから色素上皮側に突起が伸びており，その先端部にある外節 outer segment で光が受容される．外節と核の間は内節 inner segment とよばれ，そのうち核に近い場所は筋原線維や微小管が存在するミオイド myoid とよばれ，外節に近い場所は楕円体 ellipsoid とよばれる．外節には，円錐形の錐体 cone と棍棒状の桿体 rod がある．錐体は明るい環境下での色覚に関わっており，桿体は光に対する感度が錐体よりもはるかに高く，薄明下の光受容に重要である．

明暗の変化に伴って，網膜運動現象 retinomotor phenomenon とよばれる視

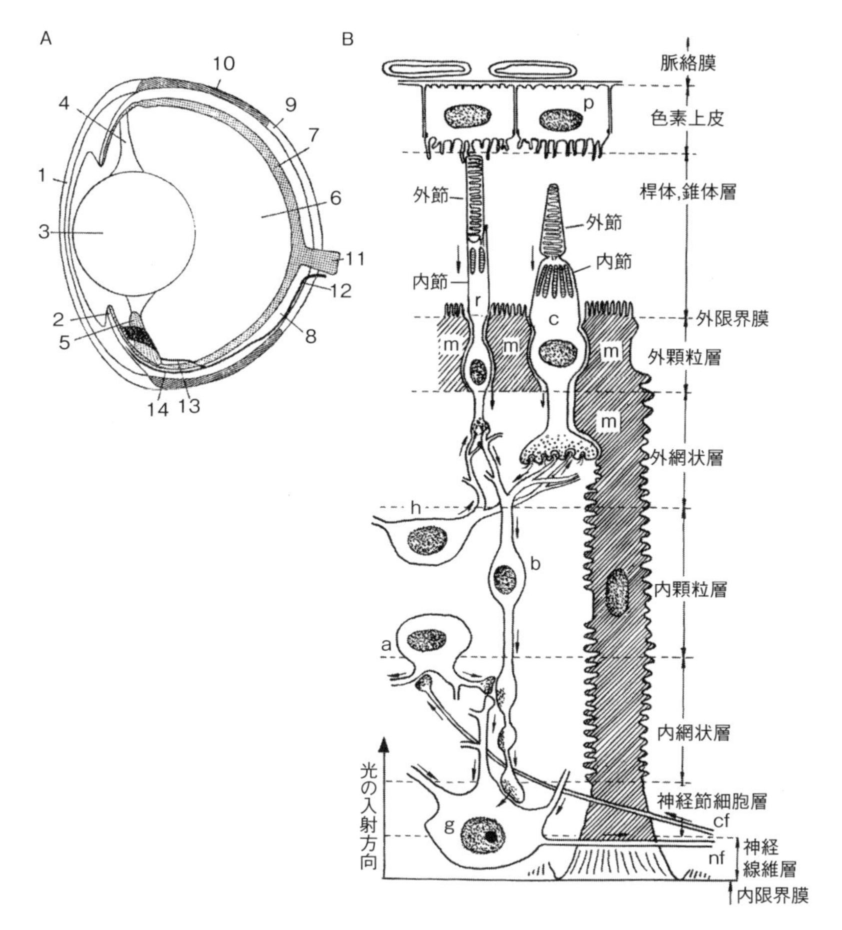

図 13-3　魚類の眼球

A：網膜の縦断面の模式図（水平断面ではないことに注意），B：網膜の層構造.

1：角膜，2：虹彩，3：水晶体（レンズ），4：懸垂靭帯（水晶体を吊り下げる靭帯），5：水晶体筋，6：硝子（ガラス）体，7：網膜，8：脈絡膜，9：強膜，10：強膜の軟骨部，11：視神経，12：短毛様体神経（水晶体筋や虹彩を支配する神経），13：短毛様体神経の水晶体筋枝，14：短毛様体神経の虹彩枝.

a：アマクリン細胞，b：双極細胞，c：錐体，g：神経節細胞（視神経細胞），h：水平細胞，m：ミュラー細胞（網膜のグリア細胞），p：色素上皮細胞，r：桿体，cf：脳からくる遠心性の神経線維，nf：視神経線維（神経節細胞の軸索）.

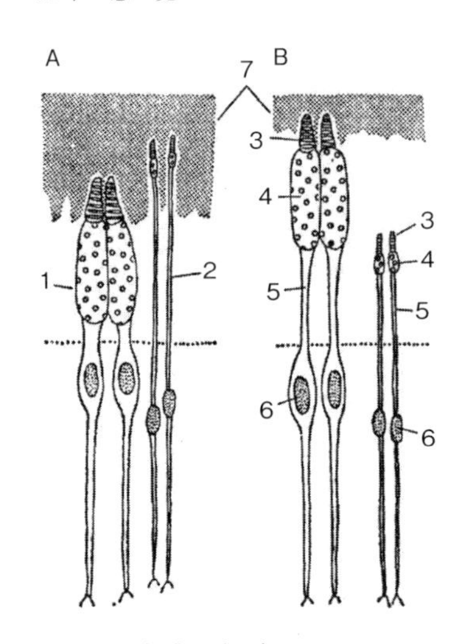

図13-4　網膜運動現象
A：明順応時の錐体と桿体の位置，B：暗順応時の錐体と桿体の位置．
1：錐体細胞，2：桿体細胞，3：外節，4：楕円体，5：ミオイド，6：核，7：色素上皮．

細胞と色素上皮の色素顆粒の移動・運動が起こる（図13-4）．明るいときは（明順応），色素上皮の色素顆粒が外限界膜の方向（図13-4の下方向）に向かって移動し，錐体のミオイドは収縮しやはり外限界膜に近づく．一方，桿体のミオイドは伸張するため，桿体は色素上皮の中に入り込む．暗いときには（暗順応），これとは逆の運動が起こる．これは，桿体と錐体の光受容能の違いに即した，光環境変化に対する適応的反応である．すなわち，明るいときには錐体が，暗いときには桿体が，結像面の近くである外限界膜に近づくように移動して光の受容に有利な位置を占める．また，明るいときに桿体が色素上皮の中に潜り込むのは，感受性の高い桿体視物質が強い光にさらされて消耗してしまうのを防ぐという意味もある．深海魚では，別の形での光環境への適応がみられる．多くの深海魚は桿体のみをもち，微弱な光をとらえるために複数の桿体外節が集合し束を形成するなどの特殊な構造を形成する[3]．

反射板（タペータム tapetum lucidum）が発達している魚種が存在する．薄明環境下において，視細胞に吸収されないまま透過した光を反射させ，もう一度吸収される機会を設けるためである．夜間にネコの目が光を反射して光るのも同じく反射板によるが，陸上動物では網膜の最外層に接する脈絡膜に反射板があるのに対して，魚類の反射板は多くの場合色素上皮にある．魚類の網膜の反射板は構成する化学物質の種類によって分類され，グアニン型とメラノイド型の場合が多いが，リピッド型，プテリジン型，尿酸型，アスタキサンチン型も存在する[18]．

錐体に存在する視物質のタンパク質要素はオプシンであり，桿体ではロドプシンである．魚類においては，オプシンはわれわれヒト（3種類）よりも多く，赤，緑，青および紫外線に対する感受性の高い4種類が存在する．ロドプシンは緑オプシンと共通の祖先分子から分かれたと考えられる[5)]．真骨類の錐体には，2 つの同じ形態の錐体が密着して存在する双錐体と単独で存在する単錐体がある．河川や浅い海に生息する種では，錐体が規則的に配列していることがよくあり，錐体モザイク cone mosaic とよばれる．例えばサケの一年魚では，双錐体（赤錐体と緑錐体が並んでいる）と中心錐体とよばれる青錐体（単錐体），およびコーナー錐体とよばれる紫外線感受性の錐体（単錐体）が四角形のモザイクを形成している（図 13-5）．錐体モザイクは，明るい環境下における視覚機能の向上に寄与すると考えられる．

視細胞は，外網状層で双極細胞 bipolar cell の突起とシナプス形成している．双極細胞は内網状層で神経節細胞 ganglion cell（視神経細胞 optic nerve cell）とシナプス形成している．神経節細胞の線維が集まって視神経を形成し，脳に視覚情報を伝える．神経節細胞は大型細胞と小型細胞に大きく分類可能で，それぞれが形態学的特徴からさらにいくつかのサブタイプに分類できることが真骨類とトラザメにおいてわかっている（図 13-6）．大型細胞は，視覚対象の移動に関する情報を，小型細胞は視覚対象の形や色に関する情報を脳に伝えると考えられている．上に述べた網膜内の垂直方向の情報の流れの他に，水平細胞 horizontal cell とアマクリン細胞 amacrine cell（amacrine は軸索（線維）がないという意味）は，外網状層と内網状層において水平方向に情報を伝えている．

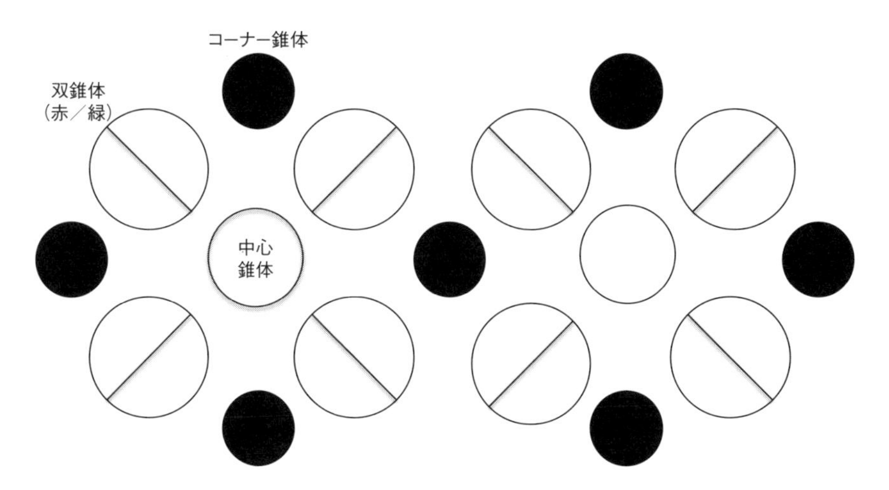

図 13-5　錐体モザイク（サケの一年魚の例）（文献[19)]にもとづいて作成）

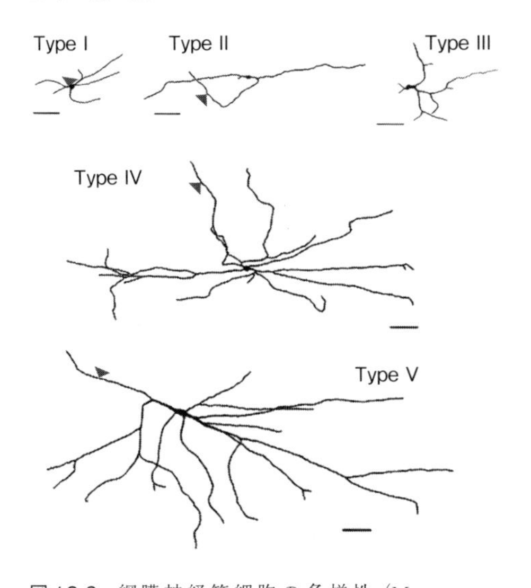

図 13-6 網膜神経節細胞の多様性（Muguruma et al.[20] を改変）
トラザメで形態学的に同定された小型細胞（Type I-III）と大型細胞（Type IV と V）．矢頭は軸索を示す．スケールは 100 μm.

網膜からの出力細胞である神経節細胞は，網膜内に一様に分布しているのではなく，生態を反映したいろいろな分布様式がみられる．神経節細胞の密度が最高の場所を中心に周辺に向かうにしたがって，同心円状に密度が低下する分布パターンがしばしばみられる．最高密度部位を中心野 area centralis とよぶ（網膜中心部に限らず，どの位置にあってもこうよぶ）．中心野は網膜の後方部（前方視野に対応）にある場合が多いが前方部（後方視野に対応）にある場合もある．これはそれぞれ，餌生物の探索と外敵の感知に重要と思われる．高密度部位は，複数存在することもある．神経節細胞の高密度領域が水平方向に帯状に存在する場合もある（horizontal visual streak とよばれる）．水平方向の高密度帯は底生性の魚種にしばしばみられ，眼球運動をしないで側方を広くみるために有利と考えられる．大型と小型の神経節細胞が異なる分布様式を示すこともある[21]．

哺乳類においては，光感受性のある網膜神経節細胞が存在し，概日リズムの同調に関わることが知られている．これに関わる光受容性タンパク質は，オプシン 4（メラノプシン）である．真骨類においては複数のメラノプシン分子種が存在していて，網膜神経節細胞，水平細胞，双極細胞，アマクリン細胞，視細胞に発現している[22]．哺乳類よりも多様な機能に関わっている可能性があり，今後の研究が期待される．

13-3 物理的感覚

物理的感覚は，機械的な力や電気・磁気による刺激によって引き起こされる感覚であり，触覚，聴覚，側線感覚と特殊化した側線感覚の一種である電気感覚，平衡感覚，磁気感覚，固有感覚が含まれる．

13-3-1　触　覚

ナマズ類，タラ類，ヒメジ類やホウボウ類が触髭や胸鰭の遊離軟条を使って餌を探すことはよく知られている．触髭や遊離軟条には味蕾や単独化学受容細胞があり化学受容器として働くが，それだけでなく表面がこすられたときに応答する神経線維が分布することが，アメリカナマズ科の *Ictarulus nebulosus* とホウボウ科の *Prionotus carolinus* でわかっている[3, 23]．魚類の味蕾にある基底細胞は，四肢動物のメルケル細胞と形態が似ていて，これが触覚 tactile sense の受容に関与している可能性がある．ホウボウ類の胸鰭遊離軟条には多数の単独化学受容細胞が存在するが，これらが触覚の受容に関与しているかどうかは不明である．ゼブラフィッシュにおいて，皮膚に分布する神経線維の末端が角化細胞 keratinocyte に取り囲まれ，この構造が触覚受容に関与する可能性が指摘されている[24]．

13-3-2　聴覚と平衡感覚

魚類には外耳と中耳はないが，頭蓋の中に内耳 inner ear（迷路 labyrinth）が存在している．内耳の壁は透明な膜で内部には内リンパ液 endolymph が入っていて，真骨類と軟骨魚類では，袋状構造の 3 つの耳石器官と半円形の管状構造である 3 つの半規管からなる（図 13-7B，C）．次の項で記述する機械感覚性の側線器とともに，耳石器官と半規管の感覚受容細胞は有毛細胞である．有毛細胞は，名前が示すように，細胞の一方の極に「毛」が生えている．「毛」は内リンパ液がある内耳の内腔側に生えていて，そこには 1 本の長い動毛 kinocilium とそれに続いて数十本の短い不動毛 stereocilia が並んでいる（図 13-8）．不動毛は動毛から離れていくにしたがって短くなっていく．不動毛から動毛の方向に毛が倒れると，有毛細胞は脱分極（興奮）し，逆の方向に毛が倒れると過分極する（抑制がかかる）．

耳石器官は，前方に卵形嚢（通嚢）utriculus があり，その後内側に球形嚢（小嚢）sacculus と壺嚢 lagena が並んでいる．一般に球形嚢の方が壺嚢よりも脳に近い場所に位置する．真骨類の耳石器官は，その名称が示す通りカルシウム塩（炭酸カルシウムの霰石(あられいし)結晶）の塊からなる耳石 otolith が内部にあり，

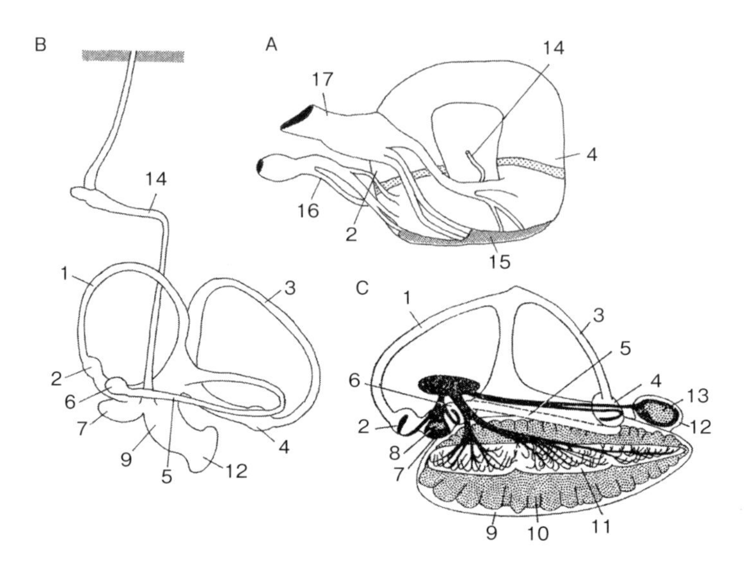

図 13-7　魚類の内耳（左が前方）
A：ヌタウナギ類，B：ネズミザメ類，C：マダラ.
1：前半規管，2：同膨大部，3：後半規管，4：同膨大部，5：水平半規管，6：同膨大部，7：卵形嚢，8：礫石，9：球形嚢，10：扁平石，11：扁平石の溝，12：壺嚢，13：星状石，14：内リンパ管，15：平衡斑，16：内耳神経前枝，17：内耳神経後枝.

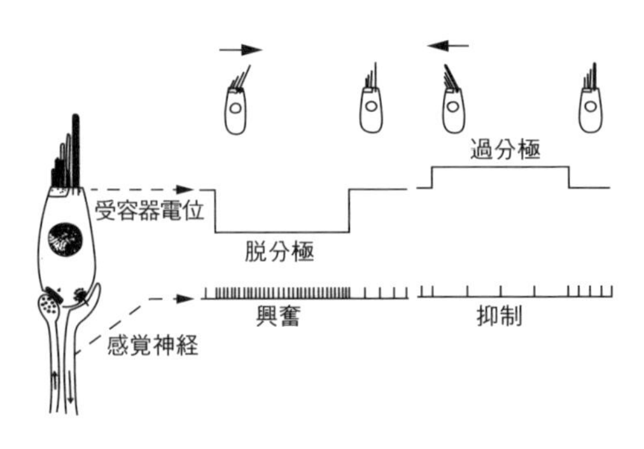

図 13-8　有毛細胞の構造と働き

耳石膜 otolith membrane とよばれるゼリー状物質からなる構造物を介して有毛細胞が集まった感覚上皮である平衡斑 macula と接している．卵形嚢の耳石は礫石 lapillus，球形嚢の耳石は扁平石 sagitta，壺嚢の耳石は星状石 asteriscus とよび，それぞれの大きさや形態は魚種により異なっている（図 13-7）．軟骨魚類や，真骨類の中でもマンボウの場合は，大きな単一の耳石があるのではなく，哺乳類と同じように小さな平衡砂 statoconia が多数存在する．水中の音によって平衡斑は移動するが，内リンパ液中で半浮遊状態の耳石は慣性によりすぐには動かないため，両者の間に相対的な運動が生じる．その結果，耳石器官が聴覚受容能をもつことになる．球形嚢と壺嚢が聴覚を担当し，卵形嚢は遊泳時に生じる直線的な加速度（平衡感覚）のみに関与すると考えられてきたが，3 つの耳石器官の機能にはかなりの重複がある可能性もある[3]．

ガスが詰まった鰾は，水中の圧力変動に敏感に反応して膨張と収縮をくり返す（7-2 参照）．この伸縮が内耳を刺激するので，鰾をもつ種は鰾のない種よりも一般に聴覚能力が高い．さらに骨鰾類では，鰾によって高感度でとらえた音（圧力波）を 4 対の小さな骨（ウェバー器官）と 2 つの内リンパ液の詰まった袋を介して球形嚢まで伝達しているため，単に鰾をもっているだけの種よりもさらに聴覚能力が高い（7-3 参照）．また，キンメダイ類には鰾の前端に 1 対の突出構造が存在する種もあり（近縁種なのに突出構造がない種もいる），これが鰾の振動を内耳に伝えるので，やはり聴覚能力が高い．骨鰾類やキンメダイ類の一部の種のように，特殊化した末梢構造によって高い聴覚能力をもつ種を聴覚スペシャリスト hearing specialist とよび，その他は聴覚ジェネラリスト hearing generalist とよばれる．

半規管の一方の端には膨れた膨大部 ampulla があり，その内部には膨大部稜 crista ampullaris とよばれるゼリー状物質からなる突出構造があり，突出部の下に有毛細胞がある．頭部の回転が引き起こす，内リンパ液と半規管の間の相対的な運動により膨大部稜が倒れると，運動の方向にもとづいて有毛細胞に興奮あるいは抑制が生じる．真骨類と軟骨魚類の半規管は，互いに直交する前，後，および水平半規管の 3 つである．したがって，どのような方向の回転であれ，3 次元的に 3 つのベクトル成分として感知される．ヌタウナギ類は 1 個の弧状管のみであり（図 13-7A），ヤツメウナギ類は前・後の 2 つの半規管がある．ただしヌタウナギ類の弧状管には前後 2 つの膨大部稜があり，真骨類などの個々の半規管よりは，単一の感覚器として得ることができる情報は多いと思われる．

13-3-3　側線感覚（機械性側線感覚）

側線器 lateral line organ は水生脊椎動物特有の機械受容器系である．側線器の受容器は感丘 neuromast とよばれ，その種特有のパターンで分布している．感丘の基部には支持細胞が，その上に有毛細胞が並んでおり，さらにその上にクプラとよばれる構造が上方に突出している．聴覚や平衡感覚にあずかる有毛細胞と同様に，有毛細胞からの情報を脳に伝える神経線維（側線神経の線維）が有毛細胞に到達している．感丘は，位置する場所にもとづいて2種類に分類できる（図13-9）．1つは体表面に露出しているものであり，表面感丘 superficial neuromast あるいは遊離感丘 free neuromast とよばれる．もう1つは，皮下に存在する管すなわち側線管 lateral line canal（管器 canal organ）の内部に存在するもので，管器感丘（管感丘）canal neuromast とよぶ．個体発生の過程で，遊離感丘が体内に潜り込み管を形成することにより管器感丘が形成される．遊離感丘は主に持続的な水流の感知に関わっていて，管器感丘は主に水流の乱れや流速の変化を感知することにより群れ行動や周囲の物体の感知に関わっていると考えられている[3]．

躯幹部の側線管は通常1本のみが前後に走行しているが，かなりの種差がみられる．鰓蓋の後ろから尾鰭の付け根まで一直線に伸びている種もあれば途中でカーブしているものもある．さらに，途中でいったん中断している種もあれば，躯幹の途中で終わってしまう種もある．走行する位置も，背腹中央であることが多いが，もっと背側あるいは腹側を走行する種もある（図13-10）．このような種差は，自身の胸鰭運動によって引き起こされる水流の乱れを避け

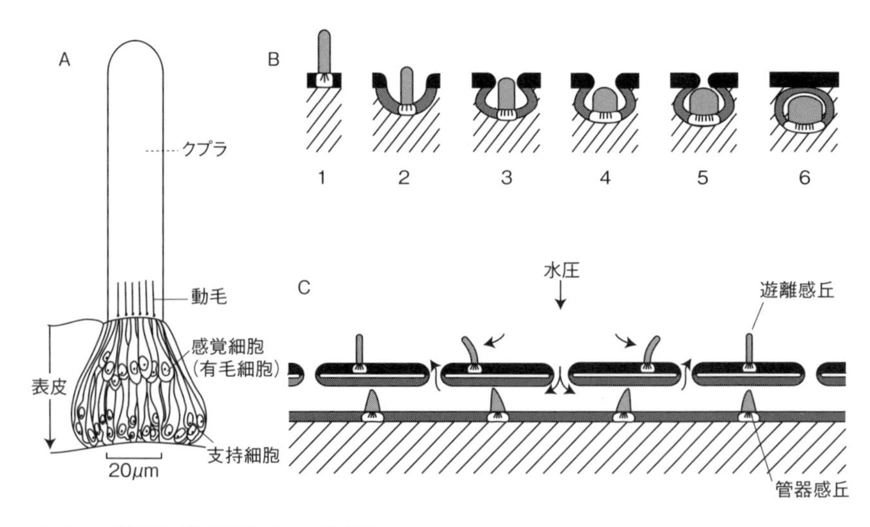

図13-9　側線器（機械感覚性）の模式図
A：コイ科魚類の遊離感丘．B：遊離感丘が発生の進行に伴って，管器感丘に変化する過程．C：水圧による感丘の変位．

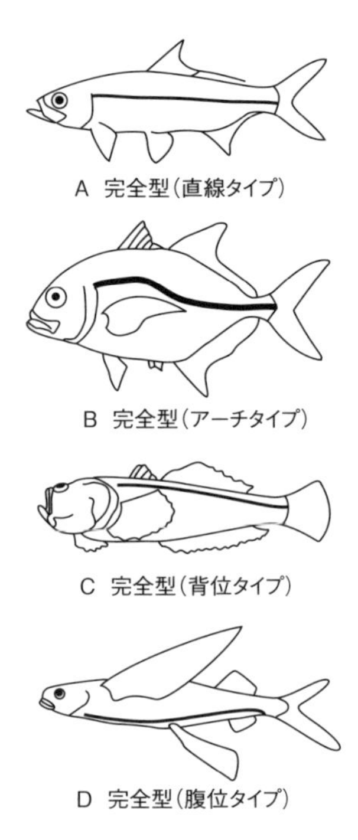

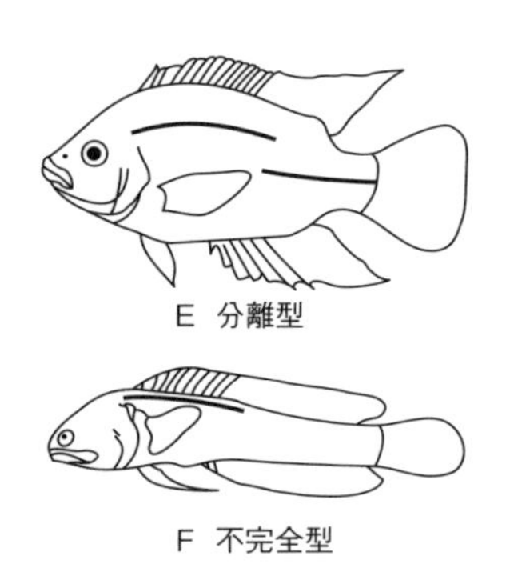

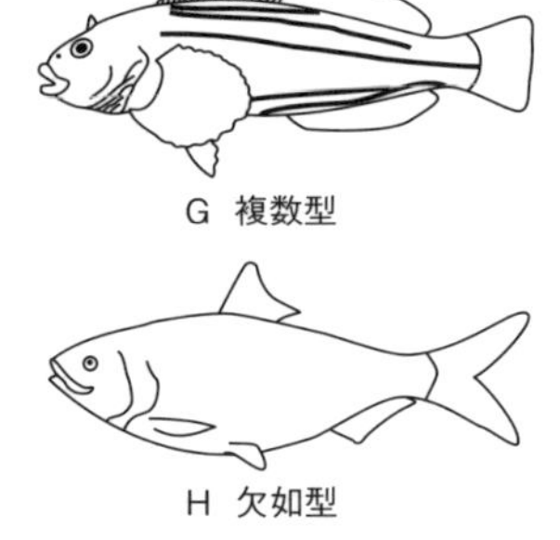

G 複数型

H 欠如型

図 13-10
真骨類の躯幹部管器の走行の多様性
A：イセゴイ科，B：アジ科，C：ミシマオコゼ科，D：トビウオ科，E：カワスズメ科，F：アゴアマダイ科，G：アイナメ科，H：ニシン科．

るためであったり，海底あるいは水面近くにいて自分よりも上あるいは下の方向に特に注意を払う生態を反映している．躯幹部の感丘は後側線神経によって支配されている．一方，頭部の側線管は，より複雑な構造をしている．眼窩の上（眼上管），眼窩の下（眼下管），鰓蓋の前から下顎にかけて（前鰓蓋－下顎管），および側頭部（側頭管）を走行する管器がつながっている（図 13-11）．頭部の管器感丘

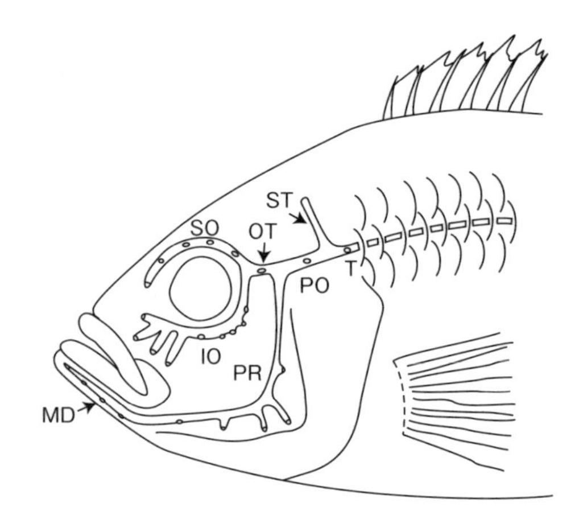

図 13-11　真骨類の頭部管器の模式図
IO：眼下管，MD：下顎管，OT：耳管，PO：後耳管，PR：前鰓蓋管，SO：眼上管，ST：上側頭管，T：側頭部躯幹管．

は前側線神経によって支配される．頭部の側線管が複雑なのは，餌生物の探索に側線器を利用することが有効なためと思われる．頭部の側線管の構成にも種差がみられ，眼下管や下顎管が存在しない種もある．管器感丘は頭部や躯幹部のいろいろな場所に分布しているが，個々の感丘の重要度はどこでも同じというわけではない．深海底生性のクサウオ科ザラビクニンにおいて，感丘に分布する有毛細胞の数を個々の感丘を支配する神経線維の本数を指標にして調べたところ，支配線維が一番多い感丘と一番少ない感丘では 3 倍以上の差があることがわかった（加藤，山本，宗宮：未発表）．最も神経線維が多かったのは上眼窩管に位置する感丘の 1 つであり，光の乏しい環境下で上方を移動する餌生物の感知に重要と思われる．網膜において細胞密度の高い中心野が存在するのと同様に，側線系でも重要部位に多くの感覚細胞が投入されているといえる．

13-3-4　電気感覚

電気感覚はあまり馴染みのない感覚かもしれないが，多くの魚類に存在している[25]．電気受容器は，側線器が特殊化して分化したものであり，電気性側線感覚とよぶことも可能である．電気感覚は，無顎類ではヤツメウナギ類に存在するが，ヌタウナギ類ではみつかっていない．軟骨魚類には広く電気感覚が存在している．肉鰭類の肺魚類とシーラカンス類，腕鰭類のポリプテルス類，軟質類のチョウザメ類やヘラチョウザメ類に存在している．新鰭類のなかでも真骨類より原始的な形質を保持するアミアとガー類にはみつからない．真骨類において電気感覚は退化的で，電気感覚をもつ種が含まれる目は少数派である．そのため，真骨類の共通祖先では失われていた電気感覚が，複数回独立的に再度獲得されたと考えられている[25]．本項では比較的知見の多い軟骨魚類と真骨類について概説する．

電気受容器は，大きく分けるとアンプラ型（瓶型）受容器 ampullary receptor organ と結節型受容器 tuberous receptor organ の 2 つのタイプに分類できる．アンプラ型は，軟骨魚類と真骨類およびその他の魚類に広くみられるタイプの受容器である．一方，結節型受容器は真骨類のごく一部のグループのみ，具体的には電気を発する発電魚だけに見出される．発電魚は，アンプラ型受容器ももっている．つまり電気感覚をもつ種はすべてアンプラ型をもっており，発電魚はそれに加えて結節型ももっているということになる．

アンプラ型受容器に属するものは，ゴンズイや発電魚のアンプラ器官，ナマズの小孔器 small pit organ，軟骨魚類のロレンチニ瓶 ampulla of Lorenzini などである．名称はいろいろであるが，これらに共通してみられる特徴は，体表に開口する管状部とそれに続いて深部にある円形の袋状構造（瓶状部）から構成されている点である（図 13-12）．管状部の内腔には，ゼリー状物質が詰まっている．ゼリー状物質の電気抵抗は非常に低く，一方内壁の抵抗は非常に高いため，体表面の電位がほぼそのまま瓶状部の電位として反映される．瓶状部の壁に電気受容細胞が並んでいる．軟骨魚類のロレンチニ瓶の場合には，電気受容細胞の内腔側表面に動毛が 1 本生えていて，電気受容細胞が有毛細胞の系譜に連なることを示唆している．不動毛は存在しない．真骨類のアンプラ型の受容細胞には“毛”はない．小孔器やロレンチニ瓶は，その存在は古くから知られていたが機能不明の器官であった．1950 〜 1960 年代になって電気受容能をもつことが生理学的に示され[25]，1970 年代の行動実験によって電気感覚に

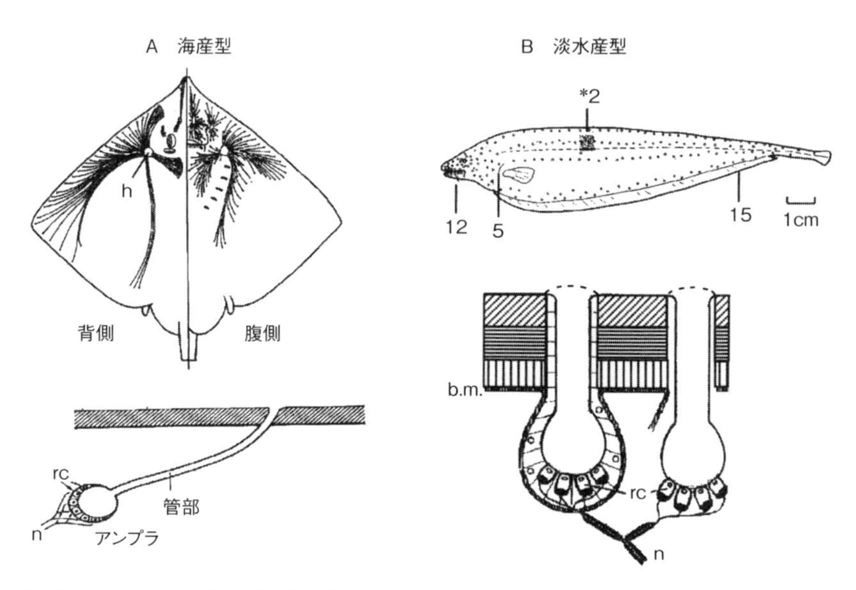

図 13-12　アンプラ型電気受容器の模式図
A：海産軟骨魚類ガンギエイ類の背側（左側）および腹側（右側）のアンプラ型受容器．瓶状部は数ヵ所に集まっていて（アンプラカプセル），そこから管部がいろいろな方向に伸びて，体表に開口している．B：淡水産真骨類のデンキウナギ目 *Apteronutus* 類のアンプラ型受容器（2 種類ある）．数字は，1 mm^2 中のアンプラ型受容器の数を示す．
*は 5 mm^2 中の結節型受容器の数を示す．
h：アンプラカプセル，b.m.：皮膚の基底膜，rc：電気受容細胞，n：感覚神経線維．

よって餌を狙ったりする定位能が示された[3]（図 13-13）．各種動物が呼吸したり遊泳したりするときには，筋肉の電気的な興奮に伴って，微弱な電位変動が周囲に広がる．アンプラ型受容器はそのような電場の変化の広がりをとらえるのに適していて，餌生物探索のために重要である．

一部の魚種は，筋肉が特殊化した発電器官を獲得し，それに伴って，新たな

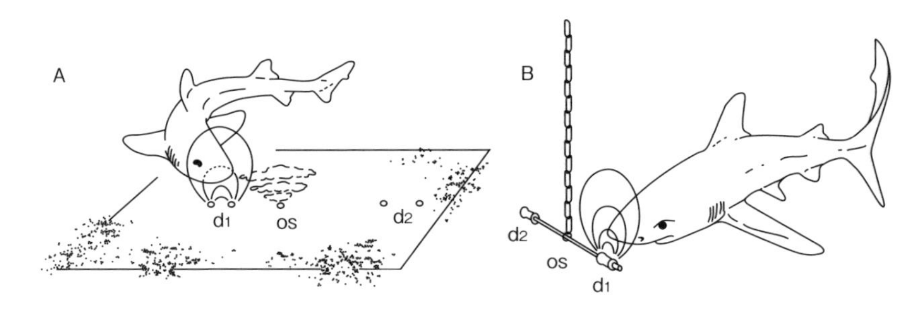

図 13-13　放電する電極を餌生物と認識して攻撃するサメ類
餌生物の匂いを発する場所（os）の近くに，電流を流す電極（d_1）と電流を流さない電極（d_2）を設置すると，サメ類は電流を流す電極を攻撃する．

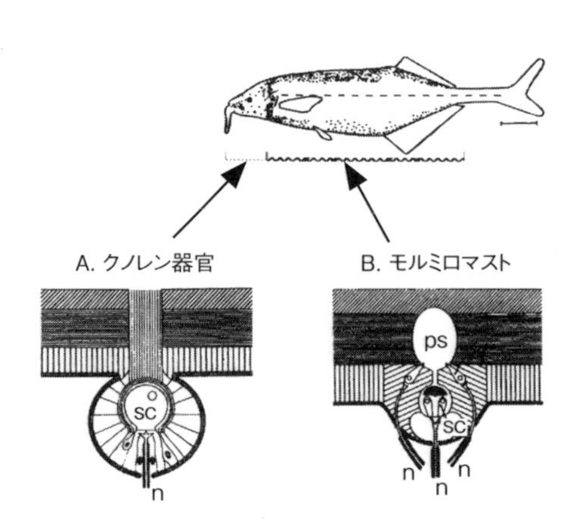

図 13-14　モルミュルス類の電気受容器
A：クノレン器官（位相検出タイプ），
B：モルミロマスト（強度検出タイプ）．
n：感覚神経線維，ps：内腔，sc：受容細胞．

タイプの電気受容器として結節型受容器が出現したと考えられる．結節型受容器は発電器官の放電 electric organ discharge に応答するが，放電の位相に応じて 1 発だけ発火する（活動電位を発生させる）もの（位相検出タイプ：図 13-14A）と，放電の強度に応じてスパイクの発火数などが変化するもの（強度検出タイプ：図 13-14B）の 2 つのタイプが存在する．電気魚にはこのような 2 つのタイプの結節型受容体があるが，種によって名称が異なっていて，また細部の特徴

にも違いがある（詳細は文献[26]を参照）.

13-3-5　磁気感覚

サケ科魚類は，母川の近くの沿岸域まで戻ってくるとそれ以降は主に嗅覚を手がかりにして自分が生まれた産卵場があった場所を目指すと考えられている．しかし，莫大な量の海水による希釈を考えると，はるかに離れた海洋から母川近くまでの移動は他の手がかりに頼らざるをえない．海洋における標識放流とその後の再捕獲調査により回帰行動の詳細を解析すると，①同じ母川の出身の個体は様々な場所に分布するが，そこから母川に向けて収束するように戻っていく，②ある場所にいる異なった母川に由来する個体群はそれぞれの母川に向けて発散して移動していく，といったことがわかっている．母川を基準にして自分がどこにいるのかわからないと，このような移動様式は起こらないと思われる．いくつかの可能性が想定されているが，磁気感覚を使って方位を割り出している可能性が指摘されている[7]．ニジマスの嗅上皮の細胞に磁鉄鉱（マグネタイト）の結晶が存在していることが知られている．磁鉄鉱の結晶は細胞膜上にあり，磁場の変化によって働く力が細胞膜に加わることにより興奮が引き起こされ，これによって方位の感覚が成立すると考えられる[27]．磁気感覚情報は，嗅上皮近くに分布する三叉神経の枝（眼神経）によって中枢に伝えられることが示唆されている．しかしながら，魚類の磁気感覚については不明な点も多く，今後の研究が待たれる．

13-3-6　温度感覚

魚類は変温動物であり，種特有の適切な水温（適水温）をもっている．魚が適水温を求めて場所を移動すること，あるいは遊泳する深さを変えることは，釣り人ならば経験上納得できるであろう．このような行動が可能となるためには，魚に温度感覚がなければならない．実際，古典的な条件付けによる行動実験により，多くの魚種が 0.03 ～ 0.05℃というわずかな温度の違いを感じることができることがわかっている．脊髄を切断すると温度感覚が障害されることから，脊髄神経を通じて体の温度情報が伝えられていると思われるが，皮膚に存在するとみられる温度受容器の実態は明らかになっていない[3]．

脳内に温度変化に応答するニューロンが存在することも知られている．ブルーギル類の一種の視索前野から視床下部吻側部にかけて，脳の温度が上昇す

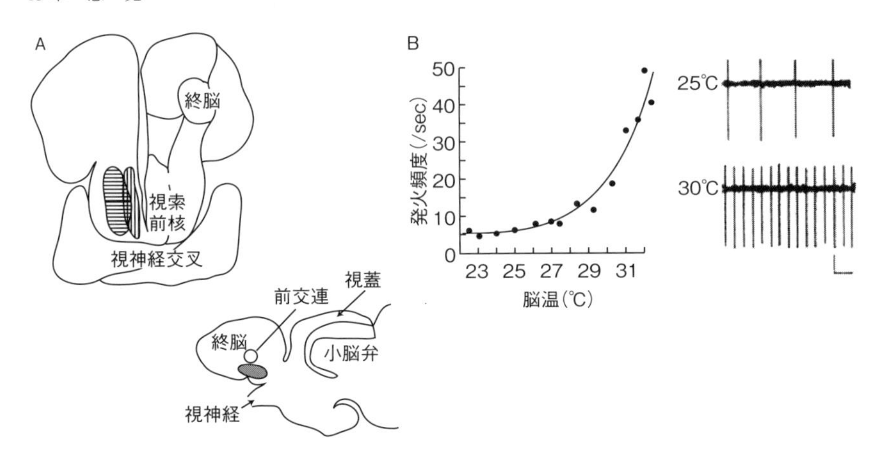

図 13-15　ブルーギル類の一種の視索前野にある温度感受性ニューロン
A：終脳尾側部の横断面（上）と矢状断面（下）．縦線で示した場所と横線で示した場所から温度感受性ニューロンの活動が記録された．B：温感受性ニューロンの温度に対する応答（縦線で示した場所から記録）．図には示していないが冷感受性ニューロンも見つかっている（横線で示した場所から）．スケールは x 軸 100 msec，y 軸 350 μV.

ると活動が上昇するニューロンと温度が低下すると活動が上昇するニューロンがみつかっている[3]（図 13-15）.

13-3-7　固有感覚

固有感覚 proprioception は自己受容感覚ともよばれ，自身の筋肉がどれくらいの長さに伸びているか，筋肉の腱にどれくらいの張力がかかっているか，関節がどれくらい曲がっているかなどを受容する感覚である．すなわち，自分自身の体がどのようになっているか把握するために必要な感覚であり，これによって円滑な運動を生み出すことが可能となる．この感覚を受容する感覚器を自己受容器 proprioceptor という．

軟骨魚類の胸鰭筋や真骨類の体側筋や閉顎筋において，伸張受容器と思われる神経終末が組織学的調査によってみつかっているが，生理学的な証明はなかった[3]．最近になって，胸鰭の鰭条に分布する神経から鰭の曲がり具合や屈曲速度を反映した発火を示す電気生理学的な記録が取られ[28]，胸鰭の鰭条に分布する神経を切断すると胸鰭運動に乱れが生じることもブルーギル類においてわかっている[29]．この胸鰭鰭条の固有受容器がどのような形態をしているのか，その詳細は不明であるが，魚類にも固有感覚が存在することはまちがいない．

13-4　pH感覚

海産のナマズ類であるゴンズイが，わずか0.1以下のpH低下を触髭で感知することが最近明らかとなった[30]．ゴカイなどが呼吸によって放出する二酸化炭素によって，pHが低下することを手がかりに，餌生物の探索に用いていると考えられる．pH低下に対する感度は通常の海水のpHである8.1～8.2で最大で，8.0を下回ると急激に感度が低下することもわかっている．二酸化炭素の放出増加に伴って，海水酸性化の進行が危惧されているが，この感覚系にも大きな影響を与えることが懸念される．ゴンズイの触髭には味蕾と単独化学受容細胞があり，さらに自由神経終末などの感覚受容器も存在している可能性が高く，pH感覚がいずれの感覚装置により感知されているのかは不明である．そのため，ここでは化学感覚や物理的感覚とは区別してpH感覚として取り扱った．同じような感覚が他の魚種にも存在するのかは，今後の研究課題である．

文　献

1) Green WW, Zielinski BS (2013). Chemoreception. In: Evans DH et al. (eds). *The Physiology of Fishes, 4th ed.* CRC Press. 345-373.

2) Bell MA (2013). Convergent evolution of nasal structures in sedentary elasmobranchs. *Copeia*. 1993: 144-158.

3) 植松一眞ら (2013). 感覚.「増補改訂版 魚類生理学の基礎」(会田勝美, 金子豊二編) 恒星社厚生閣. 65-102.

4) Yamamoto M (1982). Comparative morphology of the peripheral olfactory organ in teleosts. In: Hara TJ (ed). *Chemoreception in Fishes*. Elsevier. 39-59.

5) 宗宮弘明 (2005). 感覚器系.「魚の科学事典」(谷内 透ら編) 朝倉書店. 103-119.

6) 庄司隆行, 上田 宏 (2002). 魚類の嗅覚受容.「魚類のニューロサイエンス」(植松一眞ら編) 恒星社厚生閣. 77-92.

7) 佐藤真彦 (2002). サケの母川回帰と嗅覚記憶.「魚類のニューロサイエンス」(植松一眞ら編) 恒星社厚生閣. 211-244.

8) 小林牧人 (2002). 魚類の性行動の内分泌調節と性的可塑性－魚類の脳は両性か？－.「魚類のニューロサイエンス」(植松一眞ら編) 恒星社厚生閣. 245-262.

9) Brant CO et al. (2016). Mixtures of two bile alcohol sulfate function as a proximity pheromone in sea lamprey. *Plos One* 11: e0149508.

10) Sorensen PW, Hoye TE (2007). A critical review of the discovery and application of a migratory pheromone in an invasive fish, the sea lamprey, *Petromyzon marinus* L. *J. Fish Biol*. 71 (D): 100-114.

11) 清原貞夫 (2002). 魚類の味覚－その多様性と共通性から見る進化.「魚類のニューロサイエンス」(植松一眞ら編) 恒星社厚生閣. 58-76.

12）伊藤博信，吉本正美（1991）．神経系．「魚類生理学」（板沢靖男，羽生 功編）恒星社厚生閣．363-402.

13）Finger TE（2008）. Sorting food from stones: the vagal taste system in goldfish. *J. Comp. Physiol. A*. 194: 135-143.

14）Kotrschal K（1996）. Solitary chemosensory cells: why do primary aquatic vertebrates need another taste system? *Trends Ecol. Evol*. 11: 120-114.

15）Nakane Y et al.（2013）. The saccus vasculosus of fish is a sensor of seasonal changes in day length. *Nat. Comm*. DOI: 10.1038/ncomms3108.

16）Kokel D et al.（2013）. Identifiaction of nonvisual photomotor response cells in the vertebrate hindbrain. *J. Neurosci*. 33: 3834-3843.

17）Chen S-C et al.（2013）. Possible involvement of cone opsins in distinct photoresponses of intrinsically photosensitive dermal chromatophores in tilapia *Oreochromis niloticus. Plos One* 8: e70342.

18）宗宮弘明，丹羽 宏（1991）．視覚．「魚類生理学」（板沢靖男，羽生 功編）恒星社厚生閣．403-441.

19）Hawryshyn CW（1997）. Vision. In: Evans DH（ed）. *The Physiology of Fishes, 2nd ed.* CRC Press. 345-374.

20）Muguruma K et al.（2014）. Morphological classification of retinal ganglion cells in the Japanese catshark *Scyliorhinus torazame. Brain Behav. Evol*. 83: 199-215.

21）Muguruma K et al.（2013）. Retinal ganglion cell distribution and spatial resolving power in the Japanese catshark *Scyliorhinus torazame. Zool. Sci*. 30: 42-52.

22）Davies WIL et al.（2011）. Functional diversity of melanopsins and their global expression in the teleost retina. *Cell. Mol. Life Sci*. 68: 4115-4132.

23）Silver WL, Finger TE（1984）. Electrophysiological examination of a non-olfactory, non-gustatory chemosense in the searobin, *Prionotus carolinus. J. Comp. Physiol. A* 154: 167-174.

24）O'Brien GS et al.（2012）. Coordinate development of skin cells and cutaneous sensory axons in zebrafish. *J. Comp. Neurol*. 520: 816-831.

25）Bullock TH et al.（1983）. The phylogenetic distribution of electroreception: Evidence of a primitive vertebrate sense modality. *Brain Res. Rev*. 6: 25-46.

26）菅原美子（2002）．弱電気魚の電気感覚－その起源から電気的交信まで－．「魚類のニューロサイエンス」（植松一眞ら編）恒星社厚生閣．137-159.

27）Eder SHK et al.（2012）. Magnetic characterization of isolated candidate vertebrate magnetoreceptor cells. *Proc. Nat. Acad. Sci. USA*. 109: 12022-12027.

28）Williams RIV et al.（2013）. The function of fin rays as proprioceptive sensors in fish. *Nat. Comm*. 4: 1479.

29）Williams RIV, Hale ME（2015）. Fin ray sensation participates in the generation of normal fin movement in the hovering behavior of the bluegill sunfish（*Lepomis machrochirus*）. *J. Exp. Biol*. 218: 3435-3447.

30）Caprio J et al.（2014）. Marine teleost locates prey through pH sensing. *Science* 344: 1154-1156.

14章

生　殖

生物が同じ種の子孫を生み出すことを生殖という．自己の再生産であることから英語では reproduction という．多くの魚類は雌雄異体であり，卵巣で作られる卵と精巣で作られる精子の受精によって子孫が作られる．しかし，その生殖様式は多様であり，生涯を通して性が変わらない魚種が多くを占めるものの，成長にあわせて性が変わるものもいれば，社会環境によって性が変わるものもいる．また，多くの魚は産卵して体外で受精するが，体内受精して母体内で胚体が成長したのちに孵化し，仔魚もしくは稚魚として産出される胎生もみられる．また，生殖腺の形態は軟骨魚類と真骨類では大きく異なる．しかしながら，性分化や生殖腺の発達に関する情報は無顎類や軟骨魚類では乏しい．本章では，このような多様な生殖様式と，主として最も研究が進んでいる条鰭類を例としてその生殖腺の形成過程，初期発生と孵化について説明する．

14-1　生殖様式

14-1-1　生殖様式

生物が再生産する方法には様々な様式がみられ，それぞれのタイプを生殖様式という（図 14-1）．生殖様式には無性生殖と有性生殖がある．無性生殖は個体の体の一部が分かれて新しい個体を作る方法であり，自己と同一の子孫を作り出す．有性生殖は 2 個体の合体による接合と，形態の異なる配偶子（異形配偶子）の合体により子孫を作る両性生殖に分けられる．魚類のほとんどは両性生殖であり，異形配偶子である卵と精子の受精によって子孫が作られる．ギンブナのように卵由来の遺伝子のみで子孫が作られる生殖様式であって

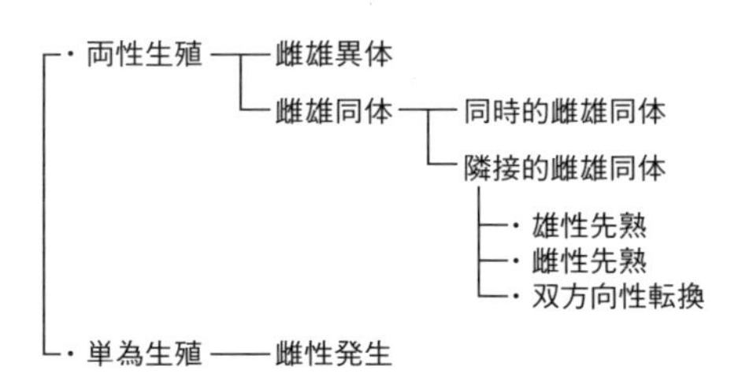

図 14-1　魚類にみられる生殖様式
多くは両性生殖を行う雌雄異体である．

も精子の侵入による刺激は必要であり，これを単為生殖（雌性発生 gynogenesis）という．両性生殖ではほとんどの場合，配偶子が作られる過程で卵および精子由来の DNA が組換えを起こして混ざり合い，異なる DNA 構成をもつ多様な配偶子が作られる．そのため子孫は親とは異なる DNA 構成をもつこととなり，遺伝的多様性が生み出されることになる．この遺伝的多様性を生み出す仕組みが有性生殖の大きな利点の 1 つであると考えられている．

配偶子を作り出す器官を生殖巣とよび，卵を作り出す生殖巣を卵巣 ovary，精子を作り出す生殖巣を精巣 testis という．魚類の生殖巣は性ホルモンを代表とする様々なホルモンを産生する器官でもあるため，生殖腺ともよばれる．個体が卵巣と精巣のどちらをもつかの過程は魚類ではきわめて多様である．真骨類では，その多くの種が一生の間，卵巣のみ，または精巣のみをもつが，このような種を雌雄異体 gonochorism という．しかし，1 つの個体が卵巣と精巣を形成する種もあり，これは雌雄同体 hermaphroditism とよばれる．雌雄同体とはいえ，多くの種では卵巣をもつ期間と精巣をもつ期間は分かれており，これを隣接的雌雄同体 sequential hermaphroditism とよぶ．隣接的雌雄同体のなかでも，まず精巣を形成し雄として機能した後に精巣が退化し，代わって卵巣を形成することを雄性先熟 protandry といい，クマノミやクロダイがいる．逆の場合を雌性先熟 protogyny といい，ベラ科，タイ科，ハタ科などの隣接的雌雄同体の中で多くみられる．また，オキナワベニハゼやダルマハゼのように，精巣から卵巣，卵巣から精巣への両方向に変わる種もあり，双方向性転換（両方向性転換）bidirectional sex change という．このように生殖腺の性が変わることを性転換 sex change（sex reversal）という．実験的には，オキナワベニハゼの性転換は 1 週間前後という短期間で完了する．このような素早い性転換が可能なのは，雌として機能しているときも生殖腺には未発達な精巣組織が保持されていること，逆の場合も卵巣組織が完全には退化しないという特殊な生殖腺の構造をもつことにある．さらに複雑なことに，雌性先熟魚であるホシササノハベラでは，雌から雄へ性転換し，生殖腺中の卵巣組織が失われた後でも実験的には再び雌へと性転換させることが可能であることが示されており，雌性先熟魚，雄性先熟魚であっても双方向性転換の機能は存在しているのかもしれない．隣接的雌雄同体に対して，同一個体内で同時に卵巣と精巣を発達させる種も存在し，同時的雌雄同体 simultaneous（synchronous）hermaphroditism とよぶ．このなかには，2 個体間で別々に卵と精子を放出して受精させるハタ科やヒメ目魚類のようなタイプと，脊椎動物の中で唯一，同一個体内で自家受精するタイプとして，カダヤシ目 Rivulidae のマングローブキリフィッシュ（*Kryptolebias marmoratus*）が確認されている[1]．このように，真骨類では多様な生殖様式がみられ，特に雌雄同体魚のように容易に生殖腺の性が転換する種だけではなく，雌雄異体魚であっても生殖腺の性が転換する種もみられ，性がゆらぎやすい，つまり性的可塑性 sexual plasticity をもつ．各生殖様式の進化に関しては 17-3 に詳細な説明がある．

14-1-2　生殖周期

条鰭類の成熟年齢は種によって大きな幅がある．ミナミメダカのように受精から 2 ヵ月程度で成熟するものもあれば，オオチョウザメ（*Huso huso*）のように 15 年以上，さらにはニュージーランドオオウナギ（*Anguilla dieffenbachii*）のように 25 ～ 60 年以上かかるものもいる．最初に成熟可能となることを春機発動（初回成熟）puberty という．これは卵巣，精巣が受精可能な卵と精子を作り出すまでにどれほどの成長と時間が必要であるかで決まるが，なぜ，生殖腺が成熟可能になるかというメカニズムはほとんどわかっていない．しかし，ある種を完全養殖（受精卵から育て卵と精子を得て次世代を飼育環境下で生産する）しようとした場合，春機発動まで長期間かかる種では飼育コストが大きくかさむことになり，15 年以上かかるオオチョウザメなどでは相当な忍耐が必要となる．このような種において春機発動までにかかる期間を短縮する方法をみつけることは，水産増養殖においてはとても重要な課題である．天然の雌ニホンウナギでは春機発動までに 7 ～ 10 年が必要であるが，稚魚期に雌性ホルモン（エストラジオール，後述）を餌に混ぜて与えることによって，2 ～ 3 年に短縮することができる．しかし，この方法はチョウザメ類では有効ではなく，ニホンウナギのように春機発動までの期間を大幅に短縮できる例はめずらしい．

成熟年齢に達すると，多くの条鰭類では環境変化に刺激されて周期的に産卵するが，その産卵周期は大きく 3 つのタイプに分けられる．まず，年に 1 回だけ産卵するタイプがあり，1 回産卵魚とよばれる．このタイプには一生に 1 回産卵して死亡するサケやアユなどがある．また，毎年または数年おきに 1 回産卵するイトウやチョウザメ科の魚類もこのタイプに含まれる．次に，1 年のうちの決まった期間（産卵期間）にくり返し産卵を行うタイプがあり，マダイ，ヒラメなど多くの魚種がこの産卵様式をとる．また，季節変動の乏しい熱帯の魚では産卵期間をもたずに1年中くり返し産卵を行う魚もみられる．これらのようにくり返し産卵を行う魚を多回産卵魚という．

1回産卵魚であっても，季節的な産卵周期をもつ多回産卵魚であっても産卵期間は季節的な環境変化によって調節される．多くの魚種では，水温および日長変化が大きな影響を及ぼす．春産卵魚では，水温上昇によって生殖腺の性成熟が進み，産卵適水温で産卵期を迎える．さらに適水温を超えると産卵期間は終わるが，秋に再び水温が低下して産卵適水温となっても多くの魚種では再び産卵することはない．その主な理由は秋期の日長不足にあると考えられている．秋産卵のサケ科魚類やアユでは，夏から秋にかけての日長の短縮が成熟を促進し産卵を誘起する．このような季節的な産卵期間の調節を生殖年周期 annual reproductive cycle という[2]．

14-2 条鰭類の性

14-2-1 条鰭類の性決定

性は，その個体の生殖腺が精巣か卵巣かということを基準に判別される．ヒトでは性染色体の組合せによって精巣または卵巣の分化が決まるが，魚類ではそうではない例も多い．

性染色体の組合せで性が決まる仕組みを遺伝的性決定とよぶ．条鰭類の性も基本的には性染色体の組合せによって性が決まる．メダカ類，サケ科魚類，トラフグ，ナイルティラピアなど，真骨類の多くはヒトと同様にXX/XYの性染色体型であるが，ブリやチョウザメ類のようにZZ/ZWのタイプもみられる．性染色体型が，XX（ZW）なら卵巣が作られ雌となり，XY（ZZ）なら精巣が作られて雄となる．しかし，ヒトのようにY染色体が形態的に分化している例は真骨類ではみられず，常染色体の中にY染色体領域（性決定領域）が混在している．ZZ/ZWのタイプもおそらく同様であろう．魚類の性決定遺伝子 sex-determining gene は長い間未同定であったが，2002年にミナミメダカで初めて *dmrt1* 遺伝子のパラログ遺伝子（*dmy*）が精巣分化を決定する遺伝子であることが示された[3]．その後，*amh* 遺伝子（*amhy*）がパタゴニアペヘレイ（*Odontesthes hatcheri*）で，その受容体と考えられる *amhr2* 遺伝子がトラフグで性決定遺伝子として同定された．このように，真骨類の性決定遺伝子は種により異なるものの，上の3遺伝子は精巣分化に関わるという共通点がある．しかし，ニジマスで同定された *sdy* 遺伝子やインドメダカ（*Oryzias dancena*）で同定された *sox3* 遺伝子など，どのように精巣分化につながるのかがわからない因子も性決定遺伝子として報告されており，まだまだわからないことは多い．他方 ZZ/ZW 型の性決定遺伝子は，条鰭類ではまだみつかっていない．

一方，多くの爬虫類では胚発生時の温度によって性が決まることが知られており，温度依存型性決定とよばれる．稚魚期に高温を経験することで雄への分化の割合が著しく高まる魚は，ヒラメやキンギョなど数多く知られている．これらの種では遺伝的性決定システムをもつものの，性分化が温度の影響を受けて転換しやすいものと考えられており，このような性決定様式は温度感受型性決定ともよばれる．最近，ヒラメ，ミナミメダカでは稚魚期の高温飼育によってストレスホルモン（コルチゾル）が産生され，これが未分化生殖腺において卵巣分化を誘導する雌性ホルモンの産生を阻害することによって精巣が分化することがわかってきた[4)]．カワスズメ科のアピストグラマ類（*Apistogramma*）では低 pH で雄に偏り，マツカワでは高密度飼育で雄に偏ることが知られているが，このような温度以外の環境要因が性分化に影響を与えるメカニズムも，ストレスホルモンの産生が関与しているかどうかは興味のもたれる点である．

14-2-2　条鰭類の性分化

生殖腺の性分化 gonadal sex differentiation が起こる時期は魚種によって異なる．ミナミメダカでは孵化時にすでに始原生殖細胞 primordial germ cell（卵または精子に分化するもとの細胞）の数が雌雄で異なり，すでに雌雄が分化しているといえる．一方，天然で捕獲されるニホンウナギでは体長 30 cm ほどに達するまでは生殖腺は精巣とも卵巣とも区別のつかない未分化生殖腺 undifferentiated gonad のままである．この大きさに達するまで 3 ～ 4 年はかかると考えられる．

生殖腺原基は，体腔上皮上に細胞塊が集まり盛り上がることによって，腸間膜をはさんで 1 対の生殖隆起 genital ridge が形成されることから始まる（図 14-2）．体細胞で構成される生殖隆起に始原生殖細胞が移動して入り込むと生殖腺となる（始原生殖細胞は生殖腺に入ると生殖原細胞 gonial germ cell（gonocyte）ともよばれる）．始原生殖細胞は体細胞に比べて大型で，大きめの球形の核をもつため，体細胞とは区別して観察される．核内には核小体と網目状に分布する染色糸がみられる．このときの始原生殖細胞は減数分裂を起こしておらず，

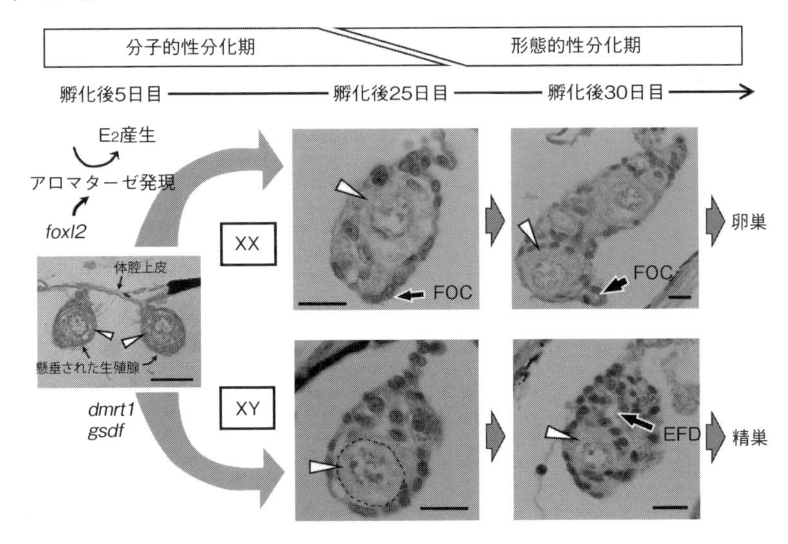

図 14-2　ナイルティラピアの生殖腺の性分化過程
写真はすべて仔魚の横断面．白い矢印は始原生殖細胞を指す．破線で囲われた細胞が生殖細胞．
FOC：卵巣腔形成，EFD：輸精管形成．スケールは 10 μm.

生殖隆起に移動してからは緩慢な体細胞分裂をくり返しその数を増す．

顕微鏡下で切片を観察して卵巣か精巣かに区別できるようになるまでは未分化生殖腺とよばれ，区別できるようになってから完全に卵巣または精巣に分化するまでの時期を形態的性分化期とよぶ．形態的性分化 morphological sex differentiation の最初の特徴は雌では将来の卵巣の構造によって異なる．嚢状型卵巣（次節で説明する）を形成するナイルティラピアでは，孵化後 23 ～ 26 日に生殖腺の背縁と腹縁に体細胞の集塊が形成されて互いに伸張し，それらが融合することで卵巣腔 ovarian cavity が形成される．つまり，卵巣腔形成開始の特徴が形態的卵巣分化の最初の徴候である．一方，裸状型卵巣では生殖腺の表面に陥入が生じることが卵巣分化の徴候である．この陥入が進むことで卵巣薄板が形成される．精巣分化では卵巣分化にみられるような急激な形態変化は起こらず，生殖腺の表面は穏やかな滑面を保つ．輸精管を早期に形成するタイプの精巣では生殖腺の中に将来の輸精管となる空隙が観察されることが最初の精巣分化の兆候である．輸精管形成が遅れる魚種では単一または複数の始原生殖細胞を体細胞が取り囲み，精小嚢が形成されることで精巣分化が初めて識別される．また，雌の未分化生殖腺中では始原生殖細胞の体細胞分裂が活発に進むのに対し，雄では早い段階で体細胞分裂が緩慢になることから，未分化生殖腺中の始原生殖細胞の数を数えれば，上述の形態的変化よりも早期に卵巣か精巣かを判断できることもある．雌雄の始原生殖細胞数の差は，ナイルティラピアでは孵化後 8 日目に遺伝的雌で多くなることで現れる（図 14-2）．

将来の卵巣または精巣に分化する未分化生殖腺においては，形態的性分化に先立って遺伝子発現の差が生じると考えられ，この遺伝子発現の性差を分子的性分化 molecular sex differentiation とよぶ．一連の分子的性分化が最もよく調べられているのはミナミメダカとナイルティラピアである．ナイルティラピアでは，雌性ホルモンを産生するアロマターゼ遺伝子の発現が，形態的性分化に先立つ孵化後 5 日目から遺伝的雌の未分化生殖腺中で高まる．これは同種を含め多くの魚種で性的未分化な稚魚期に雌性ホルモンを投与することで性が大きく雌に偏る事実に符号する．一方雄ではアロマターゼの発現は高まらず，孵化後 6 日目から転写因子 *dmrt1* の発現が高まり，これが精巣分化に必須の役割を果たしていると考えられる[4]．

14-3　生殖腺

生殖腺の構造は軟骨魚類と条鰭類の間で大きく異なる（図 14-3）．軟骨魚類の生殖腺は腎臓と解剖学的連絡をもち，体腔上皮由来の皮層と腎臓由来の髄質から形成される．中腎の分化にあたって前腎管は縦に二分され，ウォルフ管 Wolffian duct とミュラー管 Mullerian duct に分かれる．雌ではウォルフ管は輸尿管となり，ミュラー管は輸卵管となる．輸卵管の前部には卵殻腺 shell gland があり，ここで卵は卵殻に包まれる．雄ではウォルフ管は輸精管となるが，ミュラー管は退化する．輸尿管は別に形成される．一方，条鰭類では生殖腺は腎臓とは連絡をもたず，輸卵管も輸精管も生殖腺中に形成される．

14-3-1　条鰭類の卵巣の構造

一般に，条鰭類の卵巣は左右 1 対で，背部体腔壁と膜組織（卵巣間膜）を通してつながっている．つまり，魚体を輪切りにした場合に卵巣は体腔から卵巣間膜により懸垂されているようにみえる．アユなど左右の卵巣で大きさが異なるものや，ミナミメダカのように卵巣形成過程で左右が融合し，単一の卵巣

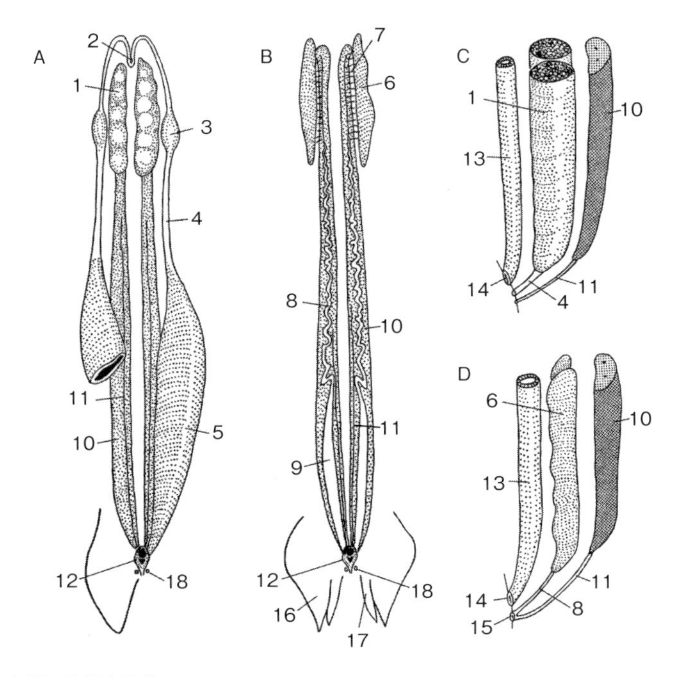

図 14-3　魚類の泌尿生殖系
A：アブラツノザメ雌．B：同雄．C：条鰭類雌．D：同雄．
1：卵巣，2：受卵孔，3：卵殻腺，4：輸卵管，5：同（子宮に変化した部分），6：精巣，7：輸精小管，8：輸精管，9：貯精嚢，10：腎臓，11：輸尿管，12：総排出口（泌尿系排出口と生殖孔が合一した排出口），13：腸，14：肛門，15：輸尿生殖孔，16：腹鰭，17：後尾器，18：腹孔．

になるものもみられる．卵巣の形態は嚢状型 cystovarian type と裸状型 gymnovarian type に分けられる（図 14-4）．多くの魚種でみられる嚢状型では，卵巣全体を卵巣壁 ovarian wall が覆い，卵巣中に卵巣腔が形成される（図 14-5 上）．完熟卵は卵巣腔に排卵され，産卵時まで保持される．完熟卵は産卵行動時に卵巣腔の出口である生殖孔から放出される．嚢状型には体腔壁との間に卵巣腔を形成するキンギョやドジョウ類のような型もみられる．卵巣の内部は卵巣薄板 ovigerous lamella で区画され，その中には多数の卵濾胞 ovarian follicle が存在する．これらとは異なり，卵巣腔を形成しないウナギ類やサケ科魚類などでみられる卵巣を裸状型という．裸状型では卵巣薄板は生殖腺外部に露出しており，完熟卵は体腔に排卵される（図 14-5 下）．

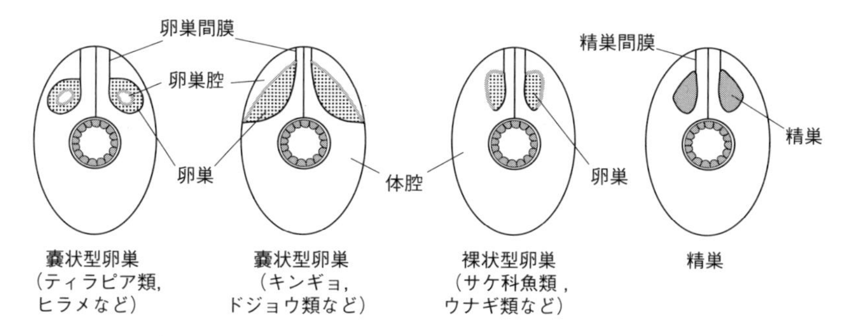

図 14-4　条鰭類の生殖腺の形態（横断面）
嚢状型卵巣には，卵巣腔が卵巣内で形成されるタイプと卵巣の一部が体腔に付着し，卵巣と体腔の間で形成するタイプがある．裸状型卵巣では，卵巣腔は形成されず，排卵卵は体腔に排出される．

卵巣薄板中の卵濾胞は卵母細胞とそれを取り囲む顆粒膜細胞層 granulosa cell layer およびさらにその外側を取り囲む莢膜（きょうまく）細胞層 thecal cell layer からなる．莢膜細胞層と顆粒膜細胞層は基底膜で隔てられているが，2 つの細胞層をあわせて濾胞細胞層 follicular cell layer とよぶ（図 14-5，14-6）．濾胞細胞層は性ステロイドホルモンや成長因子などの産生を通して，卵母細胞の発達を制御している．

14-3-2　条鰭類の卵形成過程

卵原細胞から卵に至るまでの生殖細胞の発達過程を卵形成 oogenesis 過程という．将来卵巣に分化する未分化生殖腺では始原生殖細胞は体細胞分裂を活発にくり返しその数を増す．形態的に卵巣に分化した時点で，始原生殖細胞は形態が変化するわけではないが卵原細胞 oogonium（複数形は oogonia）とよばれる．卵原細胞は卵巣分化中に体細胞分裂を終え，減数（成熟）分裂を始めて卵母細胞 oocyte となる．減数分裂を開始した卵母細胞では相同染色体が対をなし，父方と母方由来の染色分体の間で交差を起こし，遺伝的組換えを生じる．この段階（第一減数分裂前期）で卵母細胞の減数分裂は停止し，春機発動が始まり卵成熟が起こるまで次の段階には進まない．

減数分裂は停止していても卵母細胞自体は成長を続け，その大きさを増していく．この過程を卵成長とよぶ．卵母細胞の成長期は第一次成長期 primary growth phase（染色仁期，周辺仁期）と第二次成長期 secondary growth phase

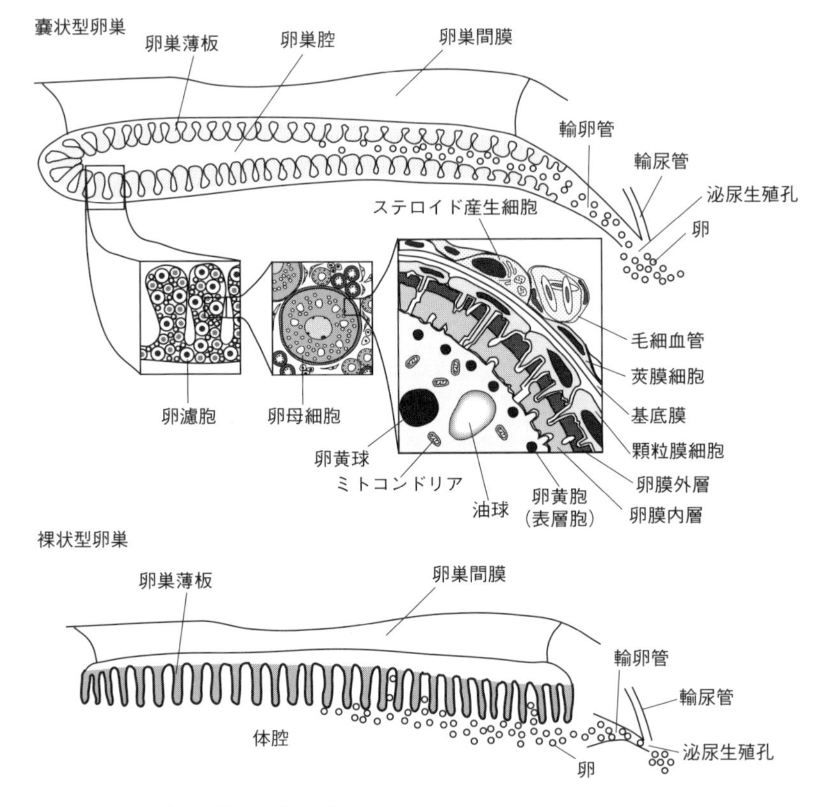

図 14-5　条鰭類の卵巣の構造（縦断面）
卵巣薄板には多数の卵濾胞が存在する．卵濾胞は濾胞組織と卵母細胞からなり，濾胞組織は外側から莢膜細胞層，基底膜および顆粒膜細胞層から構成されている（図 14-6 も参照）．嚢状型卵巣では，完熟卵は卵巣腔に排卵されるが，裸状型卵巣では，体腔に排卵される．

（前卵黄形成期，卵黄形成期）に分けられる（図 14-7）．第一減数分裂開始から第一次成長期の初期の段階の卵母細胞は核が大部分を占め，細胞質部分は乏しい．核内に複雑に入り組んだ染色糸と染色仁（核小体）が明瞭になる特徴から，この時期は染色仁期 chromatin nucleus stage とよばれ，大きさは直径 10 ～ 20 µm 程度である．卵母細胞の細胞質が増大し始めヘマトキシリンで紫色に濃染されるようになると周辺仁期 perinucleolus stage とよばれる．核も大きさを増し，卵核胞 germinal vesicle ともよばれる．卵核胞内では多数の仁が核膜に沿って並び，染色糸は核内に広がり，ループ状のDNAを出した形状になることから，この時期に，受精後の発生時に使われる母性RNAが活発に合成されていると考えられる．キンギョでは直径20～150 μm，コイでは30～250 μm，ニホンウナギでは50～150 μmである（図14-8A）．続いて卵母細胞は第二次成長期に入る．その初期（前卵黄形成期）には細胞質に卵黄胞が出現し，卵黄胞期 yolk vesicle stage とよばれる．この時期の卵黄胞は細胞質周辺部に散在するが，さらに卵成長が進んで卵黄球の蓄積が起こると卵黄胞は卵母細胞の表層に1層に並び，表層胞 cortical alveolus とよばれるようになる．魚種によっては卵黄胞期に脂質成分が卵母細胞に取り込まれ，細胞質に油球が形成され始めることから，油球期 oil droplet stage とよばれることもある（図14-8B）．キンギョでは直径350 μm程度，コイでは250～900 μm，ニホンウナギでは170～270 μmである．ただし，油球の形成時期は魚種によってかなり異なる．

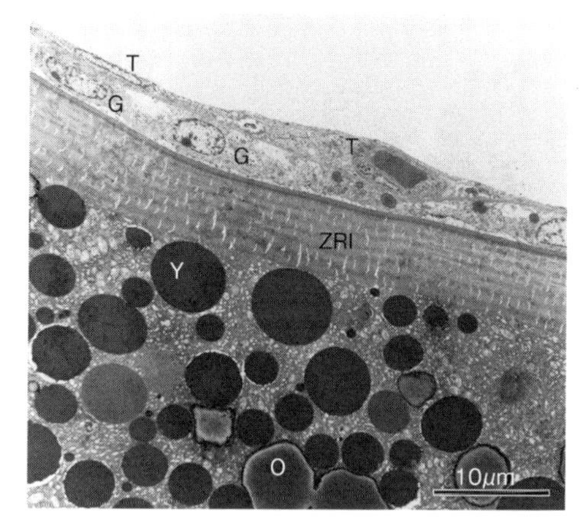

図14-6　ニホンウナギの卵濾胞の電子顕微鏡写真（泉ひかり博士提供）
ZRI：卵膜内層（放射帯），細かな縦の筋は微絨毛．この下部は卵母細胞．G：顆粒膜細胞，T：莢膜細胞，Y：卵黄球，O：油球．

次に，卵黄前駆物質 vitellogenin が卵母細胞に取り込まれることで細胞質周辺部から卵黄球 yolk globule が出現し，卵黄形成期とよばれる．卵黄形成は春機発動によって引き起こされると考えられ，これ以降排卵に至るまでを，性成熟期ともよぶ．卵黄形成が始まった段階で成熟期とよぶ例がみられるが，成熟期とは厳密には第一減数分裂が再開され完熟卵に至る期間を指し，区別して用語を用いるべきである．卵黄形成期は卵黄蓄積の程度から次の3段階に分けられる．①第一次卵黄球期 primary yolk stage（卵黄形成初期 early-vitellogenic stage）：卵黄球が細胞質周辺部にみられる時期（図14-8C）．②第二次卵黄球期 secondary yolk stage（卵黄形成中期 mid-vitellogenic stage）：卵黄球の蓄積が核の周辺部まで広がるようになる時期．③第三次卵黄球期 tertiary yolk stage（卵

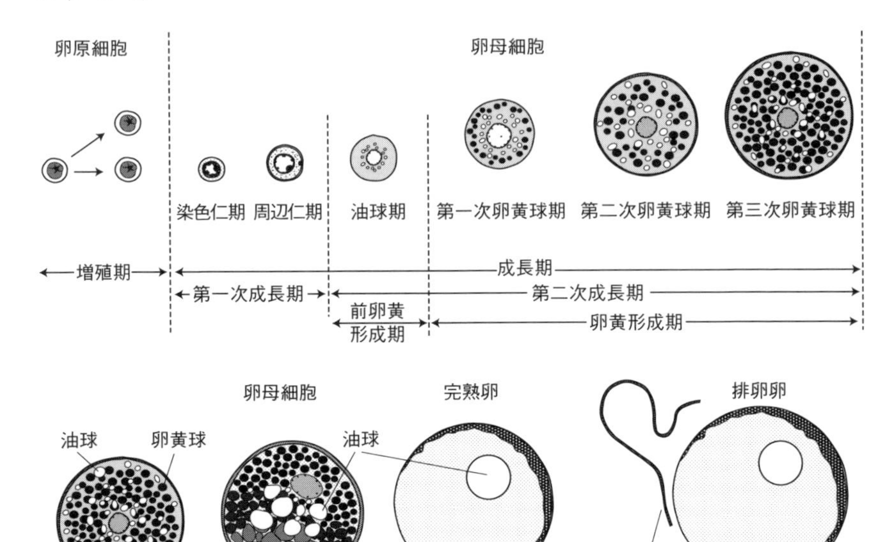

図 14-7　魚類（マダイ）の卵形成過程
油球が存在しないかその出現が遅い魚種では，油球期の代わりに卵黄胞期を設ける魚種もある．成熟期は卵成熟期あるいは最終成熟期とよぶ場合もある．図中に卵黄胞（表層胞）は省略してある．

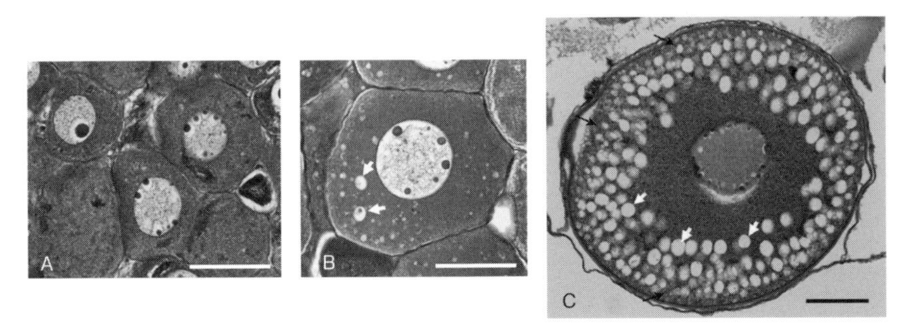

図 14-8　ニホンウナギの卵母細胞の初期形成過程
A：周辺仁期，B：油球期，C：卵黄形成初期.
白矢印は油球を指す．黒矢印は卵黄球を指す．スケールは 50 µm.

黄形成後期 late-vitellogenic stage）：卵黄蓄積がほぼ完了した時期．卵黄の蓄積に伴い卵母細胞は急速に大きさを増し，キンギョで直径 900 μm，コイで 1,500 μm，ニホンウナギで 800 μm 程度にまでなる[5)]．卵黄形成が完了すると，卵母細胞は卵成熟 oocyte maturation が誘起されるまで成長を止める．卵黄形成中には卵原形質膜（卵細胞膜）と顆粒膜細胞の間に卵膜 chorion が形成される．卵母細胞と顆粒膜細胞は卵膜を貫いて互いに微絨毛を伸ばし接着している．微絨毛が貫通しているため卵膜には無数の放射状に走る線が観察され，このことから卵膜は放射帯 zona radiata ともよばれる（図 14-6）．また，卵膜には 1 つの卵門 micropyle とよばれる小孔が観察され，受精時に精子は卵門を通って卵に到達する．

卵成長が終了すると，後述する最終成熟誘起ステロイド maturation-inducing steroid（卵成熟誘起ホルモン maturation-inducing hormone）の刺激により，卵成熟が誘起される．この時期を成熟期 maturation phase（最終成熟期，卵成熟期）とよぶ．卵成熟が起こると様々な形態的変化が起こる．卵核胞が動物極側に移動するとともに第一減数分裂が再開し，核膜が消失する．これを卵核胞崩壊 germinal vesicle breakdown（GVBD）という．次に，第一減数分裂終期に至り細胞質分裂が起こるが，卵母細胞は著しい不等分裂を行い，卵母細胞に比べ極端に小さな第一極体を分離する．あまりに大きさが異なるため，この細胞質分裂は第一極体の放出とよばれる．その後第二減数分裂が進行するが，紡錘体が形成され，卵門付近に染色体が整列する第二減数分裂中期で再び減数分裂は停止し，完熟卵（成熟した卵細胞）となる．完熟卵はこの段階では濾胞細胞層に包まれているが，やがてその一部が破れ，そこから離脱する．この過程を排卵 ovulation という（図 14-9）．卵成熟が誘起されると，核の変化に加えて，多くの魚種では細胞質にも変化がみられる．まず，細かな顆粒状に蓄積されていた卵黄球が融合することで卵細胞の透明性が増す．同時に卵黄球中の卵黄タンパク質 yolk protein の分解が起こり，卵細胞中の浸透圧が上昇し，特に海水魚の卵細胞では吸水 hydration（卵細胞への水の取り込み）が促進され，卵径が急速に増大する．例えば，ニホンウナギでは直径約 800 μm が 1,000 μm まで，マダイでは 450 μm が 700 μm 程度まで卵径が増大する．また，油球をもつ種では，油球も互いに融合し合い，最終的に 1 から数個にまとまる．

卵巣腔（裸状型卵巣では体腔）に排卵された卵（排卵卵）は，体外へ放卵されて受精する．精子が卵門を通って卵細胞に到達すると第二減数分裂が再開し，

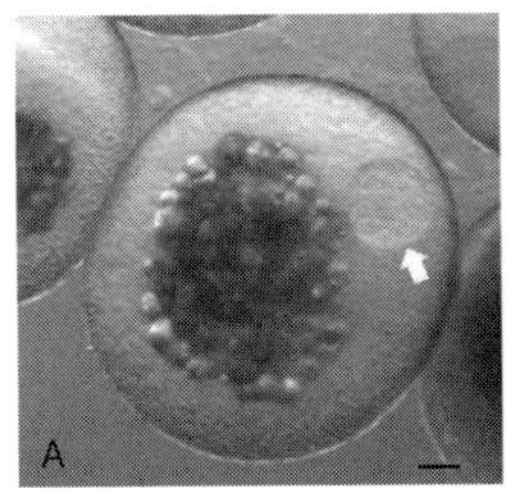

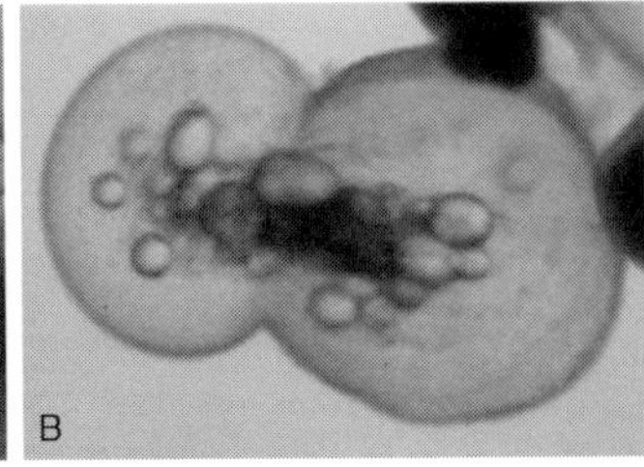

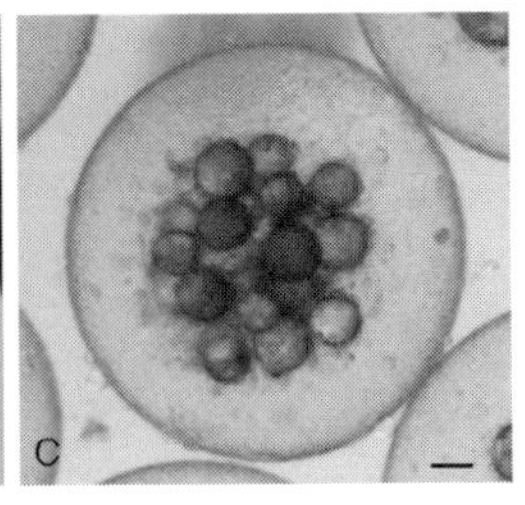

図 14-9　ニホンウナギの卵成熟・排卵過程
A：卵成熟が進行中の卵母細胞．卵核胞（白矢印）は動物極へ向けて移動している．B：排卵中の完熟卵．卵核胞は崩壊し，濾胞細胞層が破れて卵は離脱しつつある．C：排卵卵．卵核胞は崩壊して見えない．油球の融合は進み，数を減らし油球は大きくなる．スケールは 100 μm.

再び著しい不等細胞分裂を起こし，第二極体を放出する．ここでようやく減数分裂は完了し，染色体の周囲に核膜が形成され，雌性前核 female pronucleus となる．

以上説明した様々な発達段階の卵母細胞は，同一個体の卵巣中で同調して成長するものと，混在しているものとがある．前者を同期発達型といい，産卵期に 1 回産卵するサケ科魚類などにみられる．後者はさらに 2 つのタイプに分けられ，①まとまった卵群ごとに同期して発達するヒラメ，ミナミメダカなどの卵群同期発達型と，②卵巣中に全発達段階の卵母細胞がみられ，明瞭な卵群をもたないヨウジウオなどの非同期発達型がある．①は産卵期に数回，②は多数回産卵する魚種に多くみられる[2)]．

14-3-3　条鰭類の卵形成の制御

始原生殖細胞の活発な体細胞分裂がどのように制御されているのかはよくわかっていない．また，染色仁期から前卵黄形成期までの制御機構もほとんどわかっていない．一方，卵黄形成期から卵成熟，排卵に至る制御機構は，特にホルモンによる卵形成制御の側面からかなりの部分が解明されている．内分泌については 11 章で解説してあるが，ここでは卵成長と卵成熟に関わる，卵巣で産生されるホルモンによる調節機構を少し詳しく説明する．卵黄形成は卵黄の蓄積によって進行するが，卵黄のもととなるリポタンパク質である卵黄前駆物質は肝臓で作られる．肝臓で作られた卵黄前駆物質は血流を介して卵濾胞に到達し，卵原形質膜にある特異的な受容体に結合することでエンドサイトーシスによって卵母細胞に取り込まれる．肝臓での卵黄前駆物質の産生は雌性ホルモンの一種であるエストラジオール-17β estradiol-17β(E_2)の刺激によって誘導される．E_2は卵母細胞を取り囲む濾胞細胞で，脳下垂体から分泌される生殖腺刺激ホルモン（GTH）の刺激によって産生される．最近のミナミメダカやゼブラフィッシュの研究では，GTHのうち，濾胞刺激ホルモン（FSH）がE_2産生を通して卵黄形成を促進していることが強く示唆されている（図14-10）[6, 7]．卵黄形成完了後，卵成熟を誘起するホルモン（MIH）もステロイドホルモンの一種である．卵成熟誘起ホルモンは，脊椎動物では初めて1985年にアマゴにおいて，17α,20β-ジヒドロキシ-4-プレグネン-3-オン 17α,20β-dihydroxy-4-pregnene-3-one（DHP）であることが明らかにされた．DHPも濾胞細胞層で産生され，卵原形質膜に存在する特異的受容体に結合することで卵成熟を誘起する．ミナミメダカやサケ科魚類では，生殖腺刺激ホルモンのうち，黄体形成

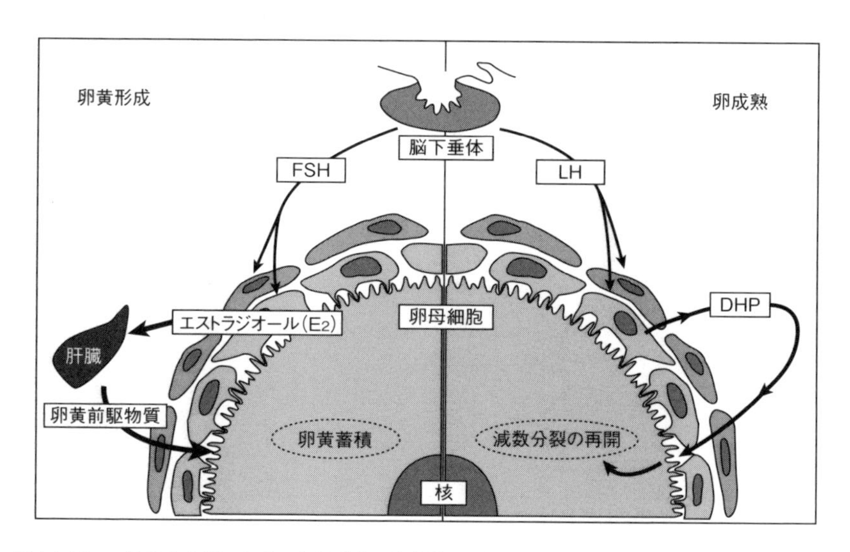

図14-10　一般的な魚類における卵黄形成・卵成熟の制御機構
春機発動を迎えると，脳下垂体からFSH（濾胞刺激ホルモン）が産生分泌され，濾胞細胞層での雌性ホルモンE_2の産生を刺激する．E_2は肝臓に作用して，肝臓では卵黄前駆物質が産生分泌される．卵黄前駆物質は血流を介して卵母細胞に取り込まれ，卵母細胞の卵黄蓄積，すなわち卵黄形成が進行する．卵黄形成が完了すると，環境刺激によって脳下垂体からLH（黄体形成ホルモン）が大量分泌される．LHは濾胞細胞層に作用し，濾胞細胞層ではDHP（17α,20β-ジヒドロキシ-4-プレグネン-3-オン）が産生される．DHPは卵母細胞に作用して卵成熟，すなわち減数分裂の再開を誘起する．

ホルモン（LH）が DHP 産生を誘導することが強く示唆されている．すなわち，魚の成長に加えて，環境変化によって春機発動が起こり，FSH が産生分泌されて卵黄形成が促進され，卵黄形成が完了して産卵環境が整うと LH が分泌され，卵成熟が起こると考えられている（図 14-10）．ただし，魚種によっては LH のみで卵黄形成と卵成熟が誘導されることも報告されており，すべての魚種に共通するメカニズムが存在するわけではない[8, 9]．

14-3-4 卵の大きさと卵数，形質

魚類では産卵される卵の大きさと卵数は種によって違う．一般に大型卵を産む種の卵数は少なく，小型卵を産む種の卵数は多い傾向にある．また，沈性卵を産む淡水魚や，沈性粘着卵を産む海水魚の卵は大きくて数が少なく，海洋の表層で浮性卵を産む種の卵は小さくて数が多い．同一種であっても卵径や卵数は母体の大きさや栄養蓄積条件によって異なる．

卵の形質も様々である．ヌタウナギ類の卵は長楕円体で大きく，両端に付着糸を備える．ヤツメウナギ類の卵はほぼ球体で小さい．軟骨魚類の卵は卵殻に包まれていることが特徴的である．卵殻の形は種によって異なる．ネコザメの卵殻は表面に螺旋状の隆起があり，一端に付属糸を備え，長さ 12 cm に達する．ガンギエイ類の卵殻は長方形で四隅に角状突起を備え，長さ 10 cm 以上になるものもある．卵殻は層状に並ぶコラーゲン線維の網目構造になっていて，発生中の胚を海中の波動や捕食者から保護すると同時に呼吸も可能にしている．

真骨類の卵は相対的に小さく直径 1 mm 前後の球形卵が多い．これらの卵は沈性卵 demersal egg と浮性卵 pelagic egg に大別される．また，大きさ，表面の構造，油球の数などに種の特徴が現れている．これらの特徴にもとづいて卵を分類すると，沈性卵は次のタイプに分けられる．①不付着卵：サケ科魚類など，②粘着卵：卵の表面に粘着物質をもつもの，ニシン，コイなど，③付着卵：卵の表面に付着膜をもつもの，アユ，シシャモなど，④纏絡卵（てんらくらん）：纏絡糸をもち水草などに絡みつく卵，メダカ類，ダツなど．また，浮性卵は次のタイプに分けられる．①凝集性浮性卵：アンコウ，フサカサゴ類など，②分離性浮性卵：多くの海水魚にみられる，ウナギ類，ヒラメ，マダイなど[10]．

互いに近縁種であっても，卵の形態や性質に違いがあることも少なくない．卵膜の表面は滑らかなもの，付属糸があるもの，突起があるもの，亀甲模様などの幾何学的模様があるものなど，種によって特徴があり，分類形質にも利用

される．卵膜表面の微細構造は卵の浮遊性と関係するといわれるが，卵膜の強化，捕食者からの防御などの役割もあるといわれる．

14-3-5　条鰭類の精巣の構造

卵巣同様，多くの条鰭類の精巣は左右1対であり，背部体腔壁から精巣間膜によって体腔に懸垂している．雌では裸状型の卵巣から体腔へ排卵される種がみられるが，条鰭類の雄では知られる限り体腔へ精子が排精される例はなく（ヤツメウナギ類では体腔へ排精される例が知られている），精巣内で排精され，輸精管 sperm duct を経てそれにつながる生殖孔から外部に放精される．多くの精巣の外形は細長い円柱型か卵形であるが，ウナギ類では扁平状の半円形の小葉が細長い精巣の背側にある輸精管の下部に，全長にわたって垂下するように並列している．裸状形卵巣に構造は似るが精子は精巣内に排精される．精巣内は精小嚢 seminal lobule とよばれる管状の組織によって構成されている（図14-11）．多くの魚種では精小嚢の内部には数個から魚種によっては1万個を超える生殖細胞を体細胞が袋状に包み込む形態がみられ，これは包嚢 cyst とよ

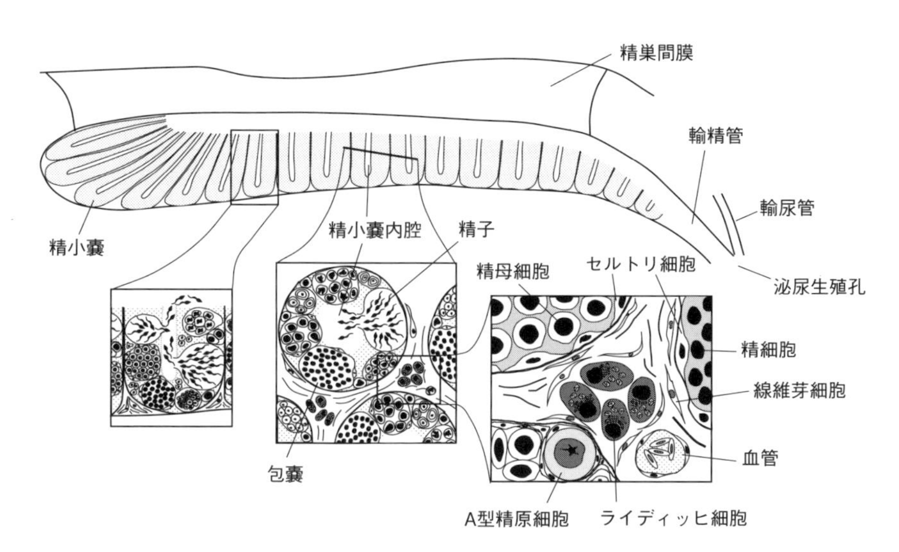

図14-11　条鰭類の精巣の構造（縦断面）
精巣内は多数の精小嚢に区画されている．各精小嚢の間には毛細血管やライディッヒ細胞などが存在する．精小嚢内では，生殖細胞はセルトリ細胞に包まれて包嚢を形成している．

ばれる．包嚢を取り囲む細胞はセルトリ細胞 Sertoli cell とよばれ，1つの包嚢の内部の生殖細胞の発達段階は同一で，ほとんどの種において包嚢内で精子まで精子形成が進む．包嚢内の生殖細胞は互いに細胞間橋で連結し，細胞質が内部でつながることで分化を同調させている．包嚢は精小嚢の内壁に沿ってほぼ1層に並び，包嚢が取り囲む内側にはわずかな空洞が存在することが多く，精小嚢内腔 lobular lumen とよぶ．精子は包嚢から精小嚢内腔に排出され，複数の精小嚢と合流しながら，魚種によっては輸精小管 efferent duct を通って輸精管に至る．大多数の真骨類にみられるこのようなタイプの精巣を lobule 型とよぶ．一方，ミナミメダカやグッピーなどは，精小嚢の内部が一列の包嚢で満たされる形態をもち，tubule 型とよばれる．この型では輸精管から精巣の表面（精巣白膜 tunica albuginea）に向かって放射状に精小嚢が配列するが，A 型精原細胞（後述）は精小嚢先端にのみ存在することから，精原細胞局在型ともよばれる．これに対して lobule 型では A 型精原細胞は精小嚢内壁に接して散在するために，精原細胞非局在型ともよばれる．しかし，lobule 型であっても，A 型精原細胞は精巣白膜直下に大多数がみられることが多く，精巣中心部へ向かうと精小嚢内にみられる A 型精原細胞の数は少ないことが多い[2, 11]．

14-3-6 条鰭類の精子形成過程

形態的に精巣分化が始まったときから始原生殖原細胞は精原細胞 spermatogonium（複数形は spermatogonia）とよばれるが，細胞形態的には卵原細胞と区別することはできない．細胞は 10 ～ 20 μm と大型で，内部は大きな核に占められ細胞質部分は少なく，A 型精原細胞 type A spermatogonia または第一次精原細胞 primary spermatogonia とよばれる．精原細胞は比較的長い間緩慢な体細胞分裂をくり返し，いったん減数分裂を開始すると，ほぼ停止することなく第二減数分裂を完了して精子となる．産卵期に複数回放精するナイルティラピアのような種では，精子形成は早くから始まり，春機発動以降精子形成は続き，継続的に精子が補充される．産卵期に1回産卵するサケ科魚類や1回か数回産卵するニホンウナギのような種では，減数分裂は産卵期の少し前になるまで始まらず，おそらく春機発動を迎えていったん精子形成が始まると一斉に精子まで発達し，精巣の中は大量の精子で満たされる．マリアナ海域で捕獲された天然雄ニホンウナギでは精子で満たされた精巣が体重の4割に達するほどに肥大する[12]．緩慢な増殖分裂をくり返してきた A 型精原細胞は，2～16個程度で包嚢を形成すると初期B型精原細胞 early-type B spermatogonia とよばれ，春機発動から活発な体細胞分裂を開始する．この同一包嚢内での細胞分裂回数は魚種によりほぼ決まっており，ニジマスでは5回，ミナミメダカでは8回，ニホンウナギでは10回，さらにグッピーのように13回もくり返す種もある．グッピーでは計算上8,192個の精原細胞を1つの包嚢が含むことになる．この活発な分裂によって細胞の大きさはA型精原細胞より小さくなり，後期B型精原細胞 late-type B spermatogonia または第二次精原細胞 secondary spermatogonia とよばれる（図14-12）．

一定回数の増殖分裂を終えた後期B型精原細胞は，減数分裂に移行する．後期B型精原細胞が活発に増殖分裂してから減数分裂に入る時期にかけてが，雄における性成熟期の始まりといえる．減数分裂を開始した生殖細胞を精母細胞 spermatocyte とよぶが，光学顕微鏡では後期B型精原細胞と区別することは困難である．第一減数分裂期の精母細胞は第一次精母細胞 primary spermatocyte とよばれる．この細胞は，染色体組換え時に特徴的な相同染色体が接着するシナプトネマ構造が電子顕微鏡下で確認できれば明確に区別できる．第一減数分裂の細胞質分裂は均等分割で，同型の2つの娘細胞に分かれ第二次精母細胞 secondary spermatocyte となる．第一次精母細胞と形態的に似るが，細胞は小型となる．第二次精母細胞は速やかに第二減数分裂を行い，さらに2個の娘細胞に分かれ，精細胞 spermatid となる．精細胞は第二次精母細胞より

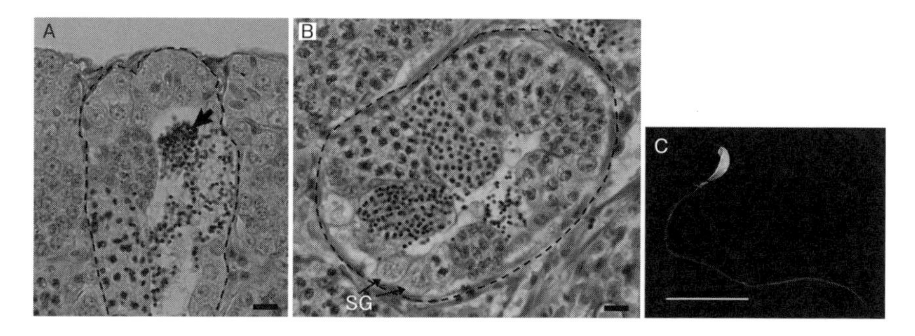

図14-12　精子形成中のナイルティラピア精巣（A・B）とニホンウナギ成熟精子（C）
黒い波線で囲まれたのは精小嚢．矢印は精小嚢内腔に排出された精子．A：精小嚢を縦断した組織写真．B：精小嚢を横断した組織写真．SGはA型精原細胞を指す．精小嚢の内部には様々な精子形成段階にある包嚢が見られる．包嚢内での生殖細胞の発達段階は同調しているが，包嚢ごとに発達段階は異なる．スケールは10 μm.

もさらに小型化しており，染色質（クロマチン，弛緩状態にある染色体）は凝集して核が小さくなるため，第二次精母細胞とは容易に区別がつく．減数分裂を完了した精細胞は，引き続き劇的な形態変化を生じて精子 sperm（spermatozoon，複数形は spermatozoa）となる．これを変態とよぶ．変態時には染色質の凝縮，核の形状変化，鞭毛の分化および細胞質の脱落が起こる．なお，真骨類の精子は先体をもたない．精子形成が完成すると包嚢が破れ，精子は精小嚢内腔へ排精 spermiation される（生殖孔から放出される過程を排精という例もあるが，これは放精というべきである）．このとき精子はまだ運動能（水中で動く能力）をもたず，未熟精子とよばれ精小嚢内腔を移動し，輸精管へ入る．輸精管内で高い pH 環境にさらされることで未熟精子は運動能を獲得し，成熟精子となる．この過程を精子成熟 sperm maturation とよぶ．雌の産卵にあわせて雄は輸精管内の精子を放精し，精子は水中を卵目指して遊泳し，受精に至る[5, 13, 14]．

14-3-7　条鰭類の精子形成の制御

精子形成の制御機構は卵形成のそれほどはわかっていない．最もよく研究が進んでいるのはニホンウナギである．ニホンウナギでは春機発動を迎えると FSH の刺激によって，精小嚢と精小嚢の間に存在するライディッヒ細胞 Leydig cell においてステロイドホルモンである 11-ケトテストステロン 11-ketotestosterone（11-KT）が産生される．11-KT はセルトリ細胞に作用し，セルトリ細胞から分泌される増殖因子により，A 型精原細胞や初期 B 型精原細胞は活発な体細胞分裂を開始し，後期 B 型精原細胞となる．次に，産生細胞は特定されていないが，DHP が産生されてセルトリ細胞に作用すると後期 B 型精原細胞の減数分裂が開始される．減数分裂が完了し変態を経て精子が輸精管に移行すると，再び DHP が精子細胞膜に存在する炭酸脱水酵素を活性化し，周囲の pH を上昇させ，運動能をもった成熟精子が形成される[13, 14]．

14-4　受精・卵発生と孵化

14-4-1　受　精

真骨類の卵の卵門からは精子を誘引する物質が分泌されており，精子は卵門を目指して運動することができると考えられている．精子が卵門を通り卵原形質膜に到達すると，卵門は卵膜に圧迫されて閉鎖する．同時に動物極側から植物極へ向かって卵原形質膜直下に並ぶ表層胞の内容物が卵細胞の外に放出され，卵膜が押し上げられて卵原形質膜と卵膜の間に空隙を生じることで，囲卵腔 perivitelline cavity が形成される．一方，受精により卵内では中期で停止していた第二減数分裂が再開し，第二極体を放出して減数分裂を終え，雌性前核が形成される．精子核は卵内に進入し，雄性前核を形成する．次に，雌性前核と雄性前核は融合して 1 個の接合子核となり，受精は完了する [15]．

14-4-2　胚発生

受精が完了すると受精卵は細胞分裂をくり返して胚発生が進行する．分裂の形式には全割と部分割の両タイプがみられる．全割は卵割が卵全体に及び，ヤツメウナギ類，チョウザメ類などの原始的な魚種にみられる．軟骨魚類，真骨類の受精卵では，細胞質が動物極に集まって胚盤 blastodisc が形成され，卵割は胚盤上で進み，部分割とよばれる．真骨類の部分割はおおよそ次のような順序で進む（図 14-13）．第 1 卵割は経割 meridional cleavage で，胚盤の中央付近で鉛直方向に卵割溝ができて 2 個の割球に分かれる．第 2 卵割も経割で第 1 卵割溝に直交して起こり，4 個の割球ができる．第 3 卵割は第 1 卵割溝の両側に平行して起こり，8 個の割球ができる．第 4 卵割は第 2 卵割溝の両側に平行して起こり，16 個の割球ができる．第 5 卵割は種によっては経割だけではなく，水平方向に卵割溝ができる緯割 latitudinal cleavage も加わる．卵割が進むにつれて割球の数は増加して胚盤葉 blastoderm となり，胞胚 blastula とよばれる時期になる．

卵割がさらに進むと胚盤葉は薄くなり，卵黄表面を覆い被さるように拡がり，その周辺部は多少肥厚して胚環 germ ring が形成される．続いて胚盾 embryonic shield が出現し，胚葉の分化が進み，胚体が形成される．胚体の表面には体節，眼胞 optic vesicle，耳胞 auditory vesicle が相次いで現れる．この時期に一時的に尾部腹面に真骨類特有のクッパー胞が出現する．

卵膜内で器官形成が進む種では，胚体が成長するにしたがって，体節数は増加し，種の特徴となる定数に近づく．胚体の伸長の度合いや，体節数，色素胞の広がりなどは種によって異なり，それらを指標にして種の同定が可能になる場合もある．近縁種間では胚体時の種査定は困難である場合が多く，最近では特定の DNA 配列を読むことによって査定が行われている．さらに器官形成が

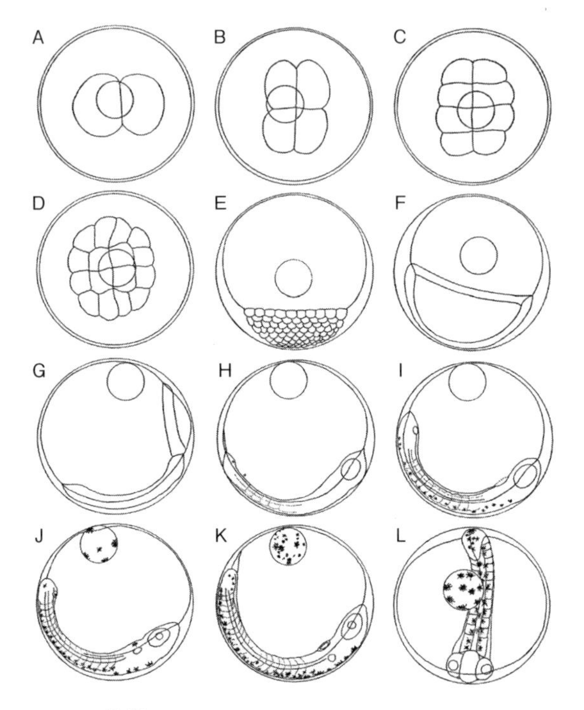

図 14-13　クロダイの発生[16, 17]
A：2 細胞期，B：4 細胞期，C：8 細胞期，D：16 細胞期，E：胞胚（桑実期），F：胞胚，G：胚体形成，H：4 体節期（眼胞，クッパー胞），I：10 体節期（色素胞出現），J：16 体節期（油球上に色素胞出現），K・L：20 体節期.

進行し，心臓の拍動が始まって血液循環が観察されるようになると，卵膜からの脱出（孵化 hatching）が近づく.

14-4-3　孵　化

ある段階まで発生が進むと胚は卵膜を破って孵出する．孵出は胚の物理的な運動によって卵膜を破ることによってのみ可能となるのではない．胚体は孵化腺 hatching gland から孵化酵素 hatching enzyme を分泌し，卵膜を酵素的に分解することによって孵出を容易にしている．この化学的作用に機械的運動が加わって卵膜が破れ孵化が完成する.

14-4-4　体内受精と胎生

多くの真骨類は体外受精を行うが，すべての軟骨魚類やシーラカンス類，一部の真骨類は体内受精を行う．体内受精を行う種では，雌の体内へ精子を送り込むために雄に交接器が発達する．軟骨魚類の交接器は腹鰭の一部が変形して小軟骨の集合体により支えられ，雌との交尾時には，基部のサイフォン嚢に満たした海水の噴出によって精子束を雌の体内に送り込む．グッピーやカダヤシ科のプラティ（*Xiphophorus maculatus*）などでは，臀鰭鰭条が変形したゴノポディウムとよばれる交接器によって精子を雌の体内へ送り込む．メバル類やウミタナゴ類などでは泌尿生殖孔の一部が突出し，肉質の生殖突起が形成され精子を送り込む．雌の体内に送り込まれた精子は卵母細胞が成熟するまで雌体内で保持され，板鰓類では1年もの間保持されても活性を維持する例がある．なお，交尾をして雌の体内に精子を送り込む種はすべて体内受精と思われがちだが，必ずしもそうではない．カジカ科ニジカジカでは交尾後，精子は卵門に達するが受精せず，産卵時に海水の刺激で受精する体内配偶子会合型という受精様式をとる[18]．

体内受精を行うすべての軟骨魚類のほか，シーラカンス類，一部の真骨類では，受精卵は雌体内で孵化し，育成される例があり，胎生 viviparity とよばれる．

板鰓類では，受精は卵殻腺で行われ，卵生種であれば受精した卵は強固な卵殻に包まれて体外へ産出される．一方，胎生種の受精卵は薄い卵殻に包まれ，輸卵管が変形した子宮 uterus（図 14-3）にとどまって胚発生が進み，かなり成長した後に産出される．真骨類の胎生には，完熟卵が卵濾胞内で受精して胚発生が進むグッピーやカダヤシ科のソードテイル（*Xiphophorus hellerii*）などのタイプと，卵巣腔内で胚発生が進むウミタナゴ類やメバル類などのタイプがみられる．胎生の様式は栄養供給の様式にもとづいて分類されている．①卵黄依存型：栄養源は卵の卵黄に限られ，アブラツノザメ，ジンベエザメ，メバル類などがこれにあたる．このタイプは卵胎生 ovoviviparity とよばれることもある．②母体依存型：卵黄以外に母体からも栄養物質を供給される．この型はさらに以下のように分けられる．②-a 卵食・共食い型：母体内で孵化し，子宮内分泌物や後から排卵される栄養卵を摂食する．ネズミザメ目など．シロワニでは，胎仔は栄養卵のほか，胚を捕食することから，共食い型とよばれる．②-b 組織栄養型：胎仔は子宮内壁からの分泌物を摂取する．一部のサメ類，アカエイ類およびトビエイ類では子宮内壁に栄養子宮絨毛糸が発達し，子宮ミルクと呼ばれる栄養物質が分泌される．このタイプは特に，脂質組織栄養型（子宮ミルク型）とよばれる．真骨魚ではウミタナゴ類なども卵巣内に分泌される栄養物質を吸収して成長する．②-c 胎盤型：胚発生の途中で卵黄嚢の先端が分枝して母体の子宮上皮と接着し，胎盤を形成する．メジロザメ科やシュモクザメ科など[19)].

胎生の種では数万尾以上の胎仔を産出するメバル類を除くと，一腹の胎仔数は多くない．グッピーでは数〜数十尾，ウミタナゴ類では3〜86尾，ネズミザメ目では4〜5尾といわれる．

文　献

1) 小林靖尚，中村 將（2016）．魚類の性転換．「成長・成熟・性決定」（伊藤道彦，高橋明義編）裳華房．92-106.

2) 小林牧人，足立伸次（2013）．生殖．「増補改訂版 魚類生理学の基礎」（会田勝美，金子豊二編）恒星社厚生閣．149-183.

3) Matsuda M et el.（2002）. DMY is a Y-specific DM-domain gene required for male development in the medaka fish. *Nature* 417: 559-563.

4) 北野 健（2016）．魚類の性決定．「成長・成熟・性決定」（伊藤道彦，高橋明義編）裳華房．76-91.

5) 小川智史ら（2015）．ニシキゴイの生殖腺の発達過程に関する組織学的観察．帝京科学大学紀要 11: 61-75.

6) Murozumi N et al.（2014）. Loss of follicle-stimulating hormone receptor function causes masculinization and suppression of ovarian development in genetically female Medaka. *Endocrinology* 155: 3136-3145.

7) Zhang ZW et al.（2015）. Disruption of zebrafish follicle-stimulating hormone receptor（fshr）but not luteinizing hormone receptor（lhcgr）gene by TALEN leads to failed follicle activation in females followed by sexual reversal to males. *Endocrinology* 156: 3747-3762.

8) Gen K et al.（2000）. Unique expression of gonadotropin-I and -II subunit genes in male and female red seabream（*Pagrus major*）during sexual maturation. *Biol. Reprod.* 63: 308-319.

9) Kagawa H et al.（2003）. Effects of luteinizing hormone and follicle-stimulating hormone and insulin-like growth factor-I on aromatase activity and P450 aromatase gene expression in the ovarian follicles of red seabream, *Pagrus major. Biol. Reprod.* 68: 1562-1568.

10) 水戸 敏（1979）．魚卵．月刊海洋科学 11: 126-130.

11) 高橋裕弥（1989）．精巣の構造と配偶子形成．「水族繁殖学」（隆島史夫，羽生 功編）緑書房．35-64.

12) Tsukamoto K et al.（2011）. Oceanic spawning ecology of freshwater eels in the western North Pacific. *Nat. Comm.* 2: 179.

13) 三浦 猛，三浦智恵美（2016）．「魚類生殖腺の成熟」（伊藤道彦，高橋明義編）裳華房．59-75.

14) Schulz RW et al.（2010）. Spermatogenesis in fish. *Gen. Comp. Endocr.* 127: 209-216.

15) 長濱嘉孝（1991）．生殖．「魚類生理学」（板沢靖男，羽生 功編）恒星社厚生閣．243-286.

16) 水戸 敏（1963）．日本近海に出現する浮遊生魚卵－ III スズキ目．魚類学雑誌 11: 39-64.

17) 妹尾秀實（1912）．クロダヒの發生．動物学雑誌 24: 195-197.

18) 桑村哲生，中嶋庸裕（編）（1996）．「魚類の繁殖戦略 1」．海游舎．

19) 佐藤圭一（2014）．サメ・エイ類にみられる繁殖様式の多様性．比較内分泌学 40（152）: 79-82.

15章

仔魚・稚魚

魚類は，卵，仔魚，稚魚，若魚，成魚へと至る生活環をもち，種ごとに独自の発育を行う．成魚期の形態的特徴は発育の初期ほど乏しく，仔魚の終わりごろには成魚からは想像もできない性状に発育する種も多くいる．仔魚期では食性や生息場所などの生活様式も，成魚とは異なることが多い．したがって，種の一生を理解するには，卵から稚魚までの初期生活史の理解が不可欠となる．

魚類の個体発育は，系統的な拘束を受けながら，浮遊適応や様々な要因と考えられる多様な形質を不規則に獲得することによって，百花繚乱の様相を呈している．それらのいくつかは，成魚では発見できないあるいは見過ごされてきた分類体系の不備を補っている．個体発生は系統発生を反映するので，個体発育にもとづいて進化の過程や類縁関係に関する情報も提供できる．

真骨類では，卵から稚魚の初期にかけて死亡率が高くなる．この現象は初期減耗とよばれ，海洋で浮性卵から孵化する種で著しい．年級の資源量はおおよそ初期減耗の程度によって決まる．初期減耗の実態を明らかにするには，発育初期の個体を正確に種へ同定することが必要である．

仔魚を種へ同定するには，分類群ごとの発育に伴う形態変化を知り，発育に応じた分類（同定）形質を用いる．沖山宗雄編「日本産稚魚図鑑 第二版」[1]は仔魚の同定には必須な図書であり，1,544種の仔魚や稚魚が掲載されている．しかし，仔魚が採集されにくい深海底生性などの分類群の知見はごく限られた種（図15-1A）を除けば，未だ少ない．未報告の仔魚の計数形質が複数種に一致する場合，種レベルへの同定はかつては不可能であったが，ミトコンドリアゲノムの塩基配列を解析することで解決されている．

15-1　魚類の発育段階と発育タイプ

15-1-1　発育段階

発育段階は種の生活様式と密接に関連するが，便宜上，外部形態のみによって発育を区分する．一般的に，真骨類では次のように区分される[2]．

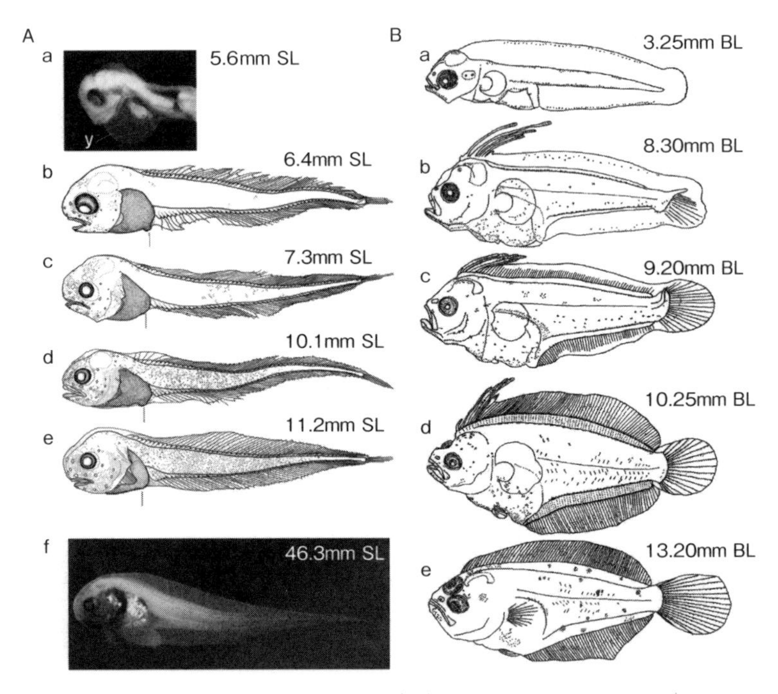

図15-1　魚類の発育過程（Aa－e[2]，Af髙見宗広氏提供，Ba－e[3]）
A：直達型発育．クサウオ科スルガインキウオ．y：卵黄嚢．
B：非直達型発育．ヒラメ．

仔魚 larva：卵生の場合，胚の後の発育段階であり，孵化（産出）直後から各鰭の鰭条がすべて成魚と同じ数（定数）に達するまでの段階．卵黄をもつ仔魚は卵黄嚢仔魚 yolk sac larva とよぶ[5]．仔魚から変態を経て 稚魚になる場合は，その間に変態期 metamorphic（transformation）stage が設定される[5, 6]．

稚魚 juvenile：各鰭の鰭条がすべて定数に達した後の段階で，変態がある場合は変態した後の段階．一般的には，仔魚の特徴が失われ，鱗が発達する種では鱗が形成される．

若魚 adolescent（young）：成魚期の形態的特徴は現れているが，体各部の相対比は成魚とは異なる段階．

未成魚 immature：成魚期の形態的諸特徴が十分に発達するが，性的には未成熟で生殖能力が十分に発達しない段階．若魚と未成魚は外部形態だけでは明確に区別できない場合，稚魚に含むか，定義を与えて使用することが望ましい．

成魚 adult：体の大きさは十分に発達し，生殖能力を完全に備える．

老成魚 senescent：生活機能も生殖能力も衰え，形態的には老年による変化が現れる．

正尾形の真骨魚では，仔魚は脊索末端の形状によって次の3期に区分される．この方法は仔魚の発達段階のよい指標となり，容易に識別できることから，1970年代後半以降，広く用いられている[1, 5, 6]．

①前屈曲（上屈前）期 preflexion stage：脊索の末端部が直線状（図15-1Ba）．

②屈曲（上屈）期 flexion stage：脊索の末端部が上屈中（図15-1Bb）．

③後屈曲（上屈後）期 postflexion stage：脊索の末端部が上屈完了（図15-1Bc）．体軸に対して脊索の末端部が約45°以上の角度を示す．一般的には，下尾骨の後縁は体軸に対して約90°となり，尾鰭の主鰭条が定数化する．

卵黄の有無を指標に仔魚の発育段階を分けることもある．卵黄がある仔魚を前期仔魚 prelarva，卵黄が吸収された後を後期仔魚 postlarva とよぶ[7, 8]．

独自の発育段階が使われる分類群もある．カライワシ団の仔魚は，体が透明で薄く葉状を呈し，両顎に幼歯が並ぶレプトセファルス（薄い頭という意味）幼生を経る．この幼生の体内は，グルコサアミノグリカンを主とする粘液状物質で満たされる[9]．カライワシ団の後期仔魚は，真性幼歯がなく下尾骨が未分化である前葉形仔魚期 preleptocephalus stage と真性幼歯があり下尾骨が分化した葉形仔魚期 leptocephalus stage に分けられる[1]．サケ科魚類では，卵黄の吸収直後に各鰭条が定数化する．後期仔魚の期間が短く稚魚へ移行する．サケ科魚類の前期仔魚には仔魚 alevin，稚魚には fry を用いることがある[1, 4]．

卵内発生中の胚と孵化後の仔魚は，孵化という現象によって発育段階の明確な線引きができる．しかし，仔魚と稚魚の境界は，すべての鰭条の定数化という定義だけでは難しい場合も多い．すべての鰭条が定数化しても，仔魚期に特化した性状を保持する種もいる（15-2-4参照）．この場合，仔魚期に含めたり[10]，前稚魚 prejuvenile とよぶこともある[11]．稚魚期への移行は急速に進むのがふつうで，底生性魚類では漂泳性から底生性へと変化する．漂泳性の前稚魚を漂泳期稚魚 pelagic juvenile とよぶ[12]．日本では，仔魚と稚魚の両方を指す場合，仔稚魚とよぶ慣習がある．

仔魚から稚魚にかけては，外部形態に加え体内部の器官形成が急速に進むことによって生活様式も変化する．器官形成の過程と生活様式の変化は種によって多様であるので，外部形態のみにもとづいた段階区分では適切とはいえない面もある．それぞれの種の特性を正しく把握することを目的に，発育段階を設定することが重要である[3]．

15-1-2　発育タイプ

魚類の器官形成は卵内発生中の胚体のときから始まり，孵化（産出）後に急速に進む．内田[13]は魚類の発育過程を以下の2つに分けた．

直達型発育（図15-1A）：形態，色彩などが未発達な状態からほぼ直進的に成体形に達するもの．生涯を通じて生活様式の大きな変化はみられない．

変態を経過する発育（非直達型発育，変態型発育）（図15-1B）：変態とは，体の全体あるいは一部分の形態・構造・大きさ・色彩などが，幼期において成体とは異なる方向あるいは同方向でも成体よりも過度に発達して，ある時期にそれが変化して成魚に近い状態になることと定義される．体の全体の変化を伴う場合には生活様式に急激な変化がみられるが，体の一部分の変化では生活様式の大きな変化がみられない場合もある．真骨類では，淡水魚は直達型発育が多いが，海水魚はどちらもみられる．

15-2　仔稚魚の形態的特徴

ここでは主にMoser[6]や沖山[1]を参考とした．併せてそちらも参照されたい．

15-2-1　卵黄嚢仔魚

魚類の孵化時の体長と発達状態は多様である．一般的には，孵化時の体長は卵径，厳密にいえば囲卵腔を除いた卵黄径に比例し，卵黄径のおよそ3倍と考えられる．

浮性卵から孵化：浮性卵から孵化した卵黄嚢仔魚は，器官形成が不十分な場合が多い．浮性卵を産む種の約75％が卵径1.6 mm以下の卵を産む[14]．このような小さな卵から孵化した卵黄嚢仔魚は，口が未形成で，眼には色素胞の沈着がなく，胸鰭が未分化の状態で孵化する（図15-2：口絵）．一方，種類数は少ないが，大きな浮性卵から孵化した卵黄嚢仔魚は器官形成が進んでいる場合が多い．すでに，口が形成し，眼に色素胞が沈着し，胸鰭は小さな扇型の膜状の原基が分化している．このタイプの仔魚は，すべて浮遊性である．器官形成の状況に関わらず，卵黄嚢仔魚の運動の多くは体の背側と腹側にある膜鰭 finfold の動きによる．膜鰭とは，体を囲む皮膚構造の中で背側と腹側の正中部の起伏を形成する部分であり，一般に背・臀・尾鰭と脂鰭の形成に伴い退縮する．

沈性卵から孵化：沈性卵を産む種では，一般に器官形成が進んだ状態で孵化する．このタイプの仔魚は，海底直上や近底層で生活する底生性か，サヨリ科，トビウオ科，スズメダイ科やハゼ科などのように浮遊性のものがいる．また，同じ科でもクサウオ科などは底生性も浮遊性のものもいる[2]．

卵黄と油球：孵化時における卵黄嚢の大きさは，卵内発生中の卵黄径とそれまでに消費された卵黄の量に関連する．卵黄嚢は真円形に近いか水平方向に長い楕円形である．油球がある場合，油球の位置は同定に有効である．油球が 1 個の場合，ベラ科などでは卵黄嚢の前縁，スズキでは中央のやや前方，メジナでは後縁にある．多数の油球がある場合は，種により散在するか集合する．

色素胞ほか：卵黄嚢仔魚期の外部形態は器官形成が進んでいないので，主に色素細胞の配列によって特徴づけられる．卵内発生中から仔魚までの間に出現する色素細胞は，黒色素胞，赤紅色素胞，黄色素胞である．これらの色素胞の配列は，重要な同定形質である．しかし，ホルマリン固定後の標本では，黒色素胞しか残らない．卵黄嚢仔魚の黒色素胞は，短時間のうちに，移動，離散，集合が起こる．体の背側にある黒色素胞が腹側へ移動することは，しばしば観察される（図 15-2：口絵）．

卵黄嚢期の終わりには，卵黄と油球のほとんどが消費され卵黄嚢は収縮し，多くの器官と摂餌を行うために必要な感覚系が機能的となる．眼には色素胞が沈着し，口と消化管が形成される．肛門は腹膜鰭の縁辺に開くが，タラ目は例外で右側の腹膜鰭中に開く．胸鰭には，扇形の膜状の原基が形成される．

15-2-2　仔　魚

基本的な器官形成は，仔魚期中に終了する．以下，部位（形質）ごとに，一般的な特徴，続いて特化現象がある場合にはそれを要約する．

筋節：筋節は最も早く完成する計数形質であり，仔魚期の必須の同定形質である．筋節の総数は，脊椎骨数に近似する．筋節の形成は，卵内発生中の胚の形成時から始まり，仔魚初期には完了する．通常，頭部側から数えて，擬鎖骨に初めてかかる筋節が第 3 筋節で[16]，最後の筋隔と尾部末端の間が最終筋節である．

体の大きさ：海産の真骨類では，一般的に仔魚期が始まる体長はおよそ2～6 mmで，仔魚期の終わりは多くが体長8～30 mmの範囲にある．しかし，例外的な種も多く，分類群間あるいは同一分類群でも差が著しい．ソコギス目では最大1,800 mmのレプトセファルス幼生が知られる．

体形：体の形は，棒状で尾部が著しく伸長するもの，紡錘形，卵円形，円形，菱形など体高が低いものから著しく高いもの，やや縦扁し厚いものから著しく側扁するもの，前方は縦扁するが後方は側扁するもの，短くて丸い形状など様々である．体表に突起物があり，金平糖のような仔魚もいる．

頭部：頭部の形状も様々である．ニシン目などでは頭部も口も小さい，ニザダイ亜目の一部などでは頭部は大きいが口は小さい，ハダカイワシ目の一部やサバ亜目などでは吻が伸長し頭部と口が大きい．チョウチンアンコウ亜目やクサウオ科の一部，ホカケホトラギス科アイトラギス属の一部では，頭部がゼラチン状組織によって覆われ，風船状の形態bubblemorphを示す[17]．高位の真骨類では，頭部に棘要素が著しく発達することが多い．

眼：眼の形状は円形から強い楕円形まで，多様である．低位の真骨類では，卵形から強い楕円形の眼をもつものが多い（ウナギ目，ニシン目[18]，ワニトカゲギス目，ヒメ目，ハダカイワシ目）．これらのグループの多くは，眼球の腹側にコロイド組織choroids tissueとよばれる脈絡膜組織が発達する．高位の真骨類では，ほとんどが円形か弱い楕円形である．低位の真骨類では，眼の基部に眼柄eye stalkとよばれる可動性の柄部を発達させるものがいる．ミツマタヤリウオ類の眼柄は著しく伸長する（図15-3B）．

消化管：前屈曲期では，消化管の形状は，分類群に対応した一般的な傾向が認められる．低位の真骨類では，消化管は伸長し，直走することが多い（カライワシ団，ニシン目，キュウリウオ目やワニトカゲギス目の一部など）．高位の真骨類では，伸長・直走形（ダツ目など）から小さなコイル状（タラ目など）まで多様であるが，体の前半部までにほぼ三角形状に収まることが多い．

消化管の特化現象として外腸がある（図15-4）．外腸は，直腸のみが体外に突出する脱腸型trailing hind-gut（normal hernia）と腹部の一部が体外に突出する非脱腸型exteriliumに分けられる．脱腸型はウナギ目，ワニトカゲギス目，ハダカイワシ目などの一部，非脱腸型はアシロ目やカレイ目の一部で知られる[19－21]．

鰭：鰭が形成を始める順番は，分類群によって異なる．一般的には，卵内発生中の終わりか卵黄嚢期中に扇型を呈した胸鰭の膜状原基が形成され，前屈曲期の終わりから後屈曲期の初めまでに鰭条が形成される．胸鰭の鰭条数が定数化するのは後屈曲期であるが，それよりも早いものもいる．

一般的には，胸鰭の次に尾鰭が形成される．最初に，体末端の膜鰭内に下尾骨と準下尾骨が形成される．その後，それらの尾骨縁辺に鰭条が形成され始め，背側および腹側へと骨要素と鰭条の形成が進む．脊索上屈の完了時かそのわずか後に，尾鰭の主鰭条が定数化し，その後，主鰭条基部の背側と腹側の各前方に前鰭条が形成される．

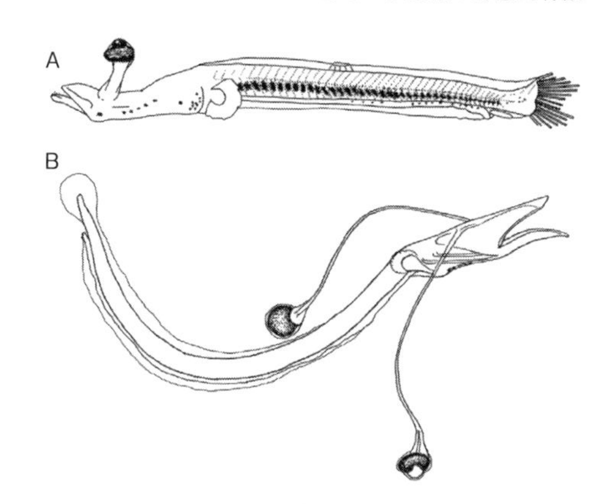

図 15-3　眼柄をもつ仔魚[1]
A：ソコイワシ科ギンソコイワシ 10.5 mm SL，B：ワニトカゲギス科ミツマタヤリウオ属の 1 種 5.6 mm NL.

背鰭と臀鰭はほぼ同時に形成され始めることが多い．一般的には，体の縁辺

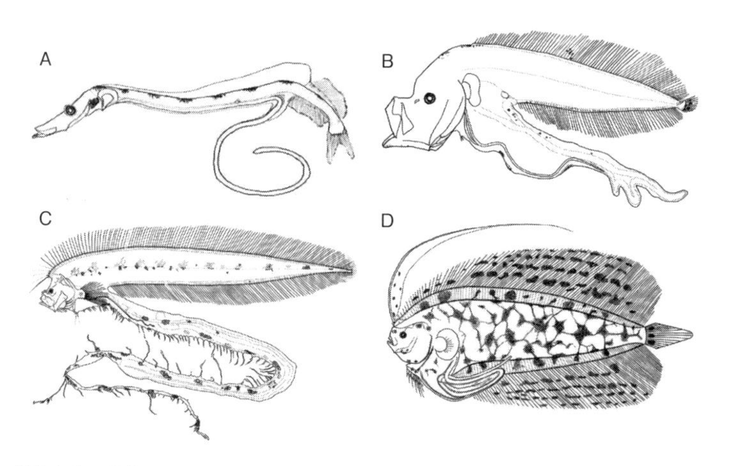

図 15-4　外腸をもつ仔魚
A：脱腸型，ホテイエソ類ダイニチホシエソ属の 1 種 31.8 mm SL[21]，B：非脱腸型，アシロ科クロウミドジョウ属の 1 種 10.0 mm SL（若月園香原図），C：非脱腸型，アシロ科オオコンニャクイタチウオ（イクステリリウム幼生）113.3 mm SL[20]，D：非脱腸型，ダルマガレイ科ヤリガレイ 64.5 mm SL[21].

が少し盛り上がりやや肥厚した部位から担鰭骨が形成され，やや遅れて膜鰭内に鰭条が形成される．後屈曲期の終わりまでに鰭条は定数化する．軟条はふつう後屈曲期で分節する．カライワシ団やニシン目では，発育中に背鰭と臀鰭の位置が前進し，ニシン目では臀鰭基底の伸長を伴うことが多い[22]．

腹鰭は最後に形成されることが多い．低位の真骨類の多くは，仔魚期の終わりに腹鰭条の形成が始まるが，早成性のものもいる．シャチブリ目では卵黄嚢期，深海性のヒメ目の一部，アカマンボウ目，キンメダイ目の一部などでは前屈曲期に出現し，仔魚期を通してよく発達する．

背側と腹側の膜鰭は高位の真骨類ではあまり発達せず，後屈曲期までに縮小する．しかし，低位の真骨類（ニギス目，ギンハダカ亜目，ハダカイワシ目など）の一部では，仔魚の終わりまで明瞭で，肛門前膜鰭が発達するものがいる．ハダカイワシ科のブタハダカ属などの背側膜鰭と肛門前膜鰭は幅広く膨らみ，変態期まで保持される（図 15-5A）．

鰭の特化：真骨類の海産仔魚では鰭の形状が著しく特化し，鰭条の一部が伸長する，伸長鰭条に付属物が発達する，あるいは鰭全体が大きくなるなどが知られる（図 15-6）．鰭の伸長現象は早い場合，卵内発生中か卵黄嚢仔魚に始まる．複数の鰭の鰭条が伸長することも多い．

背鰭条の伸長は前方部でよく認められる．伸長する鰭条は 1 本のみか（カクレウオ科，カブトウオ科，キンメダイ科，ダルマガレイ科の多くなど），複数の場合がある（シャチブリ目，アカマンボウ目，アンコウ亜目，ハタ科，ヒラメ科など）．さらに，伸長した鰭条に複数の膜状突起が発達する種もいる．アカマンボウ目では背鰭全体が大型化し，カクレウオ科の多くは背鰭の前方に早成的に発達する軍旗 vexillum とよばれる 1 本の伸長鰭条がある．伸長鰭条は変態期にほとんどの分類群で縮小するが，カクレウオ科を含むアシロ目では脱落する[27]．

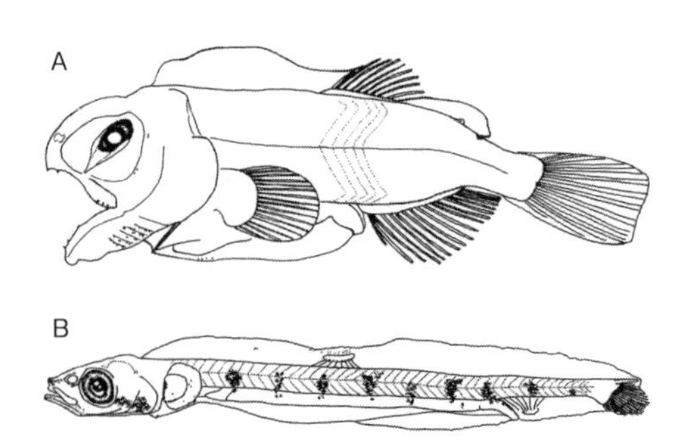

図 15-5　広い膜鰭あるいは膜鰭内に遊離原基をもつ仔魚
A：幅広く膨らむ背膜鰭と肛門前膜鰭，ハダカイワシ科ブタハダカ 6.2 mm SL[21]，B：膜鰭内にある背鰭と臀鰭の遊離原基，ニギス科ニギス 11.4 mm SL[23]．

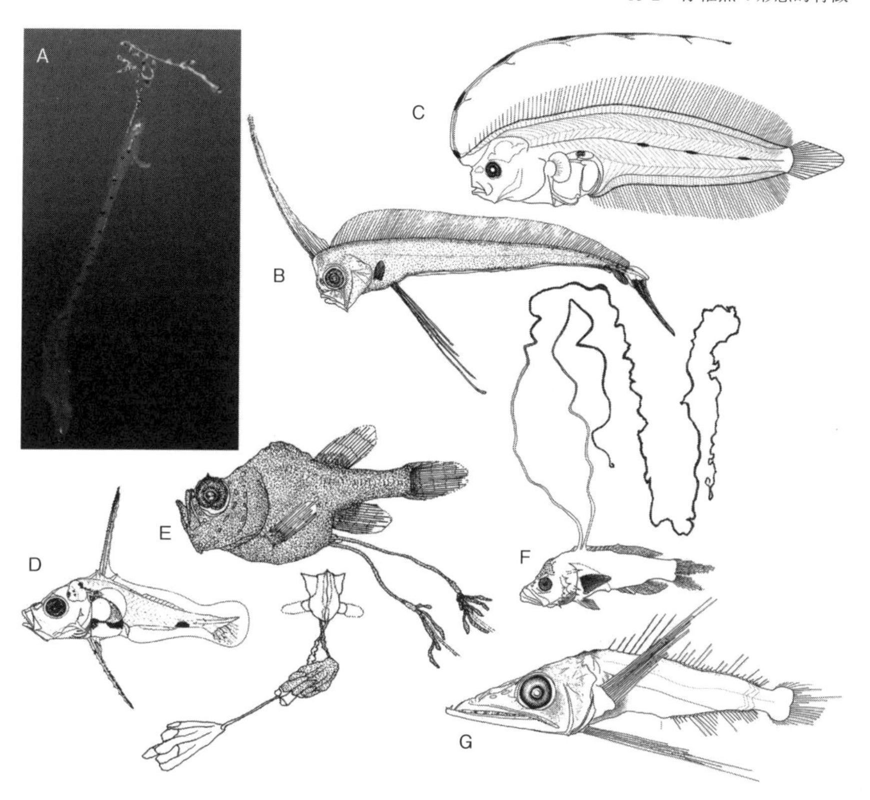

図 15-6　伸長鰭条をもつ仔稚魚
A：カクレウオ科の1種（ベクシリファー幼生）（中村宏治氏提供），B：アカナマダ科アカナマダ 31.0 mm SL[1]，C：ダルマガレイ科トウカイナガダルマガレイ 18.8 mm SL[21]，D：ハタ科キジハタ 5.7 mm TL（飼育）[24]，E：フシギウオ科マカフシギウオ（カシドロン幼生）11.2 mm SL（上），約 8.5 mm SL（下）[25]，F：ハタ科トゲハナスズキ 11.4 mm SL[26]，G：クロボウズギス科ワニグチボウズギス属の1種（ガルガロプテロン幼生）21.6 mm SL[1]．

腹鰭でも，いくつかの分類群では特定の鰭条あるいは鰭全体の伸長が起こる（シャチブリ目，アカマンボウ目，タラ目とアシロ目の一部，アンコウ亜目，キンメダイ目，スズキ亜目の一部など）．

胸鰭の伸長も多くの分類群で認められる（チョウチンハダカ科，ハダカイワシ科の一部，ワニギス目の一部，スズキ亜目，カサゴ亜目，カジカ亜目，アンコウ亜目，アカグツ亜目やチョウチンアンコウ亜目の一部など）．ハダカイワシ科の一部やソコダラ科では鰭条は伸長しないが，鰭条基部や柄部が著しく伸長する．

臀鰭の伸長例は少なく，臀鰭が伸長する場合には他の鰭も伸長する．

背鰭と臀鰭の基底の原基が，体から離れた膜鰭内に遊離原基として形成される分類群がある．遊離原基は透明なガラス様組織 streamers によって体に支持される．遊離原基は，ニギス目では背鰭と臀鰭に（図 15-5B），ヨコエソ亜目，ギンハダカ亜目やハダカイワシ目の一部では背鰭のみに形成される．ヒウチダイ亜目では前屈曲期に限り背鰭と臀鰭に遊離原基が認められる[28]．

棘：高位の真骨類では，頭部や体の側面や伸長する背鰭や腹鰭の棘条などに棘が発達する（図 15-7）．これらの棘は仔魚期に一時的に発現し，稚魚期には消失するか減少する．棘の配列は，分類群の識別や種の同定に有効である．

頭部で最も一般的に棘が出現する部位は，前鰓蓋骨である．前鰓蓋骨の前縁と後縁には小さな棘が並び，後縁の隅角部には大きく長い鋸歯状の棘がある．眼のごく上方には，前頭骨から小さな鶏冠状の眼上棘が並ぶ．カサゴ亜目では

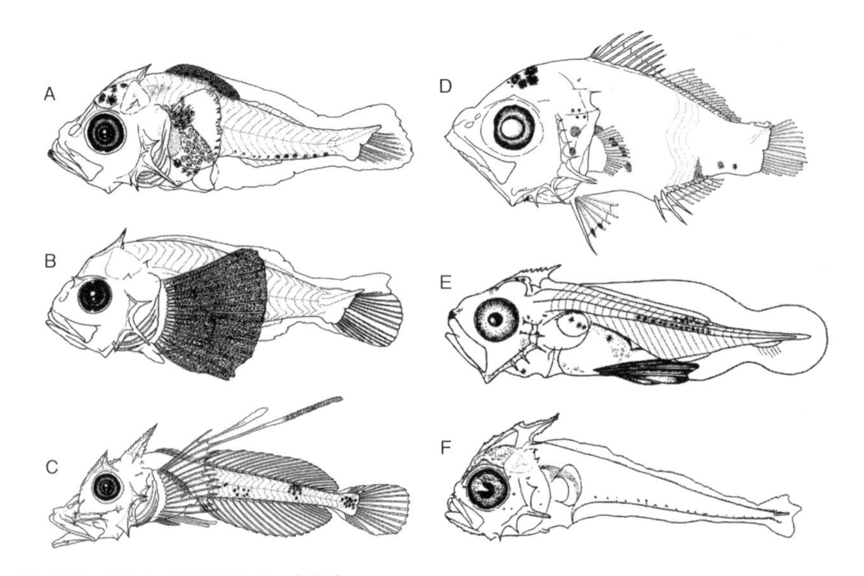

図 15-7　発達した頭部棘をもつ仔稚魚
A：フサカサゴ科ユメカサゴ 5.7 mm SL[1]，B：フサカサゴ科クロカサゴ 5.3 mm SL[1]，C：キホウボウ科キホウボウ属の 1 種 12.4 mm SL[1]，D：ハタ科アカイサキ 6.5 mm SL（黒田浩幸原図），E：イサキ科セトダイ 4.50 mm TL（飼育）[29]，F：アカタチ科イッテンアカタチ 6.1 mm NL[1]．

後頭部側面に頭頂骨（＝ろ頂骨）棘が，スズキ亜目では後頭部背中線上に上後頭骨棘をもつものが多い．その他，眼下骨，歯骨，翼耳骨，頭頂骨，上耳骨，主鰓蓋骨，下鰓蓋骨，間鰓蓋骨，尾舌骨など，肩帯では後側頭骨，上擬鎖骨，擬鎖骨などに棘が形成される．トクビレ科，キツネアマダイ科，クロボウズギス科などの一部では，体全体に小棘が並ぶ．

色素胞配列：黒色素胞の配列は，仔魚の同定にきわめて有効である．その配列の相違から，成魚による分類体系では知られていない種の存在を知ることもある．黒色素胞の形状は点状，星状，樹枝状におおよそ分けられる．黒色素胞が出現する部位は，体の表皮下の真皮内か筋肉の内部，頭蓋腔，内臓や鰾の表面，鰭条，鰭膜などである．黒色素胞は 1 個しか出現しないこともあるが，数個から多数が特定の部位に集合し，列状や斑状など様々な形状で配列する．体の全体や一部に散在する仔魚もいる．一般的には，発育に伴い黒色素胞の数は増え，集合した形状や配列がより明瞭になる．多数の黒色素胞が濃密に集合し明瞭な黒色素斑を示す分類群もある．ヒメ目の一部などでは腹腔に，ソコダラ科の一部では尾部の筋肉内に，黒色素斑が出現する（図 15-8）．一方，黒色素胞は発育に伴い形状の変化や移動，減少，消失することがある．

同一種でも，天然仔魚と飼育仔魚の黒色素胞配列が異なることがあるので，注意が必要である．飼育仔魚の黒色素胞は，天然仔魚に比べて濃密かつ早期に出現する傾向がある[9]．

卵や卵黄嚢仔魚と同様に，仔魚でも赤紅色素胞や黄色素胞が出現する．これらの配列も同定に有効であるが，固定・保存標本では消失する．銀色のグアニン細胞を有したグアニン色素胞 guanophores は，ふつうは稚魚以降に出現する．

発光器：自立型の化学的発光器をもつ分類群では，通常，発光器は後屈曲期あるいは変態期

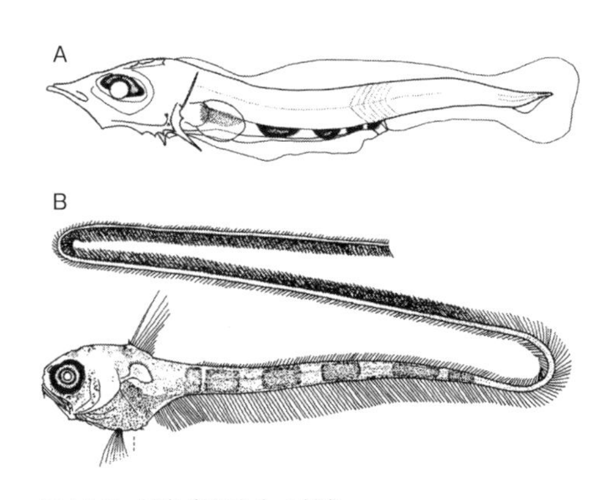

図 15-8　黒色素斑をもつ仔魚
A：腹腔色素斑，ムナビレハダカエソ科ムナビレハダカエソ 5.4 mm NL[21]，B：尾部筋肉内色素斑，ソコダラ科サガミソコダラ 90 mm ＋ TL[12]．

に形成される．共生型の発光器をもつ分類群では，仔魚期の終わりまでに体表上にある外在発光器と体内にある内在発光器が形成される．

15-2-3 変　態

非直達型発育では仔魚期に続いて変態期があり，それを経て稚魚になる．変態期では仔魚期に発達した多くの特化形質が消失し，成魚に近い形態に変わる．

変態期における大きな発現・形態変化は，体や鰭の形状が成魚に近づく，体の薄い表皮が厚くなり色素胞が沈着する，浮遊性の多くの種では体がグアニン細胞に覆われる，胃や他の消化器系が発達するなどである．脂鰭や発光器がある種では，それらが急速に形成される．仔魚期に発達した特化形質の多くは縮小し吸収される．コロイド組織も吸収され，楕円形の眼は成魚形へ変わる．背鰭や臀鰭の相対的位置が変わるものもいる．

変態期には，通常の成長とは異質な逆行現象が認められる分類群がある．レプトセファルス幼生は変態期の前では一般的に体長 50 ～ 100 mm であるが，変態時に水分を放出して体が縮小する．その縮小率（稚魚期の最小体長／仔魚期の最大体長）は 44 ～ 80％である[30]．飼育下では，クロアナゴは縮小中に幼歯が脱落し，前方から丸みを帯び，尾端から色素胞が出現し始める（図 15-9）．最も縮小

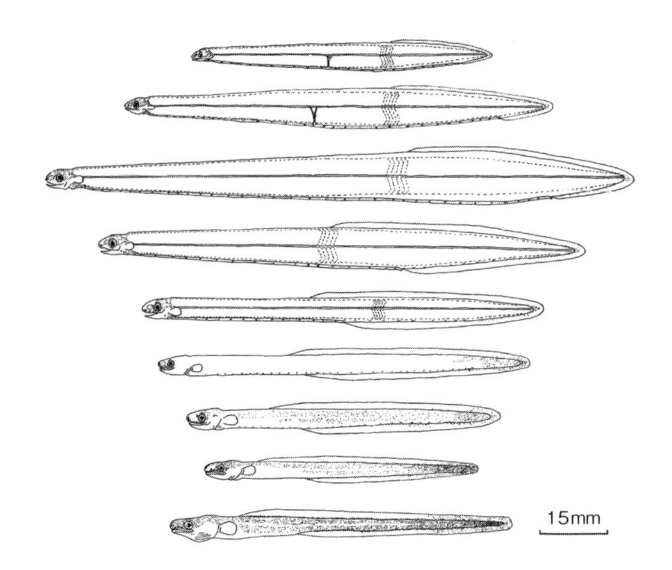

図 15-9　クロアナゴの初期発育，レプトセファルス幼生から稚魚への変態過程[31]

したころに，背鰭が定位置化し，それとほぼ同時に底生生活に移り，夜行性の特性を備える．体の縮小現象はカクレウオ科の一部（縮小率 40%以下）[27]，ホウライエソ科（60 ～ 77%），ニギス目ソコイワシ科（約 75%）でも認められる．

カレイ目の仔魚は左右相称の体であるが，片方の眼がしだいに頭部の反対側へ移動し，両眼が頭部の片側に並び稚魚へ移行する．眼の移動が始まる体長は，ヒラメ科で 7 ～ 15 mm，カレイ科で 7 ～ 50 mm，ダルマガレイ科で 13 ～ 125 mm である[32]．眼の移動には，頭蓋骨や神経などのねじれが生じる[33]．左右相称に発達していた体側筋肉や体表の色素胞などは無眼側での発達が抑制され，体の左右不相称化が急速に進む．

変態によって行動や生息場所も変化する．表層種では同じ海域に留まり群れを形成するか，より沿岸にある稚魚の成育場へ移動する[6]．底生種の多くは変態と着底がほぼ同調し，変態中あるいは変態直後に底生生活を始める．カレイ目の多くの種では，移動する眼が背中線に達したときに浮遊生活から着底生活へ移る[3]．仔魚期を表層や中層などの比較的浅いところで過ごした中深層性種や深海底生種は，変態期により深場にある稚魚や成魚の生息場へ下りる[34]．

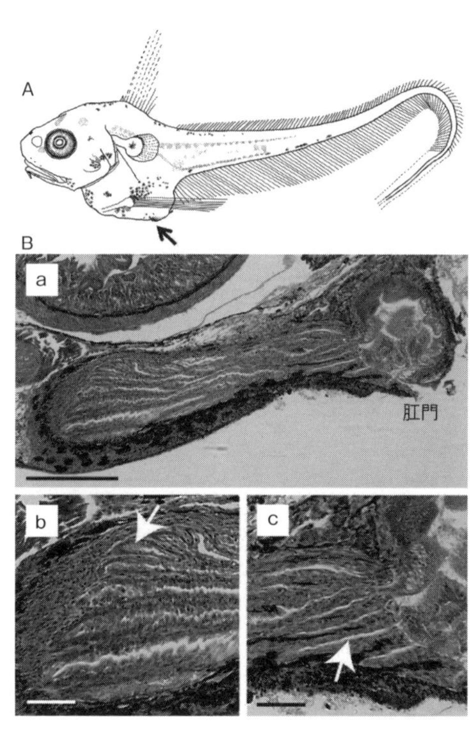

図 15-10　水深 200 ～ 300 m の近底層で採集されたソコダラ科ムグラヒゲの仔魚（A）[15] と内在発光器（B）[35]
A：黒矢印が外在発光器，B：内在発光器の全体像（a），前後方向に指状の小室がある．前方の拡大（b），発光バクテリア *Photobacterium kishitanii* が小室の奥にすでに定着している（矢印）．後方の拡大（c），肛門近くの小室にはまだ定着していない（矢印）．スケール 50 µm.

共生型の発光器をもつ分類群では，変態に伴う生息域の変化に対応して発光バクテリアとの共生が始まる．深海底生性ソコダラ科ムグラヒゲ（図 15-10）では，仔魚が中層から近底層へ移行すると，内在発光器にある指状の小室に共生バクテリアが定着を始める．沿岸浅海性のヒイラギ科ヒイラギでは，表層から砕波帯に移った後の後屈曲仔魚期あるいは稚魚期からバクテリアと共生が始まる[36]．

15-2-4　稚　魚

稚魚はすべての鰭の鰭条が定数化した後の発育期である．鱗がある種では鱗の形成が始まる．稚魚期に直ちに成魚と同様な形態や生態に変わるものは少ない．

直達型発育のアイナメ科では，稚魚に達した後すぐには着底しない．仔魚終期の体色を保ち（背面が青緑色，側腹面が銀白色），体長約 30 mm まで浮遊生活を続ける．ヒメジ科やタカノハダイ科も浮遊生活を続ける．

非直達型発育でも，一般的に，稚魚の体部比や体色は成魚と異なるものが多い．アカマンボウ目では尾部が伸長しない，マトウダイ目では背鰭と臀鰭の棘が著しく伸長する．浅海性のスズメダイ科やベラ科などの体色は成魚と異なることが多い．

稚魚になっても，仔魚期の特化した形態を保持するかそれ以上に発達させて，浮遊生活（一部は底生生活）を継続する前稚魚とよばれるものがいる．これらには，特別な幼生名（幼生期）が与えられている（図 15-4，15-6，15-9，15-11）．イクステリリウムやテニュイスを除いて，幼生名は当初，独立した属や種と誤認され，命名された学名を受け継いでいることが多い．例えば，レプトセファルスはアナゴ科の *Conger conger* の仔魚が別種とみなされ *Leptocephalus morrissi* と命名されたことによる[37]．

15-3　仔稚魚の行動生態

海産浮遊仔稚魚の行動生態は，野外での研究や室内の飼育実験によって明らかになりつつある．

カタクチシラスの生態：シラスとは，ニシン目のカタクチイワシ，マイワシ，ウルメイワシの魚体が透明な後期仔魚あるいはそれよりわずかに成長した稚魚を指す．また，同様な外観を示すキュウリウオ亜目のアユやワニギス目のイカナゴなどの同ステージのものも，シラスの範疇に含まる．

カタクチイワシの主産卵場はやや沖合にある．しかし，そのシラス期（カタクチシラスとする）の主な生息場は濁りのあるごく沿岸域にあり，そこにシラ

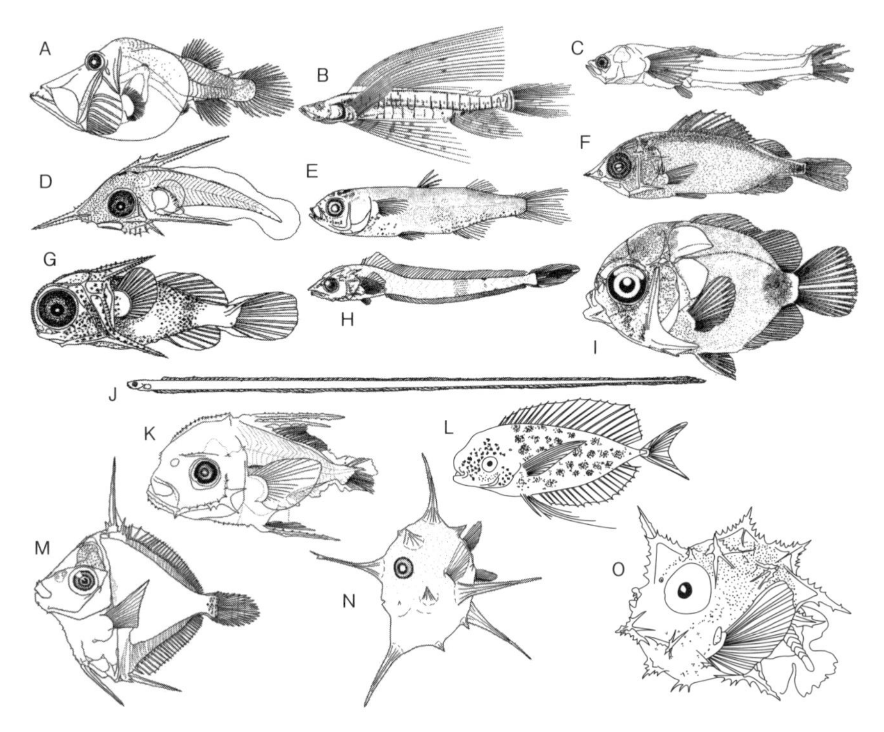

図 15-11　幼生名をもつ仔稚魚

A：ロザウラ幼生：ボウエンギョ科ボウエンギョ 18.1 mm SL（冨山晋一原図），B：マクリスティウム幼生：シンカイエソ科シンカイエソ 83.0 mm SL[1]，C：マクリスティエラ幼生：チョウチンハダカ科 *Bathytyphlops marionae* 13.1 mm SL[38]，D：リンキクチス幼生：イットウダイ科イットウダイ亜科の一種 4.7 mm TL[39]，E：ケリマナ幼生：ボラ科ボラ 20.4 mm SL（玉井隆章原図），F：リンキクチス幼生：イットウダイ科の一種 23.8 mm SL[1]，G：ケファラカンサス幼生：セミホウボウ科ホシセミホウボウ 6.0 mm TL[39]，H：ディケロリンクス幼生：キツネアマダイ科ヤセアマダイ 14.5 mm SL[10]，I：トリクチス幼生：チョウチョウウオ科スミツキトノサマダイ 10.8 mm SL[1]，J：テニュイス幼生：カクレウオ科カザリカクレウオ 21.8 mm TL[1]，K：ヒストリシネラ幼生：アマシイラ科アマシイラ 4.6 mm SL[40]，L：アストラダーメラ幼生：アマシイラ 10 cm SL（Bertin[41] を略写），M：アクロヌルス幼生：ニザダイ科ヒレナガハギ 8.1 mm SL[1]，N：モラカンサス幼生：マンボウ科ヤリマンボウ 5.0 mm SL（戸館真人原図），O：オストロシオン幼生：マンボウ科クサビフグ 2.5 mm SL（Leis[42] を略写）.

ス漁場が形成される[43]．カタクチシラスは距離が短い日周鉛直移動を行い，生活様式は昼夜で異なる[44]．昼間（日の出から日の入りまで）では，海底近くから中層付近にパッチ状に分布し，活発な摂餌活動を行い，鰾は収縮している．

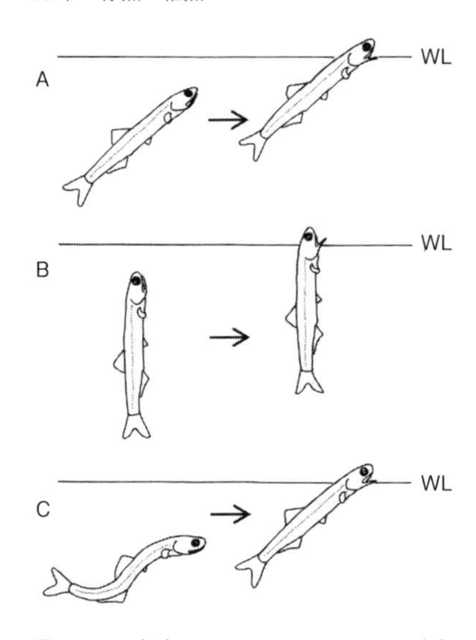

図 15-12　飼育下でのカタクチシラスの空気の呑み込み方法
A型：斜め下方から頭を水面上に出す．B型：A型よりも速度を速めて，垂直に水面まで上昇し，頭を水面上に出す．C型：体をS字型にして，その屈伸を利用して頭を水面上に出す．WL：水面．

一方，夜間では，表層近くに分散し，摂餌をせず，鰾は膨張している．この野外での行動生態は，カタクチシラスの飼育実験によって補足され[45, 46]，濁りがある光散乱強度の高いところに誘引されること，鰾の膨張・収縮は照度と摂餌に関連し，摂餌しない夜間ではエネルギー消耗を抑えるために鰾を膨張させ浮遊すること，未完成の胸鰭を用いて水面から口を出して空気を呑み込み（図 15-12），呑み込んだ空気は気道を通って鰾が膨らむことなどが明らかにされている．

温熱帯域の浅海底生性魚類の遊泳力：温熱帯域の浅海底生性魚類の仔魚は高効率の遊泳者であることが明らかにされている[47]．1秒あたり体サイズの3～15倍の距離を泳ぐことが可能である．いくつかの種では，無給餌状態での遊泳持久距離が8～10 mmの仔魚で10 km以上，着底前の仔魚では50 km以上に達する．多くの仔魚は一定方向の遊泳が可能である．したがって，浮遊生活期における流れの受動期間は短いと考えられている．

発育に伴う水平移動と鉛直移動：ニホンウナギのレプトセファルス幼生は西マリアナ海嶺南端部の海山域にある産卵場[48]から供給され，シラスウナギとして本州以南の日本沿岸各地に来遊する．クロダイやヒイラギなどの後屈曲仔魚はやや沖合にあると思われる産卵場から砕波帯に来遊する．

深海底生性魚類のなかには，海底近くで浮性卵を産み，卵期では浮上，仔魚期では中層から表層で浮遊生活を送り，変態後，再び深海へ下りていく．このような個体発育に伴う鉛直移動を，個体発育的鉛直移動 ontogenetic vertical migration とよぶ[34]．チョウチンハダカ科の個体発育的鉛直移動は約5,000 mに達することが知られる[49]．

15-4　仔稚魚の形態の意義

生態的意義：魚類の初期生活史に関する研究は，わが国では世界に先駆け，古くから行われてきた．今から約半世紀前には，内田[50)]や水戸[51)]によって，浮遊生活への形態的適応という視点から，浮遊期仔稚魚の特化した形態に関する機能的な意義づけが以下のように体系づけられている（表 15-1）．

表 15-1　浮遊期仔稚魚の特化した形態に関する機能的な意義づけ[50, 51)]

A. 体の比重の減少による浮力増大
1. 比重の大きな物質の節減
2. 水分蓄積による比重の低下：(a) 組織内，(b) 蓄積器官内
3. 水より比重の小さい物質の蓄積：(a) 油脂その他，(b) 気体
B. 体表面積が相対的に大きいこと，および外形の特殊化による沈下に対する抵抗の増加
1. 体が小さいこと
2. 体の全形の特殊化：(a) 扁平化，(b) 伸長化
3. 体表面に突出物の発達：(a) 膜質平面，(b) 隆起脈，(c) 糸状物，(d) 棘状物，(e) その他

15-2-2 で記した仔魚期の特化した性状や図 15-11 などの幼生を特徴づける形態のほとんどは，この体系のどこかに対応する[9)]．例えば，背鰭の限られた鰭条や棘条の伸長，軍旗などは B3-(c) と (d)，鰭の巨大化は B3-(a)，頭部に発達する棘要素は B3-(b) と (d)，レプトセファルス幼生の体は A2-(a) と B2-(a) などである．近年ダイバーによって，カクレウオ科ベクシリファー幼生の生態がしばしば観察されている（図 15-6A）．この幼生は，「軍旗の前方部を丸め，そこを支点としてシーアンカーのように体を斜めにして支え，浮遊しながらほぼ静止している」(中村宏治氏談)．この生態は，軍旗が浮遊適応として機能していることを示している．

仔稚魚の形態の知見が増えることによって，生態的意義づけも充実してきている[6, 9)]．例えば，多数の皮弁をもつ伸長鰭条や外腸などは，①捕食者からの防御のために有毒な刺胞動物への擬態，あるいは②餌生物の誘引のために仔稚魚の餌である小型端脚類が集まるクダクラゲ類への擬態と考えられている．防御という点では，ハタ科の一部でみられるような背鰭と腹鰭の伸長棘も，被食回避に有効であろう[52)]．非脱腸型の著しく長い外腸を有する仔魚の消化管には，摂餌したカイアシ類が多数認められる[20]．みかけ上，脆弱な外腸全体としての機能はさておき，栄養の吸収面では長い消化管は有利である．また，餌生物が少ない外洋域において，たまに出会った餌生物のパッチを食い溜めすることに寄与しているかもしれない[20]．

系統的意義：個体発育のいくつかは，その種に至るまでの系統進化を再現している．左右相称の体から不相称の体へ変態するカレイ目は，左右相称の魚から進化したことを示す．尾鰭の骨格形成の過程も重要である．高速遊泳性であるマグロ類の尾鰭骨格は1枚の板状であるが，発育初期では異なる．キハダでは，体長7.5 mmまでに下尾骨が5枚形成され，その後癒合が顕著に進むことによって，1枚の板状になる[53]．マグロ類もまた，複数の下尾骨をもつグループから進化している．

仔魚期の形質を総体的に評価し，分岐分類学的解析がいくつかの分類群で行われている（例えば，メバル亜科など[54]）．その他，主に特化形質に注目して系統との関わりがスズキ亜目など多くの分類群で，論じられている[55]．今後，分子系統仮説に個体発育の情報を加え，進化の過程や類縁関係を考察することが重要である．

文　献

1）沖山宗雄（編）（2014）.「日本産稚魚図鑑 第二版」. 東海大学出版会 .

2）Takami M, Fukui A（2012）. Ontogenetic development of a rare liparid, *Paraliparis dipterus*, collected from Suruga Bay, Japan, with notes on its reproduction. *Ichthyol. Res*. 59: 134-142.

3）南 卓志（1982）. ヒラメの初期生活史 . 日本水産学会誌 48: 1581-1588.

4）岩井 保（2013）.「魚学入門 , 第5刷」. 恒星社厚生閣 . 203-214.

5）Kendall AW et al.（1984）. Early life history stages of fishes and their characters. In: Moser HG et al.（eds）. *Ontogeny and Systematics of Fishes*. American Society of Ichthyologists and Herpetologists, Special publication No. 1. Allen Press. 11-22.

6）Moser HG（1996）. Principles and terminology. In: Moser HG（ed）. *The Early Stages of Fishes in the California Current region, CalCOFI Atlas 33*. CaliCOFI. 27-44.

7）内田恵太郎 , 道津喜衛（1958）. 対馬暖流水域の表層に現れる魚卵・稚魚概説 .「水産庁 , 対馬暖流開発調査報告書 , 第2輯（卵・稚魚・プランクトン篇）」. 3-60.

8）渡部泰輔 , 服部茂昌（1971）. 魚類の発育段階の形態区分とそれらの生態的特徴 . さかな 7: 54-59.

9）千田哲資ら（編）（2001）.「稚魚の自然史－千変万化の魚類学」. 北海道大学図書刊行会.

10）Leis JM, Trnski T（1989）. *The Larvae of Indo-Pacific Shore Fishes*. New South Wales University Press.

11）Hubbs CL（1958）. *Dikellorhynchus* and *Kanazawaichthys*: Nominal fish genera interpreted as based on prejuveniles of *Malacanthus* and *Antennarius*, respectively. *Copeia* 282-285.

12）Fukui A, Tsuchiya T（2005）. Pelagic juveniles of *Ventrifossa garmani*（Gadiformes: Macrouridae）from Suruga Bay and offshore waters, Japan. *Ichthyol. Res*. 52: 311-315.

13）内田恵太郎（1964）.「魚を求めて－ある研究自叙伝－，岩波新書 535」. 岩波書店 .
14）沖山宗雄（1986）. 稚魚分類学入門⑬魚卵形質の特徴と変異 . 海洋と生物 46: 335-341.
15）Fukui A et al.（2010）. Pelagic eggs and larvae of *Coelorinchus kishinouyei*（Gadiformes: Macrouridae）collected from Suruga Bay, Japan. *Ichthyol. Res*. 57: 169-179.
16）Schnell NK et al.（2010）. New insights into the complex structure and ontogeny of the occipito-vertebral gap in barbeled Dragonfishes（Stomiidae, Teleostei）. *J. Morphol*. 271: 1006-1022.
17）Okiyama M（1997）. Two types of pelagic larvae of *Bembrops*（Tranchinoidea: Percophidae）, with notes on their phylogenetic implication. *Bull. Marine Sci*. 60: 152-160.
18）Tshibangu KK, Kinoshita I（1995）. Early life histories of two clupeids, *Limnothrissa miodon* and *Stolothrissa tanganicae*, from Lake Tanganyika. *Jpn. J. Ichthyol*. 42: 81-87.
19）沖山宗雄（2001）. アシロ目仔稚魚の分類と系統 . 海洋科学 33: 173-179.
20）Fukui A, Kuroda H（2007）. Larvae of *Lamprogrammus shcherbachevi*（Ophidiiformes: Ophidiidae）from the western North Pacific Ocean. *Ichthyol. Res*. 54:74-80.
21）Ozawa T（ed）（1986）. *Studies on the Oceanic Ichthyoplankton in the Western North Pacific*. Kyushu University Press.
22）沖山宗雄（1979）. 稚魚分類学入門③イワシ型変態とその近似現象 . 海洋と生物 1: 61-66.
23）Kitagawa Y, Okiyama M（1997）. Larvae and juveniles of the argentinid, *Glossanodon lineatus*, with comments on ontogenetic pattern in the genus. *Bull. Marine Sci*. 60: 37-46.
24）水戸 敏ら（1967）. キジハタの幼期 . 内海区水産研究所報告 25: 337-347.
25）Okiyama M et al.（2007）. Kasidoron larvae of *Gibberichthys latifrons*（Osteichthyes, Gibberichthyiidae）from Japan. *Bull. Natl. Mus. Nat. Sci., Ser. A*. 33（1）: 45-50.
26）Okamoto M, Ida H（2001）. Description of a postflexion larva specimen of *Liopropoma japonicum* from off Izu Peninsula, Japan. *Ichthyol. Res*. 48: 97-99.
27）沖山宗雄（1981）. 稚魚分類学入門⑧アシロ目幼期と *Incertae sedis*. 海洋と生物 3: 258-262.
28）小西芳信（2001）. 背・臀鰭の遊離原基形質の系統的意義 . 月刊海洋 33: 180-185.
29）鈴木克美ら（1983）. 水槽内におけるセトダイ *Hapalogenys mucronatus* の産卵と初期生活史 . 東海大紀要海洋 16: 183-191.
30）沖山宗雄（1980）. 稚魚分類学入門④ウナギ型変態 . 海洋と生物 2: 62-68.
31）落合 明ら（1978）. 土佐湾のクロアナゴ葉形幼生の変態と同定について . 魚類学雑誌 25: 205-210.
32）Fukui A（1997）. Early ontogeny and systematics of Bothidae, Pleuronectoidei. *Bull. Marine Sci*. 60: 192-212.
33）Brewster B（1987）. Eye migration and cranial development during flatfish metamorphosis: a reappraisal（Teleostei: Pleuronectiformes）. *J. Fish Biol*. 31: 805-833.
34）Stein DL（1980）. Description and occurrence of macrourid larvae and juveniles in the northeast Pacific Ocean off Oregon, U.S.A.. *Deep Sea Res*. 27: 889-900.
35）Dunlap PV et al.（2014）. Inception of bioluminescent symbiosis in early developmental stages of the deep-sea fish, *Coelorinchus kishinouyei*（Gadiformes: Macrouridae）. *Ichthyol. Res*. 61: 59-67.
36）Dunlap PV et al.（2009）. Developmental and microbiological analysis of the inception of bioluminescent symbiosis in the marine fish *Nuchequula nuchalis*（Perciformes: Leiognathidae）. *Appl. environ. microbial*. 74: 7471-7481.
37）Gmelin JF（1789）. Caroli a Linné ... Systema Naturae per regna tria naturae, secundum classes, ordines, genera, species; cum characteribus, differentiis, synonymis, locis. Editio decimo tertia, aucta, reformata. 3 vols. in 9 parts. Lipsiae, 1788-93. v. 1（pt 3）: 1033-1516.
38）Okiyama M（1972）. Morphology and Identification of the Young Ipnopid,"Macristiella" from the Tropical Western Pacific. *Jpn. J. Ichthyol*. 19: 145-153.

39）水戸 敏（1966）.「日本海洋プランクトン図鑑, 第7巻, 魚卵・稚魚」. 蒼洋社.
40）西川康夫（1987）. アマシイラ *Luvarus imperialis* の仔稚魚の形態と出現. 魚類学雑誌 34: 215-221.
41）Bertin L（1958）. Larves et metamorphoses. In: Grassé P-P（ed）. *Traité de Zoologie. Anatomie, systématique,biologie*. 13（3）.
42）Leis JM（1977）. Development of the eggs and larvae of the slender mola, *Ranzania laevis*（Pisces, Molidae）. *Bull. Marine Sci*. 27（3）: 448-466.
43）魚谷逸朗ら（1993）. イワシシラス漁場形成機構に果たす濁度の重要性. 日本水産学会誌 60: 73-78.
44）魚谷逸朗（1973）. カタクチその他イワシ類シラスの鰾と生態について. 日本水産学会誌 39: 867-876.
45）Uotani I et al.（2000a）. Experimental study on the inflation and deflation of gas bladder of Japanese Anchovy, *Engraulis japonica* larvae. *Bull. Marine Sci*. 66: 97-103.
46）Uotani I et al.（2000b）. The intensity of scattered light in turbid seawater is a major factor in the turbiditaxis of Japanese anchovy larvae. *Fish. Sci*. 66: 294-298.
47）Leis JM（2010）. Ontogeny of behavior in larvae of marine demersal fishes. *Ichthyol. Res*. 57: 325-342.
48）Tsukamoto K et al.（2011）. Oceanic spawning ecology of freshwater eels in the western North Pacific. *Nat. comm*. 2: 179, DOI: 10.1038 ncomms1174, www.nature.com/naturecommunications.
49）Okiyama M（1986）. Bathypelagic capture of a metamorphosing juvenile of *Ipnops agassizi*（Ipnopidae, Myctophiformes）. *Jpn. J. Ichthyol*. 32: 443-446.
50）内田恵太郎（1937）. 魚類の浮遊幼期に見られる浮泛機構に就て（I),（II）. 科学 7: 540-546; 591-595.
51）水戸 敏（1967）. プランクトン期における仔稚魚の生態. 日本プランクトン研究連絡会報 14: 33-49.
52）Kusaka A et al.（2001）. Early development of dorsal and pelvic fins and their supports in hatchery-reared red-spotted grouper, *Epinephelus akaara*（Perciformes: Serranidae）. *Ichthyol. Res*. 48: 355-360.
53）清水弘文, 塩澤 聡（2004）. キハダ人工種苗の相対成長と尾骨の形成. 水研センター研報 10: 1-7.
54）永沢 亨（2001）. 日本海におけるメバル属魚類の初期生活史. 日本海区水産研究所研究報告 51: 1-132.
55）沖山宗雄ら（2001）. 魚類の系統類縁に関する個体発生学的アプローチの効用と限界. 月刊海洋 33: 133-136.

16章

生活史と回遊

水圏環境は様々であり，その至る場所に魚類が生息している．しかし，魚類のすべての種が水圏に均等の数で，また一様の分布を示すわけではない．それぞれの種は，その場所の環境に適応した生活史 life history をもちながら暮らしている．これは今までの地史的な変化とそれに関連する環境の変化，さらには他の生物との相互関係やその種の進化過程など，複雑な関係より成り立っている．魚類の生き様の裏には多くの歴史が含まれていると同時に，未来へのしたたかさも兼ね備えている．

16-1　生息環境

魚類の生態や生活史を理解するためには，その生活の場である水圏環境を知ることが必要である．水圏環境はまず緯度や深度あるいは高度などの地理的条件によって大きく異なる．また一口に環境といっても，温度，塩分，栄養塩などの物理・化学的な非生物的な要因から，餌生物，捕食者，同種他種の生物要因まで多種多様である．さらには1つの海岸線の中にも砂浜，岩礁，藻場，サンゴ礁などの異なる環境が隣接して存在するため，魚の生態的特性は，それぞれの生息域の環境と密接に関連している．ここでは，それぞれの環境とそこに生息する魚類の特徴について概説する．

16-1-1　水の分布

太陽系で地球より太陽に近い金星では表面温度が高温（約500℃）なので水はすべて水蒸気となってしまい，さらには太陽からの紫外線により水素と酸素に分解され，軽い水素は宇宙空間へ，重い酸素は地表を酸化し，水は消失している．一方，太陽系で地球より太陽から遠い火星では表面温度が低温(約－60℃)なため，水はすべて氷として存在している．よって，惑星の表面に存在する水分を水蒸気や氷の状態ではなく，水の状態に保つことができるのは，太陽系では地球のみである．地球は「水の惑星」とよばれるにふさわしい．

地球の表面の75%は水に覆われており，その総量は13億7千万 km^3 にもなる[1]．この水は海水，陸水，大気中の水蒸気に大別できる．さらに，海水は海洋と塩水湖に，陸水は極域万年氷・氷河，地下水，淡水湖，土壌水分，河川に区分される．海水は97%と地球における水の分布の大部分を占めており，万年氷・氷河との地下水がそれぞれ1.7%と海水に続く．淡水湖と河川の占める割合はそれぞれ0.007%と0.0002%ときわめて少ない．しかし，これらの場所は，地球上の水の大部分を占める海洋外洋域に比べ環境の変化に富むため，魚類における種の多様性や生態系の複雑さが生じている．現在，地球上に存在する魚類の種数はおよそ32,000種といわれるが，このうち淡水魚は約43%にも達する[2]．

16-1-2　陸水域と河口域

湖沼や河川など陸地に存在する水を陸水とよぶ．湖沼と河川をそれぞれ代表とする静水域と流水域では環境が大きく異なり，魚類の生態に反映される部分もある．

静水域では水流の影響が弱く，溶存酸素量は流水域と比べ不安定である．そのため静水域の魚類は低酸素分圧に対する耐性が強い傾向を示す．湖沼の生態区分は，垂直と水平方向によって大別される[3]．垂直方向では，植物が光合成を行い，一日の生産がプラスになる光量のある表層部分を生産層 production layer，それ以下の層を分解層 decomposition layer とし二分される（図16-1）．

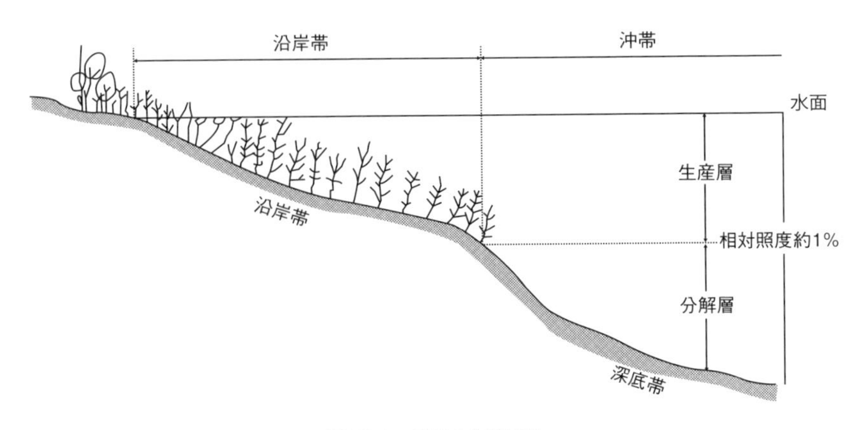

図16-1　湖沼の生態区分

一方，水平方向では水生植物の分布範囲を沿岸帯 littoral zone，それよりも沖合を沖帯 limnetic zone と分ける．これに底部については，底生生物の成育可能な限界深度を越えた部分を表す深底帯 profundal zone も加える．この限界は夏の酸素条件によって決定される．湖水の透明度は，一般に生物量が多く微生物の発生しやすい富栄養湖では低く，貧栄養湖では高い．湖沼でも深い湖と浅い沼とでは，水の循環や栄養塩類の量に違いがあり，魚類の生活条件は大きく異なる．

日本は島国のため，河川の流程は短く，急勾配である．水源から河口までの河川を地形的に区分すると，上流，中流，下流に大別できる．日本の河川は大陸の河川と比べると，渓流部がほとんどで，大陸の下流部にあたる部分（川幅が広く瀬と淵の構造が明確でない）はごくわずかしかない．河川の上流，中流，下流のいずれの場所についても細分すると，流れの速い瀬と淀みのある淵が常に対となっている[4]．瀬も淵も上流，中流，下流ではそれぞれ形態が異なる（図 16-2）．流水域の魚類の適応として，流線型の体形や腹鰭の吸盤状構造，さらには卵を大型化させ，発達した状態で孵化することにより，仔魚が流されにくくなっていることが挙げられる．また，流れの強さや底質に合わせて，索餌場や産卵場が決まっている．

淡水と海水の接点が河口域 estuary となる．この水域は，潮汐，降水，風などの影響を受け，淡水と海水の混合の状態が変わり塩分が劇的に変化する．内

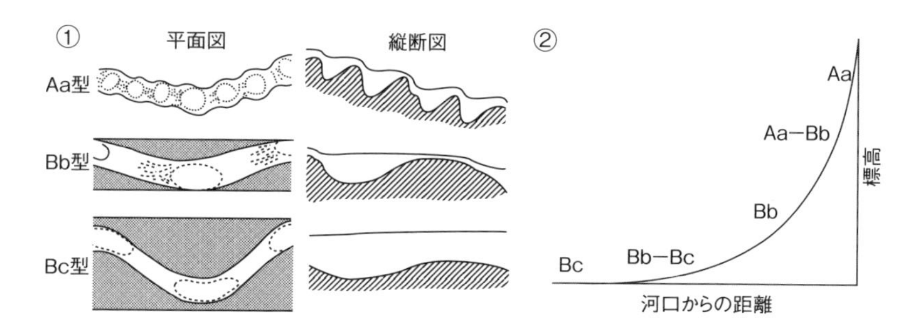

図 16-2　河川形態の平面と縦断面の型（①）および日本の典型的な河川形態の配列（②）
平面図において点線で囲まれた円形の部分は淵を，その上流の複数の点線は瀬を示す．1 蛇行区間に瀬と淵が複数存在する場合を A，1 つずつ存在する場合を B で表す．瀬から淵への移行の仕方を，a（段差をもって），b（泡立ちながら），c（波立たずに）の 3 つで表現する．これらの組合せが①であり，河口からの距離にもとづいて配置したものが②となる．

湾の奥部なども同様の環境となる.

16-1-3　海水域

地球表面の凸凹の高度差は，海面を基準（0 m）として陸上最高地のエベレストの＋8,848 m から海洋最深部のマリアナ海溝の－11,035 m まで，約 20 km の範囲にわたる[5]．陸地の平均高度は 840 m，海洋の平均水深は 3,800 m であり，地球表面をすべて平らにならして完全な球体にすると水深 2,430 m の海洋がすべての地球表面を覆うことになる.

海洋環境の基本的な区分として，海底の水深と陸地からの距離にもとづいた沿岸域 neritic zone と外洋域 oceanic zone がある．沿岸域は水深が 200 m より浅い大陸棚 continental shelf と陸岸によって囲まれた海域であり，外洋域は水深 200 m 以深の海域である．大陸棚の平均水深は約 130 m であり，氷河期に波などの浸食作用によって平坦になった海岸平野がその起源となっている．約 2 万年前から 7,000 年前まで続いた 100 m 以上の海面上昇の結果，氷河期の海岸平野が海中に没して現在の大陸棚を形成した．沿岸域は大陸の縁に沿って存在するので，河川を通じて陸から様々な物質の供給を受ける．このため，栄養塩が豊富で一次生産力が高く，魚類の現存量も大きい．外洋域では，陸域からの直接的な物質の流入の影響は沿岸域に比べ小さい.

さらに詳細な区分法もある（図 16-3）[5]．まず海を，海底に沿った底生環境と海表面から海底までの水柱環境に大きく 2 分する．底生環境は深度によって大きく変化するので，海岸から沖合方向に 6 つの生態区分（潮上帯 supralittoral zone，潮間帯 littoral zone，亜潮間帯 sublittoral zone，漸深海帯 bathyal zone，深海帯 abyssal zone，超深海帯 hadal zone）に分かれる．一方，海洋の水柱環境は深度によって 5 つ（表層 epipelagic zone，中層 mesopelagic zone，漸深層 bathypelagic zone，深層 abyssopelagic zone，超深層 hadopelagic zone）に区分される．太陽からの光を受けて光合成による有機物の生産が起こるのは表層のみであり，海洋生物の分布密度は最も高い．深層以上は光が届かず，水温が約 5℃ 以下であり，暗黒の冷たい海となっている.

16-1-4　環境要因

様々な環境要因の中でも水温，塩分，光などは魚類の分布様式に大きく影響する.

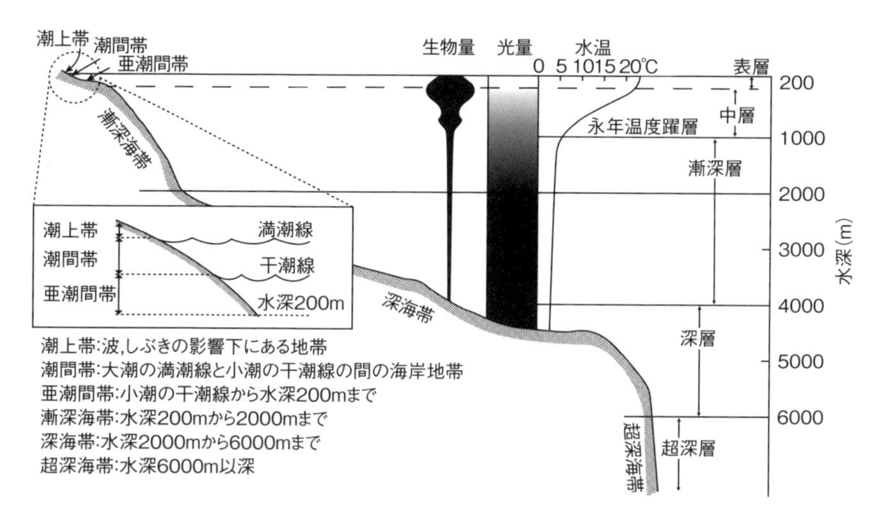

図 16-3　海洋の生態区分と環境

水温は魚類の生活に直接影響し，生活環境の水温の差異は，卵の発生速度，酸素消費量，成長速度，成熟の早さなどに明瞭な違いとなって現れる．例えば，鰭条数や脊椎骨数[6]などの計数形質は，種内である程度は一定だが，地理的集団間では北から南へゆくにしたがってしだいに数値が変化する．多くの場合，北高南低の傾向を示し，この要因は卵の発生段階における水温の違いであると考えられている．もちろん，例外も多くある[7]．魚類の水温に対する反応は種によって違い，適応できる水温の範囲が広い広温性 eurythermal の種と，狭い狭温性 stenothermal の種とがあり，その性質によって分布様式は違う．適水温の高低によって，高水温または低水温を好む魚類があり，前者は熱帯・温帯に，後者は寒帯・温帯に生息する．近縁の種は寒冷海域あるいは温暖海域で東西に帯状に分布する場合が多い[8, 9]．水温環境の過酷な水域にも魚類は生存しており，冬季に水温が著しく低下する高緯度海域でも，不凍糖タンパク質 antifreeze glycoprotein（AFGP）を含む不凍タンパク質 antifreeze protein（AFP）を産生して凍死することなく生存する魚類もいる．

塩分は魚類の生存に直接関わる浸透圧を左右し，分布範囲を決める要因ともなっている．低塩分から高塩分にわたって大きく変動しても生存できる広塩性 euryhaline の魚類がいる反面，塩分のわずかな変動にも耐えられない狭塩性

stenohalineのものも存在する．狭塩性のカツオは低塩分の海域を避けて移動する．そこで，塩分が33～35‰の海域を狙って漁場が形成される[10]．河口域や沿岸海域のように塩分が大きく変動するような場所には広塩性の魚類が比較的多く生息する．広塩性のスズキ[11]やボラは生活史の一時期を低塩分の水域を求めて河口域で過ごす．

光は生物生産に不可欠な要素であり，海藻類や植物プランクトンの分布に直接影響する．太陽光は大気中で一部，吸収と散乱を経て水面に到達する．その際，およそ95％の光が水中へ入る．しかし，水中に入った光の吸収と散乱は一段と顕著となり，深度が増すにつれて減衰し，やがて暗黒の世界となる．植物の光合成量と呼吸量が等しくなる深さに到達する補償深度compensation depthよりも深い海中には植物がほとんど生存せず，魚類は生息するが種数も量も少なくなる．光の吸収は水中の懸濁物や有機物の量などにも左右される．したがって，水域や水深によって魚類が受容する光の強さと色も異なり，魚類の水平と鉛直分布に大きく影響する．光は魚類に対して外的刺激となり，様々な生理活動に影響を及ぼす．光が刺激となる走光性phototaxisは，光へ向かって動く正の走光性と，反対方向へ向かう負の走光性の2つに分けられる．また，昼と夜の明暗に合わせて日周的に生活の場所を変える魚類も多い．さらに，魚類には，日長の季節的変化によって生殖腺の成熟が促されたり，繁殖のための移動を始めるものもいる．深海や洞窟内のような暗い環境では魚類の眼は退縮傾向にある．

16-2　分　布

生物の分布distributionは，環境，地球の歴史とそれに関連して起こってきた生物の進化が複雑に絡み合って成り立っている．現在，それぞれの場所には，そこの生活に適した生物が適応分散している．

16-2-1　淡水魚の分布様式

淡水に生息する魚類には，一生を淡水域で過ごす種もいれば，一生のうちの一時期に限って淡水域で過ごす種もいる．淡水魚類相を論ずる場合には，海水に対する耐性を基準にして分類することが多い．コイやナマズのように淡水域で生活史を完結し，海へ入らない一次的淡水魚primary freshwater fishes，カダヤシやメダカ類のように主として淡水域に生息するが，海水中でも短期間なら生存できる二次的淡水魚，カワヨシノボリやハナカジカのように海と川を行き来していた通し回遊をやめ，淡水域のみで生活するようになった陸封性淡水魚，これら3つを含め純淡水魚と分類する．次にニホンウナギやカマキリなどの降河回遊魚，サケやサクラマスなどの遡河回遊魚，アユやヨシノボリなどの両側回遊魚の3つを含めた通し回遊魚，さらには，マハゼやヌマガレイなどの汽水性淡水魚とボラやスズキなどの偶来性淡水魚を含んだ周縁性淡水魚に分ける考え方がある[12]．

淡水魚の多くは海を経由して分布域を拡大できないので，その分布様式には地理的な特徴がよく反映されている．また，河川や湖沼など生息場所は隔離されやすいので，地域ごとに固有の種分化が起こりやすい．さらに古生代以来，大陸移動などによる地形変化の影響も少なくない．淡水魚の中心は，コイ目，カラシン目，ナマズ目，カダヤシ目，カワスズメ目の魚類である．アロワナ目ナギナタナマズ科魚類は，現在，アフリカとアジアに分布している．この海を隔てて遠く離れた両大陸への分散経路は，アフリカからアジアへインド亜大陸の移動を経て形成されたことが分子系統解析の結果から明らかとなっている[13]．この他にもアロワナ目，カラシン目，カダヤシ目，カワスズメ目などが海を隔てて分布することが知られており，これらの分散経路も大陸移動との関連が推察されている．白亜紀にインド亜大陸がアフリカ大陸から離れて北上し，ユーラシア大陸に衝突した地史は，魚類のみならず，様々な脊椎動物の分布パターンへ大きな影響を与えたことが解明されつつある．

16-2-2 海水魚の分布様式

広大な海洋は淡水域のように細かく隔離されることはなく，海水魚の生息場所は水平方向には熱帯，温帯，寒帯まで広がり，鉛直方向にも表層から超深海底にまで至る[14]．魚類の約6割を占める海水魚も海洋のあらゆる環境に適応している．

海水は海洋の表層および深層を循環している[15]．海洋の表層には風により駆動される海流が存在する．北半球と南半球では，中高緯度にそれぞれ反時計回りと時計回りの亜寒帯循環 subarctic circulation，中低緯度にそれぞれ時計回りと反時計回りの亜熱帯循環 subtropical circulation が存在する．これらの循環系は熱を運び，その地域の気象に大きな影響を及ぼす．北太平洋亜熱帯循環の黒潮や北大西洋亜熱帯循環の北大西洋海流は代表例である．また，これらの海流は，栄養塩などの化学物質の供給や生物の分散や移動に大きな役割も果たしている．海洋の深層には水温と塩分の違いによって生じる熱塩循環 thermohaline circulation（深層大循環）とよばれるゆっくりとした大きな流れが存在する．この循環は，高温の表層海水を高緯度地域へ導き，大気中の二酸化炭素を深海へ運ぶことから地球環境の安定に重要な役割を果たしている．海水の流れはときとして障壁となり，魚類の集団を地理的に隔離させ，それぞれ異なる種へと分化を促す．海域の魚類の分布には海水の流れが大きく影響している．

浅海域の魚類の生息場所は，内湾，潮間帯，磯の砂地，岩礁，藻場，少し沖合の大陸棚など外洋と比較すると変化に富んでおり，種数も外洋に比べはるかに多い．しかし，この海域でも水温と塩分は種の分布を限定する大きな要因となっている．

16-2-3　熱　帯

熱帯海域の沿岸にはサンゴ礁を中心に豊かな魚類相が形成される[14]．この海域では周年，水温が高く，複雑な海中地形が作られているサンゴ礁の周辺では，生物生産が活発で，魚類にとって好適な生息場所になっている．特にベラ科，スズメダイ科，チョウチョウウオ科，ニザダイ科，ハゼ科，ハタ科などの魚類が多数生息している．一方，外洋の表層では湧昇 upwelling がある海域を除くと，栄養塩類の供給に限度があり，沿岸海域と比較して生物量は少なく，特に大洋の中央部でその傾向が強い．したがって魚類相も沿岸海域に比べ貧弱である．熱帯海域では種数が多い半面，種ごとの個体数は少ない．

16-2-4　温　帯

温帯の沿岸海域では，陸地から主に河川水とともに流入する大量の栄養塩類によって生物生産の活発な場所が多く，魚類相も豊かである[14]．その半面，陸地に近い海域では陸水の影響により塩分の変動が大きく，これが狭塩性魚類の生存にとって大きな制限要因となる．また，広い大陸棚海域や湧昇がある海域でも豊富な生物量に支えられ，多くの魚類が生息する．このような場所では，ニシン目，タラ目，カレイ目など単一の種で個体数が著しく多くなっており，これらの魚類は重要な漁業資源となる場合が多い．

漁業資源の統計では，表層に生息する魚類を「浮魚」，底層に生息する魚類を「底魚」と区別する場合がある．浮魚には水温の変化に合わせて季節的に移動する種が多い．

16-2-5 寒　帯

北極海または南極海のような冷水域に生息する魚類も存在する．これらは酷寒の環境でも不凍物質を産生して凍死することなく生存している．海水魚の体液は海水より低浸透で，氷点は－0.7～－0.8℃であるため，水温がそれ以下に降下すると，過冷却状態になるか，凍死してしまう．1年中低水温の南極海に生息するノトセニア亜目魚類の中には不凍糖タンパク質を産生する種がいて，その血液の氷点は種類によって－2.19～－2.61℃と多少異なる[16)]．ノトセニア亜目魚類は南極海で多様に分化している。その中でも，コオリウオ科魚類は血液中に酸素運搬役のヘモグロビンがなく，赤血球も退化したものがごくわずかに存在するのみであり，特異な生理的特徴を備えている．北半球の亜寒帯から寒帯でも，冬季に水温が氷点下に降下する海域に生息するタラ目，カレイ目，ゲンゲ科，カジカ科の一部の魚類には不凍タンパク質を産生して凍死を免れる種がある[17)]．この場合，不凍タンパク質は水温が上昇する夏季には消失し，秋季に日長が短くなると産生が始まる．また，カレイ目の *Pleuronectes americanus* では，肝臓で季節的に生産される不凍タンパク質とは別に，年中，表皮中に産生される不凍タンパク質があり，これは仔魚期から出現する[18)]．

寒帯に生息する魚類の種数は熱帯と比較して少ないが，温帯と同様に個体数は多い．

16-2-6 深　海

水深200 m以深では，生物量が少なく，魚類はつねに深刻な食物不足に直面している．光環境に加えて高水圧や低水温など，特異な環境は深海魚の生活様式に大きく影響している．

一般に深海魚は筋肉系，骨格系，呼吸器などが退化的で，水分含有量が多く体が軟弱で遊泳力は弱い．また，大きな口裂，鋭い歯，拡張性に富む胃など，餌生物に遭遇する機会の少ない環境への適応を示唆する特徴がみられる．さらに光合成の不可能な深海底では，熱水噴出孔や冷水湧出帯が点在し，化学合成バクテリアを起点とする化学合成生物群集を形成する．熱水噴出孔のような特殊な環境に適応した魚類，例えば，ゲンゲ科やフサイタチウオ科[19)]の種が知られている.

深海魚としては中深層にはワニトカゲギス目やハダカイワシ目の魚類が生息し，その海底付近にはニギス目やアオメエソ科の魚類が暮らしている．漸深海層には，チョウチンアンコウ科魚類が遊泳し，その海底には，ソコダラ科，アシロ科，クサウオ科魚類などの少数が生息している．深層以上の深さでは魚類の数は極端に少なくなる.

16-3　生活史

成長し繁殖することは生物の最も基本的な性質であり，それらは種ごとに独自性をもつ．また，生物の誕生から死に至るまでの成長，生存，繁殖に関わる形質は，環境の多様性以上に様々である．これらの独自性と多様性はどのようにして成り立ったのだろうか？　それには，個体が生まれてから経験した環境との相互作用など世代内での履歴や，その種や個体群の環境との関わりの世代を越えた歴史が影響し，形成されてきた．しかし，その独自性と多様性の一方で，同じ選択圧のもとでの適応進化を経験した種や個体群は，系統的に近縁でなくても類似の生活史の形質の組合せからなる戦略を共有する場合もある．それは環境や選択圧が多様な一方，限りもあることを示唆している.

16-3-1　生活史

生物の個体が誕生し，成長と繁殖を遂げて最後に死亡するまでの生き様を生活史という．ここには，個体が一生に経験するすべての出来事（イベント），例えば，孵化，仔魚から稚魚への変態，成長，成熟，繁殖，産卵回数，卵数とサイズ，寿命，死亡などが含まれる．生活史の中で最も重要なイベントは成長と繁殖である．生物がどのような生活史をもつかはその生物の進化過程により決定される．行動生態学では，生活史のパターンや行動などの形質を戦略 strategy，各個体が選択可能な生活史や行動を戦略の表現型としての戦術 tactics と定義される．生活史戦略 life history strategy は，生活史に関する成長や繁殖などの形質（内的自然増加率，卵数，卵サイズ，環境収容量，繁殖開始年齢，繁殖回数，寿命など）が自然選択により適応的に進化した結果である.

一例として，ニホンウナギの生活史[20] を概説する（図 16-4）．本種は太平洋のグアム島近くの西マリアナ海嶺南端部で孵化し，卵黄をもつ仔魚プレレプトセファルスとして1週間ほど過ごし，卵黄を消費した後，外界の餌を食べ始める．その後，柳の葉状のレプトセファルスとなり北赤道海流に乗り西へ運ばれ，フィリピン沖で北上する黒潮に乗り換え，台湾，中国，日本，韓国の東アジアへ来遊する．海洋で浮遊生活を送っていたレプトセファルスは細長く透明なシラスウナギへと変態し，沖合から岸を目指して接岸回遊する．河口に到着したシラスウナギは汽水域で体を慣らし，色素が沈着し始めたクロコとなって川を遡上し，住み場所をみつけて定

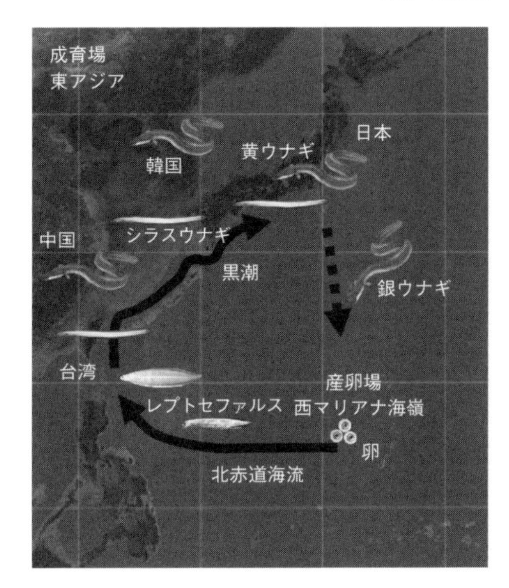

図 16-4　ニホンウナギの生活史と回遊

着する．定住生活では，主に夜間に活動し，餌を捕って成長する．この成長段階の個体は体の全体が黄味がかっているため黄ウナギとよばれる．十分に成長した黄ウナギは金属光沢を放つ暗褐色の体をもつ銀ウナギになる．雄は約8年で体長50 cm前後，雌は約10年で50～60 cm以上になり，秋の終わり，河川の増水とともに海へと降りる．その後，日周鉛直移動を行いながら，産卵場である西マリアナ海嶺南端部を目指す．産卵場へ至る経路については未だ謎である．夏の新月の夜，西マリアナ海嶺南端部において産卵する．産卵場所は決まっておりその場所に集まって産卵するが，その場所は月ごとに異なる．繁殖に参加する個体数や行動などは謎であるが，一産卵期に複数回の産卵に参加している可能性があると，現在では考えられている．この産卵期を終えると，ニホンウナギはその生涯を閉じる．

生物の持続的な利用および保全には，生物の特性，とりわけ生活史を十分に理解することが必須である．特に，個体の維持と成長，次世代をつくる過程である繁殖に関わる行動と生態，さらにはその周辺環境についても把握し，その生物の成長と繁殖が可能となる環境を維持すること，または修復することが重要である．

16-3-2　トレードオフ

自然選択が長く働き続けると，生物の形質は最も環境に適したものへと進化する．このとき，個体の適応度 fitness（次世代に残す子孫の数の期待値）は，可能な限り大きな値に進化すると考えられる．この適応度の最大化にもとづいて，生活史の進化をうまく説明するには，生物の進化には限界があることを考える必要がある．生物進化の制約条件は，2つの異なる形質の間でバランスを取らなければならないことから生じる．つまり，片方の形質を大きく進化させれば，他方の形質の進化をある程度犠牲にしなければならない．このような形質間における拮抗的な関係のことをトレードオフ trade-off という[21]．あらゆる点で完璧な生物の進化は期待できない．

エネルギーなどを生活史のどの要素や活動に分配するかは，生涯を通じた適応度に大きく影響する．そのため，繁殖と生存の間にもトレードオフが生じる．繁殖のために河川を遡上し産卵を終え死んでしまうサケのような繁殖活動を一回繁殖，数年かけて成長し，その後，毎年繁殖をくり返すフナやコイなどは多回繁殖という．この生活史の違いは，現時点で体内に維持している資源をすべて繁殖に振り分けるか，一部を繁殖に振り分け，その他の資源を当座の生存と将来の繁殖に残すかという資源配分の違いである．多回繁殖をする種または個体群の中でも環境の違いによって，生活史の一時期に集中して繁殖する種から，長期間にわたり連続的に繁殖する種まで，繁殖のパターンには連続的な差異が存在する．一回繁殖は資源を初期の繁殖に最大限配分する極端な生活史であるといえる．

16-3-3　r 戦略と K 戦略

同種の集合体を個体群とよぶ．個体数が非常に少ない状態から個体群が増加するとき，その変化は S 字状の曲線にしたがい，以下のようなロジスティック式で表すことができる[21]．

$$\frac{dN}{dt} = r\left(1 - \frac{N}{K}\right)N$$

ここで，N は個体数，t は時間，r は内的自然増加率 intrinsic rate of natural increase，K は環境収容力 environmental carrying capacity（個体群成長に環境が課す限界を意味する）を示す．この式から個体群密度に依存しない死亡率が高い環境では，高い内的自然増加率（r）をもつ個体が，反対に資源をめぐる競争が激しく密度依存死亡率が高い環境では高い環境収容力（K）をもつ個体が選択されるとの仮説（r-K 選択説）が提唱された．これらが，生物における r 戦略と K 戦略である．

これらに関連づけられる海洋でみられる現象を以下に説明する．高緯度海域では，春から夏に水温が上昇するとともに植物プランクトンが急激に増加し，これを捕食するものがそれに少し遅れて増加する．この海域では，一時的に大量に餌生物が発生するため，次の栄養段階への移行は短時間で行われる．高緯度海域では種の数は少なく，種の多様性は低い．しかし，資源量は多く，その量は安定しない場合が多い．一方，低緯度海域では，餌生物の量は低いが，常時ほぼ同じ量を保っており，少ない餌を効率よく利用するものと考える．低緯度海域では，種の数は多いが，それぞれの資源量は少なく，種間関係を通じてこの量は調節されている．

この 2 つの異なった環境では，そこに生息する生物は当然異なった生活史戦略をもつ[22]．ここで，高緯度と低緯度海域での魚類の生活史を r 戦略と K 戦略で説明する．高緯度海域では r 戦略がとられる．すなわち，①最適場所を早くみつけ，②競争種を上回る増殖により餌資源を効率的に利用し，③場所の悪化に伴う移動分散に優れた能力をもち，④餌があるときにあまり効率を考えず，より多くの餌を利用するなどの性質を有する種が有利となる．これは内的増加率 r が高くなる方向へ，すなわち，成長が速く，体サイズが小さく，1 回の産卵数が多く，寿命が短くなる方向へ進むと考えられる．このような生活史をもつ魚として，一般に多獲性で資源変動の大きいサンマ，マイワシ，ニシンなどが挙げられる．一方，比較的環境が安定し，全体の餌生物の量が低い低緯度海域では K 戦略がとられる．そこに生息する魚類は，①環境収容力に対して比較的高い密度を保ち，②こみあいに対する抵抗力が強く，③競争能力が優れているなどの性質をもつものが優勢となる．これは環境収容力 K を高める方向，すなわち，体サイズが大きく，寿命が長くゆっくり成熟し，より多くの物質を効率よく体の維持と成長に使う方向へ進むと考えられる．魚類の例としては，カツオ・マグロ類やカレイ・ヒラメ類などが挙げられる．

r-K 選択の概念は，種内競争と生活史の進化の関係を整理するうえで役立つ．しかし，生活史の進化を完全に説明するものではない．r-K 選択説では，r 戦略的な形質と K 戦略的な形質の間にトレードオフが存在することを前提としている．また，r-K選択説は，系統的な制約の違いをほとんど考えなくてもよいような近縁の種間を比較する場合，もしくは，系統的な制約の効果を統計的な手法によって取り除けた場合に限って有効な基準であると考えられている．

16-3-4　表現型可塑性

環境の変化に何らかの予兆があり，生物にとって将来の環境が予測できる場合，個体成長の段階で形態や生活史の特性を変化させることがある．これらの変異は，異なった種の間の違いほどに顕著であるにも関わらず，遺伝的な差異にもとづくものではない．このように，同じ遺伝子型の個体が，発現する表現型を環境条件によって変化させることを表現型可塑性 phenotypic plasticity という[21]．異なる表現型を発現する遺伝子が同じ集団に混在する遺伝的多型 genetic polymorphism とは異なる現象である．

多くの魚類では，繁殖を開始する齢，つまり性成熟のタイミングは体の大きさによってほぼ決まっている．しかしその一方で，魚類の体サイズは可塑性が高く，餌が不足した条件では成長率が著しく低下する．これだけなら，成長が遅れるのは餌不足という生理的制限の必然的な結果といえるかもしれない．それなら，時間をかければ大きく成長できるはずであるが，実際は餌が不足すると体が小さいうちから繁殖を始めてしまう．餌が少なく成長が遅い場合は，通常の大きさに成長するまでに時間がかかるので，それを待っていたのでは天敵からの捕食などによって生残率が低くなってしまう．餌が少ないとき，繁殖を早めに始めるのは，死亡して繁殖そのものができなくなる危険性を減らすためと考えられる．

回遊を行う魚類の中には，回遊する個体（回遊群）の他に回遊せずにもとの場所に残留する個体（残留群）が生ずる場合があり，これを回遊多型という．この回遊多型は回遊行動の柔軟性によるものであり，環境条件によって回遊が適応的に変化するものであることを示す．また，1つの種内の中にみられる回遊多型は，生活史における多型にもなっている．例えばサクラマスの稚魚は1年間，川で生活した後に降海するが，成長がよい個体は時期が来ても川を下らず，河川に残留して成長を続け，秋の産卵期に早熟雄として産卵に参加する．降河回遊魚のニホンウナギは，稚魚期に河口から川に遡上して淡水で成長するが，一生河川に遡上することなく，沿岸や河口域にとどまって成長する海域残留型（いわゆる海ウナギ）が生じることが知られている．これらは同種内に複数の回遊型が生じ，それによって生活史にも多型が生じた例である．さらに，これらサクラマスとニホンウナギの種内の回遊群と残留群の割合は緯度にしたがって変化することも報告されている[23]．残留群の存在は回遊の意義や起源，あるいは進化の方向を考えるうえで重要である．

16-4 回 遊

多くの魚類は成長段階や環境変化に応じて生息域を移す．この生息域間の移動が特定の季節や生活史のある段階に対応して定期的に起こる場合，回遊 migration という．したがって，回遊は生活史と切り離して考えることができない．回遊を行う魚類の生活史の中でも最も重要なイベントは，成長と繁殖である．回遊の多くは繁殖場と成育場の間の移動と定義できる．

16-4-1 回遊の 3 条件

魚類が回遊を開始し，無事に目的地へ到着するためには，3 つの条件が必要である[24]．まず目的地まで移動するのに十分な運動能力，魚類ならば遊泳能力が必要となる．次に目的地がどの方角にあるか（方位決定），あるいはさらに詳しく，どこが目的の場所か（目的地認知）を知るための航海能力が必要である．しかしそれだけでは十分ではなく，これに魚類に回遊行動を起こさせる内部の動因あるいは衝動が必要である．動因とは，動物をある行動に駆り立てられる内部要因であると行動学的に定義されている．これら運動能力，航海能力，動因の 3 条件が満たされたとき，初めて回遊が始まり，遂行される．

魚類の回遊を担う運動能力は，蓄積された体脂肪の測定や，海流水槽での遊泳速度や酸素消費量を測定することで評価できる．航海能力については，太陽コンパス，磁気コンパス，嗅覚の感覚生理学的・行動学的な研究が多数行われている．魚類の回遊の動因レベルに直接関係する生理学的要因は，甲状腺ホルモンの関与が示唆されているが，まだ十分に証明されたわけではない．

16-4-2 様々な回遊

魚類には，生活史の一部でみられる移動が存在する．例えば，海の表層で浮性卵から孵化する仔魚は海流によって成育場へ運ばれれる．仔魚は自ら方向を定めて遊泳できるようになるまでは，流れに漂う生活を続ける．この移動や輸送を幼期回遊 larval migration とよぶ．海流の輸送により，本来の分布域ではない場所に流され，生息条件が悪くなり死に至る場合もある．運よく生き延びたとしても本来の生息域へ戻る能力がなく，繁殖に寄与しない場合が多い．これを無効分散もしくは死滅回遊 abortive migration とよぶ．一方で，この移動に流れや環境の変化もしくは新しいニッチ niche（生態学的地位：それぞれの種が必要とする資源の要素と生存可能な条件の組合せ）の獲得が加わると，新たに分布域を広げる可能性がある．

海では生物の分布密度は時空間的に均一ではなく，異なる海流が接する海域あるいは湧昇流がある海域で一次生産が活発に行われ，魚類の餌となる生物も多くなる．索餌回遊 feeding migration とは，表層で生活する魚類がこのような海域を探索し，または餌を追跡し，移動することを表す．その他の回遊としては，産卵期が近づき，成育場から繁殖場へ向かって移動する場合を産卵回遊 spawning migration とよぶ．沿岸海域に生息する魚類には，冬季の寒さを避けて，暖かい海域や深みへ移動する場合があり，これを越冬回遊 wintering migration とよぶ．

魚類の餌となる小型の動物プランクトン，例えばカイアシ類などは，夜間は表層へ浮上し，昼間には深層へ潜る移動を毎日くり返す．ワニトカゲギス目やハダカイワシ目魚類も同様に移動し，夜間にそれらを摂食する．これらの 1 日での垂直方向の移動は日周鉛直移動 diel vertical migration とよばれる．この行動は，極域から熱帯，沿岸域から外洋域までの海域，さらには陸水域においても広くみられる．この様子は水中音響の反射体となり，魚群探知機や音響測深機によって深海散乱層 deep scattering layer として記録される．

16-4-3　通し回遊

回遊が河川あるいは海洋のみで完結する場合，それぞれを河川回遊および海洋回遊とよぶ．これらとは別に，海と川を行き来する回遊を通し回遊 diadromous migration という．この回遊は，回遊によって移動した先の塩分がもといた環境と大きく異なる点で，河川および海洋の両回遊と区別される．すなわち，2 つの生息域の間には浸透圧調節の壁がある．水中に生息する魚類にとって異なる塩分の環境を行き来するには，内的なメカニズムをそれぞれの環境に適応させる必要がある（10-3 ～ 10-5 参照）．

通し回遊には大きく分けて3つの型がある（図16-5）．遡河回遊 anadromous migration，降河回遊 catadromous migration，両側回遊 amphidromous migration である．川で生まれ，海で育ち，産卵のため川を遡上する型が遡河回遊で，サケ科がその代表である．海で生まれ，川で育ち，産卵のため川を下る型は降河回遊とよばれ，ウナギ属の回遊型がこれにあたる．これらに対し，産卵とは無関係に海と川の間を移動するのが両側回遊である．この回遊型は成長の場を海と川の双方にもつ．両側回遊はさらに細分され，アユやボウズハゼなど川に産卵場がある淡水性両側回遊 freshwater amphidromy と，ボラやスズキなど海に産卵場がある海水性両側回遊 marine amphidromy の2型がある．通し回遊魚の種数は，全魚類の1%ほどにも満たない．しかしながら，水産重要魚種が数多く含まれている．また，魚類全体の系統類縁関係からそれぞれの回遊型の出現をみてみると，様々な系統に現れている．つまり，それぞれの回遊型は単系統的に派生したものではなく，多数の系統の中から適応的に生じてきている．

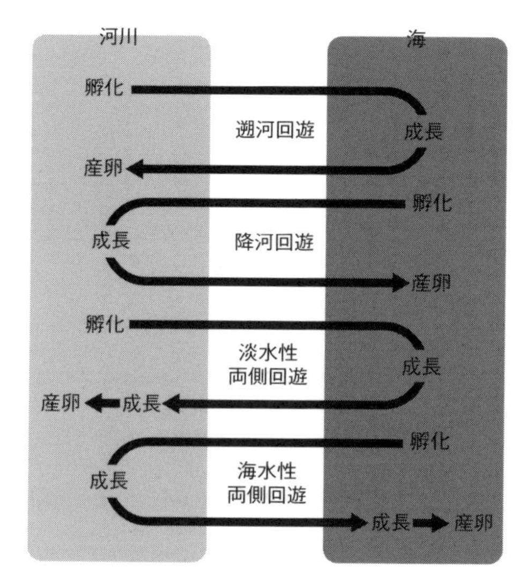

図16-5　通し回遊の3つの型

16-4-4　通し回遊の進化仮説

通し回遊魚の進化過程については，川と海の生産性の違いが基礎となっているとの生産性仮説 productivity hypothesis が存在する[25]．この仮説では，海と比較して川の生産性が高い低緯度では，海水魚が通し回遊魚を経て淡水魚に進化し，逆に海の生産性が淡水より高い高緯度では，淡水魚が通し回遊魚を経て海水魚へ進化すると考えられている（図16-6）．すなわち，より高い生産性をもつ新しい環境に，ある時期たまたま移動したものが，生産性の低い従来の環境に残ったものより多くの子孫を残すことに成功したと考えるのである．その結果，こうした偶発的回遊から，その個体群全体が一定期間，成長のために低

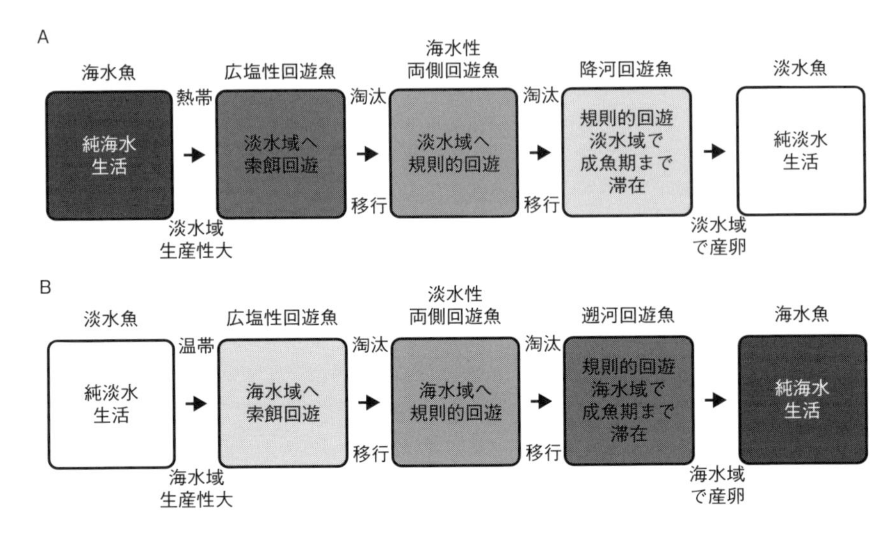

図 16-6　通し回遊の進化
熱帯域での海水魚から淡水魚への進化（A）と温帯域での淡水魚から海水魚への進化（B）.

緯度では淡水域で（高緯度では海水域で）過ごすようになり，規則的回遊（両側回遊）へと変わっていったと考えられている．これらはさらに成長へ有利な生産性の高い場所への依存の度合いを高め，やがて産卵のためにのみ川を下る（降河回遊）もしくは上る（遡河回遊）ものへと進化する．最終的に，これらがさらに繁殖も生産性の高い場所で行えるようになった場合，通し回遊を行わない種（淡水魚もしくは海水魚）になる．この仮説は，特に高緯度の淡水魚から派生したサケ科魚類の進化にはよく当てはまる．

太平洋のサケ科魚類の分子系統関係についてレトロポゾン SINE を用いて調べた研究[26]によれば，サケ科の中ではイトウ属が最も古く派生し，以下イワナ属，タイセイヨウサケ属，サケ属の順に新しく出現している．この順序は各属の回遊型における海洋依存度（生活史の中での海洋における生活の占める割合）の傾向とよく一致している．すなわち，通し回遊を行っても，その生活史全体の中でみると海を利用する期間が比較的短いイトウ属やイワナ属は系統的に古く，逆に海洋生活期間が長いタイセイヨウサケ属やサケ属は新しく派生したことを示している（図 16-7）．サケ科魚類の回遊行動と生活史がともに進化したことがわかる．また，図中のサケ属のサクラマスとその姉妹群に着

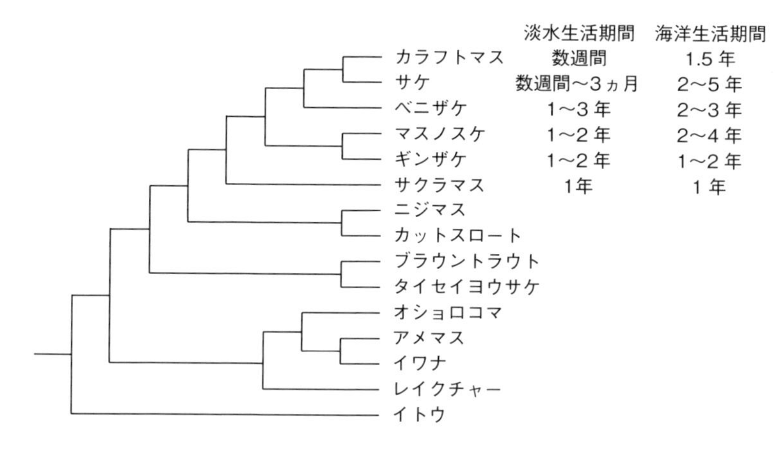

図 16-7　サケ科魚類の系統関係と回遊
サケやカラフトマスは孵化・浮上後直ちに降海するが，サクラマス，ギンザケ，マスノスケ，ベニザケは一定期間を淡水で過ごし，ある程度成長した個体がスモルト化し海洋生活を送る．系統的に古いものが海への依存度が低く，新しく派生したサケやカラフトマスは海への依存度が高い．海への依存度の程度と系統関係が順序よく一致している．

目すると，サクラマスが最も古く，次いで，ギンザケ，マスノスケ，ベニザケ，サケ，カラフトマスの順に新しく派生してきており，これも種の成立順と海洋依存度の大小の順はほぼ一致している．サケ科魚類は高緯度域の淡水起源で，当初淡水の中だけで小規模な回遊をしていたが，餌の少ない高緯度域の河川（繁殖場）から遠出して索餌するようになり，やがて餌の豊富な海に成育場を求めた．回遊環を淡水から河口，外洋に拡大することによって，海洋依存度を高めつつ海に向かって拡大し，現在のような数千キロの遡河回遊を行うようになった．この生産性と緯度の関係はサケ科魚類で明確であったので，通し回遊の進化は上記のような要因で進むと考えられた．

しかし近年，分子系統学的な研究によって，分類群内に通し回遊魚と淡水・海水魚を含むニシン目，キュウリウオ目，ハマギギ科，トゲウオ科，スズキ目ユゴイ科の魚類では，通し回遊の進化過程において，この生産性仮説に適合しないことが報告されている．また，淡水性両側回遊魚の進化過程の研究からも同様の結果が得られている．生産性仮説において両側回遊は，低緯度での海水魚から淡水魚への進化と高緯度での淡水魚から海水魚へ進化の中間として中緯度に出現すると考えられている．しかし狭義では，淡水性両側回遊は高緯度で淡水魚から海水魚へ進化する際のみに出現し，反対に海水性両側回遊は低緯度での海水魚から淡水魚へ進化する際にのみ出現すると仮定されている．キュウリウオ目[27]，ハゼ科，カジカ属[28]の淡水性両側回遊魚の祖先種は海水魚と推定され，汽水域での広塩性回遊魚を経て両側回遊種へと進化したと，現在考えられている．さらには，淡水性両側回遊魚を経て淡水魚へと進化している系統も存在する．この進化の極性は生産性仮説で示されている筋道とはまったく違う[29]．通し回遊の進化について解明するためには，今後，さらなる研究が必要となるだろう．

文　献

1) 古谷 研, 安田一郎（2009）. 水圏の環境 .「水圏生物科学入門」（会田勝美編）. 恒星社厚生閣 . 1-29.
2) Nelson JS et al.（2016）. *Fish of the World, 5th ed.* Wiley & Sons.
3) 沖野外輝夫（2004）.「湖沼の生態学」. 共立出版 .
4) 沖野外輝夫（2003）.「河川の生態学」. 共立出版 .
5) 篠田 章, 塚本勝巳（2015）. 環境 .「魚類生態学の基礎, 第 4 刷」. 恒星社厚生閣 . 1-11.
6) Jordan DS（1891）. Relations of temperature to vertebrae among fishes. *Proc. U. S. Nat. Mus.* 14: 107-120.
7) McDowall RM（2008）. Jordan's and other ecogeographical rules, and the vertebral number in fishes. *J. Biogeogr.* 35: 501-508.
8) Regan CT（1916）. The British Fishes of the subfamily Clupeinae and related species in other seas. *Ann. Mag. Nat. Hist.* 8（18）:1-19.
9) Shaboneyev IY（1980）. Systematics, morpho-ecological characteristics and origin of carangids of the genus *Trachurus*. *J. Ichthyol.* 20（6）:15-24.
10) 岩井 保, 林 勇夫（1990）.「基礎水産動物学」. 恒星社厚生閣 .
11) 田中 克, 木下 泉（編）（2002）.「スズキと生物多様性－水産資源生物学の新展開」. 恒星社厚生閣 .
12) 後藤 晃（1987）. 淡水魚－生活環からみたグループ分けと分布域形成 .「日本の淡水魚－その分布, 変異, 種分化をめぐって」（水野信彦, 後藤 晃編）. 東海大学出版会 . 1-15.
13) Inoue JG et al.（2009）. The historical biogeography of the freshwater knifefishes using mitogenomic approaches: A Mesozoic origin of the Asian notopterids（Actinopterygii: Osteoglossomorpha）. *Mol. Phylogenet. Evol.* 51: 486-499.
14) 岩井 保（2005）.「魚学入門」. 恒星社厚生閣 .
15) 日本生態学会（編）（2016）.「海洋生態学」. 共立出版 .
16) 岩井 保（2005）.「地球の魚地図－多様な生活史と適応戦略」. 恒星社厚生閣 .
17) DeVries AL et al.（1993）. The diversity and distribution of fish antifreeze proteins: new insights into their origins. In: Hochachka PW, Mommsen TP（eds）. *Biochemistry and Molecular Biology of Fishes, Vol. 2, Molecular Biology of Frontiers*. Elsevier. 279-291.
18) Murray HM et al.（2002）. Skin-type antifreeze protein expression in integumental cells of larval winter flounder. *J. Fish Biol.* 60: 1391-1406.
19) Cohen DM et al.（1990）. Biology and description of a bythitid fish from deep-sea thermal vents in the tropical eastern Pacific. *Deep-Sea Res.* 37（2）: 267-283.
20) 黒木真理, 塚本勝巳（2011）.「旅するウナギ－ 1 億年の時空をこえて」. 東海大学出版会 .

21）日本生態学会（編）（2012）.「生態学入門, 第 2 版」. 東京化学同人 .
22）能勢幸雄, 石井丈夫, 清水 誠（1988）.「水産資源学」. 東京大学出版会 .
23）Tsukamoto K et al.（2009）. The origin of fish migration: random escapement hypothesis. *Am. Fish. Soc. Symp*. 69: 45-61.
24）塚本勝巳（2015）. 回遊 .「魚類生態学の基礎, 第 4 刷」（塚本勝巳編）. 恒星社厚生閣 . 57-72.
25）Gross MR（1987）. Evolution of diadromy in fishes. *Am. Fish. Soc. Symp*. 1: 14-24.
26）Murata S et al.（1996）. Details of retropositional genome dynamics that provide a rationale for a generic division: the distinct branching of all the Pacific salmon and trout（*Oncorhynchus*）from the Atlantic salmon and trout（*Salmo*）. *Genetics* 142: 915-926.
27）Dodson JJ et al.（2009）. Contrasting evolutionary pathways of anadromy in euteleostean fishes. *Am. Fish. Soc. Symp*. 69: 63-77.
28）Goto A et al.（2015）. Evolutionary diversification in freshwater sculpins（Cottoidea）: a review of two major adaptive radiations. *Environ. Biol. Fish*. 98: 307-335.
29）渡邊 俊（2016）. 淡水性両側回遊に緯度クラインは存在するのか ?. 海洋と生物 225: 379-386.

17章

繁殖行動

繁殖行動 reproductive behavior とは繁殖に関わるすべての行動を指す．例えば多くのハゼ科魚類は雄が石の下などで営巣し，その周囲になわばりを維持し雌に求愛して巣に誘い，産卵後は卵が孵化するまで保護する．これら一連の行動（雄の営巣，なわばり形成，雌への求愛，雌の産卵，雄の卵保護）が繁殖行動である．種特有の繁殖行動は受精様式，卵の性質，保護様式，性様式，生息環境など多様な条件が関係している．本章ではそれぞれの条件について説明し，各条件の組合せの中で雌雄がどのような繁殖行動を示すのか述べる．

17-1　受精様式と保護様式

17-1-1　受精様式，卵の性質と保護の有無

受精様式は大きく体外受精 external fertilization と体内受精 internal fertilization に分けられる．体外受精は水中に卵と精子を放出して受精させるもの，体内受精は雄が雌の体内に精子を送り込み受精させるものである．体外受精の場合，産み出される卵は浮性卵と沈性卵に大別できる．産み出された卵は無保護か，雄，両親，雌のいずれかが保護にあたる．

ヌタウナギ綱およびヤツメウナギ綱の卵は沈性卵で卵保護は知られていない[1, 2]．軟骨魚綱は14章で述べたように全種が体内受精である．その多くが胎生で仔を産むが，ギンザメ目，ネコザメ目およびガンギエイ目は卵生で，テンジクザメ目およびメジロザメ目の一部も卵生である．産み出された卵は沈性卵で硬い卵殻には糸状の突起をもっており，これで海藻に絡みつく[3]．

四肢動物を除く硬骨魚綱では体外受精の場合は無保護と保護の双方がみられる．浮性卵を産む科は182科で知られ，保護行動が確認されているのはすべて淡水産で，パントドン科，キノボリウオ科，キノボリウオ目の Osphronemidae，タイワンドジョウ科，タウナギ科の5科で知られている．これらの種は泡や水草で浮き巣を作り，そこに産卵し雄または両親で卵保護を行う[2]．

沈性卵を産む107科では親による保護が73科でみられ，多くの科で保護行

動が進化したことがみてとれる．体内受精は 21 科で確認されている．

17-1-2　保護行動のタイプと保護する性

四肢動物を除く硬骨魚綱における保護の方法は見張り型 guarder，体外運搬型 external bearer，体内運搬型 internal bearer の 3 つに分類される（表 17-1）．見張り型では親が卵あるいは仔稚魚に寄り添い，卵・仔稚魚の捕食者を排除する，鰭や口で酸素を含んだ水を卵に送る，あるいは死んだ卵を取り除いたりする（図 17-1A，B（口絵））．体外運搬型は卵を口内や育児嚢に収容したり，鰭や体表に卵を付着させてもち運ぶ方法である（図 17-1C，D（口絵））．体内受精の場合は，受精卵や仔稚魚を体内で保護していることから体内運搬型とよぶ[1)]．

これらの保護方法ではどの性が保護を担当するのだろうか（表 17-2）．見張り型では 66 科で雄が単独で保護を担当する．しかし，20 科で両親の保護が知られており同時あるいは交替で担当する．13 科で雌の保護が確認されている．

表 17-1　四肢動物を除く硬骨魚綱の各保護様式と保護する性の科数，および仔稚魚まで保護する科数

保護様式	総科数	雄	両親	雌	χ^2 検定
見張り型	79	66（67）	20（20）	13（ 13）	P<0.01
仔稚魚まで	19	15（56）	8（32）	3（ 12）	P<0.05
体外運搬型	18	12（55）	2（ 9）	8（ 36）	P<0.05
仔稚魚まで	6	5（50）	2（20）	3（ 30）	P>0.05
体内運搬型	21	0（ 0）	0（ 0）	21（100）	−
仔稚魚まで	9	0（ 0）	0（ 0）	9（100）	−

カッコ内は保護タイプののべ科数に対する頻度%．集計方法は桑村[1)]を参考にした．

表 17-2　四肢動物を除く硬骨魚綱の淡水域と海域における各保護様式を示す科数

	淡水魚 83 科	海水魚 221 科	Fisher の正確確率検定
見張り型	52（63）	33（15）	p<0.01
仔稚魚まで	16（19）	3（ 1）	p<0.01
体外運搬型	10（12）	9（ 4）	p<0.05
仔稚魚まで	3（ 4）	4（ 2）	p>0.05
体内運搬型	13（16）	11（ 5）	p<0.01
仔稚魚まで	5（ 6）	5（ 2）	p>0.05

カッコ内は淡水魚・海水魚の総科数に対する頻度%．集計方法は桑村[1)]を参考にした．

体外運搬型では12科で雄，2科で両親，8科で雌が保護を担当する．このように体外受精では雄が保護を担当することが多い．体内運搬型では，保護を担当する性は当然ながらすべて雌である．

17-1-3　生息環境と保護様式

四肢動物を除く硬骨魚綱では淡水域と海域という生息環境で保護の有無に違いがみられる（表17-2）．見張り型保護を示すのは淡水魚の83科のうち52科で，海水魚では221科のうち33科である．体外運搬型の場合，淡水魚では10科，海水魚では9科で知られている．体内運搬型は淡水魚では13科，海水魚では11科でみられる．いずれの保護様式でも淡水魚の方が海水魚よりも高い頻度で保護行動が出現する．

見張り型および体外運搬型では保護を行う期間は卵が孵化するまでと，孵化後も引き続き仔稚魚を保護する場合がある．見張り型を示す淡水魚は16科，海水魚では3科で仔稚魚まで保護行動が知られ，淡水魚で頻度が高い．体外運搬型を示す淡水魚は3科，海水魚の4科で仔稚魚まで保護行動が知られる．体内運搬型では仔稚魚を産む科は淡水魚で5科，海水魚でも5科でみられる．体外運搬型および体内運搬型で仔稚魚まで保護する科は淡水域と海域では出現頻度に差がない（表17-2）．

17-2　配偶システム

配偶システム mating system とは雄と雌のつがい関係のあり方のことである．一般的に配偶システムは資源（餌，繁殖場所，隠れ場所など）の分布状態によって決まる．資源がパッチ状に分布している場合，大きな雄がそれを独占し，雌もそのような雄を選ぶので一夫多妻となるだろう．逆に資源が一様に分布している場合，雄が独占できるのはわずかな資源となるので一夫一妻になりやすい[4]．魚類の配偶システムは以下の7つに分類できる（①～⑤は棟方ら[5]を参照，⑥はデイビスら[4]を改変，⑦は中園・桑村[6]を参照）．

① **一夫一妻** monogamy

一夫一妻の条件として，一繁殖期においてa）1対の雌雄が相手を変えずにくり返し繁殖する，b）子供が保護を必要としなくなるまでペアで保護行動を行う，が挙げられる[2]．a)，b）を同時にあるいはどちらかを満たす場合を一夫一妻とする（図 17-2A）.

② **ハレム型一夫多妻** harem polygyny

1 尾の雄が複数の雌とのつがい関係を独占し，雄のなわばり内に雌が共存している．雌同士の行動圏が重なる行動圏重複型（図 17-2B）と，なわばりを構え互いの行動圏が重ならないなわばり型（図 17-2C）の 2 つのタイプがある．行動圏重複型では雌同士はサイズによる順位関係がある．

③ **なわばり訪問型複婚** male-territory-visiting polygamy

雄がなわばりを構え，雌がそこを訪問して産卵する．特定の雄と雌がつがい関係にならない点でハレム型一夫多妻と異なる（図 17-2D）.

④ **複雄群** multi-male group

群れを形成し，集団で生活する種でみられる．群れの構成は，雄 1 尾に対し雌が複数個体からなるが，群れが成長すると複数の雄からなる複雄群となる（図 17-2E）.

⑤ **ランダム配偶** random mating

性選択がない社会における配偶システム．産卵は雄 1 尾，雌 1 尾のペア産卵で繁殖するたびにつがい相手が変わり，雄同士の闘争がない．ペアとなった雌雄のサイズも相関がない（大きな雄と雌，小さな雄と雌といった特定のつがい関係がない）（図 17-2F）.

⑥ **一妻多夫** polyandry

雌が 2 尾以上の雄と同時あるいは連続的につがい関係をもち，一方で雄は

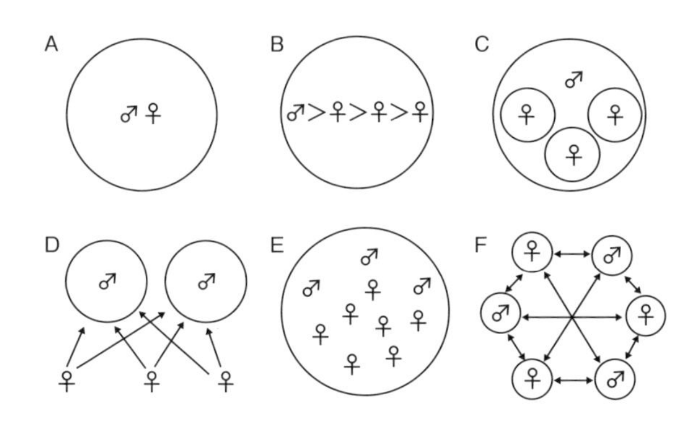

図 17-2　魚類における配偶システム
A：一夫一妻，B：ハレム型一夫多妻の行動圏重複型，C：ハレム型一夫多妻のなわばり型，D：なわばり訪問型複婚，E：複雄群，F：ランダム配偶.

その雌以外の雌とつがい関係をもたない配偶システム.

⑦ **グループ産卵** group spawning

複数の雄が産卵直前の雌 1 尾を追尾し，雌の放卵と同時に放精するいわゆる群れ産卵をする配偶システムである．雄から雌への目立った求愛行動がみられない．雌が放出した卵に複数の雄の精子がかかるが，雄同士が競争し結果的にペア産卵 pair spawning となる可能性もある.

17-3　性様式と配偶システム

魚類の性様式は雌雄異体と雌雄同体に大きく分かれる．ヌタウナギ綱，ヤツメウナギ綱，軟骨魚綱はすべて雌雄異体である．四肢動物を除く硬骨魚綱のうち，27 科で雌雄同体の種が含まれる．雌雄同体には同時的雌雄同体と隣接的雌雄同体（雌性先熟，雄性先熟，双方向性転換）が知られている（14-1-1 参照）．雌雄同体の各様式の進化は配偶システムと深い関係がある．ここでは体長・有利性モデル size-advantage model および低密度モデル low-density model により，配偶システムがどのような選択圧となって各性様式が進化したのか説明する[6, 7].

① **雌性先熟**

雌が大きな雄を選ぶ一夫多妻の配偶システムを考えてみよう（図 17-3A).雌の繁殖成功はサイズの増加とともに産卵数も増えるので直線的に増加する.これに対して雄の繁殖成功は小型のときは低く，大きくなると雌との配偶機会が増えるために飛躍的に高くなる．なぜなら繁殖成功は，雌は自分が産んだ卵の数で決まるのに対し，雄では精子をかけた卵の数で決まるからである．このような条件下では各サイズまたは年齢で雌雄間に繁殖成功の差ができる．つまり小型のときは雌の繁殖成功が高く，大型では雄で高い．この場合，自然選択(21 章参照）はまず雌として繁殖し，成長してから雄に性転換するように働くだろう.

② **雄性先熟**

雄性先熟が進化する条件は雌による配偶者選択のないランダム配偶の場合である（図 17-3B)．雌の繁殖成功は雌性先熟の場合と同様であるが，雄の繁殖成功はランダム配偶のためどのサイズまたは年齢でも等しい．そこでまず雄として機能し，のちに雌に性転換する雄性先熟が進化するように自然選択される.

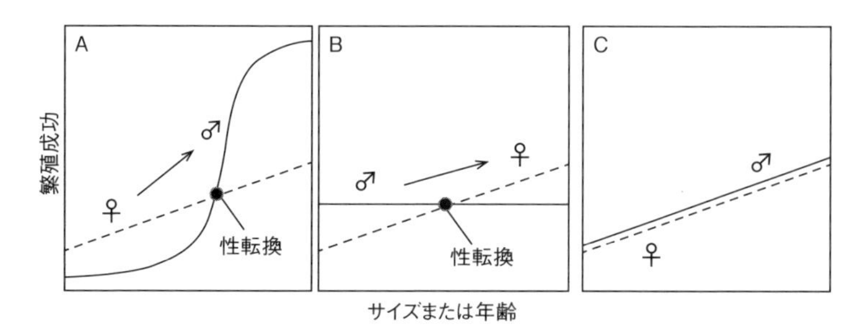

図 17-3　体長・有利性モデル（桑村・中嶋[8] を改変）
実線および破線はサイズの増加に伴うそれぞれ雄または雌の繁殖成功の変化を示す．
A：雌性先熟．雌が大きな雄を選ぶ配偶システムでは，大型雄の繁殖成功は極端に高くなる．B：雄性先熟．雌の配偶者選択がない配偶システムでは雄の繁殖成功はどのサイズでも変わらない．C：雌雄異体．どのサイズでも雌雄の繁殖成功に差がない．

③ 同時雌雄同体

低密度モデル[6] は生息密度が低く配偶の機会の少ない種では，出会った2個体が必ず繁殖できる同時雌雄同体が進化することを予測した．同時雌雄同体が知られているのはウツボ科ウツボ属，ヒメ目，カダヤシ目の *Kryptolebias marmoratus*，ハタ科ヒメコダイ亜科およびハナダイ亜科，タイ科などであるが[9]，これらの種について低密度モデルが適用できるかどうかを検証した研究はない．しかし，ヒメコダイ亜科については繁殖行動が詳しく研究されているので 17-4-1 で紹介する．

④ 双方向性転換

低密度モデルは同時雌雄同体の進化を予測したが，双方向性転換の進化にも適用できそうだ．双方向性転換はこれまで雌性先熟とされた種で逆方向の性転換が報告されている．実験的に雌を除去して雄のみの低密度状態にすると雄同士がペアを形成し，小型個体が雌に戻り，繁殖を開始する[10]．また，孤立した場所（例えばサンゴの枝の間あるいは洞窟など）に生息し生息密度の低い一夫一妻の種は，雄同士，あるいは雌同士のペアで片方の個体が性転換し異性のペアとなる[7, 11]．

⑤ 雌雄異体

どのサイズでも雌雄の繁殖成功が等しければ性転換をする必要がなく，雌雄異体が進化する（図 17-3C）．例えばグループ産卵あるいはスニーキングをする種では小型雄でも卵に精子をかける機会があるので雌雄異体の場合が多い．

17-4　繁殖行動の実例

「体外受精・無保護」,「体外受精・見張り型」,「体外受精・体外運搬」,「体内受精・体内運搬型」の各タイプに分けて，繁殖行動の実例を配偶システム別に紹介する．最後に他の生物に卵・仔稚魚の保護を任せる例も紹介する．

17-4-1　体外受精・無保護

一夫一妻：チョウチョウウオ科ミスジチョウチョウウオはペアで餌となるサンゴのポリプを防衛する摂餌なわばり feeding territory を形成する．産卵は大潮前後の日没時に行われる．産卵場所は潮の流れが沖を向いている場所で，摂餌なわばりから移動して産卵する[11]．

同時雌雄同体のヒメコダイ亜科 *Hypoplectrus nigricans* はカリブ海での研究によれば，昼間は単独行動であるが，夕方になるとリーフエッジに移動する．出会った2尾のうち，片方が頭部をもちあげて左右に振り，頭部を下げるディスプレイを示し産卵する．次に雄役だった方が雌役になり同様のディスプレイで産卵する．これをくり返しながら産卵する．ペアを組んだ個体は次回の産卵も同じペアになる傾向があり一夫一妻的である[12]．

ハレム型一夫多妻：ベラ科ホンソメワケベラ，キンチャクダイ科アカハラヤッコ，ゴンベ科サラサゴンベは大型個体が雄で，複数の雌を囲うように大きななわばりを構える．ホンソメワケベラとアカハラヤッコは行動圏重複型で，サラサゴンベはなわばり型である．産卵時刻になると雄は各雌を訪問し，求愛し産卵を行う．体長・有利性モデルが予測するように，雄が捕食や寿命で消失するとハレム内で最大の雌が性転換をする．ホンソメワケベラとアカハラヤッコでは雌を実験的に除去すると雄同士のペアが形成され，小さい方の個体が雌に性転換する[10]．サラサゴンベは雌を失った雄が隣接する雄とペアになることで雌に性転換する[13]．

なわばり訪問型複婚：ベラ科オハグロベラは岩礁と砂地の境目に雄が繁殖なわばりを形成する．産卵時刻である夕方になると雌は雄のなわばりを訪問する．雄は雌に対し体を横倒しにして波打たせるように泳ぎ，雌を誘う．雌が産卵のために海藻から出てきて泳ぎ上がってくるとともに水面に向かって上昇し，産卵放精する（図17-4）[14]．

複雄群：ハタ科キンギョハナダイは複雄群を形成する．群れが小さいときは雄1尾に対し雌が3～10尾のハレム型一夫多妻であるが，三宅島における研究では群れが大きくなると複数個体の雄が出現し，雄15尾，雌72尾からなる複雄群となる．産卵時刻である日没時になると雄は雌に対しジグザグに泳ぐ求愛行動をみせた後，雌に体を巻き付け産卵する[6]．

一夫一妻・一妻多夫：深海に生息するチョウチンアンコウ亜目では雄が雌の体表に付着して雌から栄養を摂取する寄生生活が知られている．雌のサイズは雄に比べると大きくミツクリエナガチョウチンアンコウ科で約10倍，オニアンコウ科で約4倍である．雌1尾に付着する雄の数は多くの場合1尾なので一夫一妻であるが，2～8尾付着する場合は一妻多夫となる（図17-5（口絵））[15]．

ランダム配偶：コチ科トカゲゴチやセレベスゴチでは雄も雌もなわばりを作らない．雄は産卵時刻になると雌に寄り添い，雌雄のペアで水面に向かって上

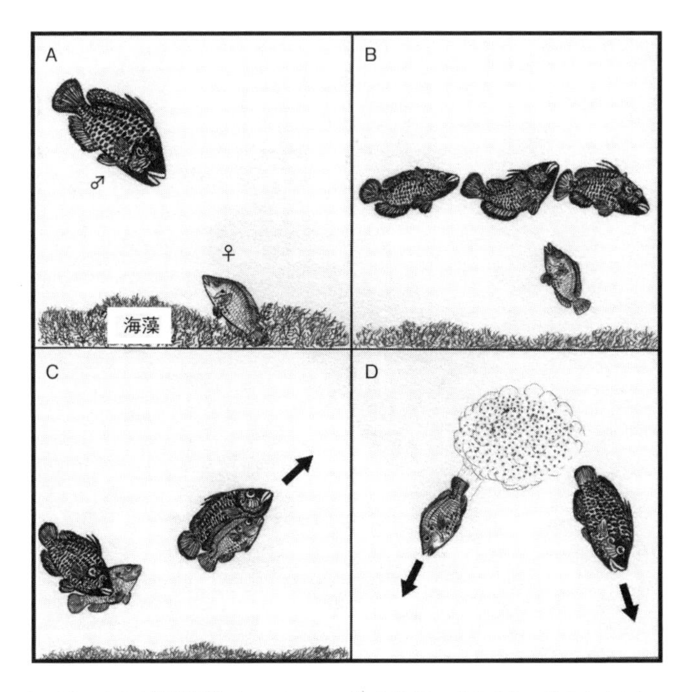

図17-4　オハグロベラの繁殖行動（Shimizu et al.[14] を改変．イラスト：さかなクン）
A：雌が産卵しようと海藻の間から現れる，B：雄の求愛行動，C：雌が雄とともに上昇，D：産卵放精．

昇し産卵する．配偶の組合せは毎回の産卵ごとに異なり，ペアを組む雌雄のサイズには規則性はみられない．体長・有利性モデルの予測では雄性先熟が予測されるが，個体識別した雄が1年後に雌に性転換していたのが確認されている[16, 17]．

グループ産卵：浮性卵を産む種は先に述べたように無保護で，その配偶システムは多くがグループ産卵である．アジ科カンパチの水槽での観察では，通常は低層を遊泳するが産卵前になると複数の雄が雌の肛門付近をつつきながら追尾する．雌は雄に追われて水面まで上昇し産卵放精する[18]．生け簀で観察されたサバ科クロマグロの産卵は，1尾の雌に対して数尾の雄が追尾し雌が魚体を傾けると1尾の雄が雌と反対側に魚体を傾け，腹部を接近させるように反転し産卵する[19]．

沈性卵を産む種でもグループ産卵がみられる．フグ科クサフグでは大潮付近の満潮となる午後に10～60尾（うち雌は1尾）の群れをなして汀線付近に集まり，産卵する．産卵後，親魚は海に戻り無保護となるが卵は潮間帯の小石の下で発生する[20]．

17-4-2　体外受精・見張り型保護

A. 雄が保護を担当する場合

一夫一妻：ハゼ科サザナミハゼはサンゴ礁の砂礫地に生息し，常に雌雄のペアで行動している．ペアは摂餌と海底に作られた巣穴の維持行動に時間を費やす．一夫一妻を維持する理由は，特に雌にとって単独で活動するよりも巣穴維持活動への従事が軽減され，摂餌頻度が高くなるため卵生産が促進されると考えられる．産卵前になると雌雄は巣穴にこもり，天井にブドウの房状の卵塊を産み付ける．産卵が終わると雄のみが巣穴に留まり，雌は巣外で出る．雄は巣内で卵塊に鰭で水を送るファニングにより酸素を供給する．雌は出入口をふさぐとともに，別の開口部に死サンゴ片を積み上げてマウンドを作る．水底に比べ中層は水流が速いので，マウンドの頂上では巣穴の開口部より低圧になる．そこで開口部より新鮮な海水が流入し巣穴内の酸素濃度を高める効果がある[21]．

スズメダイ科クマノミ類は雌，雄，小型の未成熟個体からなるグループでイソギンチャクに生息する．卵はイソギンチャクの側の岩盤に産み付けられ，雄が孵化まで保護する．最大個体である雌はグループ内で優位で，雌が消失すると雄が雌に性転換し，未成熟個体が雄として機能する[6]．体長・有利性モデルでは雄性先熟はランダム配偶の下で進化することが予測されているが（図 17-3B），クマノミ類の場合は幼魚としてイソギンチャクに加入する時点でランダムに加入することと，雌が雄をえり好みしないことから一夫一妻でもランダム配偶と同等であると考えられる．

ハレム型一夫多妻：ハゼ科オキナワベニハゼは洞窟の天井で一夫多妻のグループを作って生活している．産卵は早朝で雌は洞窟の奥にある巣穴を訪れ産卵する．他のハレム型魚類と同様に最大の個体が雄である．雄が消失すると最大の雌が雄に性転換する．雌の中にはハレムを出て単独個体となり雄に性転換する場合もある．また，ハレムから雌が消失し独身雄になることもある．そのような雄が配偶相手を得られないと，再び雌に性転換し他のハレムに加入する[22)]．

なわばり訪問型複婚：ハゼ科ナンヨウミドリハゼは産卵期である夏季に小潮周期で産卵する．産卵前，大型雄は産卵巣である小さな岩穴に閉じこもる．雌は巣を訪問して入巣し産卵する．その後，約 5 日間かけて大潮の満潮時に孵化する．雌が訪問してこない中・小型雄は代替戦術によって繁殖に参加する．雌は大型雄の巣に入るが産卵をせずに出てくることがある．中型雄はそのような雌に求愛し，巣に誘う．小型雄は大型雄の巣の周囲に集まり，訪問してくる雌に求愛する[23)]．

フグ科アマミホシゾラフグは雄が約 2 m の円形の産卵床を作る（図 17-6）．雄は円の中心に向かって胸鰭，臀鰭，尾鰭を使って砂を掘り進み，谷を作る．円の真ん中では縦横に泳ぎ砂を巻き上げて産卵床を準備する．雄は求愛して雌を誘い，円の中心付近で産卵する．産卵後，雌は巣を離れ，雄のみが孵化まで保護する[24)]．

B.　両親が保護を担当する場合

一夫一妻：両親で保護をする種は一夫一妻である．スズメダイ科 *Acanthochromis polyacanthus* は海水魚では珍しく孵化後の仔魚を保護することが知られている．孵化後，2 ～ 3 週間は両親のもとにとどまる．全長 25 ～ 30 mm になると両親のもとを離れ若魚の群れを作るようになる[25)]．

Boulengerochromis microlepis は全長 80 cm に達するタンガニイカ湖で最大のカワスズメ科の種で普段は沖合で生活する．繁殖は沿岸で行われ，岩の上に卵を産み付けると雌は胸鰭をあおいで新鮮な水を送り，死卵を取り除く．雄は産卵場所の周囲を警戒し，卵捕食者が接近すると追い払う．3 日後に孵化する

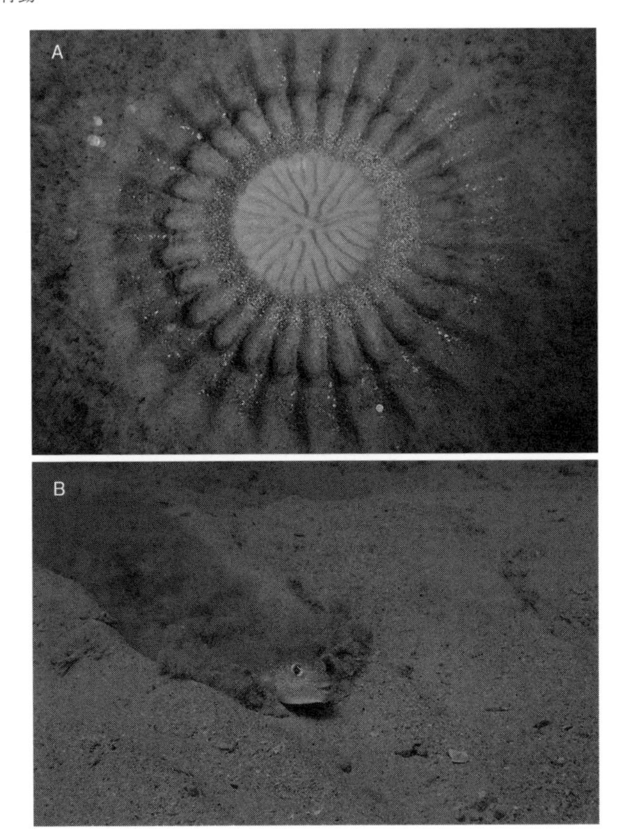

図 17-6　A：アマミホシゾラフグの産卵床，B：産卵床を準備する雄（撮影：川瀬裕司）

と，雌は子供をくわえ砂地に作っておいた直径 20 cm くらいのすり鉢状の穴に移す．さらに 5 日経過し，仔魚が卵黄を吸収しつくすと底から浮き上がり群れをなしてプランクトンを捕食する．このときも両親が寄り添い捕食者を追い払う（図 17-1B）．稚魚の移動能力が大きくなると，いっしょに移動し若魚になるまで保護を続ける[2, 11]．

一夫一妻・ハレム型一夫多妻・一妻多夫：タンガニイカ湖産カワスズメ科 *Julidochromis ornatus* は多くの場合，一夫一妻で両親が仔稚魚を保護する．しかし，両親以外に 1 尾のヘルパー helper が保護に参加し仔稚魚の捕食者を攻撃する協同繁殖 cooperative breeding（親以外の個体が子育て協力すること）を示す場合がある（図 18-6（口絵））．ヘルパーは非血縁個体で雄の場合は発達した精巣，雌では成熟卵が確認されている．仔稚魚の一部はヘルパーの子であることが DNA マイクロサテライトマーカーを用いた親子判定から明らかになっており，ハレム型一夫多妻や一妻多夫の配偶システムとなる場合もある[13]．

C．雌が保護を担当する場合

一夫一妻・一妻多夫：サケ科は孵化後，河川を流下し海洋で成長してから再び遡上して繁殖し一生を終える．海洋で大きく育った雄を回遊型とよぶ．遡上個体が産卵場に達すると雌は体を横倒しにして尾鰭で砂利を舞い上げすり鉢状のくぼみを作り，産卵床とする．回遊型の雄たちは産卵床を準備する雌の周囲になわばりを構える．その後，ペアで産卵・放精する．産卵後は雌のみが産卵床を保護し卵捕食者を追い払う．サケ科では初期生活において成長がよかった個体は海に流下せず河川に留まりサイズが小さいまま成熟する（河川残留型）[26]．例えばサクラマスでもなわばり雄は他の回遊型雄を激しく攻撃し，ペア産卵をする．その一方で河川残留型（いわゆるヤマメ）はペアから離れた下流部に定位し，産卵が始まった瞬間にペアに飛び込んで放精するスニーキング sneaking によって繁殖に加わる[27]．本種の配偶システムはペア産卵では一夫一妻となるが，スニーキングにより複数の雄が放精する場合は一妻多夫となる．

ハレム型一夫多妻：タンガニイカ湖産カワスズメ科 *Lamprologus callipterus* は同湖産の大型巻貝 *Neothauma tanganyicense* の空殻を繁殖に利用する．雄が貝殻を口にくわえて自分のなわばり内に集める．そこに 1 〜 7 尾の雌が住みつき貝の中に産卵し，仔魚が卵黄を吸収するまで保護する．なお，本種が集めた貝殻は 1 m^2 で 513 個に達し，他の魚種も繁殖場所として利用し特異な群集を作りだしている[28]．

グループ産卵：カワハギ科アミメハギは神奈川県油壷での観察によれば，明け方になると，産卵間近の腹部が膨満した雌 1 尾の後を 2 〜 8 尾の雄が追尾する．この産卵行列は 1 時間以上継続する．雄同士は先頭争いを頻繁に行い，互いに側面誇示を示す．雌が産卵場所である海藻などに体を上向きにして定位すると，2 〜 6 尾の雄が雌の横に並ぶ．次の瞬間 2 〜 3 秒のうちに雌が卵塊を産み出す．産卵後，雄は去る．残った雌は卵塊を口で基質に押し付け平らにする．その後は孵化まで口で水流を吹き付けたり，卵捕食者を追い払う[11]．

17-4-3　体外受精・体外運搬型

A. 雄が保護を担当する場合

一夫一妻・一妻多夫：ヨウジウオ科は雄が腹部の育児嚢 brood pouch に卵を収容するのが大きな特徴である（図 17-1D（口絵））．育児嚢は完全な袋状になっているものや，腹部に卵を付着させるものまで様々である．配偶システムは種によって一夫一妻，あるいは繁殖のたびに互いに相手が変わる場合もある．また複数の雄に 1 尾の雌が卵を産み分ける一妻多夫も知られる．雄は同時に複数の雌の卵を受け入れることはなく，多くの魚類でみられる一夫多妻は知られていない[13]．

一夫一妻：テンジクダイ科は産卵後，雄が孵化まで口内保育 mouth brooding をする．クロホシイシモチは南日本沿岸の岩礁地帯で群がりを形成している．産卵期である 5 月から 9 月にかけて，群れから離れた場所でペアを組む個体が多く出現する．ペアは寄り添い周囲になわばりを作り，同種他個体を追い払う．産卵時刻は 11 時から 15 時でペアが互いに腹側面をつけた状態で産卵する．直後，卵塊が雌の生殖孔にぶら下がっているうちに雄がくわえる．産卵後，雄は 7 日間かけて孵化まで保育する．雄は繁殖相手の確保のため同じ個体とペアを継続しようとするので，ペアはくり返し繁殖し一夫一妻となる．しかし，雄は卵保護期間は絶食するため孵化後 6 日間は摂餌が必要なのに対し，雌は 10 日で次の産卵が可能になる．そこで雌は新しい雄を獲得した方が繁殖に有利となるので新たに独身雄とペアを組むこともある[29]．

B. 両親が保護を担当する場合

一夫一妻：両親が口内保育をするカワスズメ科は一夫一妻である．*Tanganicodus irsacae* は最初に雌が口内保育を担当し，次に雄に交代する．また *Xenotilapia flavipinnis* も雌から雄へ口内保育の交代がみられるが，口内保育が終了した後は両親が見張り型保護を行う[2, 11]．

C. 雌が保護を担当する場合

なわばり訪問型複婚：カワスズメ科の *Cyathopharynx furcifer* はなわばり訪問型複婚で，雄が口で砂を掘り直径 30 ～ 50 cm，深さ 5 ～ 20 cm ほどのクレーター状の巣を作る．雄はクレーターの周囲になわばりを作り雌に求愛する．雌は誘いに応じ巣に入るとペアで並行して回り，1 ～ 2 個の卵を産卵すると卵を口にくわえる．何度か求愛と産卵をくり返したのち雌は巣を去り，別の雄の巣で産卵することもある[2]．

メダカ科ミナミメダカの配偶システムは不明であるが，産卵行動は詳しく観察されている．本種は卵を水生植物に産み付け無保護となるが，その前に一時的に雌が腹部に受精卵を保持するので体外運搬型に分類される．人工池における観察によれば，産卵前に雄は他の雄を追いかけたり打撃を与え排除する行動を示す．その後，雄は雌に対して接近する「近づき」，次に雄が雌の後を遊泳する「したがい」，そして雄が雌の下後方に並列停止する「求愛定位」，雌の吻先で円を描くように泳いでもとの位置に戻る「求愛円舞」がみられる．続いて静止する雌の側面から雄が浮上し泌尿生殖孔を互いに近づける「交叉」，そして雄が背鰭と臀鰭で雌を抱える「抱接」，雌雄の「震わせ」で放卵・放精する．その後，雌は腹部に受精卵を保持したまま移動し吻で産み付け基質である水生植物を数回つつき，体を震わせながら卵をこすりつけて付着させる[30)]．

17-4-4　体内受精・体内運搬型

なわばり訪問型複婚：ウミタナゴ科ウミタナゴは福岡県における観察では，交尾期の 9 月から 12 月にかけて雄がなわばりを作る．配偶システムはなわばり訪問型複婚で，雌が現れると雄は体色が黒ずみ白色斑が現れ，頭部を下げて求愛する．その後，ジグザグにペアで泳ぎ，雌雄が互いに生殖口を短時間密着させて交尾する[31)]．出産は 5 月ごろで全長 5 cm まで成長した若魚を 6 ～ 10 尾産み落とす．若魚はすぐに泳ぐようになり親の保護はみられない[32)]．

フサカサゴ科カサゴの交尾期は愛媛県室手海岸の観察では 11 ～ 12 月である．雄同士は出会った場合，相手を攻撃するが互いに行動圏は重複する．雄は自分の行動圏内にいる雌を訪問し求愛する．雄は雌の背に乗る，体側誇示，胸鰭の震わせ，などの求愛の後，雌が頭部を上げて水底から浮き上がったところで互いに体を巻き付けて交尾する．ただし交尾の頻度は低く，交尾まで至ったのは雌を訪問した中でわずか 0.5％である．交尾後，雌雄ともに複数の相手と再交尾する．その後，1 ～ 2 万個体の仔魚（全長約 4 mm）を冬から春先にかけて出産する[33)]．

ランダム配偶：カダヤシ科グッピーの雄は臀鰭の一部が変形したゴノポディウムという交接器を雌の総排泄腔に挿入して交尾する．雄は雌をみつけると，雌の前で体を S 字状に曲げて小刻みに震える「シグモイド」という求愛行動を示す．これに対し雌は雄の動きを目で追う「オリエント」，さらに交尾を受け入れる場合，雌は総排泄腔を示すように体をくの字に曲げて滑るように雄に接近する「グライディング」という行動を示す．すると雌の前方にいた雄は後方に移動し，ゴノポディウムを前方に突き出して交尾する．交尾後は雌雄ともに別の相手と交尾し，特定の配偶関係がみられない[13]．

板鰓類の配偶システムは観察が困難なことから不明な点が多い．ニシレモンザメではDNAマイクロサテライトマーカーを用いた研究により雌は複数の雄と交尾をすることが示されている[34]．また，ネムリブカでは1尾の雌の周囲に4尾の雄が交尾のために集まっているのが観察されている[35]．雄の左右の腹鰭の一部が変形して突出し，1対のクラスパーとよばれる交接器となっており，これを雌の総排出腔に挿入して受精させる．サメ類の交尾行動は3つのパターンが知られている．1つは巻き付き型で，トラザメでみられるもので雄が雌の体に巻き付く．次はネコザメの抱き合い型で，雌雄が腹面を向かい合わせ，さらに雄の頭部腹面を雌の頭部背面に乗せる．さらに寄り添い型がある．これは雌雄が並行して泳ぎ交接器を挿入するものである（図17-7）[3]．

17-4-5　他の生物に保護を任せる場合

なわばり訪問型複婚：コイ科タナゴ亜科魚類は淡水性二枚貝類であるイシガイ科の鰓内に産卵する[36]．例えばバラタナゴの雄は貝の周囲になわばりを作る．雌が接近すると雄は求愛し貝まで誘導し頭を下げる姿勢をする．雌は長い産卵管をもち，貝の出水管に挿入して産卵する．その後，雄は入水管付近に放精し，貝が呼吸とともに精子を吸い込み貝内で受精させる．本種では他個体が産卵前後に侵入して放精するスニーキング，あるいは同時に多くの雄が侵入し産卵前後に複数の雄が放精するグループ産卵もみられる[37]．

グループ産卵：コイ科ムギツクはケツギョ科オヤニラミの巣に托卵する．オ

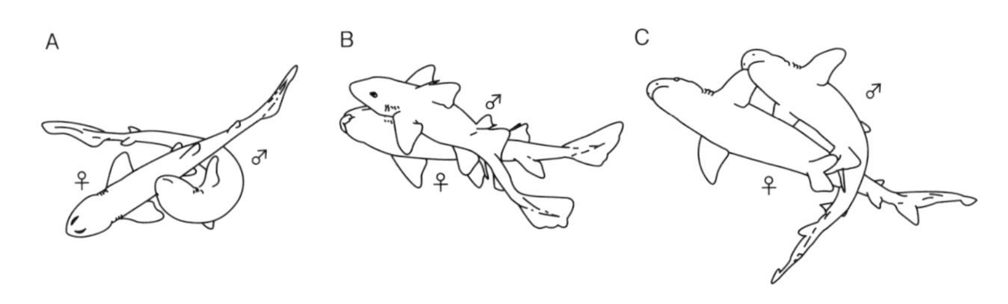

図17-7　サメ類の交尾行動（谷内[3]より転載）
A：巻き付き型，B：抱き合い型，C：寄り添い型．

ヤニラミは雄がヨシなどの植物の茎を産卵床として防衛し，雌が訪問して産卵するなわばり訪問型複婚で雄が見張り型保護をする．保護は孵化後も続き，雄は仔稚魚に寄り添い捕食者を追い払う．ムギツクは20尾以上の群れでオヤニラミのなわばりに侵入すると，オヤニラミは防衛しきれず侵入を許してしまう．するとムギツクは産卵床に体をこすりつけグループ産卵により産卵し，卵保護をオヤニラミに任せる[11]．

タンガニイカ湖のナマズ目の1種 *Synodontis multipunctatus* の産卵行動はまだ観察例がないが，卵・仔稚魚は口内保育をするカワスズメ科6種の雌の口内からみつかっている．宿主の口の中で *S. multipunctatus* の卵は4日で孵化し7日で卵黄を吸収する．このときに宿主の卵が孵化する．*S. multipunctatus* の稚魚は宿主仔魚の背面にかみつき体そして卵黄を吸い取り丸のみにする．こうして安全な宿主の口内ですべての仔を食いつくす．次に口から出て底生動物を捕食し再び宿主の口に戻る，という生活を経て独立する[28]．

文　献

1）桑村哲生（1987）. 魚類における子の保護の進化と保護者の性 . 日本生態学会誌 37: 133-148.

2）桑村哲生（2007）.「子育てをする魚たち－性役割の起源を探る」. 海游舎 .

3）谷内 透（1997）.「サメの自然史」. 東京大学出版会 .

4）デイビス NB ら（野間口眞太郎ら訳）（2015）.「行動生態学 , 原書第 4 版」. 共立出版 .

5）棟方有宗ら（編）（2013）.「魚類の行動研究と水産資源管理」. 恒星社厚生閣 .

6）中園明信 , 桑村哲生（編）（1987）.「魚類の性転換」. 東海大学出版会 .

7）桑村哲生（2004）.「性転換する魚たち－サンゴ礁の海から－」. 岩波書店 .

8）桑村哲生 , 中嶋庸裕（編）（1996）.「魚類の繁殖戦略 1」. 海游舎 .

9）Sadovy de Mitcheson Y, Liu M（2008）. Functional hermaphroditism in teleosts. *Fish Fish.* 9: 1-43.

10）Kuwamura T et al.（2011）. Reversed sex change by widowed males in polygynous and protogynous fishes: female removal experiments in the field. *Naturwissenschaften* 98: 1041-1048.

11）桑村哲生 , 中嶋庸裕（編）（1997）.「魚類の繁殖戦略 2」. 海游舎 .

12）Fischer EA（1980）. The relationship between mating system and simultaneous hermaphroditism in the coral reef fish, *Hypoplectrus nigricans*（Serranidae）. *Anim. Behav*. 28: 620-633.

13）桑村哲生 , 安房田智司（編）（2013）.「魚類行動生態学入門」. 東海大学出版会 .

14）Shimizu S et al.（2016）. Mating system and group spawning in the wrasse *Pteragogus aurigarius* in Tateyama, central Japan. *Coast. Ecosys.* 3: 38-49.

15）Pietsch TW（2005）. Dimorphism, parasitism, and sex revisited: modes of reproduction among deep sea ceratioid anglerfishes（Teleostei: Lophiiformes）. *Ichthyol. Res*. 52: 207-236.

16）Shinomiya A et al.（2003）. Mating system and protandrous sex change in the lizard flathead *Inegocia japonica*（Platycephalidae）. *Ichthyol. Res*. 50: 383-386.

17）Sunobe T et al.（2016）. Random mating and protandrous sex change of the platycephalid fish *Thysanophrys celebica*（Platycephalidae）. *J. Ethol*. 34: 15-21.

18）立原一憲ら（1993）. カンパチの産卵 , 卵内発生および仔稚魚の形態変化 . 日本水産学会誌 59: 1479-1488.
19）宮下 盛ら（2000）. 養成クロマグロの成熟と産卵 . 水産増殖 48: 475-488.
20）Yamahira K（1994）. Combined effects of tidal and diurnal cycles on spawning of the puffer, *Takifugu niphobles*（Tetraodontidae）. *Environ. Biol. Fish*. 40: 255-261.
21）桑村哲生 , 狩野賢司（編）（2001）.「魚類の社会行動 1」. 海游舎 .
22）須之部友基 , 東京シネマ新社（2014）. Sex change: オキナワベニハゼの社会と性転換（DVD）. 東京シネマ新社 .
23）Sunobe T, Nakazono A（1999）. Alternative mating tactics in the gobiid fish, *Eviota prasina. Ichthyol. Res*. 46: 212-215.
24）Kawase H et al.（2013）. Role of huge geometric circular structures in the reproduction of a marine pufferfish. *Sci. Rep*. 3: 2106.
25）Thresher RE（1984）. *Reproduction in Reef Fishes*. T.F.H. Publications, Inc. Ltd.
26）帰山雅秀（2002）.「最新のサケ学」. 成山堂書店 .
27）幸田正典 , 中嶋康裕（編）（2004）.「魚類の社会行動 3」. 海游舎 .
28）堀 道雄（編）（1993）.「タンガニイカ湖の魚たち : 多様性の謎を探る」. 平凡社 .
29）後藤 晃 , 前川光司（編）（1989）.「魚類の繁殖行動 : その様式と戦略をめぐって」. 東海大学出版会 .
30）小林牧人ら（2012）. 屋外池における野生メダカ *Oryzias latipes* の繁殖行動 . 日本水産学会誌 78: 922-933.
31）Nakazono A et al.（1981）. Mating habits of the surfperch, *Ditrema temmicki. Jpn. J. Ichthyol*. 28: 122-128.
32）櫻井 真 , 中園明信（1990）. 水槽内でのウミタナゴの出産と出生後の若魚の形態変化 . 魚類学雑誌 37: 302-307.
33）Fujita H, Kohda M（1996）. Male mating effort in the viviparous scorpionfish, *Sebastiscus marmoratus. Ichthyol. Res*. 43: 247-255.
34）Feldheim KA et al.（2004）. Reconstruction of parental microsatellite genotypes reveals female polyandry and philopatry in the lemon shark, *Negaprion brevirostris. Evolution* 58: 2332-2342.
35）Whitney NM et al.（2004）. Group courtship, mating behaviour and siphon sac function in the ehitetip reef shark, *Triaenodon obsesus. Anim. Behav*. 68: 1435-1442.
36）北村淳一（2008）. タナゴ亜科魚類：現状と保全 . 魚類学雑誌 55: 130-144.
37）Kanoh Y（2000）. Reproductive success associated with territoriality, sneaking, and grouping in male rose bitterlings, *Rhodeus ocellatus*（Pisces: Cyprinidae）. *Environ. Biol. Fish*. 57: 143-154.

18章

社会関係

魚類の社会関係への理解は，多様な群れのあり方への関心と，定住性の強い魚の暮らしへの注目によって進展した．幾多のフィールド研究により，群れにおける種間・種内関係が競合と協調の両面からとらえるべきものであること，なわばり維持や優劣順位関係が広くみられることが認識され，生存や繁殖に関わる戦術・戦略の実態を探る研究への発展の礎となってきた．本章では，それら魚類社会の基盤知見を概観する．

18-1　群　れ

群れとは，動物一般において，多少とも統一的行動をとる複数個体の動物の空間的な集合状態のことをいう[1]．魚類では群れを意味する用語として，school と shoal を使い分ける[2]．いずれにおいても群れを構成する個体間に何らかの社会的な干渉が存在する．遊泳する個体間の距離と配置が整い，個体の行動が高度に同調し組織化されたものを school とよぶ．一方，さほど組織化されていないものの，少なくともそれぞれの個体が遊泳スピードとその方向を合わせているものを shoal とよぶ．これらに対して，餌などの資源や環境に対して単に集まっている状態は aggregation とよぶ．また，多数の個体が集合し，各個体がそれぞれ独立に勝手な行動をとっている群がりは assemblage とよぶ．

魚類の群れは単一種から構成されるものに限らない．複数の魚種が群れに加わる異種混群 mixed-species group も，多様な魚種の生息する環境ではふつうにみられる（図 18-1，19-3-1 参照）．サンゴ礁における異種混群はニザダイ類やブダイ類などの藻類食魚類を中心に形成されることが多く，そこにベラ類やヒメジ類などの動物食性魚類が一時的に群れに加わるような離合集散をくり返す[3]．それぞれに異なる餌を探索しているため，群れ個体の行動の同調性は assemblage の定義に近い．

群れ（school や shoal）内における個体の行動の同調性の高さには，眼と側線が重要な役割を果たしていると考えられている[4]．視覚の効きにくい夜間や，

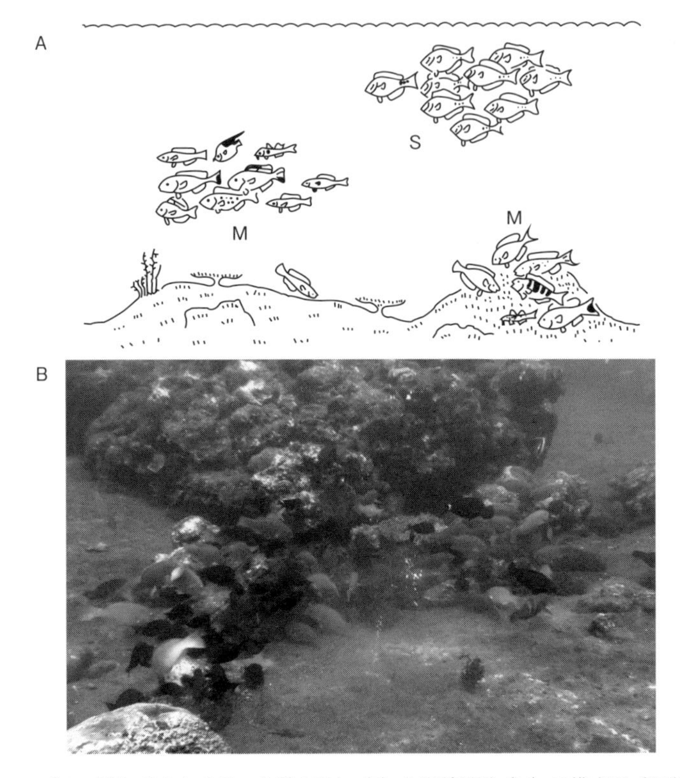

図 18-1　A：サンゴ礁にみられる単一魚種の群れ（S）と異種混群（M）の模式図（具島・村上[3]を改変）と，B：ブダイ類とニザダイ類を中心とした採餌混群（撮影：坂井陽一）

群れ内の個体の視覚を人為的に遮った実験操作において，群れの行動の同調性が乱れることが報告されている．また，群れ内の遊泳個体の整列における個体間距離の維持には，水の流動状態をとらえる側線が貢献していると考えられている．また，音（聴覚）やフェロモン（嗅覚）も，群れ内の行動同調に貢献している可能性もあるが，明確な証拠となるデータは得られていない．

全魚類のおよそ25%が，生涯を通じて群れ生活を行うものと考えられている．ニシン類やカタクチイワシ類はその代表例である．群れサイズの極限的な記録として，カスピ海に生息するボラ類による長さ100 kmに及ぶ回遊群の報告がある．また，北大西洋のニシン類は冬場に3億～46億 m^3 もの巨大な群れ（個体密度は1 m^3 あたり0.5～1.0尾）を作るという[5]．一方，生活史の一時期にのみ群れ生活を経験するものは，全魚類のおよそ50％に及ぶと見積もられている[6]．例えばサケ類やスズキ類では，幼魚時に群れ生活を送るが，成長とともに群れを解消する．その後，繁殖の際に再び群がりを形成する．このように，群れを作る利点に応じて，一時的に群れ（群がり）が形成される事例は多い．

18-1-1　群れを作る利点

群れを作る利点（機能）に関する仮説としては，以下の4つが代表的である．いずれも択一的な仮説ではなく，同時に複数の利点が得られることを想定すべきである．

①　捕食の危険性を低下させる

捕食圧が群れの形成に深く関わることを示す研究事例は数多く存在する．例えばグッピーやコイ科ヨーロッパミノー（*Phoxinus phoxinus*）では，捕食者の乏しい環境では群れを作らず，捕食者の生息密度の高い環境では群れを形成する傾向が強くなることが報告されている[7]．捕食の危険性を減少させる群れの効果としては，たくさんの個体が近接していることにより自身が捕食者に襲撃される確率が減少する「薄めの効果 dilution effect」や，襲撃対象を絞りにくくすることで捕食成功率を低下させる「撹乱効果 confusion effect」が挙げられている[8]．また，捕食者の存在や接近に早く気付くことができる利点もある[7]．

②　採餌効率を向上させる

群れで移動している魚類が盛んに採餌行動をみせることは多く，本機能に着目した研究も数多い．採餌成功を導く群れの効果としては，「餌発見効率の向上 find food faster」が考えられている[8]．眼がたくさんあることによる利点である．異種混群においては，藻類食魚類の接近に驚いて飛び出た小型動物をベラ類などが食するという．これは群れの撹乱効果によって餌発見効率の向上がもたらされている例である．また，単独では接近困難なスズメダイ類の採餌なわばり（18-2参照）内へ，群れを作ることにより攻撃を回避して侵入し，豊富な餌資源を利用する例も知られている[3]．

③　繁殖機会を逃しにくくする

多数の個体が同時的に放卵放精する乱婚的な繁殖形態をもつ魚類や，繁殖時に産卵場所まで長距離移動する習性をもつ魚類などでは，あらかじめ異性を含む同種個体と群れを形成しておくことにより繁殖相手とはぐれることなく，繁殖に適したタイミングで繁殖場所にアクセスすることが容易となる[9]．普段は単独で生活するハタ科やフエダイ科魚類などが，繁殖時に沖合の産卵場に大きな群がりを作る例がある．

④ 遊泳に関する流体力学効果を向上させる

群れを作る回遊魚では，体サイズの揃った個体が等間隔に整列して遊泳する．そのような群れ構造には，エネルギーを節約した遊泳を可能にする効果があると考えられている[10]．群れを構成するすべての個体に流体力学的効果が与えられることには否定的な見解もあるが，少なくとも他個体の後尾に配置することで遊泳エネルギーを節約できる効果が生じるものと考えられている．

18-1-2　群れの構成

群れのサイズは，利用する資源の量とそれをめぐる競争，天敵回避などの要因が最適値を決めると進化理論的に予測される[1, 8]．しかし，群れに参加する個体の純利益を最大にするような群れサイズになっていることを支持する実例は乏しい[7]．群れに加わる個体が得る利益が複合的であること，また群れサイズを厳格にコントロール（個体加入や離脱を制限）するような干渉行動がほとんどみられないことが，群れの動態を複雑なものとしている．

群れの個体構成に関しては，特定の群れ集団あるいは群れ個体が好まれて集団形成されるような傾向は存在しないと考えられてきた．多種多様な魚類の生息する環境では，様々な魚種の組合せの群れが出現することからも，そのように考えられることが一般的であった．しかし，近年の分子遺伝学的解析法の進歩により，カワマスやペルカ科ヨーロピアンパーチ（*Perca fluviatilis*）では，血縁関係の強い個体が集まって群れを形成することが報告されている[11]．ただし，群れ個体の血縁関係性に関しては，それを裏付けることができなかったネガティブデータが公表されにくい学問的特性に留意して慎重に評価すべきであろう．

18-2　なわばり

なわばり territory とは，個体あるいはグループが他個体を排除して防衛し，排他的に占有する地域や空間のことをいう[1]．なわばりをもつ習性を territoriality という．なわばりの防衛の際には攻撃行動として，鰭や鰓を広げ体側を誇示する攻撃的ディスプレイや，突進，噛みつきなどがみられる（図 18-2（口絵））．なわばりをめぐる闘争においては，個体の体サイズの大小関係がそのまま勝敗結果に影響することが通例であるが，体は小さくともなわばり所有者（定住者）が有利となるケースもある．

18-2-1　なわばりの維持・防衛

なわばりは，資源をめぐる同種・異種との競合関係をしのぐために維持される．なわばりで防衛される主要な資源は大きく分けて，①餌，②繁殖相手や産卵場所，③卵や稚仔魚の 3 つがある．それぞれ，採餌なわばり，配偶なわばり，（卵）保護なわばり，とよばれる．これらの他にも，休息時の隠れ家となるスペースがなわばり防衛される例もある．

個体の生活空間は，なわばりのように防衛するものばかりではない．個体を追跡すると，ある時間断面での生活空間が把握できる．その生活空間，すなわち個体が移動したすべての範囲を行動圏 home range とよび，なわばりと区別する．行動圏はなわばりを内在させる空間である．

一方，なわばりは，他種や同種他個体への攻撃行動のみられた地点を記録することで把握される．行動圏の一部がなわばり防衛されるタイプの事例（餌を広範囲に探索し，巣や隠れ家のみなわばり防衛するようなパターン）は比較的遊泳力のある魚類にみられる．資源の豊富なリーフ（サンゴ礁や岩礁）に密着するようにして暮らす小型魚類などでは，コンパクトな行動圏がそのままなわばりとなっているケースもある（図 18-3）．

行動圏は他個体と重複しうる空間である．一方，なわばりは防衛空間ゆえに原則的に他個体とは重複しない．ただし，餌生物種や餌生物サイズが成長に伴って変化する習性をもつ場合や，体サイズの調和した配偶関係をもつ場合など，資源をめぐる競合が生じにくい状況が存在する場合には，なわばりが他個体と重複するケースもある．

なわばりで防衛する資源は 1 つとは限らない．定住性が高く，採餌，繁殖活動をほぼ同じ場所で行うタイプの魚類では，異なる資源を同時に同所的に防衛するなわばり構造がみられる．藻類食性のスズメダイ類やカワスズメ類では，餌資源の分布するゾーンを採餌なわばりとして同種他種から防衛し，配偶者の獲得に関わるゾーンを配偶なわばりとして他雄から防衛し，卵（稚仔）を保護するゾーンを卵保護なわばりとして卵捕食者から防衛する三重なわばりが確認

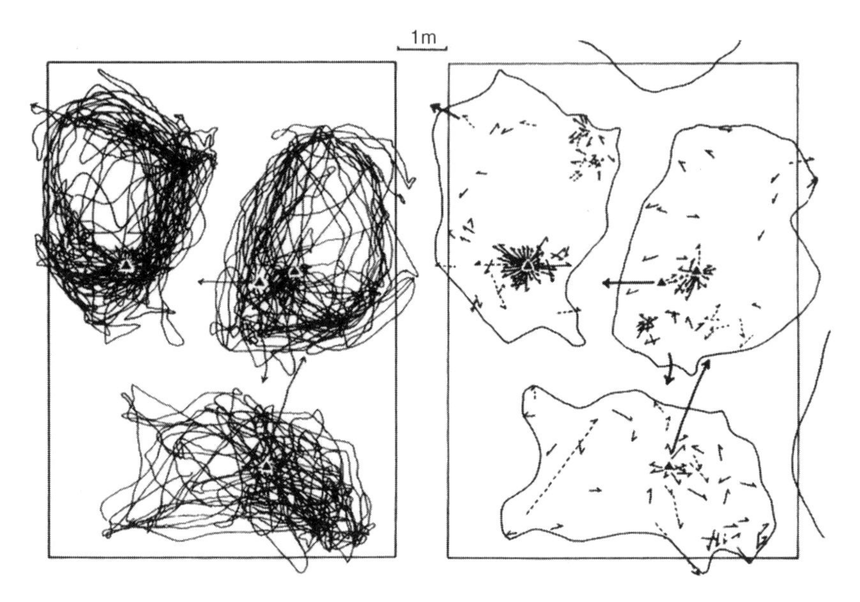

図 18-3　タンガニイカ湖におけるカワスズメ科の 1 種 *Pseudosimochromis curvifrons* の雄の行動圏（遊泳範囲）（左：三角は繁殖ネストの場所）となわばり（右：矢印は攻撃行動）（Kuwamura[12] を改変）
両図ともに同じ追跡調査データにもとづく．本種では行動圏がそのままなわばり防衛されている（行動圏の縁辺で攻撃がみられ，他個体と重複しない）．

されている[13]．

なわばりの維持・防衛には，攻撃による追い出しや見回りパトロールなどの行動へのコスト出費を伴う．また，侵入者との闘争で自身が傷つくことや，目立ちやすく捕食者に襲われる危険性も生じうる．なわばりが維持されるか否か，なわばりサイズをどれほどとするかは，これらのコストおよびリスクと，なわばり内の資源から得られる利益との相対的な大きさで決まると理論的に予想される[1]．例えば，アユは河川の中流域に採餌なわばりをもつことでよく知られているが，生息密度が高くなるとなわばりを解消し群れ生活をする．この変化は，侵入者を追い出すコストが大きくなるためと考えられる．

なわばりを維持する習性が季節変化をみせることは多い．数ヵ月にわたる繁殖期に雄が産卵場所に配偶なわばりを維持するものの，それ以外の時期はなわばりを防衛しなくなるというパターンは，雌が産卵時のみ雄のもとを訪れる

「なわばり訪問型複婚社会」（17章参照）でふつうにみられる（例えばベラ類など）．また，1日のうちの特定時刻に限り，群れを解消し，休息する隠れ家を確保するためのなわばり防衛行動が発現する事例もある．例えばフエダイ類の幼魚は，日中にサンゴの上で群がりを作って休息するが，その際にそれぞれの個体は20 cm四方ほどの小さななわばりで隠れ家を防衛する．その後，夕方になるとschoolとよぶべき群れを作って近接する藻場まで移動し，そこで群れを解消して単独で採餌を行う[14]．なわばり維持コストを軽減させながら，なわばりの利点を適所で活かすパターンといえる．

また，なわばり所有者はやみくもに侵入者すべてを攻撃しているとは限らない．多様な魚種の暮らすリーフに採餌なわばりをもつセダカスズメダイでは，餌資源の藻類を効率的に防衛するため，その脅威となる藻類食魚種を選別して攻撃する[15]．

18-2-2　なわばりの維持と水域環境の関係

サンゴ礁，温帯沿岸域，淡水域の3つの生息環境において，なわばりを維持する魚類の出現割合を比較したデータがある（表18-1）．それによると，繁殖活動に関するなわばり（配偶なわばりと卵保護なわばりを含む）はいずれの水域でも高い割合（68～84%）で確認されている．繁殖資源の空間防衛は水域環境が異なっても重要な意味をもつことがうかがえる．

一方，採餌なわばりについては，サンゴ礁では高い割合（68%）だが，対照的にカナダ東部沿岸（温帯水域）とカナダ淡水域では10%未満（それぞれ1種のみの報告）となっている．つまり，餌資源のなわばり防衛は，水域環境によって生じやすさが大きく異なる．このうち淡水魚における採餌なわばりの割合の乏しさについては古くから指摘する見解があり，解明すべき命題の1つとされてきた[17]．これについては，野外で採餌なわばりをもたないとされる淡

表18-1　3つの異なる水域におけるなわばり行動の確認された魚類の割合（Grant[16]を改変）

なわばり防衛対象	サンゴ礁	カナダ東部沿岸	カナダ淡水域
産卵場所，産卵相手，卵稚仔	84.2%（38）	73.3%（15）	68.4%（19）
餌資源	67.6%（37）	6.3%（16）	9.1%（11）

なわばり行動の有無を十分に評価しうる行動観察が実施された魚類（科数）のうち，なわばり維持が1種以上で確認された科の割合%を示す．

水魚種が水槽飼育下でなわばり防衛をみせる事例があることから，なわばり防衛の潜在能力がないのではなく，その能力を発揮しうる条件にあわない生息環境が淡水域に多いことが原因と推察する意見がある．1980 年代以降カワスズメ科魚類を中心に淡水魚のなわばり研究が数多く進められており，淡水魚が採餌なわばりをあまりみせないという見解はもはやそぐわない．淡水域の生息環境タイプを細分したうえで採餌なわばりの広汎性を再評価することが期待される．

18-2-3　なわばりと体内メカニズムの関係

攻撃行動を制御する体内メカニズムに関与するホルモンを探索する研究は数多い．様々な魚種で雄になわばり防衛がみられることから，雄性ホルモンであるアンドロゲン（11- ケトテストステロンとテストステロン）の攻撃行動への関与を検証する実験が 1970 年代から盛んに試みられてきたが，現在ではアンドロゲンやエストロゲンは攻撃行動のスイッチではなく，行動を強化させるなどの調節役割を担うとする見解がある[18]．攻撃行動への関与は，脳下垂体ホルモンである生殖腺刺激ホルモンや，成長ホルモン，成長ホルモンの抑制因子であるソマトスタチンからも確認されており，行動の制御に重要な役割をもつことが示唆されている[18, 19]．さらには，セダカスズメダイの近縁種であるスズメダイ科ビューグレゴリー（*Stegastes leucostictus*）では，AVT（アルギニンバソトシン）が攻撃行動の発現に関与していることが確認されている[20]．ただし，攻撃行動が抑制されるという逆の効果を報告する研究もある．これらのホルモンの相互関係に着目してメカニズム経路を明確にする今後の研究進展に期待したい．

18-3　順　位

攻撃行動は他個体を排除するなわばり防衛のみならず，同居・近接する個体間の優劣関係にも深く関わる．同種の 2 個体間に攻撃的行動がみられた場合，その勝敗を個体の強弱によるものと考え，その優劣関係を順位 dominance hierarchy（order）とよぶ[1]．攻撃行動が儀式化され，物理的な接触を伴わずディスプレイのみで勝敗が明確になるケースも多い．

18-3-1 順位の機能

一般的に，順位の機能については「資源をめぐる不要な闘争を避ける仕組み」と説明されることが多い．いったん順位が決まった後に争うことなくその順番で餌を食べるニワトリの事例がよく知られ，このような仕組みは順位制とよばれる．しかし，魚類では攻撃行動を含めたディスプレイが社会干渉の一環として日常的にみられることが一般的であり，たとえ順位関係が明確でも攻撃行動がまったくみられなくなるわけではない．その意味で，魚類における順位の機能として「闘争を避ける仕組み」という定義をそのまま当てはめにくい．順位の明確な社会グループをもつ魚では，個体間干渉はかなり穏やかであることが一般的である．ゆえに順位関係の確立が闘争強度を緩和する効果を与えている可能性はある．しかし，魚類における順位（優劣関係）の機能として何より重要なのは，繁殖や採餌に関わる行動パターンの個体差を生み出すという点である．

18-3-2 直線的順位関係と独裁制

ホンソメワケベラは，社会集団における個体関係が詳しく調査されている代表格である．雄と複数雌が同居する一夫多妻（ハレム）の社会をもち，攻撃的ディスプレイを含めた行動干渉が頻繁にみられる（図 18-4）．グループ構成個体には体サイズに依存した直線的な優劣関係 linear hierarchy がみられる（表 18-2）．順位関係が明確なサイズ差の離れた個体同士は行動圏を互いに重複さ

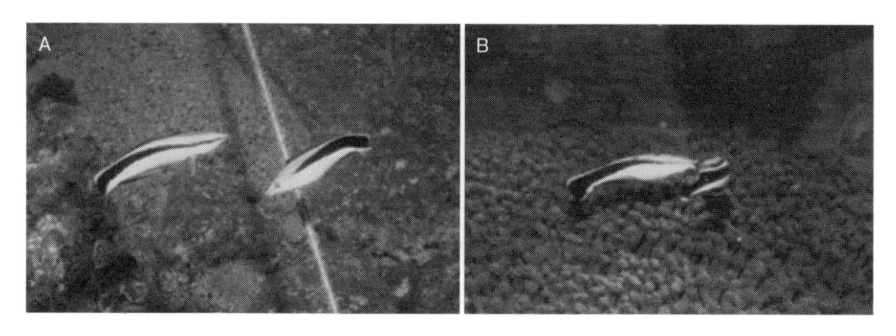

図 18-4 ホンソメワケベラのハレムグループ内の行動干渉
A：体サイズの大きな優位雄（左側）が鰭を広げて近寄ると，劣位雌（右側）は体を少し曲げて静止する．B：まれに激しい攻撃（噛みつき）がみられる（雌同士）（撮影：坂井陽一）

せて同居する．優位個体は劣位個体の行動圏を覆う，より大きな行動圏をもつ．最も優劣順位の高い最大個体が雄であり，雄はすべての雌の行動圏を覆う行動圏（＝なわばり）を維持する（図18-5）．このようなハレム構成を基本としながらも，優劣の決着がつきにくいサイズの近い雌個体が存在するようなケースもある．そのような優劣順位の明瞭でない個体同士は，行動圏を避け合うよう排他的な空間配置をとる[23]．すなわち優劣関係の明確さが個体の同居・非同居を決めているのである．同様の空間配置がキンチャクダイ科アブラヤッコ属魚類のハレムからも知られている[24]．

このように組織化された順位関係とは対照的に，特定の個体のみが優位性を発揮する独裁制（独裁的順位関係）despotic hierarchyとよばれるパターンもある．飼育下のウナギ類では，1尾の大型個体が水槽の95％のエリアを支配し，

表18-2　ホンソメワケベラのハレムグループ内にみられる体長にもとづく優劣順位関係（Sakai et al.[21]を改変）

	攻撃対象				優劣順位
	雄 （10.0）	雌A （8.5）	雌B （7.5）	雌C （7.0）	
雄		6	5	2	1位
雌A	0		2	6	2位
雌B	0	1		5	3位
雌C	0	0	0		4位

各個体40分の観察にもとづく攻撃干渉回数を示す．カッコ内は全長（cm）

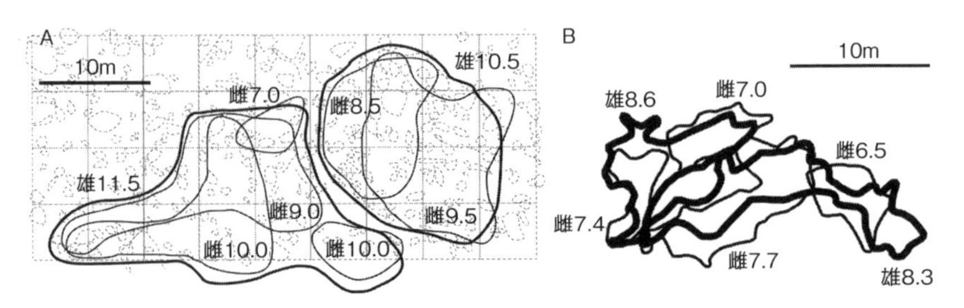

図18-5　ハレム魚類の行動圏の空間配置（A：ホンソメワケベラ，B：サラサゴンベ）（前者はSakai et al.[21]を，後者はKadota et al.[22]を改変）
太線と細線はそれぞれ雄と雌の行動圏，数字は体サイズ（全長cm）．いずれの魚種も隣り合う雄はなわばり関係にあり，雌は雄と同居する．サラサゴンベでは雌同士もなわばり関係にある．

他の25尾が5%のエリアに密集していたとする例がある．ギンザケやナマズ類からも独裁制が報告されている．

18-3-3 順位と繁殖戦略

順位関係は繁殖戦略にも深く関わる．直線的な優劣順位関係にあるホンソメワケベラやキンチャクダイ科魚類のハレム社会では，各個体は「優位なら雄劣位なら雌」という性表現パターンを示す（17-4-1参照）．優位雄は同居雌すべてと産卵し高い繁殖成功を得る．雄は広いなわばりを維持し，頻繁に雌たちに社会行動をみせ，明確な優劣関係を維持することで，雌たちの性転換を抑制し，産卵を継続できる．また，雌の中での優劣順位関係は，将来の性転換機会の確保に関わると考えられている．

同様の性機能への影響はクマノミ類でも認められている．クマノミではイソギンチャクに住む最大個体が雌，次に大きな個体が雄として機能する[25]．さらに小さな同居個体は性成熟していない．優劣関係を維持することで繁殖機会を確保するとともに，雌は雄の性転換を抑制する．このように個体間の優劣関係が性転換の発現を制御していることを確認した報告事例は数多い（17章参照）．

グループ内の優劣順位関係は優位個体の死亡消失によって変化するが，劣位個体がそのような受動的な変化を待つとは限らない．自発的に順位関係を変化させる行動の報告例がある．劣位雌が別のハレムへと引越し，優劣順位を上げることが，ホンソメワケベラとオキナワベニハゼで報告されており，性転換を早める戦術と理解されている[21, 26]．また，クマノミにおいても，雄や未成魚によるコロニー引越しが観察されており，雌への性転換のきっかけ，あるいはより多くの卵を産む雌とペアを組み替えるきっかけとなることが確認されている[25]．

魚類における同種個体間の優劣関係には，サイズ（年齢），雌雄の性別，先住者の有利性，経験などが影響を与える．体サイズは個体の闘争力（遊泳突進力）と関係するため，大きな個体が小さな個体を支配することが多い．サケ科では，優位個体は好ましいマイクロハビタット（微生息場所）を占拠し，結果として，高い採餌率を維持し，高成長，良好な健康状態，高い繁殖成功を得る[27]．クマノミ類やアブラヤッコ属魚類では，優劣順位による社会関係が劣位個体の成長抑制を引き起こすことが報告されている[28－30]．また，好ましい産卵時刻タイミングをめぐる雌間競争や，雌の産卵頻度に順位関係が影響を与えるとする報告もある．なわばり雄と雌との産卵に割り込んで放精する繁殖戦術であるスニーキング（ストリーキング）は小型雄によくみられるが（17章参照），これも優劣関係が強く影響している．

18-3-4　順位と個体認識

順位関係が成立する背景には，社会集団のメンバー間の個体認識が存在する．しかし，魚が順位・優劣関係（大小関係）を認識する仕組みについては不明な点が多い．その理解の手掛かりとなる認識能力の存在がカワスズメ科（*Julidochromis transcriptus*）で報告されている．他個体同士の闘争結果（優劣関係）を第三者として視認することにより，それらの個体とのその後の関係を調整変化させる能力をもつことが確認され，論理的推察能力の存在が裏付けられている[31]．他個体の観察と，自身の経験にもとづき，社会地位を把握しているものと推察されている．同様の能力が順位関係をもつ魚種に広く認められるのか今後の検証が期待される．

18-4　利他行動

利他行動 altruism とは，行動を行う個体の適応度を低下させ，他個体の適応度を増加させる行動を指す．真社会性ハチ目昆虫などでは血縁淘汰 kin selection にもとづく利他行動の進化例（不妊の労働個体：ワーカー）がよく知られている[1]．卵・稚仔が分散し，子が産まれた場所に留まらないものが多い魚類においては，血縁者の増加を導く利他行動を通じて，集団中に自身の遺伝子を効率的に残すことが可能となる状況は非常に限られる．

例外的に，子が産まれた場所に留まり，成熟まで成長を続けるものがカワスズメ科魚類には数多く存在する．アフリカのタンガニイカ湖に生息する *Neolamprologus* 属と *Julidochromis* 属の数種（*Neolamprologus brichardi*, *N. pulcher*, *N. multifasciatus*, *N. savory*, *Julidochromis marlieri*, *J. regain*, *J. ornatus*）において，親魚の子育てを手伝う子，すなわちヘルパー helper の出現が確認されている（図 18-6（口絵））．ヘルパーは，子（弟・妹）の世話やなわばり防衛を助け，親の繁殖成功の増加に貢献する[32]．弟や妹の増加により血縁淘汰を通じた適応度上の利点を獲得するものと考えられている．

ただし近年，遺伝子を用いた血縁関係の分析がヘルパーの報告のある複数種で実施され，ヘルパー行動をみせた個体に血縁関係のない他人がかなり紛れ込んでいること，さらにそれらの個体が繁殖に関与し，自身の子を残している実態をもつことが確認されている[33]．この場合，ヘルパー行動は，血縁淘汰にもとづいた利他行動ではなく，繁殖機会を得るための戦術といえる．非血縁ヘルパーの出現は，個体の入れ替わりなどで血縁個体のみからなる社会グループを安定維持しにくいことに起因するものと考えられているが，ヘルパー事例をあらためて精査する必要性を提起するものである．

魚類において血縁淘汰による行動の進化が起こりにくい背景には，子の分散を前提とした生存・繁殖戦略が深く関わる．浮遊分散期を経てリーフに定着した幼魚個体の血縁関係を遺伝学的に検証した研究では，血縁者が近接することを支持する証拠は得られていない[34, 35]．多くの魚類では，子は卵・稚仔の段階で拡散し，血縁個体が離散することになる．しかし，血縁関係を前提としない魚類集団においても，他個体の適応度を増加させるような行動は存在する．例えば，小魚が魚食性の捕食者の周りに群がりその魚の捕食行動を妨害するモビングや，群れによる捕食圧の低下や餌獲得効率の向上も周囲の他個体に対して利他的効果を与える．また，子育てや産卵などの繁殖に関わる局面にも，利他的行動の報告例がある．クマノミやニジカジカでは，別の雄が受精させた卵を肩代わり保育することが知られている．肩代わり保育を請け負うことで，これらの雄は繁殖機会を得ることができるため，繁殖上の利点が存在する．これらは自分の利益を追求する利己的な行動が，結果として相利的な関係となっているものである[36]．

クマノミ類の社会では幼魚（非血縁者）が繁殖ペアのイソギンチャクに同居している．幼魚にとって，イソギンチャクに加入定着できることは生存上の利点となり，同種個体との同居は将来の繁殖機会の確保につながる．一方，繁殖ペアにとっては，幼魚との同居に何か利点があるのだろうか．その視点から，クマノミ類の幼魚が非血縁者ヘルパーとして同居する繁殖ペアに利益を提供している可能性が示唆されていた．しかし近年，そのヘルパー説を否定するデータが報告されている．クラウンアネモネフィッシュ（*Amphiprion percula*）の野外実験調査により，幼魚の存在が繁殖ペアの生存・成長・産卵・新たな繁殖相手の獲得のいずれの局面に対しても正の効果を与えていないことが明らかにされている[37]．近縁種カクレクマノミにおいても同様の報告がある．これらから，クマノミ類の幼魚が利他行動を積極的に行っているとは考えにくい．では，なぜ幼魚は同居できるのだろうか．クラウンアネモネフィッシュの幼魚は，同居する繁殖ペアの適応度に対して負の効果も与えていないことが示唆されている[37]．すなわち，繁殖ペアに不利益を与えないようにふるまうことで同居を許されているものと考えられている．この中立的な関係の成立には，幼魚自身が成長を抑え，繁殖ペアと競合関係にならない小型サイズに留まっていることも貢献していると考えられている．密接な関わり合いをもつ魚類社会において顕著な利益や不利益を与えない個体間関係を積極的に報告した例はほとんどないが，社会の安定性をもたらしうるパターンの1つとして留意しておきたい．

文　献

1) 巌佐 庸ら（編）(2003).「生態学事典」. 共立出版.

2) Partridge BL (1982). Structure and function of fish schools. *Sci. Am.* 245: 114-123.

3) 具島健二, 村上 豊 (1979). 口永良部島における磯魚の混群. *J. Fac. Appl. Biol. Sci., Hiroshima Univ.* 18: 103-121.

4) Moyle PB, Cech Jr JJ (2004). *Fishes: An Introduction to Ichthyology, 5th ed.* Pearson Benjamin Cummings.

5) Radakov DV (1972). *Schooling in the Ecology of Fish.* Wiley.

6) Shaw E (1978). Schooling fishes. *Am. Sci.* 66: 166-175.

7) Magurran AE (1990). The adaptive significance of schooling as an anti-predator defense in fish. *Ann. Zool. Fenn.* 27: 51-66.

8) Pitcher TJ, Parrish JK (1993). Functions of shoaling behaviour in teleosts. In: Pitcher TJ (ed). *Behaviour of Teleost Fishes, 2nd ed.* Chapman & Hall. 363-440.

9) Krimley AP, Holloway CF (1999). School fidelity and homing synchronicity of yellowfin tuna, *Thunnus albacares. Mar. Biol.* 133: 307-317.

10) Hoare DJ et al. (2000). Social organization of free-ranging fish schools. *Oikos* 89: 546-554.

11) Behrmann-Godel J et al. (2006). Kin and population recognition in sympatric Lake Constance perc (*Perca fluviatilis* L.): can assortative shoaling drive population divergence? *Behav. Ecol. Sociobiol.* 59: 461-468.

12) Kuwamura T (1992). Overlapping territories of *Pseudosimochromis curvifrons* males and other herbivorous cichlid fishes in Lake Tanganyka. *Ecol. Res.* 7: 43-53.

13) Kohda M (1984). Intra and interspecific territoriality of a temperate damselfish *Eupomacentrus altus*, (Teleostei: Pomacentridae). *Physiol. Ecol. Japan* 21: 35-52.

14) McFarland WN, Hillis Z-M (1982). Observations on agonistic behavior between members of juvenile French and white grunts - family Haemulidae. *Bull. Mar. Sci.* 32: 255-268.

15) Kohda M (1981). Interspecific territoriality and agonistic behavior of a temperate pomacanthid fish, *Eupomacentrus altus* (Pisces: Pomacentridae). *Z. Tierpsychol.* 56: 205-216.

16) Grant JWA (1997). Territoriality. In: Godin JG-J (ed). *Behavioural Ecology of Teleost Fishes*. Oxford University Press. 81-103.

17) Barlow GW (1993). The puzzling paucity of feeding territories among freshwater fishes. *Mar. Behav. Physiol.* 23: 155-174.

18) Munro AD, Pitcher TJ (1983). Hormones and agonistic behavior in teleosts. In: Rankin JC et al. (eds). *Control Process in Fish Physiology*. Croom Helm. 155-175.

19) Trainor BC, Hofmann HA (2006). Somatostatin regulates aggressive behavior in an African cichlid

fish. *Endocrinology* 147: 5119-5125.

20) Santangelo N, Bass AH (2006). New insights into neuropeptide modulation of aggression: field studies of arginine vasotocin in a territorial tropical damselfish. *Proc. R. Soc. B* 273: 3085-3092.

21) Sakai Y et al. (2001). Effect of changing harem on timing of sex change in female cleaner fish *Labroides dimidiatus*. *Anim. Behav*. 62: 251-257.

22) Kadota T et al. (2011). Harem structure and female territoriality in the dwarf hawkfish *Cirrhitichthys falco* (Cirrhitidae). *Environ. Biol. Fish*. 92: 79-88.

23) Kuwamura T (1984). Social structure of the protogynous fish *Labroides dimidiatus*. *Publ. Seto Mar. Biol. Lab*. 29: 117-177.

24) Sakai Y, Kohda M (1997). Harem structure of the protogynous angelfish, *Centropyge ferrugatus* (Pomacanthidae). *Environ. Biol. Fish*. 49: 333-339.

25) Ochi H (1989). Mating behavior and sex change of the anemonefish *Amphiorion clarkii* in the temperate waters of southern Japan. *Environ. Biol. Fish*. 26: 257-275.

26) Manabe H et al. (2007). Inter-group movement of females of the polygynous gobiid fish *Trimma okinawae* in relation to timing of protogynous sex change. *J. Ethol*. 25: 133-137.

27) Nakano S (1995). Individual differences in resource use, growth and emigration under the influence of a dominance hierarchy in fluvial red-spotted masu salmons in a natural habitat. *J. Anim. Ecol*. 64: 75-84.

28) Hattori A (1991). Socially controlled growth and size-dependent sex change in the anemonefish *Amphiprion frenatus* in Okinawa, Japan. *Jpn. J. Ichthyol*. 38: 165-177.

29) Buston P (2003). Size and growth modification in clownfish. *Nature* 424: 145-146.

30) Ang TZ, Manica A (2010). Benefits and costs of dominance in the angelfish *Centropyge bicolor*. *Ethology* 116: 855-865.

31) Hotta T et al. (2015). The use of multiple sources of social behavior: testing the social cognitive abilities of a cichlid fish. *Front. Ecol. Evol*. 3: 85, doi: 10.3389/fevo.2015.00085.

32) Taborsky M, Limberger D (1981). Helpers in fish. *Behav. Ecol. Sociobiol*. 8: 143-145.

33) 安房田智司 (2013). 協同繁殖シクリッドの配偶と子育てをめぐる同性・異性間の駆け引き.「魚類行動生態学入門」(桑村哲生, 安房田智司編). 東海大学出版会. 152-183.

34) Avise JC, Shapiro DY (1986). Evaluating kinship of newly-settled juveniles within social groups of the coral reef fish *Anthias squamipinnis*. *Evolution* 40: 1051-1059.

35) Buston PM et al. (2007). Are clownfish groups composed of close relatives? An analysis of microsatellite DNA variation in *Amphiprion percula*. *Mol. Ecol*. 16: 3671-3678.

36) 宗原弘幸 (1996). 非血縁個体による子の保護の進化.「魚類の繁殖戦略 1」(桑村哲生, 中嶋康裕編). 海游舎. 134-181.

37) Buston P (2004). Does the presence of non-breeders enhance the fitness of breeders? An experimental analysis in the clown anemonefish *Amphiprion percula*. *Behav. Ecol. Sociobiol*. 57: 23-31.

19章

種間関係

この章では異なる種類の魚類同士の種間関係，および魚類と他の生物との種間関係を様々な側面から取り上げる．

生物の種間関係は主に4つのタイプ（食う食われるの関係，競争，共生，擬態）に区別される（図19-1）[1-3]．まず基本は食物連鎖（食う食われるの関係）で，従属栄養生物である魚類は，他の生物を食べなければ生きていけない．また，魚類を食べる敵も当然存在する．次に，同じ栄養段階にあり，似た生態をもつ2種は共通の資源をめぐって競争関係になりやすい．その結果，資源分割や競争排除が起こることがある．一方，餌，隠れ家，繁殖など様々な面で，お互いに利益を得る共生関係になることもある．さらに，他種に似ることによって利益を得る，擬態という間接的な種間関係もある[4]．それぞれの例をみていくことにする．

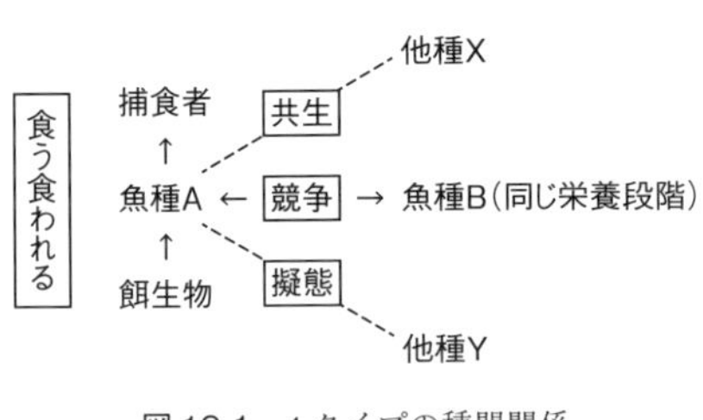

図19-1　4タイプの種間関係

19-1　食う食われるの関係

食物連鎖 food chain における魚類の餌（捕食）と敵（被食）との関係を概観しておく．

19-1-1　魚類の食性

魚類が食べる餌は様々で，藻類，草類，無脊椎動物（プランクトン，ベントス，落下昆虫など），魚類，さらに他の脊椎動物を食べる魚もいる．また，特定の餌を専食するスペシャリストもいれば，様々な餌をとるジェネラリスト（何でも屋）もいる[5]．

淡水魚の例を挙げると，渓流に住むアマゴは川底のカゲロウなど水生昆虫の幼虫や，水面に落ちて流れてくる昆虫を食べる．ナマズやドンコは主に小魚を食べる．ゲンゴロウブナは主に植物プランクトンを食べるのに対して，ギンブナは雑食性で底生動物や藻類も食べる．

サンゴ礁の海では，チョウチョウウオ類やブダイ類の一部はサンゴのポリプを食べる．前者はポリプだけつまみ食いするのに対して，後者はサンゴの枝を石灰質ごとかじり，消化できずに糞として排出された石灰質は，サンゴ礁の白い砂浜を作る．スズメダイ類はプランクトンあるいは糸状藻類を，ベラ類は主に底生の小型甲殻類を食べる．モンガラカワハギ類は底生無脊椎動物を主食としており，ウニの棘を口でくわえてひっくり返し，口部（下面）から殻を突いて割って中の卵巣を食べることもよくある．沖合を泳ぐマグロ類やサメ類は主に魚食性である．

魚食性の魚の中には，魚を丸ごと食べるのではなく，その体表の皮膚や鱗や鰭の一部をかじりとるものもいる．サンゴ礁ではテンクロスジギンポなどが不意打ちして他の魚の体表をかじる．タンガニイカ湖に住むカワスズメ科 *Perissodus microlepis* は鱗を専食する．その口部形態に左右差があり，右利き（右顎が発達）の個体は右側から，左利きの個体は左側から体側を狙うことが知られている[6]．

19-1-2　成長や季節による食性の変化

海産魚のほとんどは，卵から孵化した仔魚は浮遊生活を送り，プランクトンを食べるが，着底した稚魚は食性を変える[7]．川を遡上したアユの幼魚は動物食だが，成長に伴い藻類（石の表面に付着する珪藻類）を専食するようになる．

地域や季節によっても食性は変化する．北米原産の外来種で日本各地に定着しているオオクチバスは，魚類と甲殻類を主に食べているが，地域により食性の違いがみられる[8]．例えば，アメリカザリガニを主食としている地域が多いが，琵琶湖など一部の湖ではアメリカザリガニが豊富に生息しているにも関わらず利用しない．ブルーギルを利用するか否かについても同様の地域差が報告されている．また，アユは三重県の湖では冬によく捕食されているが，琵琶湖に隣接した西の湖では冬ではなく，春から夏にかけて捕食される．後者は琵琶湖からコアユが来遊する時期と一致しており，食性の季節変化は餌生物の出現季節性に大きく左右される．

日周期と潮汐周期により採餌活動を変化させる魚もいる．浮遊生活から底生生活に移行する時期のハゼ科ドロメの幼魚は，夜間は潮位に関わらず単独で底生動物を食べる．日中も干潮時は同様に底生動物を食べるが，満潮になると浮き上がって群れを作ってプランクトンを食べる[5]．

個体群密度に応じて採餌戦術を変える場合もある．アユは比較的低密度のときはなわばりを構え，他個体を追い払って自分の餌（藻類）を確保する．高密度になるとなわばりを防衛しきれなくなり（防衛のコストが利益を上回り），なわばりを放棄して，群れ行動をとるようになる[9]．ただし，食べる餌は同じ藻類で変化しない．

19-1-3　被食と捕食者の影響

卵や仔稚魚は様々な動物に捕食されるが，成魚になっても魚類以外の様々な動物にも食べられている[7]．クラゲ，イソギンチャクなどの刺胞動物，オニイソメなどの環形動物，エビ，カニ，水生昆虫などの節足動物，アンボイナ，イカなどの軟体動物，カエル，サンショウウオなどの両生類，ワニ，カメ，ヘビなどの爬虫類，カワセミ，カワウ，ペンギン，カモメなどの鳥類，カワウソ，アシカ，イルカなどの哺乳類にも捕食される．そして，人間も水産有用生物として利用する．

捕食者の存在が魚類の採餌活動に影響を与えることもよく知られている[5]．例えば，渓流性のサケ科魚類では夏は昼間に採餌するのに対して，冬は夜行性になる地域がある．冬には低水温により運動能力が低下し，捕食者からの逃走能力も低下する．カワウソなどの捕食者は主に視覚によって魚を捕るので，それらの活動性が低下する夜間にシフトするのだと考えられている．

19-2　種間競争

同じ栄養段階にあり，似た生態をもつ2種は共通の資源をめぐる競争関係になりやすい（図19-1）．種間競争 interspecific competition や資源分割 resource partitioning の理論については生態学の教科書を参照していただくことにして[1, 2]，ここでは具体例をいくつか紹介する．

19-2-1　種間競争と資源分割

サンゴ礁魚類における競争の影響を実験的に調べた72の文献を精査した結果，種内競争に関する実験の72%と種間競争に関する実験の56%が，加入個体数，生存率，成長，あるいは繁殖に対して競争がマイナスの影響を及ぼしていることを実証していたという[10]．例えば，プランクトンを食べるシリキルリスズメダイとヨスジリュウキュウスズメダイの幼魚は，同じ種類の枝状サンゴを隠れ家として利用する．シリキルリスズメダイはサンゴ内の生息密度が高いほど死亡率が高くなるが，同じサンゴ内にヨスジリュウキュウスズメダイがいると死亡率がさらに高まるという．

カリブ海に住むグランマ科の小型魚類 *Gramma loreto* と同属の *G. melacara* は水深によって棲み分け（資源分割）している．前者は主に水深 30 m までの浅所に，後者は 30 ～ 180 m の深所にみられ，ごく一部の地域でのみ共存しているが，共存域では採餌場所をめぐる競争がみられる[11]．両種ともにプランクトンを食べ，大型個体ほど好適な採餌場所（リーフの先端）に位置するが，共存域では幼魚はより奥の方の不利な場所に追いやられる．いずれか一方の種を除去してみると，残された種の幼魚はより前方に位置を変え（図 19-2），成長率もよくなった．すなわち，お互いに幼魚に対して種間競争が働くため，*G. loreto* の方がより攻撃的であるにも関わらず，共存域でいずれか一方が個体数を減らすことはなかったという．

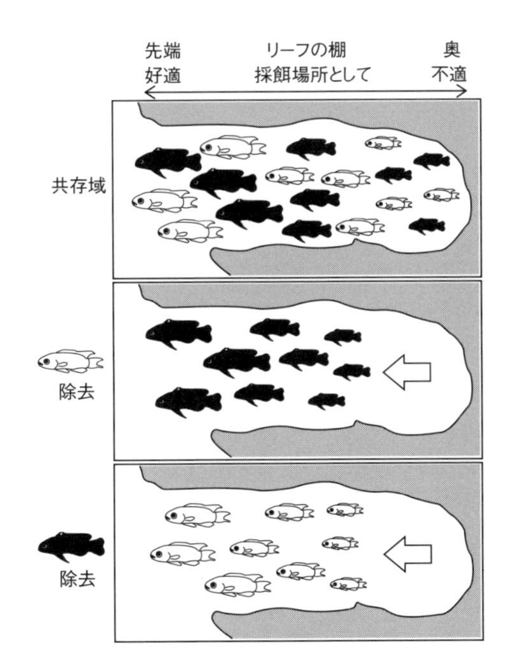

図 19-2　*Gramma* 属 2 種の種間競争：他種の除去による幼魚の位置の変化

湖沼や河川に住む淡水性サケ科魚類では，同所的に生息する複数の種間で餌や空間資源の利用が異なる例が多数報告されている[12]．北海道の河川に住むアメマスとオショロコマの場合，異所的に生息する場合には両者とも陸生昆虫やカゲロウ目の幼虫などの流下動物を主に利用しているが，同所的に生息する場合には，オショロコマはヨコエビ類やトビケラ目幼虫など流下しにくい底生動物を利用するよ

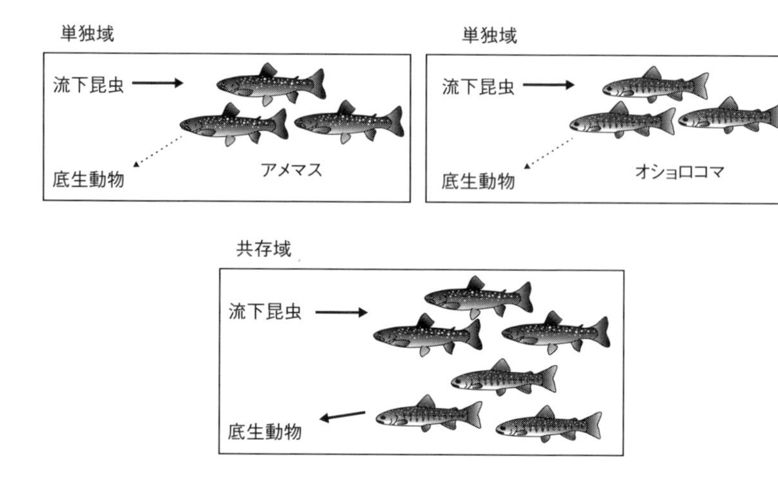

図 19-3　淡水性サケ科魚類の種間競争と資源分割

うになる（図 19-3）．この資源分割は 2 種間の干渉行動（攻撃行動）の結果生じたものと考えられている．ただし，このような種間競争が起こるのは餌の供給量が限られている季節であり，供給量が多い初夏には両種とも流下動物を主に利用する．

一方，同じサケ科魚類でも競争を伴わない資源分割の例も報告されている．北米の河川に同所的に生息するオショロコマとギンザケ幼魚は，底質，流速，水深などの環境要因に対する選好性が異なり，ギンザケを実験的に取り除いてもオショロコマの微生息場所や採餌行動はほとんど変化しなかったという．もちろん，このような資源分割は過去の種間競争の結果である可能性も否定できない．

19-2-2　外来種による競争排除

種間競争により同所的共存ができずに片方の種が排除されることもある．この競争排除 competitive exclusion は特に外来種を移入した際に観察されやすく，淡水性サケ科魚類では多くの事例が報告されている[12)]．例えば，ニジマス（北米西部から）やブラウントラウト（ヨーロッパから）を北米東部の様々な水域に放流した結果，在来種のカワマスが排除された．日本でもニジマスやブラウントラウトの移入が，オショロコマやイワナを排除したという報告がある．

ボウフラ（蚊の幼虫）を駆逐する目的で日本各地に放流されたカダヤシ（北米南部原産）が，沖縄や関東地方では在来種のミナミメダカを排除してきたという報告もある．カダヤシの方が攻撃的で，低酸素や高温に対する耐性が強いなどの点で優位になると考えられているが，低温に強いなどその他の点ではミナミメダカの方が優位になることもあり，排除されていない地方もある．

19-2-3　種間なわばり

藻類食のスズメダイ類は糸状藻類を主食にしており，それを食べにくる魚を追い払う．直径 1 m 程度の範囲を自分のなわばりとして，藻類の「畑」を管理している．サンゴ礁には藻類食のスズメダイ類が何種類もおり，同じ種類の藻類を食うなら同種のみならず異種でも追い払う必要がある．したがって，何種類ものスズメダイの種間なわばりがモザイク状に形成されることになる．

これらのスズメダイ類は，近づいてくる魚の体形・体色・体長をもとにそれらの食性を見分けていることが知られている[13]．攻撃は同種に対して最も激しく，次に同じ藻類食の種とネストの卵を狙う種に対して，そして競争相手ではない無脊椎動物食の種に対してはあまり攻撃しない．

タンガニイカ湖のカワスズメ科魚類でも，藻類食者が種間なわばりを維持している[14]．これらの雄の場合は，藻類を守る摂餌なわばりの中に，雌をよび込んで産卵してもらう場所があり，その周囲を「巣場所なわばり」として（卵を食べる可能性のある）すべての魚種から防衛する．一方，摂餌なわばりから出て雌に求愛し，同種の雄に対してのみ防衛する広い「配偶なわばり」も維持している．すなわち，配偶なわばり，摂餌なわばり，巣場所なわばりの三重構造が認められる（図 19-4）．

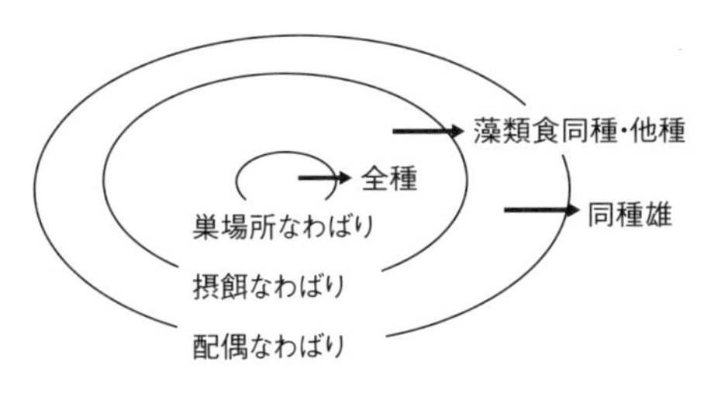

図 19-4　藻類食シクリッドの雄の三重なわばり

19-2-4　繁殖干渉

種間競争にはこれまで述べてきた資源をめぐる競争のほかに，繁殖をめぐる競争もある．近縁種間に生じる性的相互作用（雑種形成など）により，雌の繁殖成功度（適応度）が低下する現象を繁殖干渉 reproductive interference とよぶ．

日本の在来種であるモツゴとシナイモツゴはもともと異所的に分布していたが，モツゴがコイやフナなどの種苗放流に混入したことにより，現在では全国に分布する国内外来種となった．この2種は同所的に生息していると容易に交雑してしまうが，野外ではシナイモツゴの雌とモツゴの雄による交雑個体しかみつかっていない[15]．雑種個体は不稔であるため，シナイモツゴの減少をもたらし，モツゴの侵入後わずか数年で置き換わる可能性もあるという．

19-3　共　生

異なる種類の生物同士が互いに利益を得ている関係を共生 symbiosis とよぶ．より厳密に「相利共生」mutualism とよんで，一方だけが利益を得て他方は損得がない「片利共生」commensalism や，一方だけが利益を得て他方は損をする「寄生」parasitism と区別することもある[16]．ただし，ほとんどの寄生は栄養摂取を目的としたもので，最初に扱った「食う食われるの関係」に含めることができる．また，托卵など繁殖をめぐる寄生は17-4-5で紹介されている．

ここでは，共生（相利共生）について魚類同士の場合と，魚類と他の生物の場合[17]に分けて，代表例を挙げながら，どのような点で利益を得ているのかをみていくことにする．

19-3-1　魚類同士の共生

A. 掃除共生

他の魚の体表につく寄生虫（甲殻類のウオジラミなど）をつついて食べる掃除魚が，浅海や河川から多数報告されている．なかでも有名なのは，サンゴ礁に住むホンソメワケベラである．定住性でなわばりをもち，その中のクリーニング・ステーションとよばれる場所に，様々な種類の魚たちが掃除をしてもらいにやってくる．動きを停止して掃除請求ポーズをとると，ホンソメワケベラは体表に沿って腹鰭や胸鰭で触りながら寄生虫を探していく（図19-7A）．大型のハタ類などが口を開けると，その中まで入っていくが食われることはない．掃除される方は寄生虫を除去してもらって健康になり，掃除魚は餌を手に入れるという相利共生になっている．

野外で長期的にホンソメワケベラを除去し続けると，外部寄生虫が増え，成長率が低下することがネッタイスズメダイで確認されている[18]．また，ホンソメワケベラの鰭による接触刺激が，ストレスホルモン（コルチゾル）の分泌を抑制することも確かめられた[19]．ただし，ホンソメワケベラは体表粘液や皮膚をかじることもあり，かじられた魚から攻撃されることもある．この瞬間は寄生ともいえるが，長期的にみると互恵的な関係が維持されている．

B. 協力して捕食

採餌の際に異なる種類の魚が協力することもある．サンゴ礁に住むハタ科のスジアラは，自分が入り込めない狭い隙間の奥に隠れている獲物を追い出してもらうために，顔見知りのウツボがいるところまで泳いでいき，目の前で体を揺らして誘う[20]．ウツボが一緒に泳いでいって隙間に入り込み，驚いて飛び出してきた獲物をスジアラが捕食する．ウツボ自身が捕食に成功することもあるので，ウツボにとっても獲物がいる場所を教えてもらうことで，捕食の機会が増えることになる．実験によると，スジアラは誰がより協力してくれるかを速やかに学習することができ，この能力はチンパンジーの協力行動に関する実験で示された能力に匹敵するという[20]．

砂地でヒゲを使って餌を探すヒメジ類にベラ類が随伴していることもよくある（図 19-5）．お互いに，相手の探索行動で飛び出してきた獲物（甲殻類など）を食べることができ，捕食効率が上がると考えられている．

魚食性のカツオ，ハガツオ，マグロ類が混群を作ることも知られている．群れを作って捕食行動をとる場合は，同じ餌を狙うなら，異種間であっても協力できるからである．

また，サンゴ礁では藻類食のブダイ類とニザダイ類が異種混群を作ることがよくある（図 18-1）．先に述べたように，同じ藻類食者でもなわばりを防衛するスズメダイ類，ブダイ類やニザダイ類がおり，それらのなわばりに侵入するには群れのサイズが大きい方がよいので異種混群が成立する．

図 19-5　オジサン（左）に随伴するセイテンベラ（撮影：坂井陽一）

19-3-2　他の生物との共生

魚類が他の生物と共生している例も多数知られている[17]．

A.　掃除共生

オトヒメエビなど甲殻類にも掃除行動をするものがおり，様々な魚が彼らのクリーニング・ステーションまできて掃除を受ける．イソギンチャクに住むエビにも掃除をするものがいるが，カリブ海での研究では，魚たちはイソギンチャクを目印にしてやってきて，エビがみえていなくても掃除請求姿勢をとるという[21]．また，掃除を受けにきた魚たちの間で攻撃行動がみられることもあり，掃除エビをめぐる競争が起こっていると考えられる．

B.　クマノミとイソギンチャク

サンゴ礁のクマノミ類は大型のイソギンチャク類を隠れ家として利用している．イソギンチャクはクラゲと同じ刺胞動物で，触手に触れると刺胞細胞から毒針を発射する．したがって，ふつうの魚は嫌がって近づかないが，クマノミ類は特殊な体表粘液で刺胞の発射を抑えることができ，イソギンチャクの中に潜り込んで敵から身を守ることができる．一方，イソギンチャクの方はクマノミの食べ残した餌をもらっているという俗説もあるが，それを定量的に実証した研究はない．

最近になって，別の側面でのイソギンチャクにとっての利益が証明された[22]．イソギンチャクは近縁のイシサンゴ類と同様に，体内に褐虫藻が共生しており，褐虫藻が光合成によって作り出した有機物をもらっている．イソギンチャクの触手を食べるチョウチョウウオ類などをクマノミが追い払ってくれることにより，日中も触手を大きく広げることができて共生藻の光合成が促進される．また，クマノミの排泄物中のアンモニウムイオンなどの栄養塩類を褐虫藻が利用していることもわかってきた．その結果，光合成が活発に進むことで，イソギンチャクはより多くの有機物を手に入れることができる．クマノミがいるイソギンチャクの方が，いない場合よりも成長がよいという報告もある．つまり，藻類を含む三者がからんだ共生関係となっている（図 19-6）．

C.　ハゼとテッポウエビ

砂地に住むダテハゼ類などは小型のテッポウエビ類が掘った穴を，隠れ家および産卵場所として利用する．テッポウエビは穴から出る際には，長い触角の先端を穴の入口にいるハゼに触れて，安全を確かめてから出ていく．ハゼは敵がいると鰭や体を震わせてエビに知らせることで，見張り役を務めている．最

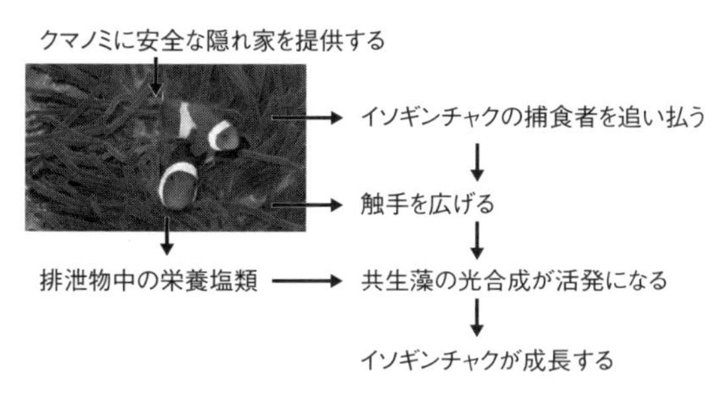

図 19-6 クマノミとイソギンチャクと褐虫藻の共生

近になって，テッポウエビがハゼの糞を餌として利用していることがわかってきた[23]．

D．発光バクテリア

魚類も他の動物と同様に体内に多数のバクテリアを住まわせている．その中には，消化を助けるという点で相利共生の関係になっているバクテリアもある．また，ヒイラギやマツカサウオなどの発光魚は，発光バクテリアと共生している．バクテリアに隠れ家と餌を提供する代わりに，発光現象を求愛や摂餌や敵からの防御に利用している[16]．

19-4 擬 態

種間関係の最後に擬態 mimicry を取り上げておく．他の生物とそっくりの体形・体色をもつことで敵から保護される「保護擬態」protective mimicry と，似ていることによって捕食効率が上がる「攻撃擬態」aggressive mimicry が代表的なものである[24]．この 2 例が示すように，擬態の多くは種間関係の最初に述べた「食う食われるの関係」をめぐって特定の体色が淘汰されてきた結果である．魚類同士の擬態と，他の生物をまねる擬態に分けて代表例を挙げる[25]．

19-4-1 魚類同士の擬態

サンゴ礁魚類の体色は鮮やかなものが多いが，他の魚に似ているケースが 100 種以上で報告されている[26, 27]．しかし，擬態の機能について詳しく調べられた例は少ない．

A. 保護擬態

ノコギリハギは有毒のシマキンチャクフグとそっくりな体色・模様をしているが，無毒であり，擬態することによって敵からの捕食を免れていると考えられている．このタイプの擬態はベイツ型擬態ともよばれる[24]．

全身ではなく，部分的に擬態している場合もある．シモフリタナバタウオの後半身はハナビラウツボの顔に似ており，獰猛なウツボとまちがえて捕食者が近づかず，保護擬態になっていると考えられている．

B. 攻撃擬態

ニセクロスジギンポは掃除魚ホンソメワケベラとそっくりな外見をしていることから，掃除をしてもらおうと近づいてきた魚の鰭を食いちぎる，攻撃擬態の代表例とされてきた[24]．しかし，野外観察によると，鰭をかじる頻度は低く，主としてカンザシゴカイ類の鰓冠をかじったり，スズメダイ類の巣を群れで襲って付着卵を食べたりしているという（図 19-7B，C）．このことから掃除魚と似ることで捕食を免れる保護擬態が主な機能で，攻撃擬態は補足的な役割でしかないとみなす見解もある[25]．鰭をかじられた魚は容易に学習するので，ニセクロスジギンポは攻撃擬態の利用を抑制せざるをえないとも考えられている．

一方，ミナミギンポは幼魚のときだけホンソメワケベラの幼魚に似ている．ミナミギンポ属の魚はほとんどが魚の体表をかじるスペシャリストであることから，ミナミギンポ幼魚は擬態することによって捕食効率を上げることができ，攻撃擬態の機能が主であると考えられる．同属のテンクロスジギンポは，待ち伏せ型の襲い方をするが，よく似た体色をもつコガシラベラの群れに紛れ込んで身を隠し，捕食のチャンスを狙っていることもある．この場合も攻撃擬態の

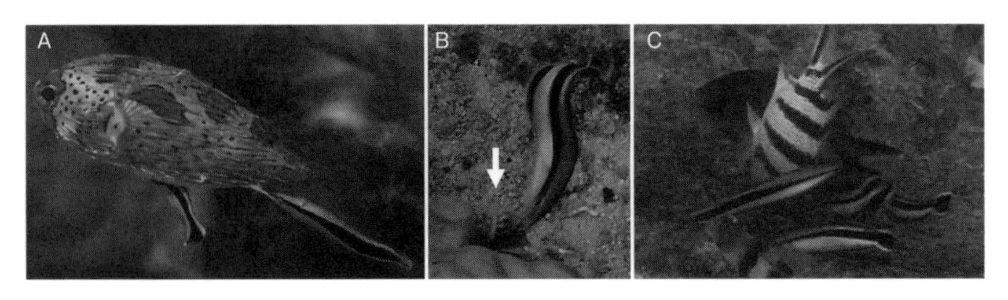

図 19-7　A：ハリセンボンを掃除するホンソメワケベラ（撮影：桑村哲生）．B：イバラカンザシの鰓冠（矢印）をかじるニセクロスジギンポ（撮影：藤澤美咲）．C：ロクセンスズメダイの卵を食べるニセクロスジギンポ（撮影：藤澤美咲）

効果があると考えられる．

C. 三者間の擬態

3種がからむ擬態も報告されている[25]．紅海に住むイソギンポ科の3種のうち，*Ecsenius gravieri*（Eg）は無毒・無害，*Meiacanthus nigrolineatus*（Mn）は有毒，*Plagiotremus townsendi*（Pt）はミナミギンポと同じく魚を襲って体表をかじる有害な魚である．Egは他の二者に似ることで保護擬態の効果を，Ptは他の二者に似ることで攻撃擬態の効果を得ている．一方，MnとPtはともに他の魚に嫌われることから保護擬態の相乗効果があり，このようなケースをミューラー型擬態とよぶ[24]．

D. 社会的擬態

体形・体色がよく似た別種の群れに紛れ込むケースを社会的擬態 social mimicryとよぶこともある[28]．例えば,ベラ科のブルーヘッドラス（*Thalassoma bifasciatum*）の群れにイソギンポ科のラスブレニー（*Hemiemblemaria stimulus*）が紛れ込んでいることがある．群れに入ることによって敵からの保護効果（襲われた際に自分が食われる確率が下がる希釈効果など）があるとすれば，保護擬態とみなすこともできる．

一方，似ていることは偶然の一致で，同種とまちがって引き寄せられ，結果的に群れの保護効果などで利益があると，2種の共存状態が維持されるという可能性も指摘されている（social trap説）[28]．この場合には，それぞれの体色は擬態とは無関係に進化し，のちに2種が偶然出会うことによって擬態効果が発揮されることになる．上記の社会的擬態とされてきたものの中にも，これに当てはまるケースがあるかもしれないが，詳細はまだよくわかっていない．

19-4-2 他の生物・非生物への擬態

A. 保護擬態

ウミヘビ科のシマウミヘビは，犬歯に猛毒をもつエラブウミヘビ（爬虫類）に似た縞模様をもっており，保護擬態（ベイツ型擬態）の効果があると考えられている．

アゴアマダイ科の一種がタコの足の一部に擬態していたケースも報告されている．このタコの足は焦げ茶と薄いベージュ（または黒と白）の縞模様をしており，体形を変化させてウミヘビやミノカサゴに擬態することが知られている．アゴアマダイの模様も似た色調で，タコの足に寄り添うように移動するのが観

図19-8　カエルアンコウ類の疑似餌（提供：名古屋港水族館）

察されたという[29]．アゴアマダイは穴の中に住んでおり，移動のリスクを軽減するために保護擬態効果があるタコを利用したと考えられる．

B. 攻撃擬態

カエルアンコウ類やチョウチンアンコウ類は体表の一部が多毛類に似た形に変化しており，これを疑似餌として利用し，餌とまちがえて近づいてきた小魚を捕食する（図19-8）．丸ごと捕食してしまえば学習される恐れはないので，攻撃擬態の効果を全面的に利用できる．

C. 隠蔽色・保護色

砂地に住むヒラメやカレイ類は砂とそっくりな体色をして体を隠し，気付かずに近づいてきた小魚を食べる．これを特定の生物への擬態と区別して，隠蔽色 cryptic coloration とよぶこともある．また，オニダルマオコゼも石のような体形・体色で背景に溶け込む隠蔽色で，気付かずに通りかかった小魚を襲う．

隠蔽色のうち，敵から捕食されにくくしている場合を保護色 protective coloration という．砂地に住む小型のハゼ類も砂とそっくりな体色をして体を隠しているが，捕食のためではなく，敵から身を守る保護色になっている．刺胞動物のヤギ類の枝とそっくりなヨウジウオ科のピグミーシーホース（*Hippocampus bargibanti*）や，川底に落ちた木の葉とそっくりのリーフフィッシュ（*Monocirrhus polyacanthus*）も保護色といえる．

文　献

1）日本生態学会（編）（2012）．「生態学入門 第2版」．東京化学同人．
2）嶋田正和ら（2005）．「動物生態学（新版）」．海游舎．
3）種生物学会（編）（川北 篤，奥山雄大責任編集）（2012）．「種間関係の生物学－共生・寄生・捕食の新しい姿」．文一総合出版．
4）桑村哲生（1987）．サンゴ礁魚類群集の構造と種間関係．海洋科学 207: 508-514.

5) 佐原雄二 (2010). 採餌生態.「魚類生態学の基礎」(塚本勝巳編). 恒星社厚生閣. 204-213.
6) 竹内勇一 (2013). シクリッドの捕食被食関係における左右性の役割.「魚類行動生態学」(桑村哲生, 安房田智司編). 東海大学出版会. 186-212.
7) 小路 淳 (2010). 捕食と被食.「魚類生態学の基礎」(塚本勝巳編). 恒星社厚生閣. 214-222.
8) 淀 太我, 木村清志 (1998). 三重県青蓮寺湖と滋賀県西の湖におけるオオクチバスの食性. 日本水産学会誌 64: 26-38.
9) 井口恵一朗 (1996). アユの生活史戦略と繁殖.「魚類の繁殖戦略 1」(桑村哲生, 中嶋康裕編). 海游舎. 42-77.
10) Bonin MC et al. (2015). The prevalence and importance of competition among coral reef fishes. *Annu. Rev. Ecol. Evol. Syst.* 46: 169-190.
11) Kindinger TL (2016). Symmetrical effects of interspecific competition on congeneric coral-reef fishes. *Mar. Ecol. Prog. Ser.* 555: 1-11.
12) 中野 繁, 谷口義則 (1996). 淡水性サケ科魚類における種間競争と異種共存機構. 魚類学雑誌 3: 59-78.
13) Schacter CR et al. (2014). Risk-sensitive resource defense in a territorial reef fish. *Environ. Biol. Fish.* 97: 813-819.
14) 幸田正典 (1993). シクリッドの種間社会－藻類食魚の種内・種間関係.「タンガニイカ湖の魚たち」(堀 道雄編). 平凡社. 143-160.
15) 小西 繭 (2010). シナイモツゴ: 希少になった雑魚をまもる. 魚類学雑誌 57: 80-83.
16) 黒木真理 (2010). 共生.「魚類生態学の基礎」(塚本勝巳編). 恒星社厚生閣. 275-286.
17) Karplus I (2014). *Symbiosis in Fishes: The Biology of Partnerships*. Wiley-Blackwell, The Atrium, UK.
18) Clague GE et al. (2011). Long-term cleaner fish presence affects growth of a coral reef fish. *Biol. Lett.* 7: 863-865.
19) Soares MC et al. (2011). Tactile stimulation lowers stress in fish. *Nat. Comm.* 2: 534.
20) Vail AL et al. (2014). Fish choose appropriately when and with whom to collaborate. *Curr. Biol.* 24: R791-R793.
21) Huebner LK, Chadwick NE (2012). Reef fishes use sea anemones as visual cues for cleaning interactions with shrimp. *J. Exp. Mar. Biol. Ecol.* 416: 237-242.
22) 服部昭尚 (2011). イソギンチャクとクマノミ類の共生関係の多様性分布と組合せに関する生態学的レビュー. 日本サンゴ礁学会誌 13: 1-27.
23) Kohda M et al. (2017). A novel aspect of goby-shrimp symbiosis: gobies provide droppings in their burrows as vital food for their partner shrimps. *Mar. Biol.* 164: 22.
24) Wickler W (羽田節子訳) (1970).「擬態－自然も嘘をつく」. 平凡社.
25) 桑村哲生, 狩野賢司 (1999). 魚も擬態する.「擬態－だましあいの進化論 〈2〉」(上田恵介編). 築地書館. 1-16.
26) Moland E et al. (2005). Ecology and evolution of mimicry in coral reef fishes. In: Gibson RN et al. (eds). *Oceanography and Marine Biology: An Annual Review* 43: 455-482.
27) Randall JE (2005). A review of mimicry in marine fishes. *Zool. Stud.* 44: 299-328.
28) Robertson DR (2013). Who resembles whom? Mimetic and coincidental look-alikes among tropical reef fishes. *PLoS One* 8: e54939.
29) Rocha LA et al. (2012). Opportunistic mimicry by a jawfish. *Coral Reefs* 31: 285-285.

20 章

個体群と群集

魚類は適応度を大きくするために最も好適な餌や生活空間がある場所を探すとともに，それらの資源をめぐって他個体と競争する．その競争相手は同種や異種の魚類の場合もあれば，他の動物の場合もある．これらの行動は，個体の成長・生存や繁殖だけでなく，個体群や群集の動態，そして生態系内外の物質循環に影響を及ぼす．その一方で，生息環境や気候の変化も魚類の個体群や群集の動態に作用する（図 20-1）．

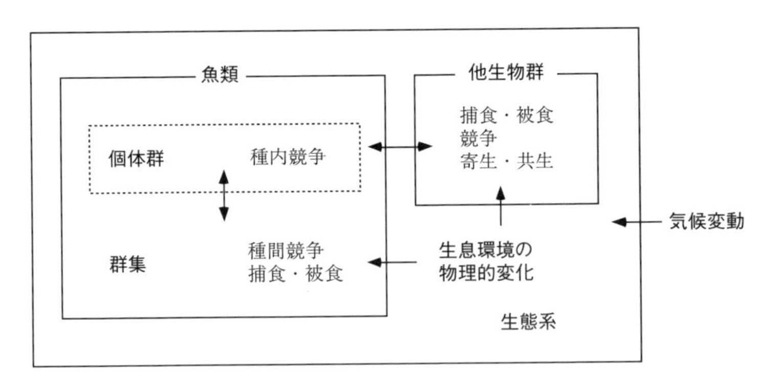

図 20-1　個体群，群集，生態系でみられる魚類を中心とした個体間や種間の相互作用とそれらに影響を及ぼす気候変動
矢印は作用の方向を示す．

20-1　個体群変動

ある空間内に生息する同種個体の総体を個体群 population という．個体群内の個体は交配や競争などを通じて相互に作用し合うとされるが，その程度について明確な基準はない．そのため，個体群の空間の境界は人為的にひかれることが多い．集団遺伝学では個体群とほぼ同義で集団という用語が使われるが，

そこでは集団間の遺伝的分化や交流の有無が重要視されるため，個体群を交配集団ととらえる．水産学の分野では，産卵場，分布，回遊経路などを異にする生理的・生態的に独立性の高い地域個体群を系群（系統群）subpopulation とよび，資源動態考察の単位としている．例えば，日本周辺のマイワシでは日本海，九州，太平洋，足摺の 4 系群があることが知られている．

20-1-1　個体群サイズ

個体群の大きさ，すなわち個体群サイズ population size は個体群を構成する個体の総数で表す．個体群変動は個体群サイズの時間的・空間的な変化を指すが，個体群変動解析では単位面積あたりに換算した個体数密度をそれの指標とすることが多い．魚類の個体数推定法には，漁業から独立した方法と，漁業を通じた方法がある．前者ではひき網類や目視調査によってある面積あたりで採集・確認された個体数を個体数密度とする．また，単位面積あたりの個体数と個体群の存在する空間の面積から個体群の全数を推定することもある．漁業を通じた方法では，単位努力あたりの漁獲量（catch per unit of effort：CPUE）が水産学の分野で古くから用いられている．漁獲量を漁獲に要した努力量（漁船隻数や操業回数など測ることのできる漁獲行為）で除したもので，漁獲統計から魚種別の長期的な個体群の変動を知ることができる．

個体群サイズは，出生，死亡，移出，移入の 4 過程によって決まる．したがって，ある時点の個体数に出生数と移入数を加え，死亡数と移出数を差し引くことで特定期間における個体群サイズの時間的変化を求めることができる．すなわち，増加分（出生・移入数）が減少分（死亡・移出数）を上回れば，個体群サイズは大きくなる．出生数は個体群から産出された総卵数（受精卵数）である．移出入は個体群間での移動を指し，その中で個体群サイズを大きくするのに作用する移入には，ほかの個体群からの個体の加入 recruitment と移住がある．ここでの加入は，他個体群で産出された仔稚魚が浮遊期の分散を経て新たに加わることを，移住は他個体群の構成員が個体間競争などから逃れて移り住むことをいう．

池沼など閉鎖的な環境では，個体群間の個体の移出入がないため個体群の成長は出生率と死亡率に左右される．このような個体群を閉鎖個体群 closed population という．一方，分散・移動の物理的な障壁がない開放的な環境では，産出された個体の大部分は卵・仔魚の浮遊期の間に親元を離れて広く分散（移出）することで他個体群へ移入する．このような移出入が多い個体群を開放個体群 open population とよび，海洋などの開放環境下での個体群の多くはそれにあたると考えられている．

魚類の死亡率は卵・仔魚期が最も高く，齢とともに低下する．仔魚期の1日あたりの死亡率は海水魚で平均21.3％（平均仔魚期間36.1日），淡水魚で14.8％（20.7日）と推定されている．この場合，海水魚では99.9％の個体が，淡水魚では96.4％の個体が仔魚期に死亡することになる[1]．このような生活史初期に起きる個体数の大幅な減少を初期減耗 mortality at the early life stage という．ここでの主な減耗要因は飢餓と被食である．特に内部栄養から外部栄養へ切り替わる摂食開始期に餌不足により大減耗が起こるという Hjort の critical period 仮説は広く知られている．その後，成長するにつれて，遊泳力や餌捕獲能力，逃避能力が向上することで死亡率は急激に減少する．稚魚期や成魚期の死亡率は仔魚期とは大きく異なり，海水魚の1日あたりの死亡率は多くの種で1％未満という[2]．したがって，生活史初期の生残率のわずかな違いが，その後の個体群サイズに大きく影響する．

20-1-2　密度効果と環境収容力

生息環境の条件がよくても個体群の成長は無限には続かない．個体数が増加し，個体群の個体数密度が高くなると，仔稚魚あるいは成魚の餌や生活空間をめぐる種内競争が激しくなり，死亡率と移出（移住）率が増加する．一方で，それに伴う産卵親魚量の減少や低成長・低栄養状態による産卵回数や産卵数の減少によって出生率の低下が起こり，個体群の成長率はゼロに近づく（図20-2a）．このように個体数密度が個体群の成長に対して影響を与えることを密度効果 density effect とよび，個体群の大きさはその環境が支えうる個体数の最大値（環境収容力 carrying capacity という）で落ちつく．その後，個体群の個体数は環境収容力を上回ると減

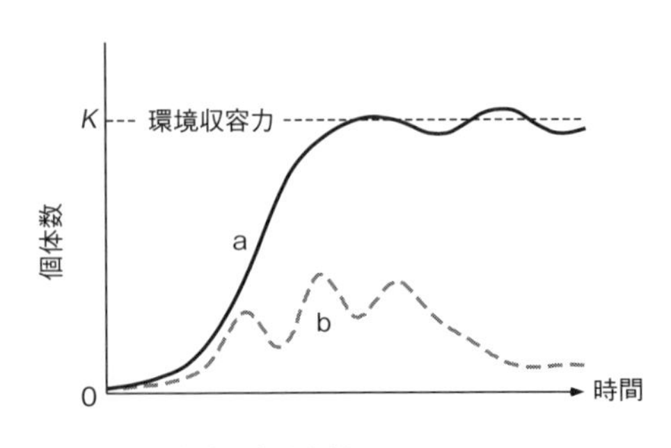

図20-2　個体群の成長過程
図中のaは加入が頻繁にある場所，bは加入が不定期に起こる場所での個体群の成長を示す．

少し，下回ると増加するという振動をくり返す．

一方，個体群サイズが一定のところに収束しないで変動し続けることもある．1つは，環境収容力に対する加入個体数が非常に少ない状態で，このような個体群では個体群サイズの時空間的な変動は主に加入によって左右され，密度依存的な死亡はみられない（図20-2b）．これとは反対に，たとえ加入個体数が多くても，加入場所の捕食者の密度が高いことで個体数が低く抑えられる個体群もある．また，特に外洋のように餌量の時空間的変化の大きな生息環境では環境収容力もそれとともに変化する．そのような変動環境下にいる魚類の個体群サイズは環境条件の良し悪しにも大きく左右される．

生息可能な場所がパッチ状に分布しており，それぞれの生息場所の個体群が移動・分散によって相互に緩やかなつながりがある場合，個体群全体は複数の局所個体群（局所集団）の集まりとみなせる．このような多重構造を想定した個体群をメタ個体群 metapopulation という（図20-3）．局所個体群はある程度独立していなければならない．すなわち，各生息場所の個体群間のつながりが強く，それぞれの個体群が同調的に変動するならば，それらはメタ個体群ではなく単一個体群とみなされる．北海道空知川水系に生息するオショロコマは，本流ではなく支流で産卵する河川残留型のサケ科魚類である．支流ごとの個体群は完全に独立しておらず，また支流間の個体の移動が頻繁にあるわけでもないことから，各支流の個体群を局所個体群としたメタ個体群を形成している[3]．メタ個体群では，それぞれの局所個体群は相互の交流があることで絶滅リスクが減少するといわれ，各局所個体群間の移出入

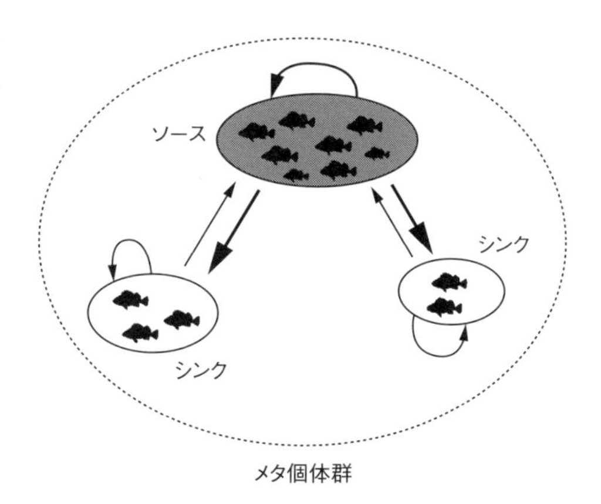

図20-3　メタ個体群の空間的な構造
灰色の楕円は好適な生息場所の，白色の楕円は不適な生息場所の局所個体群を示す．矢印は個体の移動・分散の方向を，太さはその量を示す．個体群増殖率が高く，ほかの局所個体群に対して多くの個体を供給している局所個体群はソース個体群に，その反対はシンク個体群になる．各生息場所の大きさや空間配置も局所個体群間のつながりの強さを決める重要な要素となる．

量に偏りがある場合，主な供給源となる局所個体群（ソース）と供給先となる局所個体群（シンク）の特定は，個体群の保全・管理における重要な情報となる．

20-2　群集構造

群集とは，ある空間に住む，様々な生物の個体群の集合体のことである．研究では特定の分類群だけを取り上げることが多く，それが魚類の場合は魚類群集とよぶ．英語の群集には community と assemblage があり，前者は捕食－被食関係や競争などの種間関係があることを前提とした種個体群の集合体を，後者はそれを考慮しないものとされるが，多くの場合，明確な使い分けはされていない．群集の基本構造は，それを構成している種，種数，各種の個体数である．種の構成は，群集の特徴を表す最も基本的な情報である．魚類学でよく用いられる用語「魚類相」は，構成種を指すことが多い．魚類の構成種は地域ごとに，あるいは生息場所によって異なる．種数は種の豊富さ species richness を，各種の個体数は優占度や種組成の均等さを示す指標として用いられる．群集の種多様性 species diversity は，種の豊富さで表す場合と，種の豊富さと種組成の均等さの両方を含んだ尺度で表す場合がある．後者では，種数が同じでも，ある魚種が優占する状態よりも各種の個体数が均等な状態の方が，多様性が高いと考える．これを数値化したものを多様度指数といい，比較的よく使われるものとして Shannon-Wiener 指数と Simpson 指数がある．

20-2-1　ギルド

多くの魚種が生息する空間では，複数種が同じ資源を利用するとき，種間競争が起こる．ある空間で同じ資源（餌や空間など）を同じような方法・時間帯で利用する種のグループをギルド guild という．例えばサンゴ礁の魚類は，同じ餌を利用するグループとして底生無脊椎動物食，藻食，動物プランクトン食，雑食，魚食，サンゴ食に大別され，底生無脊椎動物食はさらにベラ類やカワハギ類などの昼行性魚類とイットウダイ類やテンジクダイ類などの夜行性魚類に分けられる．河川では，食性から藻食，無脊椎動物食，魚食，その他に大別され，無脊椎動物食は採餌場所から，水表面を浮遊する餌や落下昆虫を食べる表層・中層無脊椎動物食者，河床部で水生昆虫を食べる水底無脊椎動物食者，水底部から表層までの広い範囲で採餌する非特化型無脊椎動物食者に分けられる[4]．河川内でも，流れが緩やかな淵を好むコイやフナ類，流れが速い早瀬を好むアユやウグイ，その中間の環境である平瀬を好むオイカワはそれぞれ別のギルドとなる．また，オイカワは冬になると淵に集まるように，魚類には成長段階や季節に応じて食性や生息場所を変える種が多い．そのような種は，一生の間に複数のギルドに属することになる．

20-2-2　群集構造の成立機構

群集構造の成立機構を明らかにするには，群集をまず栄養段階やギルドといった機能の類似した構成要素に分解して考えるとよい．こうした構成要素を機能群 functional group とよぶ．機能群内の種間の方が機能群間の種間よりも資源をめぐる競争が起こりやすいため，まず機能群ごとに種の共存機構を明らかにし，その次に機能群間での相互関係を明らかにすることで，最終的に群集の構造を決める仕組みを明らかにすることが多い[5]．例えば，タンガニイカ湖マハレ地区の岩礁域に出現する魚類の胃内容物を調べると，魚類群集は食性別に藻食，プランクトン食，底生無脊椎動物食，魚食に大別される．底生無脊椎動物食をさらに詳しくみると，淡水カイメン食，ユスリカ食，エビ食，トビケラ食などに分化している．種間の攻撃行動は，食性グループ内の方が食性グループ間よりも多い．同じ餌を食べる種同士は狭い範囲の中で探索し，劣位なものは優位なものから攻撃されつつ，岩の側面や石と石との間など採餌する場所をわずかに使い分けながら，餌を食べる．藻食魚では，珪藻などの単細胞藻類を採っている梳き取り型と，糸状藻類を採っている摘み取り型に分けられ，後者は前者の食み痕を好んで摂食する．また，どちらのタイプにも摂食行動や生息場所に種間の違いがみられるという[6]．

サンゴ群集域や藻場など複雑な立体構造をもつ生息場所では，餌と生活空間をめぐる資源分割の機会が多いため，周辺の砂地などの平坦な場所よりもふつう魚類の種数や個体数が多い．多種共存の促進に大きな役割を果たす生息場所の構造複雑性と魚類の群集構造との関係から群集の成立機構を理解する方法もある．沖縄県では1970年代にサンゴ食のオニヒトデが大発生し，多くのサンゴがその食害によって死滅した．その後，サンゴ骨格が生物侵食や波浪などによる物理侵食によって徐々に崩壊するとともに魚類も姿を消した．このようなサンゴの死滅に伴う魚類の減少過程を，魚類群集を食性グループと行動グループ（定住魚・移動魚）という機能群に分けて解析すると理解しやすい[7]．まず

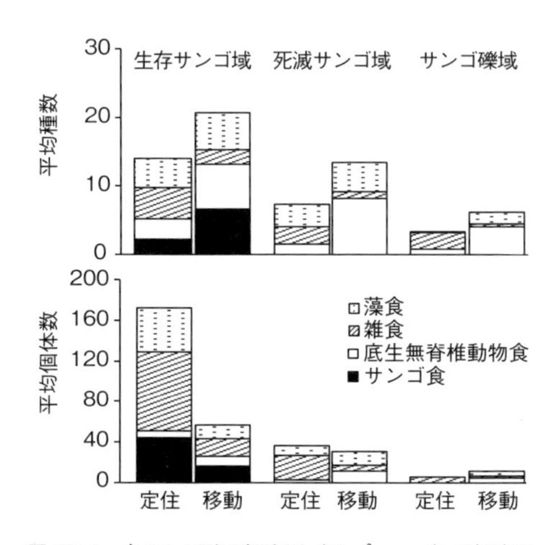

図 20-4　各サンゴ域の観察区（20 m^2，n＝5）で観察された定住魚と移動魚の種数と個体数の平均値
生存サンゴ域における生サンゴの被度は80％以上，死滅サンゴ域の生サンゴ被度は0％でサンゴの立体構造の複雑性は生存時の半分以下となっている．サンゴ礫域はサンゴ骨格が完全に崩壊し，平坦な礫底となっている場所をいう．ここでの定住魚とはスズメダイ類などサンゴの枝の間やその周辺に定住している魚類を，移動魚はベラ類やブダイ類などサンゴ礁の広い範囲を泳ぎ回る魚類をいう．

オニヒトデの食害を免れた生存サンゴ域と食害後 2 年が経過した死滅サンゴ域の魚類群集の構造を比較すると，食性グループでは，サンゴの粘液やポリプを専食とするサンゴ食魚だけが死滅サンゴ域でいない（図 20-4）．底生無脊椎動物食魚，藻食魚，雑食魚は死滅サンゴ域にも出現するが，各食性グループの定住魚は移動魚よりも種数と個体数の減少率が高い．さらに 2 年後にサンゴ骨格が完全に崩壊したサンゴ礫域をみると，移動魚も著しく減少している．これらから，サンゴの生死はサンゴ食魚にとって，サンゴ骨格による立体構造は他の食性グループの定住魚にとって群集形成のうえで特に重要であることがわかる．

群集構造を決定する重要な要素である捕食や種間競争，あるいは加入は生息場所の構造複雑性に左右されることが多い．捕食者数や生息場所の構造複雑性を人為的に操作して（例えば，海草の草丈や株密度を操作する）操作区間ごとの魚類群集構造の違いをみることで，群集構造を決定する主要な要素を解明する操作実験も有力な手法として知られている．

群集を構成する魚類各種を，「仔魚，稚魚，成魚」といった発育段階や，「淡水魚，通し回遊魚，海水魚」といった生活史型に区分して群集構造を解析することで，魚類群集が存在する生息場所の機能的側面を明らかにする試みもある．東京湾内湾の河口周辺の干潟域に出現する魚類群集は，生活史型から海水魚，通し回遊魚，河口魚（河口域で全生活史をほぼ完結する魚類）に大別される[8]．種数の半数を占める海水魚には，イシガレイ，スズキ，ボラ，コトヒキなど干潟域を仔稚魚期などの生活史の一部での成長の場として利用する種が多い．一方，群集の個体数の8割を占める河口魚には，エドハゼ，ビリンゴ，マハゼなどの仔魚から成魚までが豊富にみられるという．Kikuchi[9]は，天草富岡湾の藻場に出現する魚類を，藻場の利用様式別に周年定住種，季節定住種，一時来遊種（広域行動種），偶来種の4つのカテゴリーに分けた．周年定住種とは，周年，藻場に出現する魚類で，アミメハギや小型ハゼ類，あるいはヨウジウオなど小型で運動能力の乏しい種に限られ，多くの場合，水産的価値はほとんどない．季節定住種は，幼稚魚期に藻場周辺に生息し，ある程度成長すると藻場を離れていく魚類で，メバルやマダイなど水産的に有用な魚類も多く含まれる．藻場を幼稚魚の成育場として利用するグループである．一時来遊種というのは，一般に藻場を含む内湾域のより広い範囲を動き回り，夜間あるいは高潮時に藻場に来遊するグループで，藻場への出現は主として採餌のためとみられる．図20-5に示すように藻場の地理的条件や立地条件等によって魚類相に違いはあ

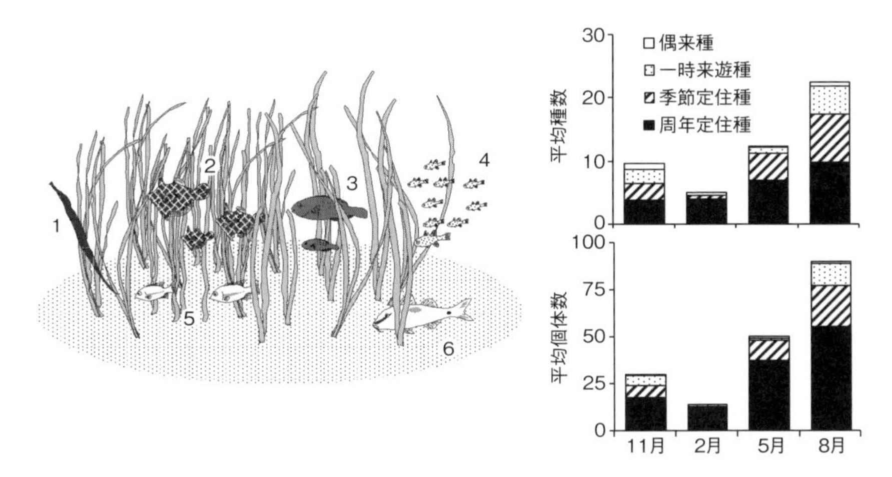

図20-5　沖縄県西表島網取湾の海草藻場で観察された魚類
1：トゲヨウジ，2：フチドリカワハギ，3：チビブダイ，4：ミヤコイシモチ，5：イソフエフキ，6：コバンヒメジ．
1～4は周年定住種，5は季節定住種，6は一時来遊種．天草富岡湾の海草藻場とは魚類の種構成が異なるが，藻場の利用様式は似ている．右図は同湾海草藻場の観察区（20 m^2，n = 15）で観察された魚類の群集構造の季節的変化（1999年11月～2000年8月）を示す．周年定住種は年間を通して，季節定住種は春（5月）から夏（8月）にかけて多く出現する．

るものの，藻場の魚類群集が上記のような4グループによって構成されていることは，世界的にみても一般的な傾向である．

20-3　生態系

生物群集とそれを取り巻く非生物的な環境を包括したものを生態系 ecosystem という．生態系は生息環境によって区分されることが多く，藻場生態系，サンゴ礁生態系，河川生態系，湖沼生態系などがそれに挙げられる．生態系内では，植食を起点とする生食連鎖やデトリタス食を起点とする腐食連鎖などの食物連鎖によって各生物群が複雑につながった食物網 food web を形成することで，それぞれの生態系特有の物質循環やエネルギーの流れ，そして生物群集が作られる．魚類は，捕食－被食などの生物間相互作用を通して生態系内の生物群集の構造や食物網動態に大きな影響を与えるとともに，生態系内や生態系間の物質循環でも重要な役割を担っている．

20-3-1　魚類を介した食物網

魚類を介した食物網構造を詳細に調べた研究は少ない．ベネズエラの湿地帯に生息する魚類とその餌生物との捕食－被食関係を線で結ぶと，両者あわせて100ほどの分類単位に対して1,000以上ものリンクが認められる[10]．これには，大部分の魚種が複数の餌生物を摂食することと餌生物の種類が季節的に変わることが関係している．一方で，パナマのガトゥン湖では，カワスズメ科の肉食魚のピーコックバス（*Cichla ocellaris*）の導入に伴い在来魚の小型魚類が捕食され激減したことで，それらを餌とする鳥類も姿を消した（図20-6）．これらの発見は，魚類が生態系内で多くの生物とつながっていること，そして捕食－被食を通して直接的あるいは間接的に生態系内の他の生物の個体群に影響を及ぼしていることを示している．

生態系内の魚類を介した捕食－被食関係には，魚類による消費の影響が餌生物の個体群に影響を与えるトップダウン効果と，餌生物量の変化が消費者である魚類の個体群に影響を与えるボトムアップ効果がある．宮城県伊豆沼では，肉食魚のオオクチバスが増え始めた時期に小型魚類のタイリクバラタナゴやモツゴが顕著に減少した[12]．反対に，サメ類やタラ類などの大型肉食魚が乱獲によって減少すると，その餌生物のエビや小型魚類などの個体数が増加する[13]．

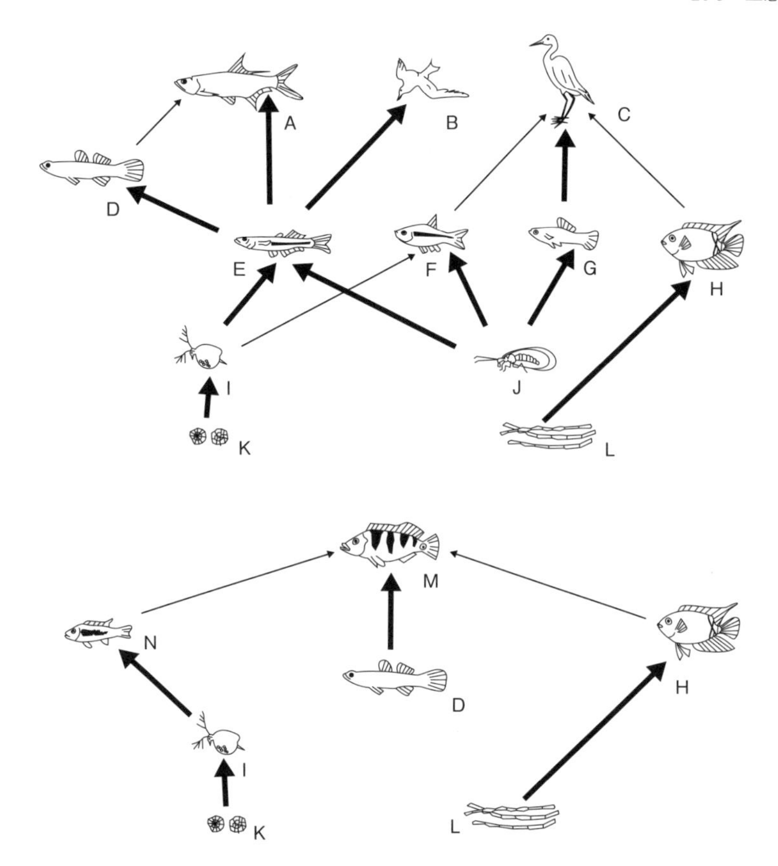

図 20-6　ピーコックバスが導入される前（上図）と後（下図）のガトゥン湖の食物網（Zaret & Paine[11]を改変）
ピーコックバス導入後は食物網が単純化している．矢印の始点は餌生物を，終点は捕食者を示す．矢印の太さは餌としての重要度を示す．A：イセゴイ科ターポン（*Megalops atlanticus*），B：アジサシ類，C：サギ・カワセミ類，D：カワアナゴ類，E：トウゴロウイワシ類，F：カラシン類，G：カダヤシ類，H：カワスズメ類，I：動物プランクトン，J：昆虫類，K：植物プランクトン，L：糸状藻類，M：ピーコックバスの成魚，N：ピーコックバスの稚魚．

同様のトップダウン効果は，水生昆虫や甲殻類などを摂食する底生無脊椎動物食魚，動物・植物プランクトン食魚，藻食魚でも報告されている．また，魚類の選択的捕食が下位の栄養段階の生物群集の種組成に影響を与えることもある．北米のクリスタル湖では，導入されたプランクトン食魚が大型動物プランクトンを選択的に摂食したことで，小型動物プランクトンが優占するようになった[14]．一方で，河川や湖沼，沿岸の藻類や海草の繁茂する場所では，藻食魚や葉上動物食魚の個体群を支えているボトムアップ効果がみられる．外洋では，植物プランクトンが多いところでは食物連鎖を通して高次捕食者の魚類が多いこともある．

食物連鎖を通して 3 段階以上の栄養段階に属する生物に影響を与える効果を栄養段階カスケード trophic cascade という．この現象にはトップダウン効果によるものとボトムアップ効果によるものがあるが，栄養段階カスケードというと前者を指すことが多い．例えば湖沼や外洋では，魚食魚が減ることでその餌生物の動物プランクトン食魚が増え，それに伴い動物プランクトンが減るとその餌生物の植物プランクトンの量が増える現象が知られている[15, 16]．サンゴ礁では，ブダイ類に対する漁獲規制によって個体数が増えると，それらの摂食圧によって餌生物の海藻が減る．さらに，海藻を取り除いたところに新たなサンゴが加入するため，彼らの摂食活動は間接的に生サンゴ被度の維持や回復を促進する作用を併せもつといわれる[17]．

20-3-2　その他の生物間相互作用

個体群に影響を及ぼす生物間相互作用には，捕食－被食関係だけでなく，寄生・共生もある．タナゴ類はイシガイなど淡水二枚貝の鰓内に卵を産む習性をもつ．一方，イシガイ類は，幼生期の間，ヨシノボリやオイカワなどの鰓や鰭に寄生して成長する．どちらも宿主となる産卵母貝や魚類がいなくなると，それぞれの個体群に負の影響を及ぼす[18]．藻食性のクロソラスズメダイは摂餌なわばり内で特定のイトグサだけを育てながらそれを摂食し，他の藻類は除去する．一方，イトグサはクロソラスズメダイのいない所では他の藻類との種間競争に負けるために生えることができない[19]．

魚類は直接的にも間接的にも生態系内の物質循環やエネルギーの流れに影響を与えている．直接的には摂食によって取り込んだ餌生物を自らの成長のために同化したりエネルギーとして消費する働きと，老廃物として体外に排出する働きがある．排出された尿や糞は栄養物として生態系内の他の生物に利用される．例えば，南カリフォルニア沿岸のケルプ海中林に生息するスズメダイ科の一種は，昼間中層でプランクトンを摂食し，夜間に近くの岩陰で眠る．夜間の休息場で排出された糞はエビなどの餌として，尿として排出されたアンモニアは窒素源としてケルプに利用される[20, 21]．湖沼生態系では，魚類が沿岸帯で無脊椎動物を摂食して沖帯で尿や糞として排出することで，沖帯にいる植物プランクトンの成長や増殖に必要な窒素やリンを供給している．間接的には，捕食による生物群集構造の改変が生態系内の物質循環を変化させる働きや，採餌の際に水底の砂泥を巻き上げることで底質中の栄養塩を水中に拡散する働きがある．

魚類は生態系間の物質輸送にも重要な役割を担う．遡河回遊魚のサケは生活史の大部分を海で過ごしたあと，産卵のために川を上る．海で同化した物質は，遡上の際にヒグマや猛禽類などの餌となることで海と川（陸）の生態系をつなぐ．さらに産卵を終えたサケの死骸は，水生昆虫の餌や分解されて河畔植物の栄養分となる．海水魚や淡水魚の多くの魚類は発育段階に応じて生息場所を移す．浮遊期を終えた仔稚魚の沖合から沿岸域への移動や，底生生活期での成長に伴う生息場所移動（例えば，フエダイ類にみられるマングローブ水域からサンゴ礁への移動）は，それぞれの生態系で同化した炭素や窒素を次の生態系に輸送する[22]．魚類の採餌移動も生態系間の物質輸送に寄与する．カリブ海にいるイサキ類は，休息場のサンゴ礁と採餌場の海草藻場との間を日周的に移動することが知られているが，休息場で排出されたアンモニアや糞は栄養源としてサンゴの成長を促進するという[23]（図 20-7）．

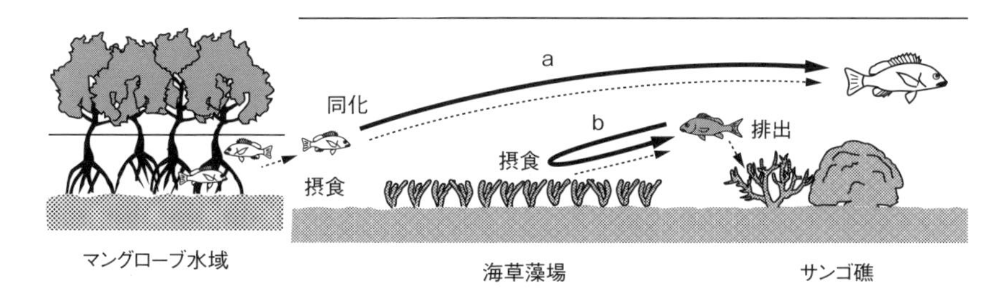

図 20-7　魚類による生態系間の物質輸送
図中の a は成長に伴う生息場所移動を，b は生息場所間での採餌移動を，点線の矢印は物質の移動の方向を示す．

20-4　気候変動

日本近海の小型浮魚類の卓越種は漁獲量でみると1960年代から1970年代半ばまではカタクチイワシ，1970年代半ばはサバ類，1970年代後半と1980年代はマイワシ，そして1990年代から再びカタクチイワシへと変化している（図20-8）．このように優占種が入れ替わる現象を魚種交替とよび，そのタイミングは1970年代半ばと1980年代末に起きた気候の急激な遷移時期と一致する．数十年周期で起きる気候変化が海水温などに影響を与えることで，魚類を含む海域の生態系の構造が不連続に変化する現象をレジーム・シフト regime shift という．

20-4-1　レジーム・シフト

レジーム・シフトは地球規模や大洋規模で起きる．日本周辺のマイワシ，カリフォルニアマイワシ，チリマイワシは，互いに遠く離れて分布しているにも関わらず，ほぼ同時期に漁獲量が増減する．この3種類のマイワシ個体群の同調的変動は，乱獲の結果ではなく，北太平洋全域に影響を与えるアリューシャン低気圧の周期的な勢力変化に伴う水温などの海洋環境の変化に連動して起きていると考えられている[24]．実際に，カリフォルニア沖の海底堆積物に含まれる魚鱗の量の分析では，カリフォルニアマイワシの資源量は1700年もの

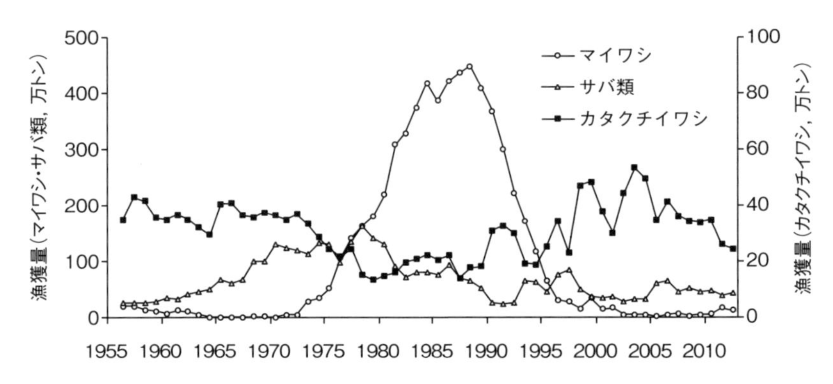

図20-8　わが国の主要浮魚類の漁獲量の経年変化
海面漁業生産統計調査結果（1956～2012年）より作成．

間およそ60年の周期で変動してきたことが明らかにされている．房総半島周辺のマイワシ資源も，江戸時代以降の古文書などの分析から，50年から70年の周期で豊凶をくり返してきたという．

魚種交替にみられる逆位相の個体数変動は，気候変動に伴う水温や餌環境の好転や悪化に応じたものとみられる．日本周辺海域では，1970年代後半から1980年代後半までの寒冷期にマイワシが増加し，1980年代末から温暖期に入るとマイワシは激減するとともにカタクチイワシが増加した．この現象を説明する生物学的メカニズムとして，両種の産卵・初期成長の最適水温が異なることで，水温変化が起こると一方の他方に対する生残の有利・不利が切り替わるという見方がある．マイワシの産卵や仔魚の成長速度の最適水温が，カタクチイワシのものよりも低いことがその根拠となっている[25, 26]．

エルニーニョ現象やラニーニャ現象など10年より短い時間スケールで起きる気候の急変現象によっても魚類の個体群や群集構造は著しい影響を受ける．アラスカのベニザケは1997年から1998年に，日本のサケは1999年から2000年に漁獲量が著しく減少した．これは，1997年のエルニーニョ現象によってベーリング海で植物プランクトンのブルーミングが起こり，オキアミ類など比較的大型の動物プランクトンが著しく減少したことで，それを餌とするベニザケやサケが影響を受けたものと考えられている[27]．北米西岸やオーストラリア南西岸では，エルニーニョ現象やラニーニャ現象に起因する高水温によって，暖海性魚類の極方向への一時的な分布の拡大が確認されている[28]．低緯度海域では，1998年のエルニーニョ現象による高水温によって世界規模でサンゴが死滅した．生サンゴ被度の著しい低下と死サンゴ上に藻類が生えたことで，サンゴ食魚の減少と移動性藻食魚の増加が世界各地で報告された[29]．

20-4-2　地球温暖化

魚類の個体群や群集に影響を及ぼす地球規模の気候変化として新たに注目されているのが地球温暖化である．産業革命時から21世紀初頭までの間に世界の平均気温は0.8℃程度，海水温は0.5℃程度上昇している．短期的な昇温については自然変動によるものとの区別が難しいものの，地球温暖化は数十年周期で起きる気候変動をくり返しながらも長期的に少しずつ気温と海水温が上がることで，生態系構造の変化を引き起こすといわれている．

魚類には生理機能の恒常性維持のための生息適水温があり，それが各種の分布に強く関与している．純淡水魚のように地理的障壁によって移動に制限がある魚類では，地球温暖化による水温の上昇によって分布域の縮小や地域個体群の消失が危惧されている．例えばフランスの河川では，温暖化に伴いいくつかの魚類の分布域が水温の低い河川上流域に狭められている[30]．一方，海水魚は，温暖化に伴う分布縁辺部の個体群の成長によって分布の中心が高緯度へ移動すると予測されている．実際に，温帯や亜寒帯の外洋や沿岸では長期的な水温上昇に伴う暖海性魚類の増加と寒海性魚類の減少が確認されているところもある[31, 32]．また，マグロ類などの表層回遊魚でも，水温の上昇に伴い採餌場・成育場や越冬場が高緯度に移動するなど回遊経路が変化している種もいる[33]．このような群集構造や回遊経路の変化は漁獲物にも反映されてきている．1970年から2006年の間に世界の主要な漁場で，寒海性魚類の漁獲が減り，暖海性魚類の漁獲が増えているという[34]．

文　献

1) Houde ED (2002). Mortality. In: Fuiman LA, Werner RG (eds). *Fisheries Science: The unique contributions of early life stages*. Blackwell Science Ltd. 64-87.
2) McGurk MD (1986). Natural mortality of marine pelagic fish eggs and larvae: role of spatial patchiness. *Mar. Ecol. Prog. Ser.* 34: 227-242.
3) Koizumi I (2011). Integration of ecology, demography and genetics to reveal population structure and persistence: a mini review and case study of stream-dwelling Dolly Varden. *Ecol. Freshw. Fish* 20: 352-363.
4) 井上幹生 (2013). 河川生物の生態 (3.4 魚類).「河川生態学，初版」(中村太士編). 講談社. 123-144.
5) 宮下 直，野田隆史 (2003).「群集生態学，初版」. 東京大学出版会.
6) 堀 道雄 (編) (1993).「タンガニイカ湖の魚たち－多様性の謎を探る，初版」. 平凡社.
7) Sano M et al. (1987). Long-term effects of destruction of hermatypic corals by *Acanthaster planci* infestation on reef fish communities at Iriomote Island, Japan. *Mar. Ecol. Prog. Ser.* 37: 191-199.
8) 加納光樹ら (2000). 東京湾内湾の干潟域の魚類相とその多様性. 魚類学雑誌 47：115-129.
9) Kikuchi T (1966). An ecological study on animal communities of the *Zostera marina* belt in Tomioka Bay, Amakusa, Kyushu. *Publ. Amakusa Mar. Biol. Lab.* 1: 1-106.
10) Winemiller KO (1990). Spatial and temporal variation in tropical fish trophic networks. *Ecol. Monogr.* 60: 331-367.
11) Zaret TM, Paine RT (1973). Species introduction in a tropical lake. *Science* 182: 449-455.
12) 高橋清孝 (2002). オオクチバスによる魚類群集への影響－伊豆沼・内沼を例に.「川と湖沼の侵略者ブラックバス－その生物学と生態系への影響，初版」. 恒星社厚生閣. 47-59.
13) Baum JK, Worm B (2009). Cascading top-down effects of changing oceanic predator abundances. *J. Anim. Ecol.* 78: 699-714.
14) Brooks JL, Dodson SI (1965). Predation, body size, and composition of plankton. *Science* 150: 28-35.
15) Carpenter SR et al. (1985). Cascading trophic interactions and lake productivity. *BioScience* 35: 634-

639.
16）Frank KT et al.（2005）. Trophic cascades in a formerly cod-dominated ecosystem. *Science* 308: 1621-1623.
17）Mumby PJ et al.（2007）. Trophic cascade facilitates coral recruitment in a marine reserve. *Proc. Natl. Acad. Sci. USA* 104: 8362-8367.
18）北村淳一（2008）. タナゴ亜科魚類：保全と現状 . 魚類学雑誌 55: 139-144.
19）Hata H, Kato M（2003）. Demise of monocultural algal farms by exclusion of territorial damselfish. *Mar. Ecol. Prog. Ser*. 263: 159-167.
20）Bray RN et al.（1986）. Ammonium excretion in a temperate-reef community by a planktivorous fish, *Chromis punctipinnis*（Pomacentridae）, and potential uptake by young giant kelp, *Macrocystis pyrifera*（Laminariales）. *Mar. Biol*. 90: 327-334.
21）Rothans TC, Miller AC（1991）. A link between biologically imported particulate organic nutrients and the detritus food web in reef communities. *Mar. Biol*. 110: 145-150.
22）Nakamura Y et al.（2008）. Evidence of ontogenetic migration from mangroves to coral reefs by black-tail snapper *Lutjanus fulvus*: stable isotope approach. *Mar. Ecol. Prog. Ser*. 355: 257-266.
23）Meyer JL et al.（1983）. Fish schools: an asset to corals. *Science* 220: 1047-1049.
24）川崎 健ら（編著）（2007）.「レジーム・シフト－気候変動と生物資源管理 , 初版」. 成山堂書店 .
25）Takasuka A et al.（2007）. Optimal growth temperature hypothesis: why do anchovy flourish and sardine collapse or vice versa under the same ocean regime? *Can. J. Fish. Aquat. Sci*. 64: 768-776.
26）Takasuka A et al.（2008）. Contrasting spawning temperature optima: why are anchovy and sardine regime shifts synchronous across the North Pacific? *Prog. Oceanogr*. 77: 225-232.
27）帰山雅秀（2003）. レジーム・シフトはサケ属魚類のバイオマス動態と生活史に影響を及ぼすか？月刊海洋 35: 127-132.
28）Wernberg T et al.（2013）. An extreme climatic event alters marine ecosystem structure in a global biodiversity hotspot. *Nat. Clim. Change* 3: 78-82.
29）Shibuno T et al.（1999）. Short-term changes in the structure of a fish community following coral bleaching at Ishigaki Island, Japan. *Galaxea, JCRS* 1: 51-58.
30）Comte L, Grenouillet G（2013）. Do stream fish track climate change? Assessing distribution shifts in recent decades. *Ecography* 36: 1236-1246.
31）Perry AL et al.（2005）. Climate change and distribution shifts in marine fishes. *Science* 308: 1912-1915.
32）Last PR et al.（2011）. Long-term shifts in abundance and distribution of a temperate fish fauna: a response to climate change and fishing practices. *Global Ecol. Biogeogr*. 20: 58-72.
33）Dufour F et al.（2010）. Climate impacts on albacore and bluefin tunas migrations phenology and spatial distribution. *Prog. Oceanogr*. 86: 283-290.
34）Cheung WWL et al.（2013）. Signature of ocean warming in global fisheries catch. *Nature* 497: 365-368.

21章

適応と種分化

魚類の形態，生理，生態における顕著な多様性は5億年以上にわたる進化の結果であり，その多様性を理解するためには，進化や種分化の仕組みと帰結について深く探究していく必要がある．近年急速に発展してきた分子遺伝学やゲノム科学的な方法論は，これまで知ることができなかった魚類の多様性の形成機構に関する新たな側面を明らかにしつつある．また魚類は，脊椎動物の中で最も種数が多く，多様性の高いグループとして，広く適応や種分化研究のモデルともなる．

21-1　進化と自然選択

進化は30数億年前の生命の誕生以来，絶え間なく継続してきた生物学的過程である．種内における進化を小進化 microevolution，種とそれより上のレベルの進化を大進化 macroevolution とよぶ．進化の本質は世代間の遺伝的特性の変化である．特に有性生殖生物においては，繁殖集団（集団，個体群，遺伝子プール）内の遺伝的組成の世代間変化が進化の基本要素となる．

世代間の遺伝的特性の変化には，遺伝的変異の生成，およびそれぞれの遺伝的変異の増減をもたらす力が必要である．前者は突然変異を中心とする物理化学的な過程であり，後者は自然選択と遺伝的浮動という機構である．

21-1-1　遺伝的変異

個体群内の遺伝的変異 genetic variation，あるいは遺伝的多様性 genetic diversity は，突然変異，遺伝的組換え，別集団からの移住，遺伝子の水平伝播などによってもたらされる．

突然変異には，DNA を構成するヌクレオチド塩基が別の塩基に変化する点突然変異や塩基の挿入・欠失，また染色体の逆位・重複・転座などによる遺伝子の配列や数の変化が含まれる．遺伝的組換えは主に減数分裂時の染色体乗換えにより生じ，遺伝子の新しい組合せをもたらす．集団間の個体の移動分散は，移動元の集団に含まれる遺伝子を移住先にもたらす．ウィルス等による遺伝子の個体間・種間の移動も新たな遺伝的変異を生じる原因となりうるが，その頻度と効果については今後の研究が待たれる．

遺伝的変異を，集団内で突然変異などにより新規に生じた変異（新規遺伝変異 novel genetic variation）と過去から集団内に保持されてきた変異（保有遺伝変異 standing genetic variation）に区別することは，適応進化過程を考えるうえで有用である．

21-1-2　自然選択と適応

自然選択（または自然淘汰 natural selection）とは，環境条件が生物の性質を選ぶ仕組みであり，生存率や繁殖成功などを通じて，異なる表現型 phenotype をもつ単位（ふつうは個体）の間で適応度，つまり次世代への貢献度合いに違いが生じることである．集団内の個体間に表現型変異が存在し，それが遺伝的形質である場合，自然選択が働くことによって適応進化 adaptive evolution が起こる．自然選択のうち，特に繁殖成功に関わる同性間競争や配偶者選択によるものは，性選択（または性淘汰 sexual selection）とよばれる．魚類では，雄の体色が派手になる，鰭が伸長し目立つようになる，雌よりも体が大きくなるなどの性的二型がしばしばみられ，それぞれの種の配偶様式に関連した性選択の結果と考えられる[1]．

自然選択は，自然の環境変動や野外操作実験による選択圧（淘汰圧）のもとで，遺伝的な表現形質の世代間変化を測定することにより，実測，検証することができる[2, 3]．例えば，グッピーを捕食者がいる環境といない環境で相互移植を行ったり，実験環境で長期飼育したりすることで，生活史（繁殖年齢など）や性選択に関わる形質（派手で大きな鰭）が予測された方向に進化することが確かめられている．

生物がどのような遺伝的変異を用い，いかに適応しながら新規環境への進出を達成するかは，生物多様性の創出機構を理解するうえで重要課題であり，近年，進化発生生物学 evolutionary developmental biology（Evo-Devo）や生態ゲノム学 eco-genomics とよばれる分野において研究が発展している（21-3 を参照）[3]．例えば，イトヨにおいては，多数の淡水集団が海産（遡河回遊性）集団から分化しているが，淡水集団では共通して体側鱗板の退縮傾向がみられ，これは淡水環境への適応だと考えられている．鱗板数は主に Ectodysplasin

(*EDA*) 遺伝子の変異によって決まっており，淡水集団における鱗板の退縮は，海産イトヨ集団に低頻度で存在する保有遺伝変異が，淡水進出の際に自然選択によって頻度を増した結果だと考えられている（図 21-1）[4, 5]．

適応進化は数年から数十年といった生態学的時間スケールでも生じ，そのような急速な進化は現在的進化 contemporary evolution とよばれる．また適応進化は，逆に生息環境に対して影響を与え，新たな自然選択圧を生じることで，さらなる適応進化を促す場合もある．このような過程は生態－進化フィードバックとよばれる[6, 7]．遡河回遊性のニシン科エールワイフ（*Alosa pseudoharengus*）がダムにより陸封化された結果，その周年的な捕食圧によって大型の動物プランクトンがいなくなった．するとエールワイフの口は小さく，また鰓耙が密になったが，これは小型の動物プランクトンを効率よく食べるための適応であると考えられる[7]．さらに，このような生態と適応進化の連鎖的

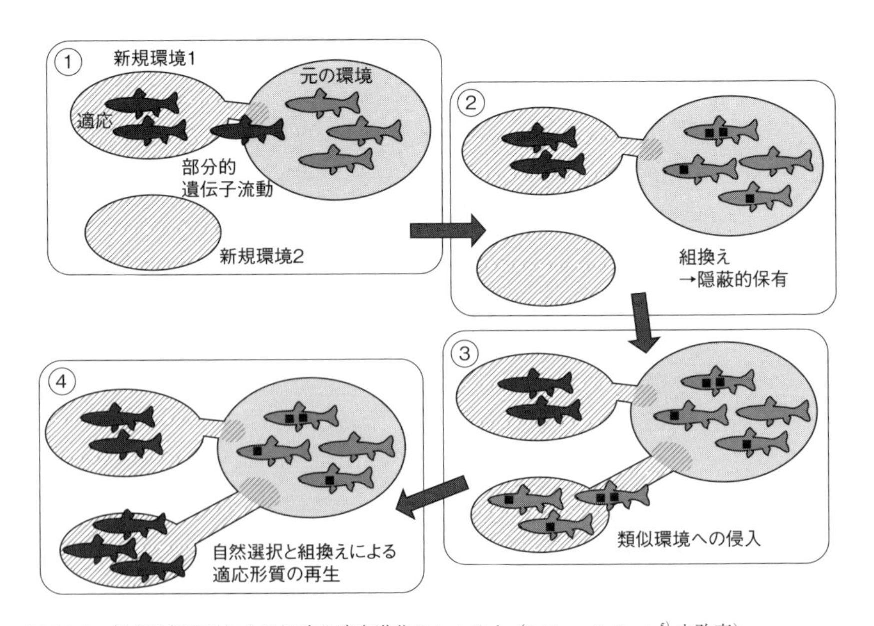

図 21-1　保有遺伝変異による迅速な適応進化のシナリオ（Schluter & Conte[5] を改変）
①新規環境において適応進化したアリルのセットが，部分的な遺伝子流動により祖先集団に低頻度で保有される．②組換えにより，集団中にそれらのアリルがばらばらに隠蔽・保有される．③遺伝的変異を保有した集団が別の類似した環境に侵入する．④侵入先での自然選択と組換えを通じて，その環境に適応したアリルのセットが頻度を増し，適応進化を迅速に再現する．

な相互作用は，種内に限らず，群集全体に波及しうる．

21-1-3　遺伝的浮動

遺伝的浮動 genetic drift とは，世代間での遺伝子のランダムなサンプリング効果による，集団内の遺伝子組成（特に対立遺伝子頻度）の変化のことである．遺伝的浮動の効果は，集団サイズが小さいほど，また自然選択圧が小さいほど，大きくなる．遺伝的浮動は特に分子進化において重要であり，その特性を研究する分子進化の中立理論[8]は，分子系統樹推定や分岐年代推定の理論的根拠を与えるものである．

21-2　種分化

種は，分類学をはじめ，生物多様性科学における基本単位として機能している．しかし，種とは何かを完全に定義することは難しい．生物の存在様式自体が多様であり，必ずしも 1 つの定義に当てはまるようには存在していないからである．そのため，これまで 20 を超える種の定義が存在する[9]．そのうち系統的種概念は主要な定義の 1 つであり，「共通祖先に起源し，独自の特性で規定される最小の進化単位」として定義される（ただし，複数のタイプの定義がある）[9, 10]．分子系統樹が容易に得られる現在，理論的にも実用的にも有用な種概念であるが，階層付けの問題（種か，それ未満の単位かの区別の非一意性）や，伝統的な形態的種概念より多数の種単位を生み出す傾向などのため，適用上の困難もある．

一方，進化研究において最も重要な種概念は，生物学的種概念 biological species concept であり，種分化の機構を探求するうえでの要ともなる．

21-2-1　生物学的種概念と生殖隔離

生物学的種概念において，種は「他の同様の集団から生殖的に隔離されている，実際に，あるいは潜在的に相互交配する自然集団のグループ」とされる[11]．つまり，自由に交配し，遺伝的に隔離されていない個体の集まりに複数種が含まれるとみなすことはできない．

生物学的種概念において要となる生殖隔離 reproductive isolation には，配偶子の接合前と接合後に働く機構がある．接合前生殖隔離は知覚や行動による同類認知や産卵期のずれなどによって起こる．例えばイトヨとニホンイトヨでは雄の求愛行動が異なり，生殖隔離機構として機能している[12]．接合後生殖隔離は交雑個体の不稔性や適応度の低下などによって成立する．これは遺伝的不和合（または遺伝的不適合 genetic incompatibility）や，競争上の不利などの生態学的な要因によって起こる．遺伝的不和合の単純なモデルは，Bateson-Dobzhansky-Muller の 2 遺伝子座モデル（BDM，あるいは DMI モデル）で示される（図 21-2）．また，逆位や性染色体転換などの染色体の構造変化が，生殖に関わる形質間の組換えを抑制したり，雑種不稔をもたらしたりすることによって生殖隔離を促進する場合も知られる[12, 13]．

生物学的種概念は，2 つの集団が同種か別種かを区別するための識別規準として，有用性と限界をもつ．同所的な集団間で遺伝子流動に大きな制限がある場合，両者の間には生殖隔離が存在するので，別種と判断することができる．遺伝子流動の制限は遺伝子標識を用いた遺伝子頻度の差異により検証できる．

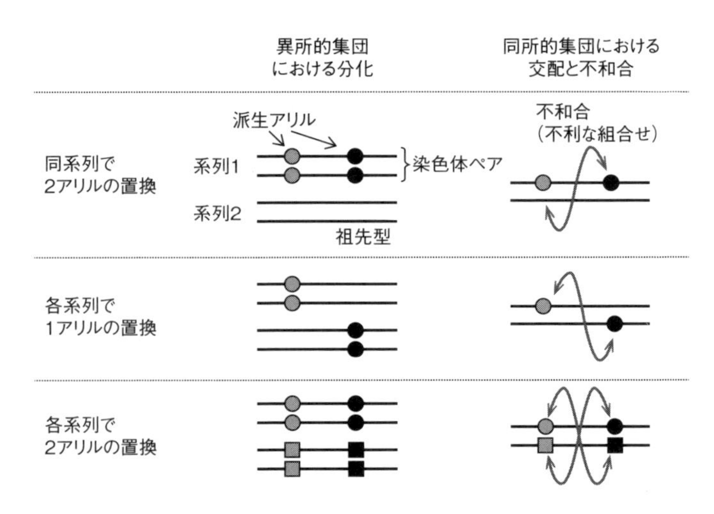

図 21-2　異なる集団間の遺伝的不和合による生殖隔離機構を説明する Bateson-Dobzhansky-Muller の 2 遺伝子座モデル（Seehausen et al.[13] を改変）
異所的な集団（系列）の片方あるいは両方において，ある遺伝子座で派生アリルが固定したとする．別の集団の個体と交雑したとき，その派生アリルと別遺伝子座における元アリル（あるいは派生アリル）の間の相互作用によって適応度の低下が生じ，接合後隔離が成立する．丸と四角は派生アリルを示し，両矢印で結ばれたアリルの組合せが適応度を下げる．

一方，特に淡水魚のような移動分散性が低い生物の場合，異所的な集団間には分化時間に応じた遺伝的分化が存在するので，交配実験などで生殖隔離の存在が明らかにされないかぎり，生物学的種概念のみで同種か別種かを判断することは難しい．

21-2-2　種分化の様式と機構

種分化（または種形成 speciation）は，新しい種が生じることである．1つの母種から1つの娘種が生じる場合や祖先種から分岐的に2つの姉妹種が生じる場合，また2種が交雑することにより新種が生じる場合（交雑種分化）などがある．

生物学的種概念にもとづくと，種分化を「2つの集団間に生殖隔離が生じ，確立する過程」と明確に定義できる．種分化の過程は様々な段階を含む連続体であり，もともと1つの集団である状態を起点に，遺伝子流動が部分的に制限された状態を経て，最終的に生殖隔離が完全に成立し，さらに表現型レベルで明瞭に区別ができ，生殖隔離の崩壊が起こらなくなるような状態までを含んでいる[13]．ただし交雑種分化はもともと2つの集団から始まり，交雑を経て第3の集団が生じる過程である．

種分化の様式はいくつかの方法で分類することができる．まず地理的な位置関係に注目して，異所的種分化 allopatric speciation と同所的種分化 sympatric speciation に分けることができる．異所的種分化は，もともと1つの種が物理化学的障壁によって長期間異なる地域に隔離されることによって種分化する場合である．例えば淡水魚において，山地の隆起や海峡の形成により陸水系が分断され，それぞれの地域で地理的代置関係にある姉妹種を生じるような場合である．異所的種分化は，二次的接触の機会を経た後にも融合することなく，ときに生殖隔離の強化 reinforcement を伴いながら完了する．

一方，同所的種分化は，地理的な隔離がない状況下で，新種が形成されることである．種間交雑による（ときに倍数性変化を伴う）交雑種分化は，植物では一般的であるが，魚類においても，コイ科，ドジョウ科，カワスズメ科などで知られている[14, 15]．一方，交雑によらず，異なる資源に対する多様化選択（または分岐選択 divergent selection）を受ける状況下で，同所的種分化が起きやすい条件も存在する（下記）．また，物理的障壁がなく，移住や遺伝的交流が潜在的に可能であっても，温度や照度，底質，捕食圧などの環境勾配 cline

によって選択圧に変化が生じる場合がある．そのような状況下で，ときに限定された交雑帯を伴いながら，隣接した分布域で生じる種分化を側所的種分化 parapatric speciation として区別することがある．

異所・同所といった地理的な位置関係ではなく，種分化の機構に着目して，種分化様式を分類することも有益である．種分化機構は，生態的種分化 ecological speciation と非生態的種分化 non-ecological speciation に[16]，また後者はさらに突然変異順序種分化 mutation-order speciation と非選択的種分化 speciation without selection に分けるとわかりやすい[17]（図 21-3）．

生態的種分化とは，異なる環境に対する多様化選択によって生じる種分化である．異なる方向への適応の結果，まず副産物として，多様化選択を受けた形質（あるいはそれと遺伝的に連関する形質）が付随的に生殖隔離をもたらす場合がある．つまり，二次的接触時，あるいは同所的集団において，BDM モデルで示されるような遺伝的不和合が適応形質間で生じたり，中間型が不利となる分断化選択 disruptive selection のために接合前隔離が発達した結果，2 つの集団間で遺伝子流動が妨げられる．また，配偶に関わる形質（繁殖時期や同類

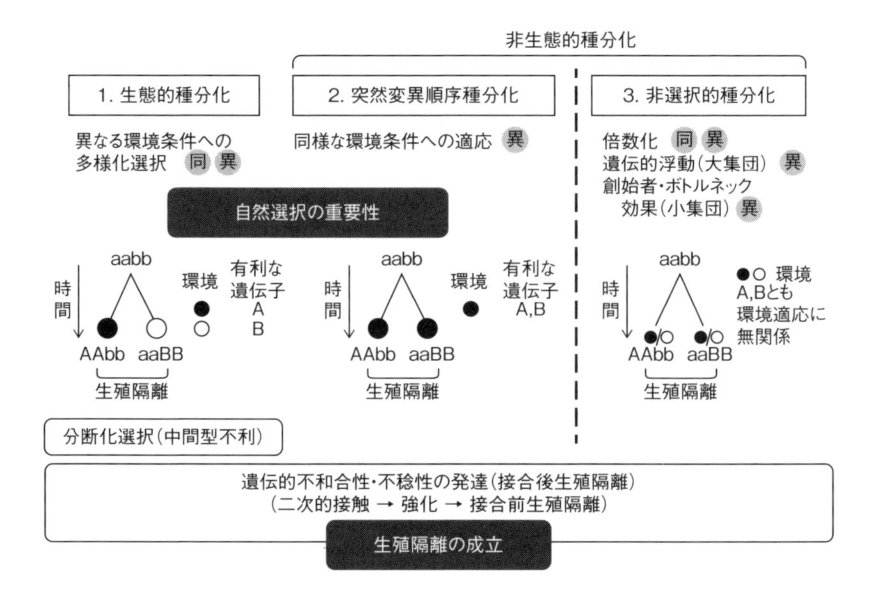

図 21-3　種分化機構の 3 タイプ（Nosil[17] を改変）
同：同所的種分化，異：異所的種分化において生じうる機構．

認知など）の進化が環境と関連している場合には，多様化選択が生殖隔離に直接的に作用することもある．

多くの種分化は生態的種分化に該当すると考えられる．生態的種分化を詳細に検証した例としては，北米の多数の氷河湖で平行的に進化したイトヨ類の「沖合型」と「底生型」のペア種がある．両型は摂餌に関する生態的・形態的分化が明瞭で，中間的な形質をもつ交雑個体では摂餌効率や成長率が低いことが実験的に示されている[16]．また，タンガニイカ湖のカワスズメ科 *Telmatochromis temporalis* 種群には大きさの異なる 2 型が存在し，生殖隔離がある．大型種は岩礁に，また小型種は隣接するシェルベッド（大量の巻貝の死殻が湖底に溜まった場所）に生息するが，両者の生殖隔離は，生息場所（繁殖場所）の間で競争的に有利な体サイズが異なることによって生じている[18]．

生態的種分化が異なる環境への適応の結果であるのに対して，非生態的種分化の 1 つである突然変異順序種分化は，同様な環境に対する適応が機会的に異なる遺伝子の固定によってもたらされる結果，副産物として遺伝的不和合が生じ，生殖隔離が発達するという機構である．また非選択的種分化は，多様化選択や適応と関係ない遺伝的浮動の結果として遺伝的不和合が生じ，生殖隔離が発達するものである．なお，性選択や性的対立は，生態的，非生態的種分化のいずれにも影響しうる[16, 17]．

種分化の地理的様式と種分化機構は様々な組合せで生じうる（図 21-3）．実際の種多様化過程におけるそれぞれの様式や機構の相対的な重要性は，分類群，生息環境，時間スケール等によって異なる可能性がある．また，種分化連続体において，遺伝子流動の部分的な制限が完全な種分化まで進行するかどうかを決定する要因や，その進行速度を規定する外因的（生態学的）・内因的（遺伝基盤）要因については，まだ十分に明らかになっているとはいえない．

21-2-3　種分化率と適応放散

種分化の速度（種分化率 speciation rate）は，分類群，生息環境，生態，種分化様式などによって大きく異なる．種分化率から絶滅率 extinction rate を差し引いたものが純種分化率 net speciation rate であり，これは分岐年代推定がなされた分子系統樹（時間系統樹）から算出することができる．またこの逆数が種分化間隔 speciation interval，つまり種分化にかかる平均時間であり，いくつかの算出モデルがある．系統樹の末端の種に注目すると，種分化にかかる時間は，種の基部の年代と姉妹種との分岐年代の間に存在する．いくつかの分類群において種分化間隔が推定されており，主に 10^3 ～ 10^7 年のオーダーの値が得られている（表21-1）[10, 19, 20]．比較的新しい湖では，古い湖よりも種分化間隔の観察値が短く，そのなかでもヴィクトリア湖のカワスズメ科魚類の種分化間隔は，10^2 ～ 10^4 年と，際立って短い[19]．

条鰭類という大系統スケールで種分化率を比較すると，種分化率には科レベルで大きな違いがみられる．サケ科やカワスズメ科，フグ科をはじめ，いくつかの科で高い種分化率が示される一方，高い種多様性を示すコイ科の種分化率は，平均すると，特に高いわけではない[21]．水界の広さに比して淡水魚は海水魚に比べて圧倒的に種多様性が高いが，種分化率においては海水魚の方が高い

表21-1　種分化にかかる平均時間の推定例

分類群	種分化間隔（百万年）	出典
Ictalurus 属（北米産ナマズ類）	13.2	a
北米のコイ科	5.6	a
バイカル湖のカジカ類	0.6－0.9	a
タンガニイカ湖のカワスズメ類	0.7－1.1	a
マラウイ湖のカワスズメ類	0.1－0.3	a
ナブガボ湖のカワスズメ類	0.004	a
バロンビ湖のカワスズメ類	0.4	a
Gambusia 属（カダヤシ類）	1.6	a
Rivulus 属（カダヤシ目）	2.2	a
Xiphophorus 属（ソードテール・プラティ）	1.4	a
ヴィクトリア湖のカワスズメ科 *Astatotilapia* の派生種	0.00001－0.0004	b
ヴィクトリア湖のそれ以外の様々な種	0.003－＞0.2	b
形成から1.5万年未満の湖の様々な魚種	0.0015－0.025	b
形成から6～20万年の湖の様々な魚種	0.003－0.007	b
形成から60～250万年の湖の様々な魚種（カワスズメ科ハプロクロミス族を除く）	0.09－1	b
形成から60～250万年の湖のハプロクロミス族	0.0006－0.003	b
脊椎動物全体	2.1（モード;信頼区間1.74－2.55）	c

a：Coyne & Orr[10]，Table 12.1より
b：Seehausen[19]より（線形モデル）
c：Hedge et al.[20]
推定の方法は様々であり，詳細は出典を参照.

傾向があるようである[22]．一方，トゲウオ類のように多数の発端種 incipient species が存在するにも関わらず，明確な種については多様性が低い場合がある．種多様性を決める要因と機構を理解するためには，同胞種レベルの分化や生殖隔離の発達から系統レベルでの種・系統の持続性に至る包括的な理解が必要である[21]．

適応放散 adaptive radiation とは，急速な系統分岐を伴いながら，ある系統群内で生態的多様性および表現型多様性が進化することであり[16]，高い種分化率を示す典型的な進化現象である．魚類における典型的な適応放散は，バイカル湖のカジカ類や東アフリカ大地溝帯湖沼群のカワスズメ科魚類などにみられる．適応放散は種分化や種多様化の機構を解明するための格好の材料である．

21-2-4　系統地理学

系統地理学 phylogeography は，集団遺伝学を基礎に，種内や近縁種の遺伝形質（特に遺伝子系図）の空間分布パターンを生み出す進化過程を研究する分野であり，分布域形成，地理的分化，種分化，適応，交雑等に関する研究アプローチの 1 つである[23]．動物のミトコンドリア DNA データが技術的に利用可能となり，種内の遺伝的多様性が解析できるようになったことを契機に，特に 1980 年代以降，膨大な研究が行われてきた．同じ地域に生息する複数の生物群を同時に解析する比較系統地理学は，生物相レベルでの歴史的形成史を明らかにするために有効なアプローチである．北米南東部における淡水魚類の地理的分化パターンやパナマ海峡東西の海産魚における分化パターンの比較など，系統地理学の確立と発展に魚類が果たした役割は大きい[15, 23, 24]．

集団の遺伝的多様性は集団遺伝学の基礎情報であり，歴史的な集団の有効サイズ（有効集団サイズ）が小さいと，遺伝的多様性も小さくなる．遺伝的多様性は集団に含まれる遺伝子座あたりのアリル（対立遺伝子）の数（ミトコンドリア DNA の場合，ハプロタイプ数）やヘテロ接合度（同じくハプロタイプ多様度），塩基多様度などで評価される[25, 26]．

系統地理解析においては，各種の遺伝子標識（細胞小器官や核の DNA 配列，マイクロサテライト，一塩基多型等）を用いて，遺伝的多様性や遺伝子系図の地理的パターンを明らかにすることにより，種内集団間の地理的な分化，移動分散，遺伝的交流等の遺伝的集団構造を推定する．特に遺伝子系図の時間的ふるまいに関する合祖理論（コアレセント理論 coalescent theory）にもとづいて，有効集団サイズの歴史的な動態，および集団間の分岐関係や遺伝的交流パターンを統計学的に推定することができる[24]．

生物の分布域形成の過程で生じる様々な進化現象を研究するうえで，系統地理学的アプローチは，生態形質や環境データを用いた分布モデリング，あるいは化石，古気候，ゲノム等の情報と合わせながら，幅広く活用することができる[24]．

21-3　ゲノミクス

ゲノム genome とは，ある生物がもつ全遺伝情報のことである．狭義に2倍体生物の染色体の1セットを指すこともある．21世紀初頭にヒトのゲノムが解読されて以降，次世代シーケンサー next-generation sequencer（NGS）の開発，普及に伴い，多数の脊椎動物のゲノム解読が進んでいる．その結果，魚類の多様性の起源や進化，そしてその遺伝基盤に関して，これまでにない大量のデータで解析し，考察することが可能な時代となってきた．ゲノム情報を基盤とする研究アプローチや研究分野をゲノミクス genomics（ゲノム科学）という．

真核生物において細胞内呼吸を担う細胞小器官であるミトコンドリアは好気性の真正細菌の細胞内共生に由来し，独自のゲノム（ミトコンドリアゲノム，ミトゲノム）をもつ．ミトコンドリア DNA 情報が魚類の系統や種内集団構造の解明に果たしてきた役割はきわめて大きい[23, 27]．

21-3-1　魚類ゲノムの特徴

次世代シーケンサーの活用によって，これまで2,000種を超える真核生物の完全長ゲノムまたはドラフトゲノム（完全長ゲノム配列の決定ではないが，大部分の塩基配列が解明されたデータ）が公表されている．魚類においても，2002年のトラフグを皮切りに，2016年時点で，シーラカンスからミナミメダカ，イトヨ，クロマグロ，マンボウなど，70種以上のゲノム情報が得られ，その数は急速に増える傾向にある（図21-4）．

ゲノムサイズはゲノム DNA を構成するヌクレオチド塩基対の数で表され，2倍体生物の場合，一般に半数体（1倍体）ゲノムサイズで示される．ゲノムサイズは全ゲノム配列決定によって正確に調べられるが，核酸を蛍光染色し，細胞単位でその蛍光強度を測定するフローサイトメトリー法などを用いて，簡便に推定することができる．

ヒトのゲノムサイズが約30億塩基対（bp）であるのに対し，魚類の既知のゲノムサイズは3～1,300億bp（条鰭類では90億bp）と大きくばらついている（図21-5）．肺魚類のゲノムサイズは特に大きく，実にヒトの30倍以上に

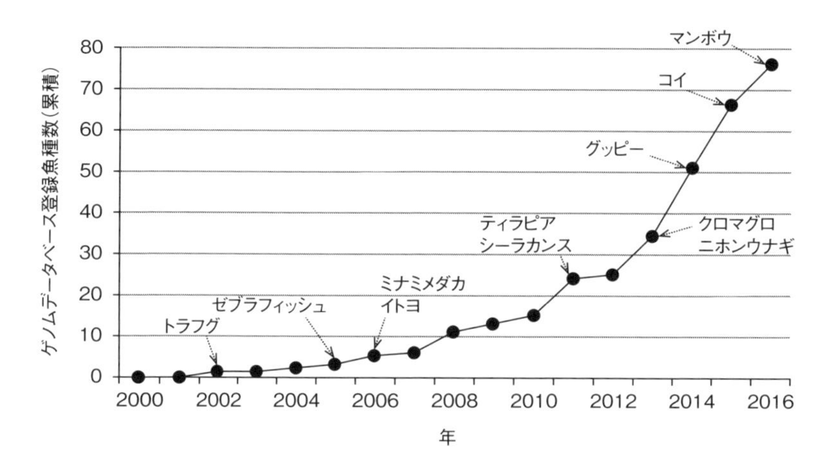

図21-4　ゲノム解読された魚類の種数の増加（ドラフトゲノムを含む）と主な魚種（NCBI ゲノムデータベース［https://www.ncbi.nlm.nih.gov/genome/］より2016年10月に検索）

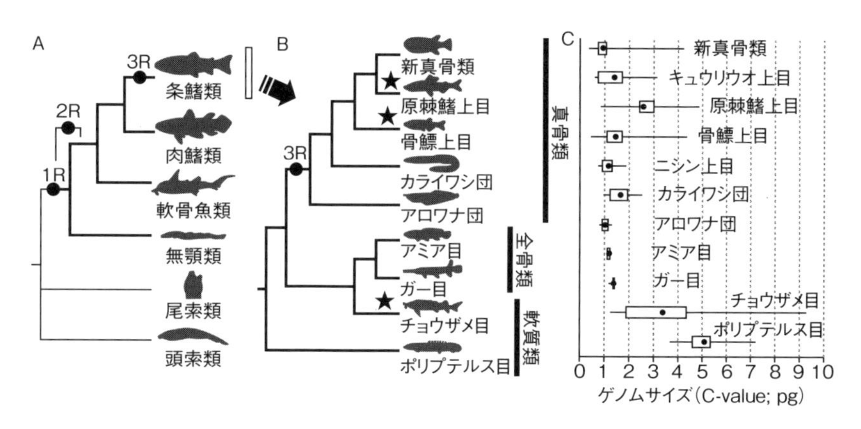

図21-5　脊椎動物における全ゲノム重複（1R，2R，3Rおよび星印）と条鰭類のゲノムサイズ
A・B：佐藤・西田[28]に加筆．C：動物ゲノムサイズデータベース（Gregory[29]）から集計（2016年10月）．C-value：1 pg ＝ 978 Mb.

達する．魚類のゲノムサイズのこのようなばらつきは，染色体の一部もしくは全体が重複・倍化したためと考えられ，特に多倍体化による全ゲノム重複 whole genome duplication（WGD）は大きなゲノムサイズの増加をもたらす．

脊椎動物はその初期の段階で 2 回の全ゲノム重複（1R-WGD と 2R-WGD，あるいは VGD1 と VGD2）を経験しているが，真骨類ではさらに 3 回目の全ゲノム重複（3R-WGD あるいは TGD）をおよそ 3 億年前に共通祖先で経験している（図 21-5）[28]．コイ科の一部やサケ科などでは，さらに全ゲノム重複が生じている．全ゲノム重複は遺伝子の相同性をわかりにくくし，系統解析等において注意を必要とする．一方，全ゲノム重複は新しい遺伝子を生み出す源として脊椎動物の系統進化の過程で重要な役割を担った可能性があり，様々な時間スケールで全ゲノム重複を経験した魚類は，そのような研究の重要な材料である[28]．全ゲノム重複，あるいは部分的な遺伝子重複は，遺伝子の冗長性を生み出し，重複した一方の遺伝子が，機能を失ったり，そのまま維持したり，分業化したり，あるいは新規機能を獲得したりすることが知られる．

21-3-2　ゲノム解析

全ゲノム配列決定は，現在，次世代シーケンサーを用いて行われる．次世代シーケンサーとは，1980 年代以来用いられてきた DNA 配列決定法であるジデオキシ法（あるいはサンガー法）のあとに出現した大量配列決定技術にもとづく DNA シーケンサーの総称である．最初のヒトゲノムは，従来のジデオキシ法による DNA シーケンサーを用い，10 年以上の歳月と莫大なコストをかけて解読された．しかし，2000 年代に入り，パイロシーケンシング法をはじめとする新技術により，現在では，主に短 DNA 断片（数十～数百 bp）の超並列的な配列決定とコンピューターによるつなぎ合わせ（アセンブル assemble）技術を駆使して行われるのがふつうである．一度に読める断片数や配列長の増大，特に 1 分子配列決定技術の進展など，ゲノム解読技術は日進月歩の発展を続けている．新規（*de novo*）完全長ゲノムの解読は現時点でも容易とはいえないが，一定の完成度をもつドラフトゲノムの解読，またゲノムが既知の種やその近縁種のゲノム配列の再決定（リシーケンシング）は，技術的・コスト的にかなり容易となっている．

21-3-3　適応の遺伝基盤

適応形質や生殖隔離関連形質などを含む表現型変異の遺伝基盤を明らかにすることは，そのような形質の系統発生的起源や個体発生の仕組みを理解するうえで重要である．またある形質の進化のしやすさや速さを推定したり，変動する環境下での野生集団における適応的反応を予測したりするための重要な情報を与える．

よく似た機能をもつ表現型が，異なる系統において，遺伝子発現経路，遺伝子，アミノ酸，あるいは塩基といった異なる階層の収斂・平行進化によって実現される場合がある．例えば，アフリカに分布するアロワナ目モルミュルス科と南米に分布する骨鰾上目デンキウナギ目では，それぞれ，電気受容器官をもつ祖先群から発電器をもつグループが約1億年前に進化した．これは3R-WGDで重複した電位依存ナトリウムイオンチャネル遺伝子の一方（*SCN4aa*）が分子レベルの平行進化を起こし，正の自然選択の結果，独立に電気発生に関係する新規機能を獲得したという証拠が得られている[30]．また前記の通り，イトヨ淡水集団における体側鱗板の退縮は，多くの場合，海産集団が低頻度で保有する*EDA*変異の頻度増加によって速やかに実現されている．一方，同様に多くのイトヨ淡水集団で腹棘・腰帯の退縮あるいは欠損がみられるが，この形質は*Pitx1*遺伝子のエンハンサー領域における配列欠損が，異なる淡水集団で独立に生じた結果である[31]．つまり，平行進化に関与する遺伝子領域は同じであるが，アリルレベルでは起源が異なっている．さらに，各地の海産・淡水イトヨの全ゲノムの比較から，海産・淡水集団の分化にはゲノム上に散在する多数の遺伝子座が共通して関わっていて，それらの遺伝子座の多くはタンパク質コード領域ではなく，調節領域であることもわかった[32]．

表現型変異や適応形質の遺伝基盤の解明や自然選択を受けたゲノム領域の検出を行うために用いられる手法は多岐にわたる．交配家系を用いることができるかどうかや全ゲノム配列が利用可能かどうかなどで，各手法の適用可能性は異なる．関連する主だった手法には以下のようなものがある[3, 33, 34]．

遺伝性と遺伝率の推定：関心のある表現型が遺伝的な形質か，それとも表現型可塑性による形質かがまず重要である．表現型のばらつき（表現型分散）は，遺伝的要因によるばらつき（遺伝分散）と環境要因によるばらつき（環境分散）からなる．遺伝率heritabilityは表現型分散に占める遺伝分散の割合である（広義の遺伝率，H^2）．形質の遺伝性を調べる最も一般的な方法は，様々な表現型をもつ親個体をかけ合わせ，共通環境下で育成したうえで（コモンガーデン実験），親と子の表現型値の相関関係を調べる方法である．両親の表現型の平均値と子の表現型値の直線回帰係数が遺伝率となる．魚類でも育種や進化研究において，形態，生活史，繁殖などに関する様々な形質の遺伝率が推定されている[35]．ある集団や特定の環境条件下で得られた遺伝率は，別の条件のものと異なりうることに注意が必要である．

量的形質遺伝子座解析：多くの表現型は複数の遺伝子座の支配を受けた量的形質である．量的形質遺伝子座 quantitative trait locus（QTL）解析は，主に交配家系の分離世代（F_2や戻し交配）を用いて，対象とする表現型変異に関わるゲノム上の領域，およびその数や効果の大きさを推定する方法である[36]．QTL の数が少なく，ゲノム上でのマッピングの精度が高い場合，当該種や近縁種のゲノム情報から原因遺伝子の候補を絞ることができる．QTL 解析では，まず分離世代における遺伝子標識間の組換え頻度にもとづいて，標識のゲノム上の位置関係を表す連鎖地図が作成される．そして遺伝子標識の遺伝子型と対象表現型の変異が相関する領域を統計学的に推定する．遺伝子標識には，マイクロサテライトや AFLP 法による標識，また最近では RAD-seq 法などで得られた一塩基多型 single nucleotide polymorphism（SNP）などが用いられる．例えば，琵琶湖固有種であるホンモロコと近縁のタモロコの形態変異について，RAD-seq 法による遺伝子標識を用いた QTL マッピングが行われている[37]．2種の間の形態変異はゲノム上に散在する小〜中程度の効果をもつ多くの遺伝子座に支配されているが，低い体高や尾柄高といったホンモロコの沖合適応との関係が示唆される形質に関与する領域はゲノム上で局在していた．またホンモロコがもつ QTL アリルは同方向に形態を変化させる傾向を示し，沖合適応に関連した方向性選択の存在が支持される．

ゲノムワイド関連解析：全ゲノム配列あるいはゲノム全体にわたる高密度の SNP 情報（理想的には数十万ヵ所以上）が得られる場合には，直接，注目する表現型変異と塩基置換の連関を検出し，原因遺伝子をその近傍に探すことができる．このようなアプローチはゲノムワイド関連分析 genome-wide association study（GWAS）とよばれる．野生集団の様々な表現形質を直接解析することができる汎用性の高い方法であり，多数個体の大量 SNP 解析やゲノム・リシーケンシングが容易になってきたため，魚類においても適用が広がりつつある[38]．

ゲノムスキャン：異なる自然選択圧にさらされた近縁の集団間でゲノムを全体的に比較すると，自然選択を受けるゲノム領域が他の領域（背景）よりも遺伝的に分化していることが期待される．ゲノムスキャン genome scan 法は，ゲノム網羅的な遺伝子標識を用いて背景分化よりも高い分化領域（外れ値領域）を見出し，自然選択を受けたゲノム領域を検出する方法である．遺伝子標識の連鎖地図，もしくはゲノム情報が必要である．イトヨやサケ科魚類では各地で形態や回遊性における平行的な多様化がみられるが，比較ゲノムスキャン解析によって，それらの遺伝基盤の共通性や異質性がゲノムワイドに評価されている[39]．

遺伝子発現の比較：種間で遺伝子発現を網羅的に比較し，発現遺伝子の構造的変化や発現量の変化を明らかにすることにより（トランスクリプトーム分析），適応的表現型変異に関与する候補遺伝子を絞ることが可能である．メッセンジャー RNA を逆転写酵素で相補的 DNA（cDNA）に変換し，DNA マイクロアレイ分析や次世代シーケンサーを用いた RNA-seq 法などにより，組織や発育段階に応じた網羅的な遺伝子発現情報を得ることができる．同じ湖に住む底生型と沖合型（矮小型）のサケ科コレゴヌス属（*Coregonus*）のペア種間では，トランスクリプトーム分析によって，エネルギー代謝機能に関わる遺伝子に多くの一塩基多型がみつかった[40]．それらの遺伝子は，湖での適応的分化に関連している可能性がある．

遺伝子操作による機能検証：GWAS やゲノムスキャンで検出されたり，遺伝子機能から推定されたりした原因候補遺伝子が実際に関心のある表現型変異に関与しているかどうかは，遺伝子操作による実証実験により検証が可能である．RNA 干渉（RNAi）法や CRISPR/Cas9 法などを含む遺伝子ノックダウンや遺伝子導入などの遺伝子操作・編集技術が用いられる．腹棘の退縮・欠損したイトヨ集団の個体に対して，通常の腹棘をもつ集団の遺伝子（*Pitx1* のエンハンサー領域）を導入した結果，期待どおり，遺伝子改変個体において腹棘の発達がみられた[31]．

今日，魚類の形態，生理，生態，また系統的多様性やその進化について，ゲノム・遺伝子レベルでの理解が可能な時代となりつつある．これまでの魚類に関する膨大な自然史や系統学の知見を基礎として，ゲノム情報を踏まえながら，生態学，形態学，発生学，進化学等の統合を図っていくことが，今後の新しい魚類学を切り開いていくに違いない．

文　献

1)　狩野賢司（1996）. 魚類における性淘汰 .「魚類の繁殖戦略 1」（桑村哲生 , 中嶋康裕編）. 海游舎 . 78-133.
2)　日本生態学会（2012a）.「生態学入門 , 第 2 版」. 東京化学同人 .
3)　日本生態学会（森永真一 , 工藤 洋編）（2012b）.「エコゲノミクス－遺伝子から見た適応－」. 共立出版 .
4)　Colosimo PF et al.（2005）. Widespread parallel evolution in sticklebacks by repeated fixation of ectodysplasin alleles. *Science* 307: 1928-1933.
5)　Schluter D, Conte GL（2009）. Genetics and ecological speciation. *PNAS* 106: 9955-9962.
6)　日本生態学会（吉田丈人ら編）（2012c）.「淡水生態学のフロンティア」. 共立出版 .
7)　Post DM, Palkovacs EP（2009）. Eco-evolutionary feedbacks in community and ecosystem ecology: interactions between the ecological theatre and the evolutionary play. *Phil. Trans. R. Soc. B* 364: 1629-1640.
8)　木村資生（1986）.「分子進化の中立説」. 紀伊國屋書店 .
9)　Mayden RL（1997）. A hierarchy of species concepts: the denouemant in the saga of the species problem. In: Claridge MF et al.（eds）. *Species: The Units of Biodiversity*. Chapman & Hall. 381-424.
10)　Coyne JA, Orr HA（2004）. *Speciation*. Sinauer.
11)　Mayr E（1942）. *Systematics and the Origin of Species: From the Viewpoint of a Zoologist*. Dover Publication（republished in 1964）.
12)　Kitano J et al.（2009）. A role for a neo-sex chromosome in stickleback speciation. *Nature* 461: 1079-1083.
13)　Seehausen O et al.（2014）. Genomics and the origin of species. *Nat. Rev. Genet*. 15: 176-192.
14)　Mallet J（2007）. Hybrid speciation. *Nature* 446: 279-283.
15)　渡辺勝敏 , 髙橋 洋（2010）.「淡水魚類地理の自然史：多様性と分化をめぐって」. 北海道大学出版会 .
16)　Schluter D（2000）. *The Ecology of Adaptive Radiation*. Oxford University Press.（森 誠一 , 北野 潤（訳）（2012）.「適応放散の生態学」. 京都大学学術出版会 .）
17)　Nosil P（2012）. *Ecological Speciation*. Oxford University Press.
18)　Winkelmann K et al.（2014）. Competition-driven speciation in cichlid fish. *Nat. Comm*. 5: 3412.
19)　Seehausen O（2002）. Patterns in fish radiation are compatible with Pleistocene desiccation of Lake Victoria and 14 600 year history for its cichlid species flock. *Proc. R. Soc. Lond. B* 269: 491-497.
20)　Hedges SB et al.（2015）. Tree of life reveals clock-like speciation and diversification. *Mol. Biol. Evol*. 32: 835-845.
21)　Seehausen O, Wagner CE（2014）. Speciation in freshwater fishes. *Annu. Rev. Ecol. Evol. Syst*. 45: 621-651.
22)　Betancur-R R et al.（2015）. Fossil-based comparative analyses reveal ancient marine ancestry erased by extinction in ray-finned fishes. *Ecol. Lett*. 18: 441-450.
23)　Avise JC（2000）. *Phylogeography: The History and Formation of Species*. Harvard University Press.（西田 睦 , 武藤文人（監訳）（2008）.「生物系統地理学：種の進化を探る」. 東京大学出版会 .）
24)　種生物学会（池田 啓 , 小泉逸郎編）（2013）.「系統地理学：DNA で解き明かす生きものの自然史」. 文一総合出版 .
25)　Nei M（1987）. *Molecular Evolutionary Genetics*. Columbia University Press.（五條堀 孝 , 斎藤成也（訳）（1990）.「分子進化遺伝学」. 培風館 .）
26)　Frankham R et al.（2002）. *Introduction to Conservation Genetics*. Cambridge University Press.（西田 睦（監訳）, 髙橋 洋ら（訳）（2007）.「保全遺伝学入門」. 文一総合出版 .）
27)　宮 正樹（2016）.「新たな魚類大系統－遺伝子で解き明かす魚類 3 万種の由来と現在」. 慶應義塾大学出版会 .
28)　佐藤行人 , 西田 睦（2009）. 全ゲノム重複と魚類の進化 . 魚類学雑誌 56: 89-109.
29)　Gregory TR（2016）. Animal genome size database. http://www.genomesize.com.

30）Arnegard ME et al.（2010）. Old gene duplication facilitates origin and diversification of a new communication system—twice. *PNAS* 107: 22172-22177.

31）Chan YF et al.（2010）. Adaptive evolution of pelvic reduction in sticklebacks by recurrent deletion of a *Pitx1* enhancer. *Science* 327: 302-305.

32）Jones FC et al.（2012）. The genomic basis of adaptive evolution in threespine sticklebacks. *Nature* 484: 55-61.

33）種生物学会（永野 惇，森永真一編）（2011）.「ゲノムが拓く生態学：遺伝子の網羅的解析で迫る植物の生きざま」. 文一総合出版 .

34）Andrew RL et al.（2013）. A road map for molecular ecology. *Mol. Ecol*. 22: 2605-2626.

35）Kinghorn BP（1983）. A review of quantitative genetics in fish breeding. *Aquaculture* 31: 283-304.

36）鵜飼保雄（2000）.「ゲノムレベルの遺伝解析：MAP と QTL」. 東京大学出版会 .

37）Kakioka R et al.（2015）. Genomic architecture of habitat-related divergence and signature of directional selection in the body shapes of *Gnathopogon* fishes. *Mol. Ecol*. 24: 4159-4174.

38）Narum SR et al.（2013）. Genotyping-by-sequencing in ecological and conservation genomics. *Mol. Ecol*. 22: 2841-2847.

39）Perrier C et al.（2013）. Parallel and nonparallel genome-wide divergence among replicate population pairs of freshwater and anadromous Atlantic salmon. *Mol. Ecol*. 22: 5577-5593.

40）Renaut S et al.（2010）. Mining transcriptome sequences towards identifying adaptive single nucleotide polymorphisms in lake whitefish species pairs（*Coregonus* spp. Salmonidae）. *Mol. Ecol*. 19（Suppl. 1）: 115-131.

22章

魚類の歴史

現生の魚類は，それぞれの種が独自の形態や生態を備え，著しい多様性を示すことに驚かされる．5億年以上に及ぶ魚類の進化の歴史をたどってみると，さらに現生魚類からはとても想像できないような多種多様な魚類が現れ，栄枯盛衰を重ねてきたことがわかる．魚類に限らず，生物の進化には地球環境変動が大きく関わってきた．地球上で生物が爆発的に出現したカンブリア紀以降の約5.5億年の間に，以下に示す6回の生物の大量絶滅 mass extinction が起こったとされる（顕生代の大絶滅）[1, 2]（図22-1）．

1回目	オルドビス紀／シルル紀（O/S境界）	約4.44億年前
2回目	デボン紀後期（F/F境界）	約3.75億年前
3回目	ペルム紀後期（G/L境界）	約2.60億年前
4回目	ペルム紀／三畳紀（P/T境界）	約2.51億年前
5回目	三畳紀／ジュラ紀（T/J境界）	約2.00億年前
6回目	白亜紀／第三紀（K/P境界）	約6,500万年前

これらのうち4回目のP/T境界は最大級のもので生物種の約95％が絶滅したとされ，これを境に古生代から中生代に移る．また，中生代と新生代の境界は6回目のK/P境界にあたる．大絶滅の要因については諸説があり，気候の寒冷化に伴う氷河の発達と海水準の大幅な低下，海洋における無酸素水塊の拡大，大規模な火山活動，天体衝突説などが挙げられており，魚類の生息していた水圏環境も激変したことは確かであろう．これらの大量絶滅を境にして魚類もそれ以前に繁栄した分類群が急激に衰退し，新たな分類群に入れ替わることをくり返し現在に至ったのである（図22-1）．

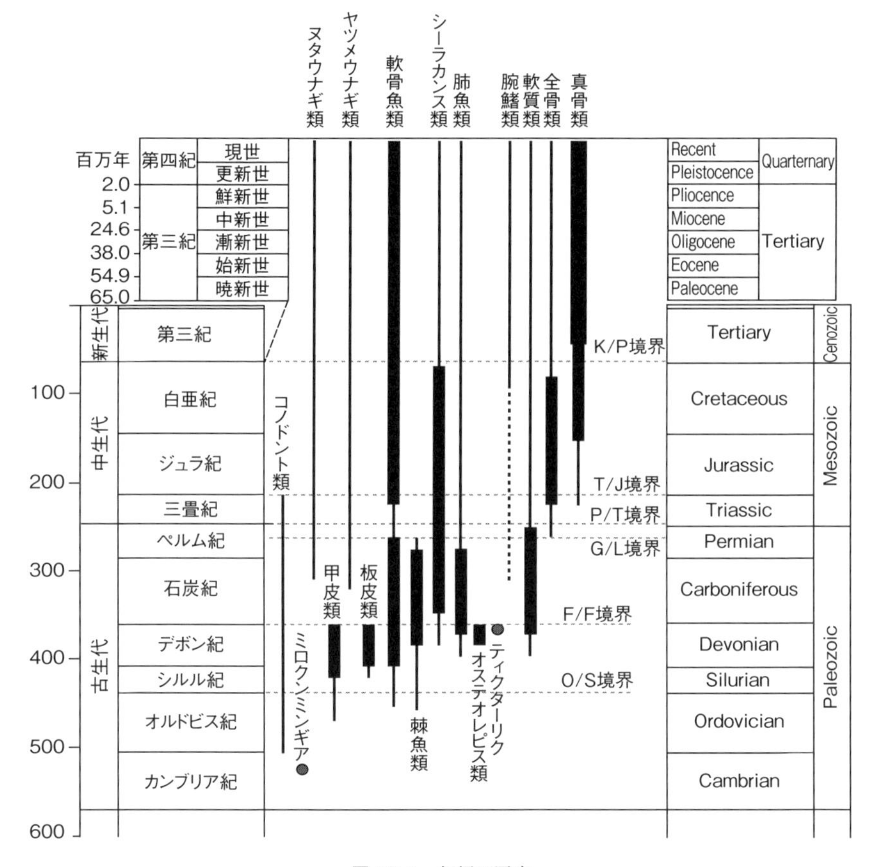

図 22-1　魚類の歴史

22-1　無顎類

22-1-1　最古の魚類

有頭動物の最古の化石としては，中国雲南省の古生代カンブリア紀前期（約5.4億年前）の地層から発見されたミロクンミンギア *Myllokunmingia fengjiaoa* が知られる[3]．この化石は全長約3 cmで，脊索，鰓嚢，膜状の背鰭と臀鰭などの構造を備えるが，顎の構造がない無顎類である（図22-2A）．以後のカンブリア紀においては有頭動物の化石はまれであるが，カンブリア紀後期から中生代三畳紀（約5.0～2.2億年前）の海成石灰岩から微細な櫛状の歯の化石が

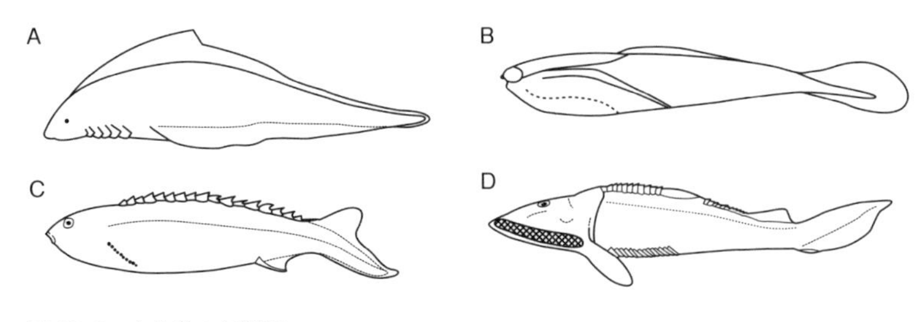

図 22-2　古生代の無顎類
A：最古の魚類ミロクンミンギア，B-D：甲皮類.
B：翼甲類（*Arandaspis*），C：欠甲類（*Pharyngolepis*），D：骨甲類（*Hemicyclaspis*）.

数多く発見されている．これはコノドント conodonts とよばれ，大きな眼をもつ細長い脊索動物のもので，化石分類群コノドント亜門 Conodontophorida とされるが[4]，有頭動物亜門に含める考えもある[5, 6]．

22-1-2　甲皮類

オルドビス紀（約 4.7 億年前）になると骨性の鱗状あるいは装甲状の外皮を備えた無顎類が現れた．それらは甲皮類 ostracoderms とよばれ，シルル紀（4.35 ～ 4.08 億年前）には様々なタイプが現れ，翼甲類，欠甲類，骨甲類などに分類される（図 22-2B-D）[4]．初期の甲皮類の鰭は尾鰭だけであったが，その後の多様化で背鰭や対鰭に類似した構造を備えるものも現れた．一般に体長 30 cm 以下であるが，1.5 m に達するものも知られる．甲皮類はその後に現れた顎口類との生存競争にさらされ，デボン紀後期（F/F 境界）に絶滅した[7]．現存する無顎類はヌタウナギ類とヤツメウナギ類だけであり，強固な外皮に覆われた甲皮類の面影はない．現生の無顎類につながるとされる最古の化石記録は石炭紀後期で，ヌタウナギ類が約 3 億年前，ヤツメウナギ類が約 3.2 億年前のものである．

22-2　顎口類

顎口動物は板皮類（絶滅群），軟骨魚類および真口類に分類され，さらに真口類は棘魚類（絶滅群）と硬骨魚類に分類される[4]．21 世紀になって明らかになった新たな化石の中にはそれぞれの分類群の特徴を併せもつものも知られるようになり，初期の顎口類の系統類縁関係を再考する必要があろう[7−9]．

22-2-1　棘魚類

顎口類の最古の化石記録は棘魚類 acanthodians に特徴的な棘の化石で，オルドビス紀後期（約 4.45 億年前）まで遡る．棘魚類のほぼ完全な骨格化石はデボン紀初期からペルム紀初期で発見されている．体は紡錘形で皮骨性の小鱗に覆われる（図 22-3A）．尾鰭は異尾型で，尾鰭を除く各鰭の前縁や体の腹縁に対在する強い棘を備える．上顎は口蓋方形骨，下顎はメッケル骨と皮骨から構成される．多くは体長 20 cm 以下であるが，約 2.5 m に達するものも知られる．体形から判断して表中層の遊泳性捕食者であったと考えられる．棘魚類の化石情報はペルム紀前期（約 2.95 億年前）まで知られるが，その後に絶滅した[6, 8, 10]．

22-2-2　板皮類

板皮類 placoderms の最古の化石記録は，棘魚類よりやや遅いシルル紀初期（約 4.35 億年前）のものである．板皮類は頭部と胴部に皮骨性の堅い装甲を備え（図 22-3B，C），両顎に鋭い咀嚼縁のある 2 ～ 3 対の骨板が固着し，歯の機能を果たした．一般に体は縦扁し，底生生活者と考えられる．多くは体長 1 m に満たないが，6 m に達するものも知られる．デボン紀を通して多様化したが，デボン紀末（約 3.6 億年前：F/F 境界）に絶滅した[6, 10, 11]．

22-2-3　軟骨魚類

最古の化石としては古生代オルドビス紀後期（約 4.43 億年前）の鱗が知ら

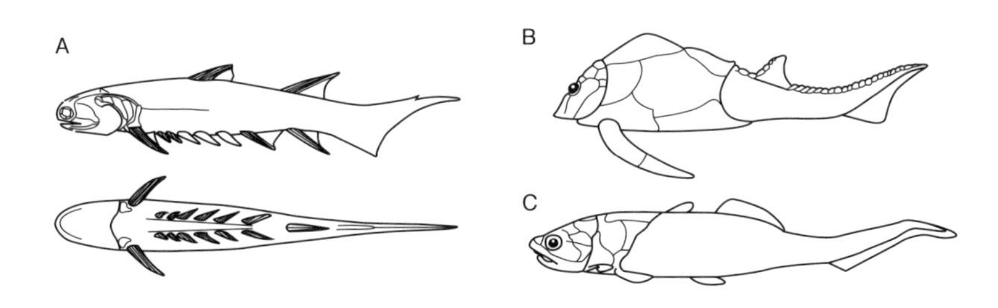

図 22-3　顎口類の絶滅した 2 群
A：棘魚類（*Euthacanthus*）の側面（上）と腹面（下），B：板皮類（*Pterichthyodes*），C：板皮類（*Coccosteus*）．

れ，歯の化石はデボン紀初頭（約 4.18 億年前），体前部の化石はデボン紀初期（4.09 億年前）から知られる[12]．古生代の軟骨魚類としてよく知られるデボン紀後期のクラドセラケ *Cladoselache* は紡錘形をした体長約 2 m のサメ形の軟骨魚類である（図 22-4A）．各鰭は輻射軟骨が鰭の縁辺近くまで伸長し，板状で柔軟性に欠けていた．尾鰭は異尾型で，顎と神経頭蓋の関節様式は両接型であった．デボン紀以降の様々な化石記録から考えて，このころに初期の軟骨魚類の大規模な多様化が起こったと考えられるが，その大半が古生代の末期までに絶滅した．中生代になると P/T 境界を生き延びたヒボダス類 hybodonts と板鰓類が多様化した．ヒボダス類はサメ形の軟骨魚類で，体長が数 m になるものも知られる（図 22-4B）．各鰭の輻射軟骨が退縮し，柔軟性に富む角質鰭条が鰭を構成した[14]．雄は眼の上に 1 ～ 2 対の鉤状棘を備えていた．ヒボダス類は三畳紀からジュラ紀に繁栄したが，白亜紀末に絶滅した（K/P 境界）．板鰓類は三畳紀からジュラ紀には多様化し，白亜紀には現生の板鰓類の主要なグループの多くが分化し現代に至ったと考えられる[15]．全頭類はデボン紀後期（約 3.7 億年前）以後に特有の敷石状の顎歯や全接型の頭蓋骨の化石が知られ

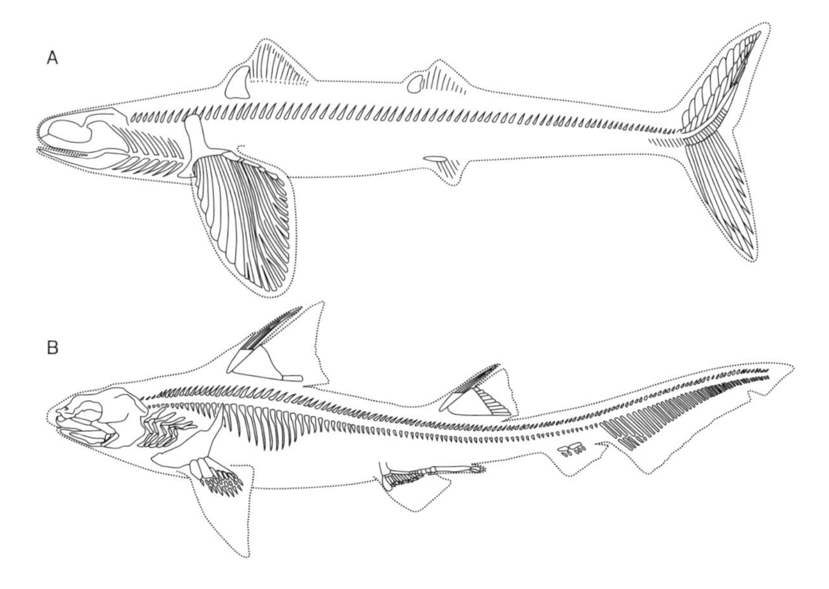

図 22-4　絶滅した軟骨魚類
A：クラドセラケ（*Cladoselache*）（古生代）（Janvier[10] を改変），B：ヒボダス類（*Hybodus*）（中生代）（Arratia[13] を改変）．

る．その形態はきわめて多様で，雄は頭部に様々な形の突起物があり，交尾時の把握器として使われたと思われる．しかし，その多くは古生代末までに姿を消し，中生代ジュラ紀以降は現生のギンザメ類に直結する系統のみが残った[6]．

22-2-4　硬骨魚類

初期の硬骨魚類とみなされる化石記録はシルル紀後期（約 4.27 ～ 4.16 億年前）やデボン紀初期（約 4 億年前）から知られるが，これらの断片化石は条鰭類と肉鰭類のいずれとも判断できない[7, 16]．

A.　肉鰭類

現生の魚形の肉鰭類はシーラカンス類と肺魚類だけであるが，古生代にはオニコダス類，リゾダス類，オステオレピス類，エルピストステガ類などの絶滅した分類群が知られる．また，これらの分類群の先駆的な系統と考えられる初期の肉鰭類の化石はシルル紀末（約 4.19 ～ 4.16 億年前）から知られる[16, 17]．シーラカンス類の化石はデボン紀初期（約 4 億年前）から知られ，デボン紀中期から三畳紀初期に多様化し繁栄したが，白亜紀末（K/P 境界）に絶滅したと考えられていた[6, 18]．しかし，20 世紀になって白亜紀の仲間とほぼ同様の特徴を示す現生種が発見された．肺魚類はデボン紀初期（約 4.15 億年前）から知られ，デボン紀末までに海洋を中心に著しく多様化した．*Dipterus* など初期の肺魚類はコズミン鱗をまとった重厚な体形をしていた（図 22-5A）．石炭紀以降の肺魚類の化石記録は減少し，現生の肺魚類の系統は中生代白亜紀（約 1.40 億年前）に現れたと考えられる[6, 19]．リゾダス類は体長約 7 m に達する巨大な肉鰭類であり，デボン紀後期から石炭紀に知られる[20]．オステオレピス類

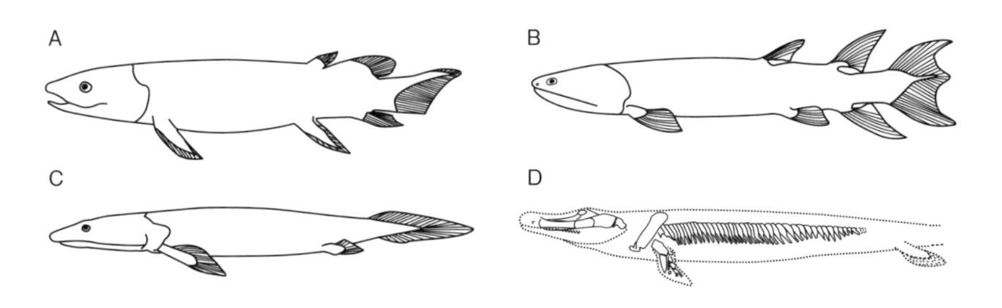

図 22-5　古生代の肉鰭類
A：肺魚類（*Dipterus*），B：オステオレピス類（*Eusthenopteron*），C：エルピストステガ類（*Panderichthys*），D：ティクターリク（*Tiktaalik*）．

はデボン紀中期に現れ多様化したが，デボン紀末期に絶滅した（F/F境界）．このうちデボン紀後期の*Eusthenopteron*は，細長い体が菱形の厚い鱗に覆われ，葉状の鰭が発達する（図22-5B）．小型種が多いが体長2 m以上に達する種もいた[10]．四肢動物につながる系統であるエルピストステガ類（図22-5C）はデボン紀後期（約3.8億年前）に現れるがデボン紀末には絶滅した（F/F境界）．頭部は扁平で，背鰭と臀鰭を欠く．その仲間でカナダ北極圏の3.75億年前の地層から発見されたティクターリク*Tiktaalik*は現在知られている中で四肢動物に最も近縁な魚形の肉鰭類とされる（図22-5D）[21]．F/F境界以降のデボン紀末（約3.6億年前）に*Ichthyostega*などの初期の両生類が現れた[10]．

B.　条鰭類

初期の条鰭類の断片化石はデボン紀初期（約4.15億年）から知られる[22]．完全な骨格化石として最古のものはデボン紀中後期のケイロレピス*Cheirolepis*である（図22-6A）が，条鰭類はこの時代には著しく多様化していた．多くは小形種で体はコズミン層が残存する硬鱗（パレオニスカス鱗）に覆われ，尾鰭の上縁に支鱗fulcral scaleを備えていた（図22-6B，C）．これらの初期の条鰭類の系統の多くはペルム紀末に絶滅し（P/T境界），現存するのはポリプテルス類とチョウザメ類だけである．ペルム紀後期（約2.5億年前）以降，初期の全骨類が著しく多様化したが，白亜紀末にほとんどが絶滅し（K/P境界），ガー類とアミアだけが現存する．真骨類の最も古い化石記録は中生代三畳紀後期（約2.2億年前）のもので，フォリドフォラス類などが知られる．続くジュラ紀にかけてカライワシ類やアロワナ類の系統が現れ，白亜紀には真骨類の著し

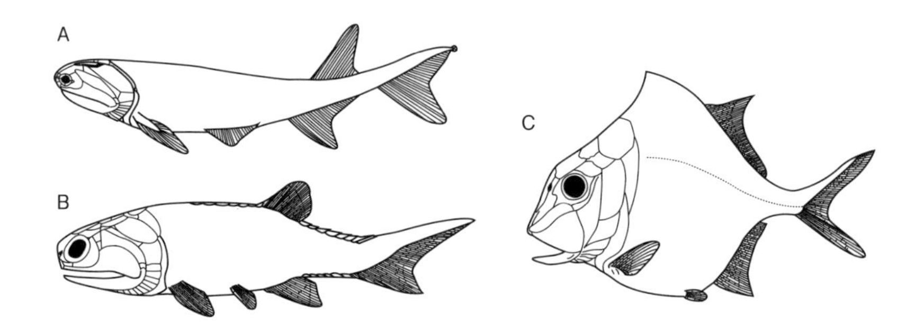

図22-6　古生代デボン紀の条鰭類
A：ケイロレピス（*Cheirolepis*）（Janvier[10]を改変），B：パレオニスカス類（*Moythomasia*），C：プラティソムス（*Platysomus*）．

い多様化が起こり，中生代末のK/P境界に多くの絶滅を経ながらも，新生代始新世（約5,000万年前）には現生の真骨類の主要な系統が出揃った[13, 23]．

文　献

1）掛川 武, 海保邦夫（2011）.「地球と生命－地球環境と生物圏進化－」. 共立出版 .
2）沢田 健ら（編）（2008）.「地球と生命の進化学」. 北海道大学出版会 .
3）Shu D-G et al.（1999）. Lower Cambrian vertebrates from south China. *Nature* 402: 42-46.
4）Nelson JS et al.（2016）. *Fishes of the World, 5th ed.* John Wiley & Sons.
5）Donoghue PCJ et al.（2000）. Conodont affinity and chordate phylogeny. *Bio. Rev.*（*Camb.*）75: 191-251.
6）Janvier P（2007）. Living primitive fishes and fishes from deep time. In: Mckenzie DJ et al.（eds）. *Primitive Fishes*. Elsevier Inc. 1-51.
7）Brazeau MD, Friedman M（2015）. The origin and early phylogenetic history of jawed vertebrates. *Nature* 520: 490-497.
8）Hanke GF et al.（2004）. New teleostome fishes and acanthodian systematics. In: Arratia G et al.（eds）. *Recent Advances in the Origin and Early Radiation of Vertebrats*. Verlag Dr. Friedrich Pfeil. 189-216.
9）Zhu M et al.（2013）. A Silurian placoderm with osteichthyan-like marginal jaw bones. *Nature* 502: 188-193.
10）Janvier P（1996）. *Early Vertebrates*. Oxford University Press.
11）Denison R（1978）. Placodermi. In: Schultze HP（ed）. *Handbook of Paleoichthyology vol. 2*. Gustav Fischer Verlag.
12）Miller RF et al.（2003）. Oldest articulated chondrichthyan from the Early Devonian period. *Nature* 425: 501-504.
13）Arratia G（2004）. Mesozoic halecostomes and the early radiation of teleosts. In: Arratia G, Tintori A（eds）. *Mesozoic Fishes 3 - Systematics, palaeoenvironments and biodiversy*. Verlag Dr. Friedrich Pfeil. 279-315.
14）Maisey JG（1982）. The anatomy and interrelationships of Mesozoic hybodont sharks. *Amer. Mus. Novitates* 2724: 48.
15）Maisey JG et al.（2004）. Mesozoic elasmobranchs, neoselachian phylogeny, and the rise of modern neoselachiana diversity. In: Arratia G, TIntori A（eds）. *Mesozoic Fishes 3 - Systematics, Palaeoenvironments and Biodiversy*. Verlag Dr. Friedrich Pfeil. 17-56.
16）Zhu M et al.（2009）. The oldest articulated osteichthyan reveals mosaic gnathostome characters. *Nature* 458: 469-474.
17）Zhu M et al.（1999）. A primitive fossil fish sheds light on the origin of bony fishes. *Nature* 397: 607-610.
18）Johanson Z et al.（2006）. Oldest coelanth from the Early Devonian of Australia. *Biol. Lst*. 442-446.
19）Clack JA et al.（2011）. The fossil record of lungfishes. In: Jorgensen JM, Joss J（eds）. *The Biology of Lungfishes*. Science Publisher. 1-42.
20）Cloutier R, Ahlberg PE（1996）. Morphology, characters, and the interrelationships of basal sarcopterygians. In: Stiassny MLJ, Parenti L（eds）. *Interrelationships of Fishes II*. Academic Press. 445-479.
21）Shubin N（2008）. *Your Inner Fish: A Journey into the 3.5-billion Years History of the Human Body*. Pantheon Books.（垂水雄二（訳）（2008）.「ヒトの中の魚, 魚の中のヒト」. 早川書房 .）
22）Lu J et al.（2016）. The oldest actinopteryian highlights the cryptic early history of hyperdiverse ray-finned fishes. *Current Biology* 26: 1602-1608.
23）Arratia G（1997）. Basal teleosts and teleostean phylogeny. *Palaeo Ichthyologica* 7: 1-168.

23章

現生魚類の分類

魚類は水深約 8,400 m の超深海層から海抜 3,000 m 以上の高地の河川・湖沼にわたる地球上の水圏に広範に生息する．現生の魚類は 3 万種以上にのぼり，その存在が未だ認識されていない魚類も少なくない．分類体系 classification は，個々の種を系統仮説にもとづき種群に集合化し，それらに階層的に分類階級を与えて，種と種群の系統学的な関係を体系的に表す．魚類の分類体系は，単に分類学のみならず魚類学そのものの進展とともに書き替えられてきた．

23-1　魚類の種数

現生魚類の種数については諸説があるが，Nelson et al.[1] は概数として全脊椎動物の種数の約半分を占める約 32,000 種としており，このうち約 43%が淡水魚である．また，新種情報などを随時更新する Eschmeyer & Fong[2] は世界の魚類の有効種を約 34,320 種（2017 年 3 月現在）とし，近年でも年間約 400 種の新種が追加されたとしている．分類群ごとの種数をみると，無顎類が 126 種，軟骨魚類が約 1,239 種，肉鰭類が 8 種，条鰭類が約 32,946 種で，条鰭類のうちで真骨類が約 32,898 種にのぼり，現生魚類の約 96%を占める[1]．

Helfman et al.[3] は魚類の総種数を約 28,000 種として生息域別に種数を提示している．それによると海水魚では，水深約 200 m までの表層遊泳性魚類が約 360 種（1.3%），水深約 200 ～ 1,000 m に生息する深層遊泳性魚類が約 1,400 種（5%），深海性底生魚類が約 1,800 種（6.4%），そして浅海から水深約 200 m までの大陸棚に生息する魚類が約 12,600 種（46%）となる．淡水魚は，中南米域に約 4,500 種，アジア域に約 3,000 種，アフリカ域に約 2,900 種と多くの種が分布する一方で，オーストラリア域（ニューギニア，ニュージーランドを含む）に分布する淡水魚は一次性淡水魚に限ると 2 種のみとされる．

日本産の現生魚類の種数は中坊[4] によると 359 科 4,210 種（亜種を含む）とされる．分類群別にみるとハゼ科が 460 種と際立ち，ベラ科 146 種，ハタ科 134 種，スズメダイ科 106 種，テンジクダイ科 95 種，カジカ科 88 種などと続く．日本においても毎年20種以上の新種や日本初記録種が報告されている．日本産の淡水魚類として細谷[5]は306種（亜種を含む）を紹介している．このうち，一次性淡水魚は155種で，通し回遊魚は約70種である．また，外来移入とされる淡水魚が34種含まれる．

日本産の魚類を実際に分類・同定する際には中坊[4]が有効である．また新種あるいは日本初記録種の最新情報は日本魚類学会のホームページ[6]に掲載されている．さらに，魚類に関する世界的なデータベースであるFishBase[7]などからも情報を得ることができる．

23-2　分類体系の変遷

リンネ[8]の「自然の体系，第10版」以来，多くの研究者により魚類の様々な分類体系が提示されてきた．1960年以前の魚類の分類体系の変遷については松原[9, 10]によってその概要が紹介されている．20世紀後半以降，魚類の分類体系は急激な変貌を遂げて現在に至っている．その第1のエポックはGreenwood et al.[11]によって真骨魚類の従来の分類体系を根底から覆す系統仮説が提起されたことから始まる．また，ほぼ同時期に分岐分類学の系統理論が提唱された[12]（1章参照）．それらの概略については松浦[13]や矢部[14]にある．これらを契機にして魚類全般にわたる分岐分類学的な分類体系の再構築が急速に展開した[15－18]．この間の分類体系の変遷についてはほぼ10年ごとに改訂されたNelsonの著書“Fishes of the World”の各版を追うことにより明確になる[19, 20]．

第2のエポックは21世紀初頭から提起されてきた分子系統学的な様々な系統仮説によってもたらされた．これらの系統仮説は従来の主に比較形態学の研究をもととした系統仮説ではまったく想定されていなかった類縁関係が数多く提示されている[21－23]．わが国を中心とした魚類の分子系統学の展開については宮らが紹介している[24, 25]．

“Fishes of the World 第5版”[1]では，これらの分子系統仮説を踏まえ，従来の版を大幅に改訂した新たな魚類の分類体系が提示された．本書に記述する分類群の構成などは，この新たな分類体系[1]にしたがい，以後の章では現生の魚類を無顎類，軟骨魚類および硬骨魚類に分けて説明する．用いられている分類階級はかなり複雑ではあるが，高位階級から門phylum，階grade，綱class，区division，団cohort，系series，目order，および科familyとして表記し，さらにそれらの中間の分類階級が上（super-），亜（sub-）および下（infra-）の接頭辞を付して配されている．なお，各科階級の学名は巻末の付表に示されている．種名については一部の主要種を除き標準和名のみを示している．

文　献

1） Nelson JS et al.（2016）. *Fishes of the World, 5th ed.* John Wiley & Sons.

2） Eschmeyer WN, Fong JD（2016）. Catalog of Fishes. Species of Fishes by family/subfamily. http://research.calacademy.org/ichthyology/catalog/family

3） Helfman GS et al.（2009）. *The Diversity of Fishes, 2nd ed.* John Wiley & Sons.

4） 中坊徹次（編）（2013）.「日本産魚類検索 , 第 3 版」. 東海大学出版会 .

5） 細谷和海（編）（2015）.「日本の淡水魚」. 山と渓谷社 .

6） 日本魚類学会 HP（http://www.fish-isj.jp）.

7） FishBase（http://www.fishbase.org/home.htm）.

8） Linnaeus C（1758）. *Systema naturae per regna tria naturae, secundum classes, ordenes, genera, species, cum characteribus, differentiis, synonymis, locis. Tomus I. Editio decima, reformata*. Holmiae.

9） 松原喜代松（1955）.「魚類の形態と検索」. 石崎書店 .

10） 松原喜代松（1963）. 魚類 .「動物系統分類学 , 第 9 巻（上・中）」（内田 亨 監）. 中山書店 . 19-520.

11） Greenwood PH et al.（1966）. Phyletic studies of teleostean fishes, with a provisional classification of living forms. *Bull. Amer. Mus. Nat. Hist*. 131: 339-456.

12） Hennig W（1966）. *Phylogenetic Systematics*. University Illinois Press.

13） 松浦啓一（2000）. 魚類 .「動物系統分類学 , 追補版」（山田真弓 監）. 中山書店 . 346-362.

14） 矢部 衛（2006）. 魚類の多様性と系統分類 .「脊椎動物の多様性と系統」（松井正文編）. 裳華房 . 46-93, 212-244.

15） Greenwood PH et al.（eds）（1973）. *Interrelationships of Fishes*. Academic Press.

16） Lauder GV, Liem KF（1983）. The evolution and interrelationships of the actinopterygian fishes. *Bull. Mus. Comp. Zool*. 150: 95-197.

17） Stiassny MLJ, Parenti L（eds）（1996）. *Interrelationships of Fishes II*. Academic Press.

18） Wiley EO, Johnson GD（2010）. A teleost classification based on monophyletic groups. In: Nelson JS et al.（eds）. *Origin And Phylogenetic Interrelationships of Teleosts*. Verlag Dr. Friedrich Pfeil. 123-182.

19） Nelson JS（1976）. *Fishes of the World*. Wiley-Interscience.

20） Nelson JS（2006）. *Fishes of the World, 4th ed.* John Wiley & Sons.

21） Miya M et al.（2003）. Major patterns of higher teleostean phylogenies: a new perspective based on 100 complete mitochondrial DNA sequences. *Mol. Phylogenet. Evol*. 26: 121-138.

22） Near TJ et al.（2012）. Resolution of ray-finned fish phylogeny and timing of diversification. *Proc. Nat. Acad. Sci*. 109: 13698-13703.

23） Betancur-R R et al.（2013）. The tree of life and a new classification of bony fishes. *PLOS Current tree of Life* 1-41.

24） Miya M, Nishida M（2015）. The mitogenomic contributions to molecular phylogenetics and evolution of fishes: a 15-year retrospect. *Ichthyol. Res*. 62: 29-71.

25） 宮 正樹（2016）.「新たな魚類大系統」. 慶應義塾大学出版会 .

24章

無顎類

無顎類は，顎という骨格構造をもたない有頭動物の総称である．様々な形態をもつ化石群が含まれるが，その情報は断片的であり，現生類を含めた分類と系統関係には様々な考え方がある．現生の無顎類には，ウナギ形の体形の2つの系統が古くから認識され，これらは円口類 Cyclostomata としてまとめられてきた．分子系統学的な解析では，これらは系統的に近い関係にあると考えられている[1, 2]が，形態学的・個体発生学的な観察からはこの考え方は必ずしも支持されていない[3]．

現生の無顎類には以下の形態的特徴が知られる．すなわち，対鰭を欠く，脊索が終生存在して体を支持する，骨格は軟骨性で，頭部に神経頭蓋がある，胃かこれに相当する器官をもたない，多数の鰓嚢（鰓孔としては1～16個）をもつなどである．繁殖様式については，体外受精を行い，親は卵や孵化幼生の保護をしないなどの共通点がある．以下，現生類の2系統について概説する．

24-1　ヌタウナギ綱 Myxini

ヌタウナギ類（図24-1A）は，皮膚に多数の粘液孔 mucous pores をもち，多量の粘液を排出することで知られる．粘液のことを「ヌタ」といい，自身を異物から保護するとともに，他の魚類の鰓に絡ませて殺すことがあるという．かつてはメクラウナギ類とよばれたが，これは成体でも眼が退化的で，皮膚に埋もれ，レンズ，水晶体，付帯的な筋肉などを欠くことに由来する．

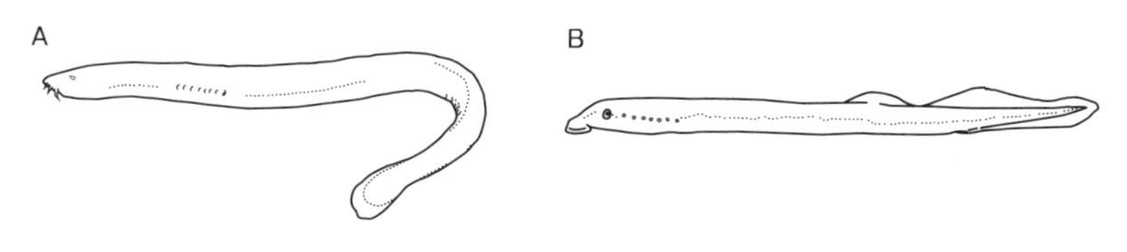

図24-1　無顎類
A：ムラサキヌタウナギ，B：スナヤツメ．

ヌタウナギ類で最も注目されてきたのは，脊柱の骨格要素を欠くことである．Nelson et al.[4] はこの特徴を重要視し，有頭動物の中にその他の脊椎動物すべてと分離させたヌタウナギ下門 Myxinomorphi を設けて，ここにヌタウナギ類を置き，ヤツメウナギ類は脊椎動物下門 vertebrata に置いた．しかし，近年の形態学的および進化発生学的な研究から，ヌタウナギ類の尾部には脊椎動物の血管突起に相当する微小な軟骨塊が脊索下に並ぶことが明らかになった．このことから，ヌタウナギ類は脊椎をもたないのではなく，二次的にこれを失ったとする考え方がある[5]．

現生種の特徴としては，そのほかに以下のような形質が挙げられる．平衡感覚をつかさどる半規管は1つで構成される．小脳はない．鼻孔は吻端に1個あり，鼻咽頭管によって咽頭部に開く．口裂には3～4対の口ヒゲがあり，皮膚が角質化した歯状突起が舌の上に発達する．側線はない．腸管には螺旋弁や微絨毛がない．

現生種は1科6属78種に分類される．卵は大きく，多量の卵黄を含む．同じ個体が卵巣と精巣をもつが，機能的なのは一方のみである．腐肉食者であり，生きた多毛類なども食べる．世界中の温帯域の海洋に生息し，深海性種が多い．体は最大でも約1 m．日本近海には，複数種（ヌタウナギ属 *Eptatretus* とホソヌタウナギ属 *Myxine*）が分布する．

24-2　ヤツメウナギ綱 Petromyzontida

ヤツメウナギ類（図24-1B）は，7つの円い鰓孔が眼の後ろに並ぶことからその名がある．眼は，成体ではよく発達したレンズや外眼筋を備える．1基または2基の背鰭がある．尾鰭は原尾で，背腹の葉状部はほぼ同形．口は吸盤状で，腹面からみると円く，吸引力が強い．吸盤と舌の上に角質化した歯が並ぶ．脊柱は脊索からなり，骨格としては脊髄を保護する弓体だけがある．

現生種は以下のような特徴を示す．半規管は2つで構成される．1個の鼻孔が両眼の間にあるが，鼻咽頭管は盲嚢状で，消化管に開くことはない．腸管に螺旋弁や微絨毛がある．雌雄異体．

現生種は3科10属40種に分類される．繁殖は河川域で行われ，小さな卵をたくさん産む．明瞭な幼生期をもつ．この幼生はアンモシーテスとよばれ，眼が皮下に埋没する，口が漏斗状で吸盤がない，尾部の脊索が後腹側に向かって細く伸長するなどの特徴的な形態を示す．幼生期は数年間に及び，変態後，海に下る種（カワヤツメなど）と河川に残る種（スナヤツメなど）がいる．一部の種類は寄生性で，大型の魚類に吸盤で吸い付き，歯によって魚体の組織を削り取り，宿主の血液・組織を吸い取る．咽頭部には口腔腺 buccal gland があって，その分泌物が宿主の血液凝固を妨げ，組織の溶解を促す．温帯域に広く分布する．体は最大でも約 1.2 m．食用として，広く世界で利用される．上記 2 種はいずれもカワヤツメ属 *Lethenteron* で，北大西洋に広く分布する *Petromyzon marinus* は「ウミヤツメ」とよばれることがあり，人との関わりが強い．

文　献

1) Mallatt J, Sullivan J (1998). 28S and 18S rDNA sequences support the monophyly of lampreys and hagfishes. *Mol. Biol. Evol.* 15: 1706-1718.

2) Delarbre C et al. (2002). Complete mitochondrial DNA of the hagfish, *Eptatretus burgeri*: The comparative analysis of mitochondrial DNA sequences strongly supports the Cyclostome monophyly. *Mol. Phylogenet. Evol.* 22: 184-192.

3) Miyashita T, Coates MI (2016). Hagfish embryology: staging table and relevance to the evolution and development of vertebrates. In: Edwards SL, Goss GG (eds). *Hagfish Biology*. CRC Press. 95-128.

4) Nelson JS et al. (2016). *Fishes of the World, 5th ed.* John Wiley & Sons.

5) Ota KG et al. (2011). Identification of vertebra-like elements and their possible differentiation from sclerotomes in the hagfish. *Nat. Comm.* 2: 373: 1-6.

25章

軟骨魚類

軟骨魚類は，その名の通り軟骨でできた骨格系をもつ．軟骨とはいっても，その表面に硬骨魚類の軟骨とは異なる特異な石灰化様式を伴う軟骨であり，種によっては脊椎骨や顎骨などがかなり硬い骨格になる．軟骨性の骨格系は，古くは軟骨魚類が原始的であることの証拠とされてきたが，近年では，むしろこの系統において新たに生じた派生的な特徴と考えられている[1]．また，雄が1対の交接器を備え体内受精を行うことも，軟骨魚類の重要な特徴である．ただ，古生代のサメ型軟骨魚類には交接器を欠く系統も知られる．交尾を行う生殖生態は，現生種にみられる多様な繁殖様式をもたらしたと考えられる．卵殻に包まれた卵を産むもの，母体内で卵が孵化し，卵黄からの栄養供給を受けてから産まれるもの（かつて「卵胎生」といわれていたが，現在では胎生の一種とされている），胎盤によって母体から栄養供給を受けるものなど，初期発生時を過ごす場所と栄養摂取に関わる多様性がみられる．軟骨魚類にみられる胎生性は，近年の研究では軟骨魚類にとっての原始的な特徴とみなされている[1, 2]．

その他に，現生軟骨魚類は以下のような形態的特徴を共有する．表皮には楯鱗または皮歯が発達し，いわゆる「さめ肌」となるものが多い．神経頭蓋はひとかたまりの骨で，硬骨魚類のような骨片の組合せとはならない．各鰭は角質軟条で構成され，この柔軟な鰭条はいわゆる「ふかひれ」として利用される．鼻孔は体の左右に1個ずつあり，嗅球を洗う水の出し入れは鼻軟骨がつくる皮弁構造で仕切られる．上顎は口蓋方形軟骨，下顎はメッケル軟骨で構成される．三半規管から伸びる内リンパ管の開口が後頭部背面にある．発達したロレンチニ瓶が頭部に広く分布する．鰾を欠き，腸は螺旋弁を備える．尿素とトリメチルアミンオキシドにより浸透圧調節を行う．

軟骨魚類はオルドビス紀に現れ，デボン紀末には板皮類と置き換わり，その後多様に分化・繁栄したとされる．硬組織が顎歯，鱗，背鰭棘などに限られるため，化石群の情報は非常に断片的である．このこともあって，古生代からの多様な化石群を網羅した分類学的な枠組みには，様々な考え方がある．軟骨魚綱 Chondrichthyes の現生種は，形態的な特徴および近年の分子系統解析の結果から，全頭類と板鰓類に分けられる．分類体系上，現生の全頭類は全頭亜綱に，現生の板鰓類はその近縁な化石群とともに真板鰓亜綱に置かれる[3]．

25-1　全頭亜綱 Holocephali

全頭類は，口蓋方形軟骨が神経頭蓋に完全に癒合する全接型の関節様式をもつことで特徴づけられる．また，顎歯が数枚の臼歯状の歯板を形成することも全頭類に特有の特徴である．ただし，この系統にはデボン紀後期以降にみられる多様な化石群が位置づけられるため，これらの形質ですら多様な化石群では十分に確認されたものではない．

その他に，現生の全頭類であるギンザメ類（図 25-1A）は以下の特徴を示す．鰓裂を覆う鰓蓋皮膜が発達し，鰓孔は体表に 1 対だけ開口する．舌弓は後続の鰓弓に類似した構造を示し，口蓋方形軟骨を支える骨はない．背鰭は 2 基．第 1 背鰭の基底は短く，その前縁に引き起こすことができる強い棘を備える．第 2 背鰭は低く，その基底は長く，たたむことも，拡げることもできない．口裂は下位．肛門と泌尿生殖孔が分かれ，総排泄腔はない．体表は滑らかで皮歯を欠く．雄は，生殖突起のほかに，頭部把握器 frontal tenaculum と腹鰭前部交接器 prepelvic tenacula を備え，これらの構造には皮歯がある．消化管に胃がない．肋骨がない．体内受精を行い，卵殻に包まれた卵を産む．最大で体長約 1.5 m.

現生種は 3 科 6 属約 48 種に分類される．いずれも大陸棚上または大陸斜面域に分布する．ミトコンドリア DNA および形態による解析によれば，ゾウギンザメ科が他の 2 科（テングギンザメ科およびギンザメ科）と姉妹群 sister group（直近の共通祖先から分化した単系統群同士）の関係にあるとされる[4, 5]．これら 2 つの系統は，いくつかの形質で明瞭に異なる．ゾウギンザメ科では，吻端にフック状の突起物がある（その他 2 科では，吻は肉質で伸長するか，円い），側線は閉じた管状（開いた溝状），尾鰭は異尾型を呈する（尾部がムチ状に伸び，背腹に葉状部をもつ）．英名：chimaeras.

25-2　真板鰓亜綱 Euselachii

板鰓類（板鰓魚類）という名称は，これまで様々な分類群に使われてきた．大別すると，全頭類を除く化石サメ型軟骨魚類のすべて，あるいはその一部を

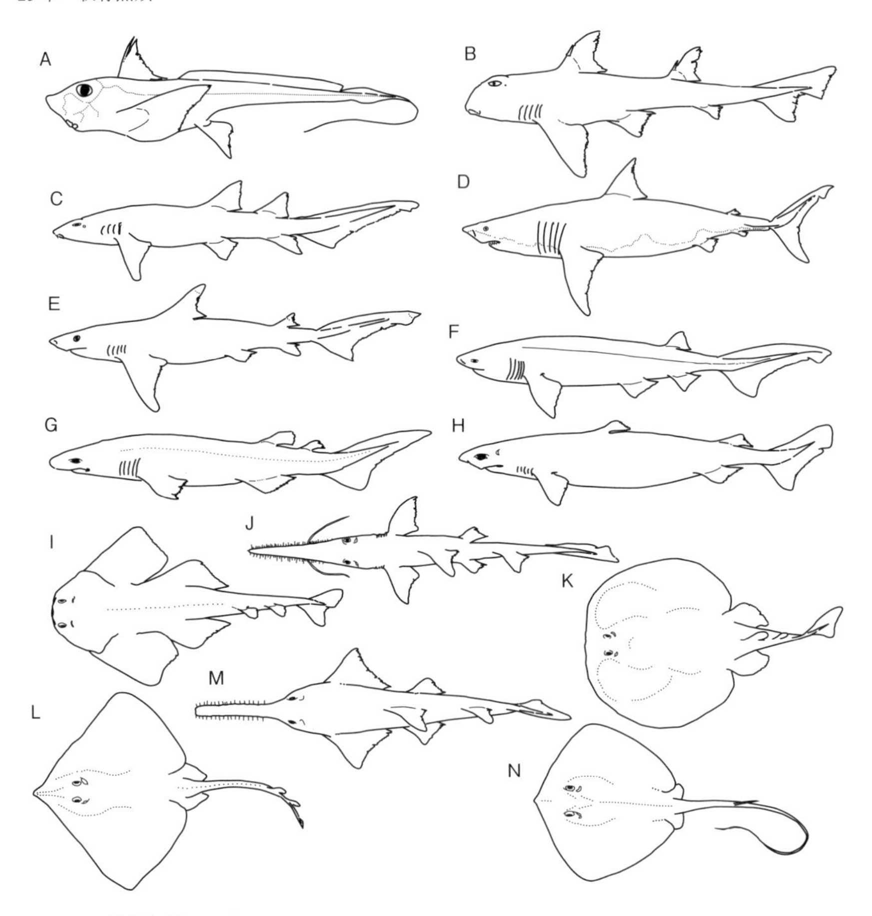

図 25-1　軟骨魚類
A：ギンザメ，B：ネコザメ，C：オオテンジクザメ，D：ホホジロザメ，E：ドタブカ，F：カグラザメ，G：キクザメ，H：ユメザメ，I：カスザメ，J：ノコギリザメ，K：ヤマトシビレエイ，L：ガンギエイ，M：ノコギリエイ，N：アカエイ．

含む場合と，現生のサメ・エイ類とその近縁な化石群のみを指す場合とがある．現生種のうちネコザメ類，ラブカ類およびカグラザメ類は，古くからその他の現生の板鰓類とは異なる化石群の系統に由来すると考えられてきた．しかし，近年の形態および分子系統解析ではこの考え方は否定され，現生の板鰓類は明瞭な単系統群とされており，分類体系では板鰓下綱 Elasmobranchii に置かれる．

現生の板鰓類は，石炭紀前期から白亜紀に分化したヒボダス類（図 22-4B）と姉妹群関係にあるとみなされている[6]．

現生の板鰓類は以下の特徴を共有する．口裂は下位で，体の腹側に開くものが多いが，いくつかの系統では初期の化石軟骨魚類のように端位で，体の前端に開く．口蓋方形軟骨は神経頭蓋には癒合せず，神経頭蓋との間に可動的な関節をもつか，あるいはこの関節を欠く．このような口裂と顎の構造により，口を大きく開けることができ，顎を前方に突出させて，効率的な捕食ができる．鰓孔は一般に左右 5 列で，6 または 7 列のものが少数いる．脊椎骨が発達し，ほとんどの種類でその中心部分がくびれた椎体となる．脊索は成長とともに消失するか，紐状の組織となって椎体内に残る．左右の烏口軟骨が腹面で癒合して，頑丈な肩帯をなすものが多い．総排泄腔がある．寿命が長く[7]，成熟が遅く，さらに産仔数が少なく，妊娠期間の長い種が多い．

現生の板鰓類（図 25-1B-N）は，ネズミザメ・メジロザメ類，ツノザメ類およびエイ類の 3 つの系統（以下の 3 つの上目）で構成される．伝統的に前 2 者はサメ類としてまとめられ，サメ類とエイ類が姉妹群関係にあるとする系統仮説は近年の分子系統解析においても支持されている[8]．一方，ツノザメ類の一部とエイ類との間に直接的な系統関係を想定する仮説もある[9, 10]．エイ類は，きわめて特徴的な形態を多数共有しているが，その共通祖先についての直接的な証拠は得られていない．現生の板鰓類はジュラ紀初期，あるいは三畳紀後期に現れたとされ，サメ類の 2 系統では白亜紀までに，エイ類では白亜紀から新生代の初期にかけて，現在の目レベルまでの分化が起きたと考えられる．

日本では板鰓類に対して「サメ」と「エイ」の語をあてるが，英語圏では “sharks”，“skates” および “rays” の 3 語でよぶことが多い．「エイ類」に相当するのは ”batoids” である．

25-2-1　ネズミザメ・メジロザメ上目 Galeomorphii

本上目は代表的なサメ類を多く含むが，これらに特有な形態的特徴は少ない．この系統で最も特徴的なのは，神経頭蓋の耳殻域が小さく，舌顎関節窩が眼窩域のすぐ後ろに位置することである．口蓋方形軟骨と神経頭蓋の関節は舌接型で，下眼窩棚が発達する．その他，いずれの種でも鰓孔は 5 列で，明瞭な臀鰭を備える，背鰭は例外的なものを除けば 2 基ある，側線は管状で閉じているなどが挙げられる．

本上目は，4目に分類される．このうち，ネズミザメ類とメジロザメ類が最も近縁で，これらとテンジクザメ類が共通祖先をもち，ネコザメ類は最も早期に分岐した系統とみなされる[8, 11]．

A．ネコザメ目 Heterodontiformes（1科1属15種）（図25-1B）

現生種の属名 *Heterodontus* の名〔"hetero"（異なる）＋"odon"（歯）〕の通り，顎歯が前と後で異なる形態を示す．後方の歯は歯冠が前後に長い臼歯となるため，硬い巻貝などの捕食に適する．2基の背鰭の前縁には直立した太い背鰭棘がある．背鰭棘はネズミザメ・メジロザメ上目ではネコザメ類のみにみられる特徴である．顎歯や棘などの状態から，ネコザメ類は化石群のヒボダス類に置かれたこともあった．頭部の形態は，鼻孔と口裂が深い溝（nasoral groove）でつながる，頭部の背縁は前頭部から後方に向かって迫り上がり，頭頂部には峰状の隆起が発達する，眼に瞬膜がないなどの点で特徴的．鰓孔は，後方の2～3列が胸鰭基部上にある．小さい噴水孔がある．卵生で，卵は螺旋状にとりまくひだのある大きな卵殻に包まれる．インド－太平洋の，大陸棚上からごく沿岸域に分布する．底生性．体は最大で約1.6 mで，多くは1 mに達しない．英名：bullhead sharks.

B．テンジクザメ目 Orectolobiformes（5～7科14属44種）（図25-1C）

背鰭は2基で，棘はない．鰓孔は後方の2～4列が胸鰭基部上にある．噴水孔は種により発達程度が異なる．口裂は小さく，眼より前方に開く．鼻孔と口裂をつなぐ溝がある．多くの種に，鼻孔付近にヒゲ状の構造物がある．底生性の種が多く，温帯から熱帯域の沿岸から大陸棚斜面域（インド－西太平洋域に多く，その他西大西洋，東太平洋など）にみられる．遊泳性のジンベエザメは世界中の温・熱帯域の沖合域に現れる．体の大きさは1 m未満のものから，オオセ，オオテンジクザメ，トラフザメなどで3 m程度，さらに12 mを超えるジンベエザメ（魚類最大で，18 mになるとも）など多様である．繁殖様式には，クラカケザメ科などの卵生，オオセ科，ジンベエザメ科などの胎生がみられるが，後者はいずれも胎盤を形成せず，自身の卵黄嚢からの吸収，種によっては同じ子宮内の卵を食べる卵食を行うものもいる．その他，イヌザメ，テンジクザメなどが含まれる．英名：carpet sharks.

C．ネズミザメ目 Lamniformes（7科10属15種）（図25-1D）

背鰭は2基で，棘はない．鰓孔の大きさは様々で，5列すべてが胸鰭基部より前にある種が多い．ウバザメの鰓孔は体を一周するほど大きく裂ける．噴水孔がある．口裂は大きく，眼よりも後方に達する．腸の螺旋弁はリング状．世界中の寒帯から温帯域の沖合から沿岸域に広く分布し，ミツクリザメのような深海性の種もいる．ミズワニの全長は1 m程度だが，多くの種で体は比較的大きく，ネズミザメ類では少なくとも6 mほど，最大のウバザメで10 mになるという．「メガロドン」の名で知られる大型の化石種（ムカシオオホホジロザメ：中新生中期から鮮新世）は，顎歯からの推定で全長20 mに達するとされる．繁殖様式は胎生だが，胎盤の形成はみられない．子宮内で未受精卵を食べる卵食のほか，胎仔を共食いする種も知られる．他に，シロワニ，メガマウスザメ，ホホジロザメ，アオザメ，マオナガ（オナガザメ）など．英名：mackerel sharks.

D.　メジロザメ目 Carcharhiniformes（8科51属284種）（図25-1E）

形態的特徴としては，トラザメ科の1種を除くと背鰭は2基である，鰓孔は5列で，後ろから1～3列が胸鰭基部上にある，口裂は眼よりも後方にまで伸長する，眼に様々な状態の瞬膜が発達する，噴水孔をほとんどの種で欠くなどが挙げられる．サメ類で最も多様な種分化がみられる系統の1つである．種数が多いのはトラザメ科（150種）とメジロザメ科（58種）で，エイ類のガンギエイ科とアカエイ科を合わせると現生板鰓類の半数に達する．体は比較的小さいものが多いが，メジロザメ科やシュモクザメ科では5 mを超えることがある．温帯から熱帯域にかけての，主に沿岸域から大陸棚上に広く分布する．繁殖様式は多様で，卵生から胎盤を形成する胎生までが知られる．ナヌカザメ，ヘラザメ，タイワンザメ，チヒロザメ，ホシザメ，ドチザメ，エイラクブカ，イタチザメ，ヨシキリザメ，ヒレトガリザメなど．英名：ground sharks.

25-2-2　ツノザメ上目 Squalomorphii

ツノザメ上目のサメ類は，眼窩接型の口蓋方形軟骨と神経頭蓋の関節を示す．この関節により，眼窩の腹縁部には下眼窩棚の張り出しがない．カグラザメ目を除くと，2基の背鰭をもつ，臀鰭を欠き，支持骨格の痕跡も認められない，側線は管状で閉じているなどの特徴を共有する．本上目の系統関係および上位分類群の区分に関しては，様々な考え方がある．このうち，ノコギリザメ類とカスザメ類は近縁とされ，カグラザメ目の2科が最も早期に分岐した系統とされる[8, 9]．

A. カグラザメ目 Hexanchiforems（2科4属6種）（図25-1F）

カグラザメ目の種は，いずれも背鰭が1基，臀鰭を備え，6または7列の鰓孔をもつ．形態的に大きく異なる2系統がある．ラブカ類では，口裂が端位で，特殊な形態（鋭い3尖頭）と配列の顎歯を備える．第1鰓裂は腹側で左右連続する．側線は溝状に開く．カグラザメ類では，口裂は下位，上下顎の歯は形態，大きさおよび配列が異なり，特に下顎はいずれの種でも多数の尖頭を備える大きな歯で縁取られる．口蓋方形軟骨と神経頭蓋の関節は両接型．エビスザメは比較的浅い海に生息するが，他の種類は深海性が強い．エドアブラザメで約1 mと最も小さく，カグラザメは最大で約6 mになる．ラブカおよびカグラザメは非胎盤性の胎生．ラブカの妊娠期間は3.5年とされ[11]，脊椎動物では最長．英名：six-gill sharks.

B. キクザメ目 Echinorhiniformes（1科1属2種）（図25-1G）

ツノザメ目魚類とともに円筒形の体で臀鰭を欠く特徴を示すが，両顎に板状の歯が1列に並ぶことや，椎体の形成が未発達，背鰭棘がない，側線が溝状であるなどの形質から，ツノザメ目とは別の系統とされる．近年の分子系統解析でもこの仮説は支持されるが，さらにカスザメ類・ノコギリザメ類との近縁性が示唆されている[8]．繁殖様式は非胎盤性の胎生．東太平洋域を除く温～熱帯域の大陸棚斜面域でまれに記録される．底生性．体は最大で約3 m．比較的大きな単尖頭の鱗に菊の花を連想させる基部があることからこの名がある．キクザメとコギクザメが知られる．英名：bramble sharks.

C. ツノザメ目 Squaliformes（6科22属123種）（図25-1H）

体は円筒形で，2基の背鰭があるが，臀鰭はない．背鰭の前縁に傾いた棘をもつ種がいる．背鰭棘は，現生板鰓類ではネコザメ類とツノザメ目の一部にみられるだけである．伝統的に，また近年の分子系統解析の結果からも，ツノザメ上目は1つの系統とみなされることが多いが，骨格・筋肉等の内部形態も含め，本目が共有する特徴は不明瞭である[9]．古くから，背鰭棘の有無によって科などの上位分類群が設定されてきたが，近年では5～6個の科グループに分けられることが多い．その中でも，オンデンザメ科とヨロイザメ科には背鰭棘がある種とない種が混在する．ヨロイザメ科のダルマザメでは，頭部の摂餌に関わる構造が特異的で，遊泳性の魚類や鯨類などにクレーター状の傷を負わせることが知られる[12]．繁殖は，非胎盤性の胎生による．沿岸域・表層域に現れるものがあるが，深海性種が多い．体はオンデンザメ類で7 mに達するが，多くは 1 m 程度．ツラナガコビトザメは最大 22 cm とされ，最小のサメ類の 1 つである．その他に，カラスザメ，フジクジラ，ユメザメ，ビロウドザメ，オロシザメ，ヘラツノザメ，アイザメ，アブラツノザメなど．英名：dogfish sharks.

D. カスザメ目 Squatiniformes（1 科 1 属 22 種）（図 25-1 I）

体が強く縦扁し，背腹からみて躯幹部が菱形となるほどに大きな胸鰭と腹鰭をもつ．鰓孔は 5 列で，胸鰭基部の前方の体側から腹側にかけて開く．尾部には倒すことのできる背鰭が 2 基ある．これらの特徴からカスザメ類とエイ類の類似性が注目されてきたが，分子系統解析からは両者に直接の関係はないとされている．その他に，口裂が端位で，単尖頭の強い顎歯を備える，鼻孔は頭部前端にあり，ヒゲ様の構造がある，尾鰭は三角形で，下葉が上葉よりも大きいなどの特徴がある．胎生で，胎仔は卵黄で成長する．太平洋，大西洋およびインド洋西部に分布し，多くは沿岸域に生息するが，1,000 m を超す大陸斜面域に分布する種も知られる．体は 1.5 ～ 2 m 程度．カスザメのほか，コロザメ，タイワンコロザメなど．英名：angel sharks.

E. ノコギリザメ目 Pristiophoriformes（1 科 2 属 8 種）（図 25-1J）

頭部と躯幹部はやや縦扁し，吻部が前方に伸び，その側縁に大きさの異なる棘が付属する．この棘は脱落してもはえ替わる．背鰭は 2 基で，倒すことができる．胸鰭は比較的大きい．神経頭蓋から脊椎骨への関節部分の形状，口蓋方形軟骨の懸垂に関わる骨格や筋肉の状態，胸鰭を支える肩帯との関節面の形態，尾部の骨格・筋肉の状態などに，エイ類との形態的な共通性がみられる[9, 10]．鰓孔は通常 5 列で，アフリカ南部に分布する 1 種では 6 列．鋸状の吻部にはロレンチニ瓶が発達し，その基部近くにある 1 対の長いヒゲとともに，餌生物の探索を行う．卵は母体内で孵化し，卵黄により成長する．子宮内の胎仔も鋸状の棘をもつが，母体を傷つけることはない．西太平洋，南アフリカ，西大西洋などの温帯から熱帯域にかけて分布．主に沿岸域から大陸棚上に分布．底生性．体は最大でも約 1.5 m．ノコギリザメのほか，ミナミノコギリザメ，ムツエラノコギリザメなど．英名：saw sharks.

25-2-3　エイ上目 Batomorphii

エイ類は，その外部形態や骨格・筋肉の構造でサメ類の 2 つの上目と大きく異なる．頭部と躯幹部が縦扁し，幅の広い体盤状となるものが多い．胸鰭の前担鰭軟骨が前方に伸びて，神経頭蓋の鼻殻にある軟骨片に関節する．鰓孔はすべて体の腹側に開く．大きな胸鰭を支える肩帯は背側端で脊椎骨によって支持される．上顎の口蓋方形軟骨と神経頭蓋との間に明瞭な関節はなく，舌顎軟骨によって直接下顎が懸垂される．これらの形質は，化石群にもみられず，エイ類の共有派生形質とみなされる．尾鰭はノコギリザメ類に類似する状態から，葉状部を欠いて尾部全体がムチ状を呈するものがある．背鰭もサメ類に近い状態から，ほとんど欠くものがある．臀鰭はすべてのエイ類にない．エイ上目の単系統性は広く認められているが，この系統内の類縁関係および上位分類群については様々な考え方がある．ここでは以下の 4 目にまとめて説明をする．

A.　シビレエイ目 Torpediniformes（2 科 12 属 65 種）（図 25-1K）

体盤は円く，肉厚．鱗を欠く．胸鰭の基部に左右 1 対の発電器を備え，200 V にもなる電圧を発生させて防御や捕食に利用する．尾鰭に葉状部がある．背鰭は 0 ～ 2 基．シビレエイ類の系統は最も原始的なエイ類とも考えられてきたが，近年の分子系統解析ではこの仮説は支持されていない．全世界の温帯から熱帯にかけての沿岸域から大陸棚斜面域に分布．小型の種が多い．全長 1 m にもなるヤマトシビレエイ，小型のタイワンシビレエイ，ネムリシビレエイ，シビレエイなど．英名：electric rays.

B.　ガンギエイ目 Rajiformes（1 科 32 属 287 種）（図 25-1L）

体盤はよく発達する．背鰭は 0 ～ 2 基．尾部は葉状でよく発達したものから，ムチ状で葉状部を欠くものもある．雄の交接器は比較的細長く，先端でやや扁平になるが，その他のエイ類では交接器は太短く，その断面は円形．多くの種で棘状の鱗があり，背側の正中線に沿って列をなすことがある．繁殖様式は卵生で，固い卵殻には特徴的な 4 本の長い突起がある．熱帯域から極海の，大陸棚上から斜面域に広く分布する．底生性．体は比較的大きく，最大で全長 2.5 m．多数の種が知られ，日本近海でも，ヒトの脚に似た腹鰭をもつイトヒキエイのほか，ソコガンギエイ，ガンギエイ，メガネカスベ，コモンカスベなどが知られる．英名：skates.

C.　ノコギリエイ目 Pristiiformes（4 科 10 属 63 種）（図 25-1M）

この類の単系統性については異論があるが，体盤が小さいことなどサメ類に似た体形を示す．尾部はいずれの種でも発達し，葉状の尾鰭を備える．背鰭は 2 基．サカタザメ科は多様な 6 属に分類され，その単系統性が論議されている．いずれの種でも胸鰭の起部が外見的にはっきりせず，第 1 背鰭は腹鰭の後方に位置する．トンガリサカタザメ科とシノノメサカタザメ科では，胸鰭の起部が明瞭で，第1背鰭は腹鰭とほぼ同じ位置にある．前者では頭部がくさび状，後者では頭部前縁が円い．シノノメサカタザメ科はやや厚みのある体で，頭部に特徴的な棘列がある．ノコギリエイ科は，吻端にノコギリ状の突起物を備えるが，棘のサイズがほぼ同大で，はえ替わらないことから，ノコギリザメ類のそれとは異なる由来とされる．これら4つの系統は，近年の分子系統解析においてその近縁性が示唆されている．熱帯から温帯域にかけての大陸棚上から斜面域に分布する．ノコギリエイ類は，河川域で確認されることがある．いずれも，胎生で卵黄からの栄養で成長する．サカタザメ科は比較的小型で，トンガリサカタザメ科とシノノメサカタザメ科で約3 m，ノコギリエイ科では最大で6 m以上．英名：ノコギリエイ類 sawfishes，その他 guitar fishes.

D. トビエイ目 Myliobatiformes（10科29属221種）（図25-1N）

いずれの種でも体盤がよく発達する．尾部は発達するかムチ状で，葉状の尾鰭をもつものとこれを欠くものがある．ウチワザメ科では尾が太く，尾鰭が発達し，体盤と尾部に強い棘がある．その他のトビエイ類は，鋸歯を備えた尾棘をもつことなどの派生形質を共有する．後者は，近年の形態および分子系統解析で，その単系統性が認められている．このうち，ムツエラエイ科は，エイ類では唯一6列の鰓孔をもつ．ウチワザメ科のエイ類内での系統的位置については異なる考え方がある．熱帯から温帯のごく沿岸域から大陸棚上に分布．底生性，またはトビエイ科のように胸鰭によって優れた遊泳性を示すものがある．ポタモトリゴン科および一部のアカエイ科は完全に淡水適応する．体のサイズは多様で，体盤幅で約30 cm（ヒラタエイ）から6 m以上（オニイトマキエイ）．その他に，ウスエイ，ツバクロエイ，イトマキエイなど．英名：stingrays.

文　献

1）Grogan ED, Lund R（2000）. The origin and relationships of early Chondrichthyes. In: Carrier JC et al.（eds）. *Biology of Sharks and their Relatives*. CRC Press. 3-31.

2）Musick JA, Ellis JK（2005）. Reproductive evolution of Chondrichthyans. In: Hamlett WC（ed）. *Reproductive Biology and Phylogeny of Chondrichthyes: Sharks, Batoids and Chimaeras*. Science Publishers. 45-79.

3）Nelson JS et al.（2016）. *Fishes of the World, 5th ed.* John Wiley & Sons.

4）Inoue JG et al.（2010）. Evolutionary origin and phylogeny of the modern holocephalans（Chondrichthyes: Chimaeriformes）: a mitogenomic perspective. *Mol. Biol. Evol.* 27: 2576-2586.

5）Didier DA et al.（2012）. Phylogeny, biology, and classification of extant holocephalans. In: Carrier JC et al.（eds）. *Biology of Sharks and their Relatives, 2nd ed.* CRC Press. 97-122.

6）Maisey JG et al.（2004）. Mesozoic elasmobranchs, neoselachian phylogeny, and the rise of modern

neoselachiana diversity. In: Arratia G, Tintori A（eds）. *Mesozoic Fishes 3: Systematics, Palaeoenvironments and Biodiversy*. Verlag Dr. Friedrich Pfeil. 17-56.
7）Nielsen J et al.（2016）. Eye lens radiocarbon reveals centuries of longevity in the Greenland shark（*Somniosus microcephalus*）. *Science* 353: 702-704.
8）Naylor GJP et al.（2012）. Elasmobranch phylogeny: a mitochondrial estimate based on 595 species. In: Carrier JC et al.（eds）. *Biology of Sharks and their Relatives, 2nd ed.* CRC Press. 31-56.
9）Shirai S（1992）. *Squalean Phylogeny: A New Framework of "Squaloid" Sharks and Related Taxa.* Hokkaido University Press.
10）de Carvalho MR（1996）. Higher-level elasmobranch phylogeny, basal squaleans, and paraphyly. In: Stiassny MLJ et al.（eds）. *Interrelationships of Fishes*. Academic Press. 35-62.
11）Tanaka S et al.（1990）. The reproductive biology of the frilled shark, *Chlamydoselachus anguineus*, from Suruga Bay, Japan. *Jpn. J. Ichthyol*. 37: 273-291.
12）Shirai S, Nakaya K（1992）. Functional morphology of feeding apparatus of the cookie-cutter sharks, *Isistius brasiliensis*（Elasmobranchii, Dalatiinae）. *Zool. Sci*. 9: 811-821.

26章
硬骨魚類

硬骨魚類は通常，内部骨格が硬骨性，神経頭蓋は多くの骨要素が縫合して構成される，頭部と肩帯に大きな膜骨性の骨格要素（前頭骨，擬鎖骨など）がある，鰭条は鱗状鰭条，鰾は退化することもあるが多くのものが備え，肺として機能するものもいるなどの形態的特徴を示す[1-3]．硬骨魚綱 Osteichthyes は絶滅群の棘魚綱 Acanthodii とともに真口階 Teleostomi としてまとめられ，現生種は肉鰭亜綱と条鰭亜綱に分類される[3]．従来，上記の特徴を備えた脊椎動物のうち四肢動物を除いた魚類だけを硬骨魚類とよんできたが，ここに提示した分類体系では四肢動物も硬骨魚綱に含まれ，肉鰭亜綱の中の四肢動物下綱 Tetrapoda（約 30,500 種）に位置づけられる．英名：bony fishes and tetrapods.

26-1　肉鰭亜綱 Sarcopterygii

古生代には多様な魚形の肉鰭類が繁栄したが，現生種はシーラカンス類と肺魚類に過ぎない[3]．肉鰭類の共通した特徴は，四肢動物の四足の起源にあたる対鰭の構造にある．すなわち肩帯や腰帯は単一の担鰭骨に関節することである．例えば，肺魚類では胸鰭を支える軟骨由来の硬骨である肩帯要素が単一の担鰭骨（四肢動物の上腕骨 humerus に相当する）と関節し，その担鰭骨から中軸的に配列する担鰭骨とその周りの射出骨が胸鰭を支持し，柄部を筋肉が覆う（図 26-2A 下参照）．シーラカンス目は輻鰭下綱 Actinistia に，ハイギョ目はハイギョ下綱 Dipnomorpha に分類される．英名：魚形の肉鰭類 lobe-finned fishes.

26-1-1　シーラカンス目 Coelacanthiformes（1科1属2種）

シーラカンス類は白亜紀末以降の化石記録はなく，絶滅したものと考えられていた．しかし，1938 年に南アフリカ東岸から生きたシーラカンスが捕獲され，世界を驚かせた[4]．また，1997-98 年にインドネシアのスラウェシ島北部の沿岸から 2 番目の現生種が発見された[5]．これらの現生種は前者が *Latimeria chalumnae*，後者が *L. menadoensis* と命名された．シーラカンス類の大きな特

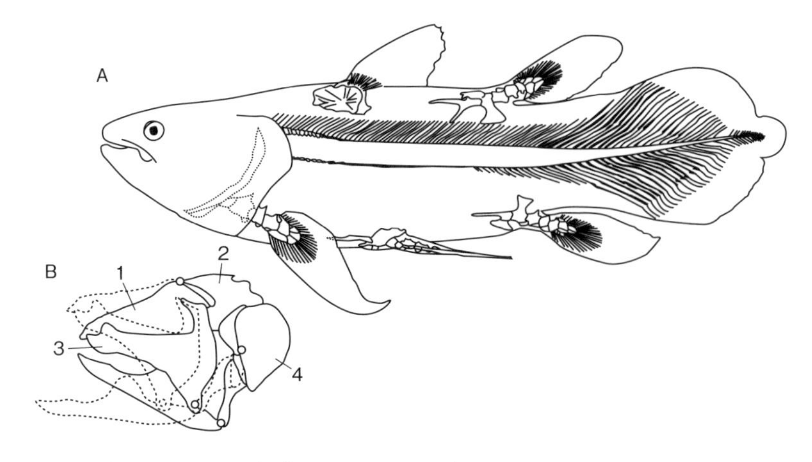

図26-1　現生のシーラカンス類（*Latimeria chalumnae*）
A：外形と一部骨格系，B：頭骨の動き．
1：頭蓋骨前半（篩骨・蝶形骨部），2：頭蓋骨後半（耳殻・後頭骨部），3：口蓋方形骨，4：鰓蓋骨．

徴は神経頭蓋が篩骨・蝶形骨部と耳殻・後頭骨部の間で前後に分かれ，可動的に関節することである（図26-1B）．この構造は現生の脊椎動物ではシーラカンス類だけにみられるが，化石群も含めた肉鰭類ではむしろ一般的な状態である．現生種は，体がコズミン鱗が退化したとされる円鱗状または櫛状の鱗に覆われ，対鰭と第2背鰭，第1臀鰭の柄部を筋肉が覆い，尾鰭は両尾型．脊柱は太い管状の脊索からなり，鰾には脂質が充満し，空気呼吸の機能はない．頭部腹面に1対の喉板 gular plate がある．電気受容器とされる吻器官 rostral organ を備える．腸に螺旋弁がある，腸の後部に直腸腺が付属する，体内に尿素を含有する，胎生など，軟骨魚類と共通する特徴を備える．海産種で，水深200 m 前後にある洞窟に群をなして生活する（図26-1）．英名：coelacanths.

26-1-2　ハイギョ目 Ceratodontiformes

現生の肺魚類は体が円筒状で伸長し，円鱗状の鱗に覆われる．対鰭は葉状あるいはむち状で，背鰭と臀鰭は両尾型の尾鰭に連なる．鰾の内側に毛細血管が発達した肺胞類似の小室が多数あり，空気呼吸の機能を備える．心臓の心房と心室は不完全な隔膜で左右に区分される．前上顎骨と主上顎骨がなく，板状の

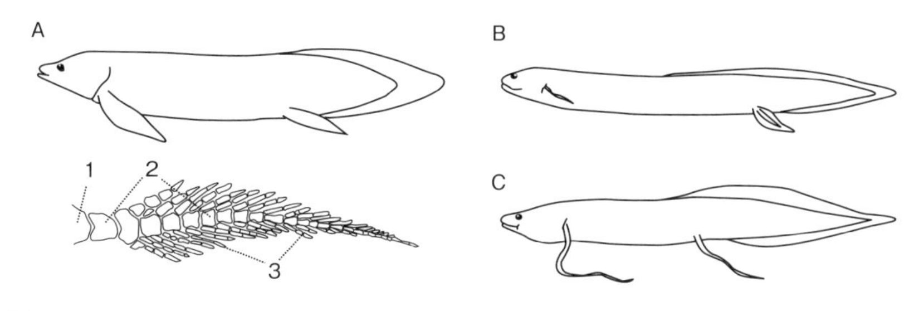

図 26-2　現生の肺魚類
A：オーストラリアハイギョ科　外形（上）と胸鰭の支持骨格（下，Janvier[1] を改変），
B：ミナミアメリカハイギョ科，C：アフリカハイギョ科．
1：肩帯，2：担鰭骨，3：射出骨．

顎歯が上顎では翼状骨に，下顎では前関節骨 prearticular に固着する[6]．前鼻孔は吻部の腹面に，後鼻孔は口蓋の側縁に開く．脊柱には椎体はなく，円筒状の脊索からなる．腸に螺旋弁がある．卵生．空気呼吸の依存度が比較的に低いオーストラリアハイギョ科の *Neoceratodus forsteri* と，空気呼吸の依存度の高く，幼魚が外鰓をもつミナミアメリカハイギョ科の *Lepidosiren paradoxa* およびアフリカハイギョ科の *Protopterus* 属 4 種に分類される．いずれも淡水域に生息し，大型種では全長約 1.8 m になる（図 26-2）．英名：lungfihes.

26-2　条鰭亜綱 Actinopterygii

条鰭類は原始的な特徴を保持したものから高度に特化したものまで著しく多様性に富む．その共通する形態的特徴は，各鰭を鰭条と鰭膜が構成し，鰭条の基部の筋肉の働きで鰭全体を拡げたりたたむ，あるいは屈曲させることができる．上顎は前上顎骨，主上顎骨など，下顎は歯骨，角骨などの膜骨性の骨格で構成される．軟骨魚類では上顎は口蓋方形軟骨，下顎はメッケル軟骨から構成されるが，条鰭類では前者は懸垂骨を構成する要素になり，後者は下顎の膜骨要素に覆われる．胸鰭の支持構造は通常，肩甲骨と烏口骨あるいはそれらの複合体に複数の射出骨が関節し，それらの縁辺で鰭条を担うことで肉鰭類とは異なる．さらに歯の先端にアクロディン acrodine とよばれる硬組織からなる歯冠部があることも条鰭類の特徴とされる[1, 2]．現生の条鰭類は腕鰭下綱，軟質下綱，全骨下綱および真骨下綱に分類される（図 26-3）．英名：ray-finned fishes.

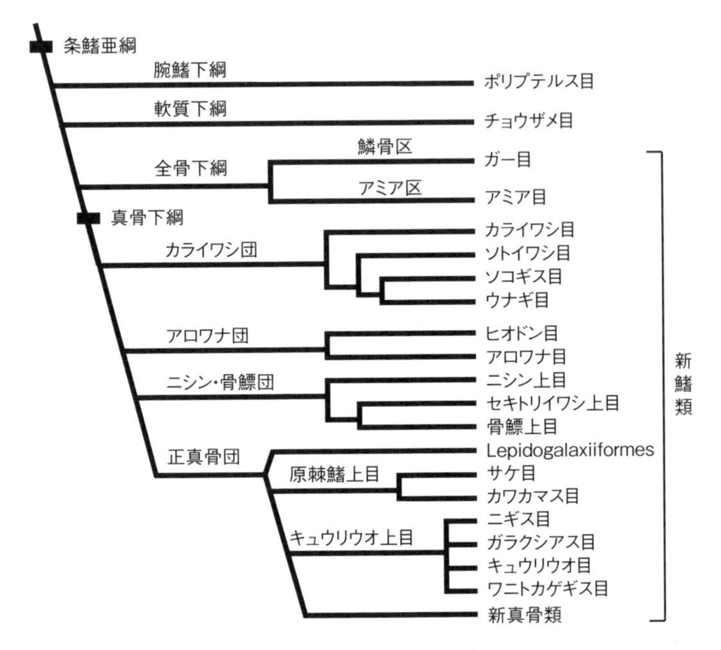

図26-3　条鰭類の系統仮説（Nelson et al.[3] をもとに作成）

26-2-1　腕鰭下綱 Cladistia

腕鰭類は原始的な特徴と派生的な特徴を併せもつ条鰭類の中でも特異なグループである．丸太状あるいはヘビ様の体は菱形の硬鱗に覆われ，各鱗はペグ・ソケット関節により連結する．上顎の骨格要素は神経頭蓋に固着する．頭部背側面に噴水孔があり，腹面に1対の喉板がある．腸に螺旋弁がある．肩帯の擬鎖骨の下方に鎖骨がある．背鰭の各鰭条は1本の棘条に付属する数本の軟条からなる．胸鰭は葉状で，肉質の柄状部を鱗が覆う．胸鰭の支持構造は肩甲・烏口骨 scapulocoracoid と多数の射出骨の間に2本の棒状の担鰭骨に挟まれた軟骨が介在する[7]．鰓弓は4対で，第5鰓弓がなく，鰓条骨もない[8]．脊椎骨は骨化した椎体からなる．尾鰭はやや変形した略式異尾型．成魚には空気呼吸機能を備えた左右1対の鰾が消化管の腹方にある．幼魚は外鰓をもつ．現生種はポリプテルス目 Polypteriformes（1科2属約14種）に分類される．肉食性で，ナイル川や大西洋に注ぐ熱帯アフリカの河川に生息する．全長90 cmに達する（図26-4）．英名：bichirs.

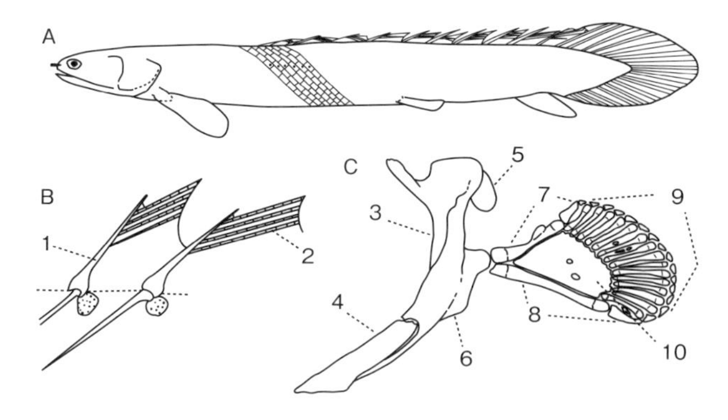

図 26-4　腕鰭類

A：ポリプテルス類（*Polypterus*）の外形と硬鱗の配列の一部，B：背鰭鰭条の拡大図，C：肩帯の骨格構造（Rosen et al.[7] を改変）.

1：棘条，2：軟条，3：擬鎖骨，4：鎖骨，5：後擬鎖骨，6：肩甲・烏口骨，7：前担鰭骨，8：後担鰭骨，9：射出骨，10：軟骨.

26-2-2　軟質下綱 Chondrostei

古生代に繁栄した条鰭類の初期群であるが，ほとんどが古生代末までに絶滅し，現生種はチョウザメ目 Acipenseriformes のチョウザメ科（4 属 25 種）とヘラチョウザメ科（2 属 2 種）のみである．軟質類は脊柱が脊索からなり，骨化した椎体はない．背鰭と臀鰭は 1 基で，それぞれの鰭条数はそれらを支持する担鰭骨数より多い．尾鰭は異尾型で，肩帯には鎖骨が残存する．現生種では骨格系が二次的に軟骨化する．口はふつう下方を向き，瞬時に伸出させることができる．鰾は単一形で，空気呼吸機能はない．チョウザメ類は北半球の中・高緯度の淡水域，汽水湖や沿岸域に分布する．体側の 5 列の大きな硬鱗列と，尖った吻の下面に 4 本の長いヒゲを備える．ヘラチョウザメ類は北米のミシシッピ川水系と中国の揚子江水系に生息し，体はほぼ無鱗で，櫂のように著しく伸長した扁平な吻を備える．吻下面に 2 本の短いヒゲがあり，吻部に電気受容機能を備えた多数の孔器が分布する．体長 3 m に達する（図 26-5）．英名：チョウザメ類 sturgeons，ヘラチョウザメ類 paddlefishes.

26-2-3　全骨下綱 Holostei

Nelson et al.[3] は腕鰭類と軟質類以外の条鰭類を分類階級名を与えられてい

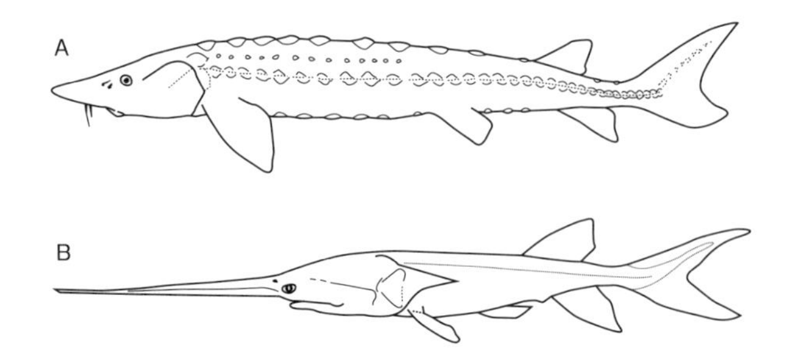

図 26-5　現生の軟質類
A：チョウザメ類（*Acipenser*），B：ヘラチョウザメ類（*Polyodon*）．

ない分類群である新鰭類 Neopterygii とした．新鰭類は背鰭と臀鰭の鰭条数がそれらを支持する担鰭骨数とほぼ等しい，前上顎骨には上向突起の前駆体とみなされる内向突起があるなどの特徴を備える．現生の新鰭類は全骨下綱と真骨下綱に区分され，全骨下綱には鱗骨区およびアミア区が設定された．

新鰭類の3群（鱗骨類・アミア類・真骨類）の系統類縁関係については諸説がある．20世紀半ばまでは，略式異尾型の尾鰭，腸の螺旋弁など原始的な特徴を残す鱗骨類とアミア類を全骨類とよび，真骨類と区分してきた[9, 10]．その後，顎の開閉機構などの派生的な特徴で共通するアミア類と真骨類を近縁とみなし，両者をまとめてハレコストム類 halecostoms とした[11, 12]．しかし，近年の形態学や分子系統学の研究では，鱗骨類とアミア類が単系統群をなし，それと真骨類が姉妹群関係にあるとの見解が示されている[13−16]．

A. 鱗骨区 Ginglymodi

現生種はガー目 Lepisosteiformes（1科2属7種）に分類され，北米の河川，湖沼，ときに沿岸域に生息する．体は細長く，両顎がくちばし状に尖る．背鰭と臀鰭は体の後部に位置し，尾鰭は略式異尾型．体は斜めに配列する硬鱗に覆われる．鰾は不完全に1対に分かれ，空気呼吸機能を備える．腸の螺旋弁は退化的．脊椎骨は骨化し，各椎体は魚類としてはまれな後凹型で球窩関節する．間鰓蓋骨はない．最大種は体長3mに達する（図 26-6A）．英名：gars.

B. アミア区 Halecomorphi

現生種としてはアミア目 Amiiformes のアミア *Amia calva* のみが知られ，北米の五大湖周辺からミシシッピ川流域に生息する．体は紡錘形で円鱗状の鱗に

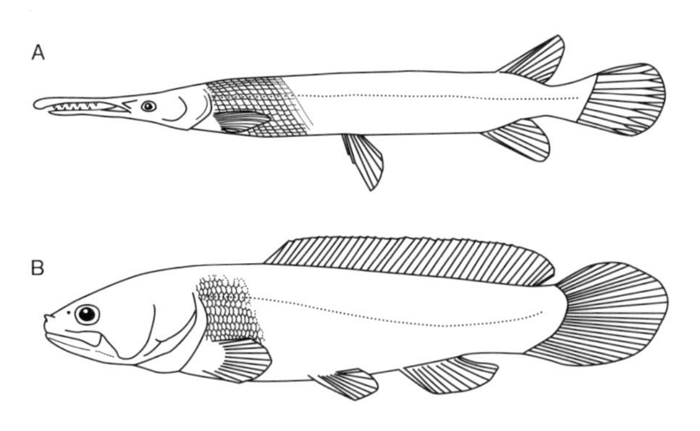

図 26-6　現生の全骨類
A：ガー類（*Lepisosteus*），B：アミア（*Amia calva*）.

覆われ，背鰭の基底が長く，尾鰭は略式異尾型．下顎下面の中央に 1 枚の大きな喉板がある．眼後部を肥大した囲眼骨が覆う．可動的な間鰓蓋骨がある．脊椎骨は骨化し，各椎体は両凹型．鰾は空気呼吸機能を備える．腸の螺旋弁は退化的．体長約 1 m に達する（図 26-6B）．英名：bowfins.

26-2-3　真骨下綱 Teleosteomorpha

真骨類は中生代後期から現代に至るまで著しく多様化し，その種数は現生魚類の約 96%にあたる．鱗はふつう円鱗か櫛鱗，尾鰭は正尾型かその変形，鰾はふつう空気呼吸機能がないなどの特徴を示す．また，前上顎骨は可動的，胸骨舌骨筋の前部の腱に由来する単一の尾舌骨があるなどの解剖学的特徴を示す[17－19]．

真骨類では多くの形質が多様に特殊化する傾向がある[20]．真骨類の中で一般的に原始的と考えられる形態的特徴としては以下が挙げられる．①各鰭に棘条がない．②腹鰭は腹位で，鰭条数が多い．③胸鰭は体の腹縁寄りにある．④上顎の咀嚼面は前上顎骨と主上顎骨で縁取られる．⑤開鰾．⑥神経頭蓋に眼窩蝶形骨がある．⑦肩帯に中烏口骨がある．これらの特徴は進化した分類群になるにしたがって，次のように変化する．①背鰭，臀鰭および腹鰭に棘条が発達する．②腹鰭は前方に移動し胸位や喉位で，腰帯と肩帯が接し，軟条数は 5 以下．③胸鰭は体側中央付近の高さに移動する．④上顎の咀嚼面は前上顎骨のみに縁取られ，上顎の伸出機構が発達する．⑤閉鰾あるいは鰾を欠く．⑥眼窩蝶形骨と⑦中烏口骨が消失する（図 26-7）．さらに，進化が進んだ分類群では，肉間

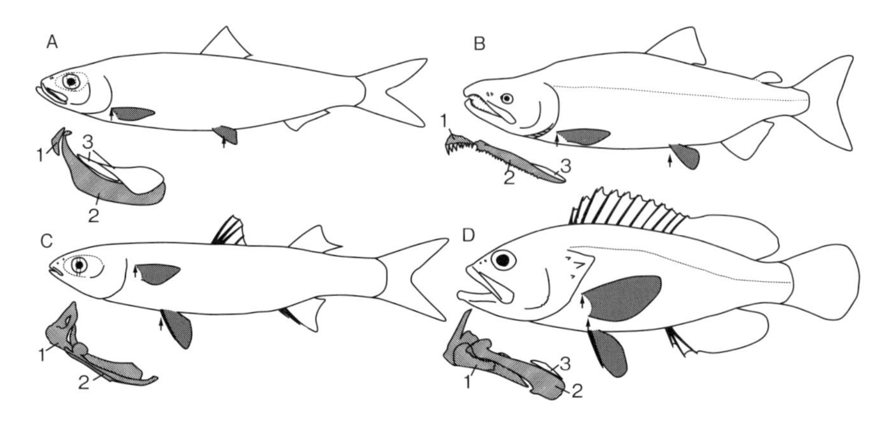

図 26-7　真骨類の対鰭の位置関係（矢印），鰭の棘（黒色部）の発達状態，および上顎骨の位置関係の比較
A：ニシン，B：サケ，C：ボラ，D：ハタ類.
1：前上顎骨，2：主上顎骨，3：上主上顎骨.

骨は減少し，尾骨を構成する尾部棒状骨，下尾骨，準下尾骨などが癒合して複合体を形成するなどの傾向を示す．このような派生的な状態は真骨類の多くの系統で並行的に生じたものが多いと考えられる．

現生の真骨類は真骨区 Teleostei に位置づけられ，カライワシ団，アロワナ団，ニシン・骨鰾団および正真骨団に分類される．従来，真骨類の中ではアロワナ類が最も原始的なグループと考えられてきたが，近年の形態学や分子系統学の研究では，カライワシ類はアロワナ類を含む他の真骨類からなる単系統群（Osteoglossocephala）と姉妹群関係にあるとする見解が示されている[16, 21, 22]．ただ，アロワナ類が最初の分岐群とする分子系統仮説もある[23]．

A. カライワシ団 Elopomorpha

様々な体形の魚類が含まれるが，生活史の初期にレプトセファルス幼生期を経ることで共通する分類群．現生種は 4 目に分類される（図 26-8）．

① カライワシ目 Elopiformes（2 科 2 属 9 種）

体は紡錘形で円鱗に覆われ，腹鰭は腹位，尾鰭は深く二叉するなど，外見上ニシン類に類似するが，頭部下面に原始的な特徴である喉板がある．幼生は体長約 5 cm．暖海沿岸性の表層魚で，体長 80 cm に達するカライワシ，イセゴイなど（図 26-8A）．英名：tenpounders.

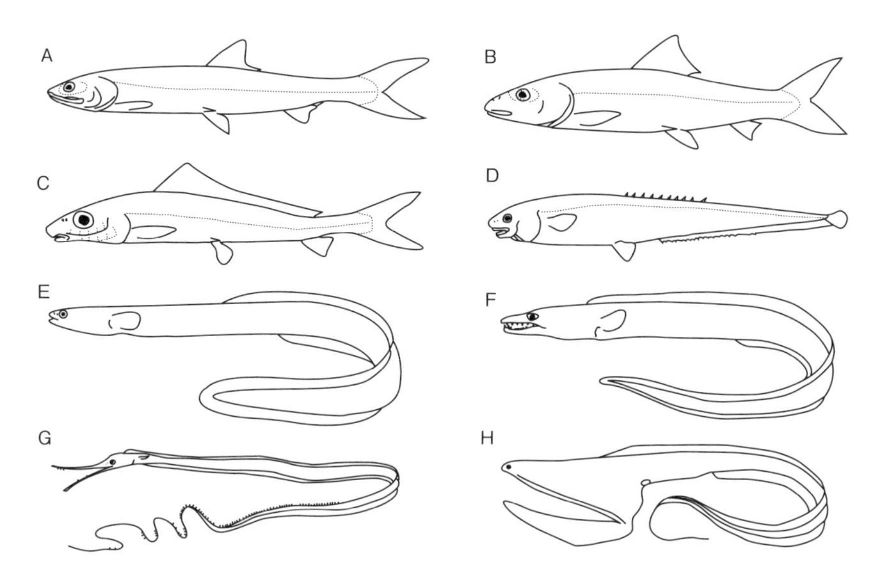

図 26-8　カライワシ団魚類
A：カライワシ，B：ソトイワシ，C：ギス，D：ソコギス類，E：ニホンウナギ，F：ハモ，G：シギウナギ，H：フクロウナギ．

② ソトイワシ目 Albuliformes（1 科 2 属約 12 種）

吻の先端は前方に突き出す．頭部下面に喉板がない．体はニシン形で，暖海沿岸性のソトイワシ，深海性で背鰭の基底が長いギスなど（図 26-8B，C）．体長約 70 cm．英名：bonefishes.

③ ソコギス目 Notacanthiformes（2 科 6 属約 27 種）

体は細長く伸長し，臀鰭の基底は長く尾鰭に達する．口は前下方に開き，主上顎骨の背縁に後向棘がある．幼生が全長 2 m に達する種も知られる[24]．成魚は体長 50 cm．ふつう水深 450 ～ 2,500 m に生息する深海魚．トカゲギス，クロソコギスなど（図 26-8D）．英名：halosurs，deep-sea spiny eels.

④ ウナギ目 Anguilliformes（8 亜目 19 科 159 属約 938 種）

体は細長く，体をくねらせて行動する．鱗はないか，皮下に埋没する．腹鰭とその支持骨格がない．ニホンウナギ *Anguilla japonica*，マアナゴ，ハモ，ウツボなどのほか，尾鰭が退化したウミヘビ類，両顎が針状に突出するシギウナギ類，大きく袋状の口をもつフクロウナギなど（図 26-8E-H）．英名：eels.

B. アロワナ団 Osteoglossomorpha

比較的に原始的な特徴を残す淡水魚．体形は多種多様であるが，ふつう口腔の上壁と口床に発達した歯を備える．現生種は2目に分類される（図26-9）．

① ヒオドン目 Hiodontiformes（1科1属2種）

ニシン形の体形で，鼻骨は管状で強く屈曲する，主鰓蓋骨に上向棘があるなどの特徴を示す．北米に分布する．体長約50 cm（図26-9A）．英名：mooneyes.

② アロワナ目 Osteoglossiformes（5科約31属244種）

体形は様々であるが，腸が食道や胃の左側を通る，前上顎骨は小さく頭蓋骨に固着する，1～2本の幽門垂をもつなどの特徴を示す．南米に生息するピラルクー *Arapaima gigas* は体長2.5 m以上に達し，鰾で空気呼吸をする．南米やアフリカ，オーストラリア，東南アジアに生息するアロワナ類は口内保育をする．アフリカや東南アジアに生息するナギナタナマズ類は体が著しく側扁し，臀鰭の基底が長く尾鰭に連続し，鰾で空気呼吸をする．アフリカ産のモルミュルス類やギュムナルクスは弱電魚（図26-9B-G）．英名：bonytongues.

C. ニシン・骨鰾団 Otocephala

ニシン類，セキトリイワシ類および骨鰾類（コイ，ナマズ類）からなる．この分類群の単系統性は分子系統学の研究により提示された[25]．ニシン類と骨鰾類の近縁性は，後頭部背側面にある上側頭骨が頭頂骨に癒合または固着する，

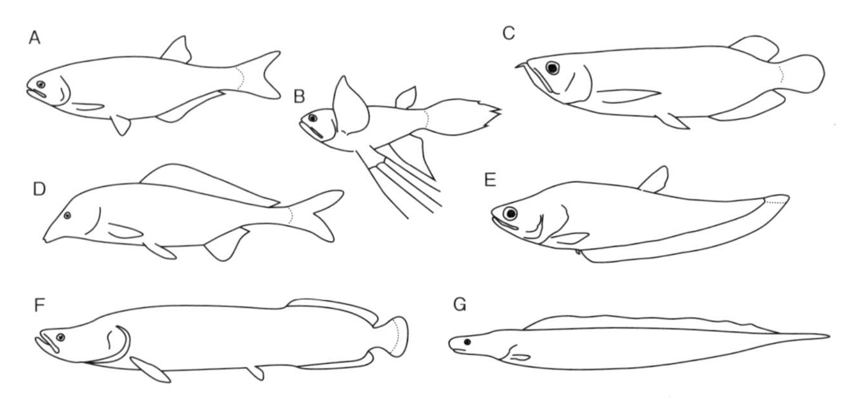

図26-9　アロワナ団魚類
A：ヒオドン科（*Hiodon*），B：パントドン科（*Pantodon*），C：アロワナ科（*Scleropages*），D：モルミュルス科（*Mormyrus*），E：ナギナタナマズ科（*Notopterus*），F：アロワナ科（ピラルクー *Arapaima gigas*），G：ギュムナルクス科（*Gymnarchus*）．

尾骨の第1下尾骨と第2下尾骨の基部はつながらない，鰾が銀色の皮膜に覆われるなどの形態的特徴でも説明される[19]．従来，ニギス目の1亜目とされていたセキトリイワシ類は，分子系統学の研究によりこのグループに含めることが妥当とされた[16, 22, 25]．現生種は3上目に分類される．

a. ニシン上目 Clupeomorpha

現生種はニシン目 Clupeiformes（5科約92属405種）からなる．鰾は細管によって内耳に連絡する．体の腹縁に正中線上を横切る不対の稜鱗がある．ほとんどの種で体側の側線は未発達．ほぼすべてが表層遊泳性のプランクトン食者．両顎歯は退化的で，体の背側は暗青色，腹側は銀白色を呈する．幼生は半透明でシラスとよばれる．ニシン *Clupea pallasii*，マイワシ *Sardinops melanostictus*，ウルメイワシ，コノシロ，キビナゴ，サッパ，エツ，カタクチイワシ *Engraulis japonica* など（図26-10A-C）．英名：herrings（イワシ類 sardines，カタクチイワシ類 anchovies）．

b. セキトリイワシ上目 Alepocephali

セキトリイワシ目 Alepocephaliformes（3科約32属137種）からなる．体が黒褐色のセキトリイワシ，コンニャクイワシ，ハナメイワシなどの深海性魚類．背鰭は体の後部にあり，鰾はない．ハナメイワシ類には側線の起部下方に小管状の発光器がある（図26-10D）．英名：slickheads，tubeshoulders.

c. 骨鰾上目 Ostariophysi

鰾と内耳を連結するウェバー器官を備える，鰾が小さな前室と大きな後室に分かれる，多くの種で表皮に警報フェロモンを分泌する棍棒状細胞があるなど

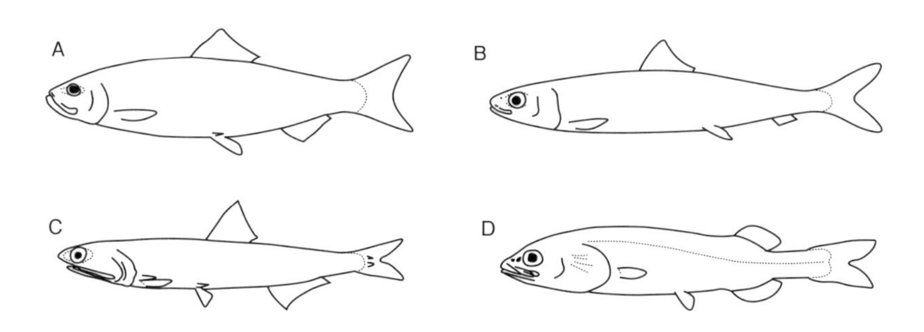

図26-10　ニシン上目魚類（A-C），セキトリイワシ上目魚類（D）
A：ニシン（ニシン科），B：ウルメイワシ（ニシン科），C：カタクチイワシ（カタクチイワシ科），D：コンニャクイワシ（セキトリイワシ科）．

の特徴を示す[19]．ウェバー器官が前駆的な状態の前骨鰾系 Anotophysi と，完全なウェバー器官を備える骨鰾系 Otophysi に分類され，前者にはネズミギス目だけが，後者にはその他の 4 目が含まれる（図 26-11）．

① ネズミギス目 Gonorynchiformes（3 科 7 属約 37 種）

口は小さく，顎歯がない．最前部の 3 個の脊椎骨は変形してウェバー器官の前駆体をなす．体が紡錘形で円鱗に覆われるサバヒー類（英名：milkfishes）は成長が速く，東南アジアでは重要な養殖対象魚．ネズミギス類（英名：beaked sandfishes）は体が細長く，櫛鱗に覆われる（図 26-11A，B）．

② コイ目 Cypriniformes（13 科約 489 属 4,205 種）

前上顎骨の上向突起の間にある可動的な小骨（kinethmoid）の関与により上顎の伸出が可能．両顎には歯がなく，多くの種で咽頭歯が発達する．ほぼすべてが純淡水性で，東南アジアを中心に著しく多様化するが，南米とオーストラリアには原生種はいない．コイ *Cyprinus carpio*，フナ類，タナゴ類，ホンモロコ，ウグイ，アユモドキ，ドジョウ，ゼブラフィッシュ *Danio rerio*，サッカー類（ユーラシア北東部と北米に生息する）など（図 26-11C，D）．英名：コイ類 carps，minnows．サッカー類 suckers，ドジョウ類 loaches.

③ カラシン目 Characiformes（24 科約 520 属約 2,300 種）

両顎に置換性の発達した歯があり，咽頭歯は発達しない．ふつう上顎は伸出しない．ほとんどの種が脂鰭をもつ．すべてが純淡水性で，中南米を中心に北米の南西部，アフリカに生息する．鑑賞用のテトラ類や貪食のピラニア類など

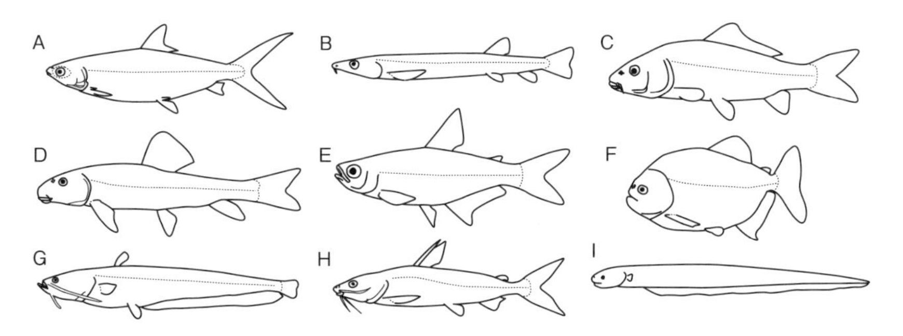

図 26-11　骨鰾上目魚類（A・B：ネズミギス目，C・D：コイ目，E・F：カラシン目，G・H：ナマズ目，I：デンキウナギ目）
A：サバヒー，B：ネズミギス，C：コイ，D：サッカー科，E：カラシン科，F：ピラニア類，G：ナマズ，H：ハマギギ，I：デンキウナギ.

（図 26-11E，F）．英名：characins．テトラ類 tetras，ピラニア類 piranhas．

④ ナマズ目 Siluriformes（40 科約 490 属約 3,730 種）

体は無鱗か，硬い骨質板で保護される．口の周りに数対の長いヒゲがある．多くに脂鰭があり，背鰭の前縁と胸鰭の上縁に棘状の鰭条がある．ほとんどが淡水性で，熱帯域を中心に分布し，特に南米で著しく多様化する．日本には淡水産のナマズ，アカザ，海産のハマギギ，ゴンズイなどが生息する．アフリカ産のデンキナマズ類は発電器を備える（図 26-11G，H）．英名：catfishes．

⑤ デンキウナギ目 Gymnotiformes（5 科 33 属約 208 種）

体はウナギ形で，背鰭と腹鰭はない．臀鰭は頭部の腹縁から尾部末端まで続く．すべての種が発電器を備え，中南米に生息する．弱電魚のギムノートス類，強電魚のデンキウナギ *Electophorus electricus* など（図 26-11 I）．英名：Neotropical knifefishes．

D．正真骨団 Euteleostei

正真骨類を特徴づける形態形質として以下が挙げられる．①個体発生において第 1 上神経棘とそれより後方の上神経棘が異なる形成過程を経て，成魚では第 1 上神経棘は後方の上神経棘より大きく，第 2 上神経棘の間に 2 つ以上の椎体から伸びる神経棘が挿入する．②尾骨に膜状に張り出す膜骨要素（stegural）がある．③尾鰭基底に中央尾鰭軟骨 caudal median cartilages がある[19, 26]．これらの特徴は，進化の進んだグループでは二次的に消失したり，さらに派生的な状態に変化する．正真骨類の単系統性は分子系統学的にも強く支持されている[16, 22, 25]．現生種は 8 上目に分類される．従来，キュウリウオ上目に含められていたオーストラリア産の淡水魚レピドガラクシアス *Lepidogalaxias salamandroides* は，他のすべての正真骨類と姉妹群関係にあることが分子系統学的研究[16, 22, 27, 28]から示され，独自の目（Lepidogalaxiiformes）とされるが，いずれの上目にも含まれない[3]（図 26-12A）．

a．原棘鰭上目 Protacanthopterygii

本上目を構成する分類群は主に分子系統学的研究により大幅に見直された[25]．上顎の咀嚼面は前上顎骨と主上顎骨で縁取られる．

① サケ目 Salmoniformes（1 科 3 亜科 10 属約 233 種）

各鰭は軟条からなり，背鰭の後方に脂鰭がある．腹鰭は体のほぼ中央にある．開鰾を備える．幼魚には体側に小判状斑 parr marks がある．サケ科はコレゴヌス亜科，カワヒメマス亜科およびサケ亜科に分類される．前 2 亜科はユーラ

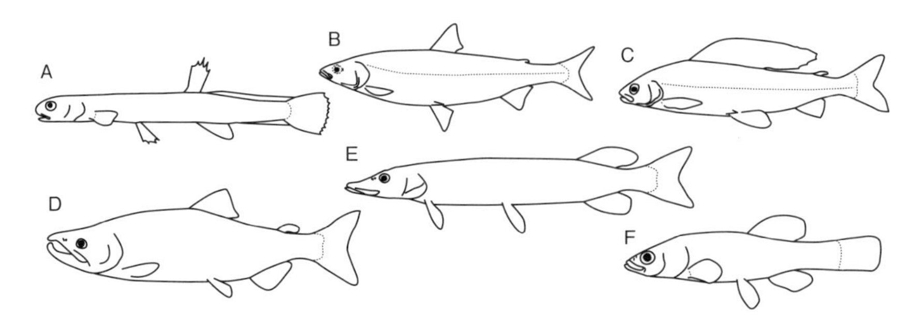

図26-12　レピドガラクシアス目魚類（A）と原棘鰭上目魚類（B-D：サケ目，E・F：カワカマス目）
A：レピドガラクシアス（*Lepidogalaxias*），B：コレゴヌス類，C：カワヒメマス類，D：サケ類，E：カワカマス類，F：ウンブラ類.

シアと北米の寒冷地の河川や湖に生息する．サケ亜科の北太平洋に分布するサケ属 *Oncorhynchus* の7種（サケ *O. keta*，サクラマス *O. masou masou*，カラフトマス *O. gorbuscha*，ギンザケ *O. kisutch*，ベニザケ *O. nerka*，マスノスケ *O. tschawytscha*，ニジマス *O. mykiss*）と北大西洋産のタイセイヨウサケ *Salmo salar* は水産資源として重要度が高い．いずれも淡水域で産卵し，若魚は海に下り，海洋生活をして成熟すると産卵のため母川へ回帰する．種によっては降海型と陸封型の2型がある．サケ亜科にはイワナ属やイトウ属なども含まれる．遊漁目的で移入されたと思われるブラウントラウトは北海道などに拡散し，生態系への影響が深刻化している（図26-12B-D）．英名：サケ類 trout，salmon．イワナ類 chars，コレゴヌス類 whitefishes，カワヒメマス類 graylings.

② カワカマス目 Esociformes（2科4属約12種）

背鰭と臀鰭が体の後部に対座し，脂鰭はない．主上顎骨には歯がないが，前上顎骨と下顎に歯がある．カワカマス科とウンブラ科に分類され，北半球の淡水域に生息するが，日本には分布しない．カワカマス類は獰猛な肉食魚で，体長1.5 m に達する（図26-12E，F）．英名：カワカマス類 pikes，ウンブラ類 mudminnows.

b.　キュウリウオ上目 Osmeromorpha

前鰓蓋骨の感覚管が溝状の骨格構造に沿って走ることで，感覚管が前鰓蓋骨の管状構造の中を走る原棘鰭上目より派生的な状態を示す[29]．上顎の咀嚼面は前上顎骨と主上顎骨で縁取られる．ワニトカゲギス類は従来，シャチブリ類とともに狭鰭上目 Stenopterygii として扱われてきたが，キュウリウオ類との近縁性が分子系統学的に示され，本上目に位置づけられた[3, 22, 25]．

①　ニギス目 Argentiniformes（4 科 21 属約 87 種）

背鰭は体のほぼ中央に位置し，ふつう脂鰭がある．尾鰭後縁は二叉形．口は小さく，前上顎骨と主上顎骨に歯がない．鰾がある場合には閉鰾．海洋の比較的深層に生息する．体が細長く眼が大きいニギス，ソコイワシ，体高が高く筒状の眼が上方を向くデメニギスなど（図 26-13A，B）．英名：marine smelts.

②　ガラクシアス目 Galaxiiformes（1 科 7 属 50 種）

体は円筒状で，鱗はない．頭の先端は丸みを帯びる．尾鰭後縁は截形．南半

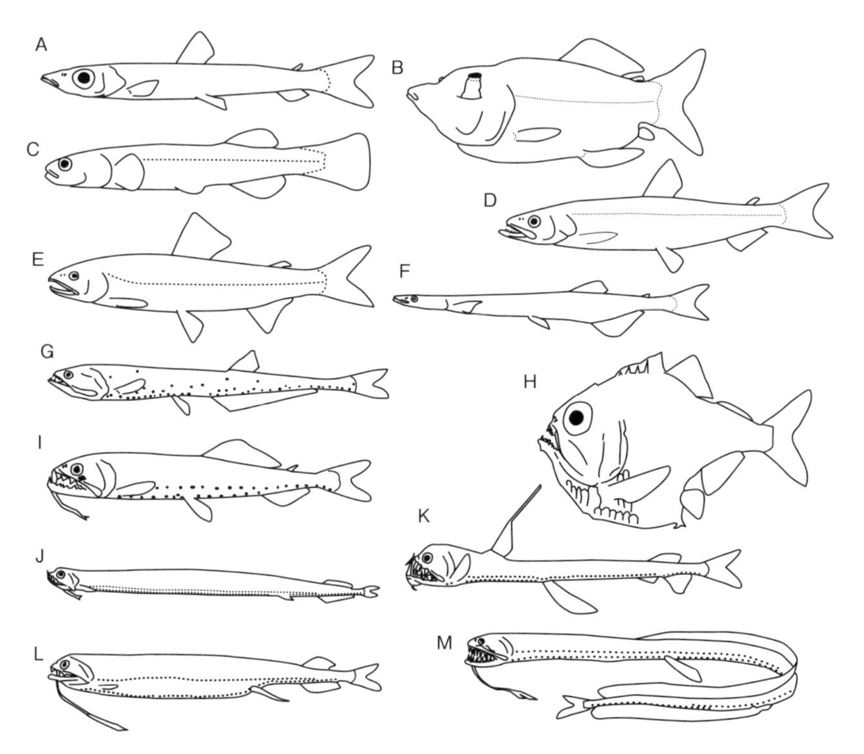

図 26-13　キュウリウオ上目魚類（A・B：ニギス目，C：ガラクシアス目，D-F：キュウリウオ目，G-M：ワニトカゲギス目）
A：ニギス，B：デメニギス類，C：ガラクシアス類，D：キュウリウオ，E：アユ，F：シラウオ，G：ヨコエソ類，H：ムネエソ類，I：トカゲハダカ類，J：ワニトカゲギス類，K：ホウライエソ類，L：ホテイエソ類，M：ミツマタヤリウオ類.

球の寒冷な淡水域を中心に生息し，通し回遊を行う．体長はふつう 20 cm 以下（図 26-13C）．英名：galaxiiforms.

③ キュウリウオ目 Osmeriformes（2 亜目 5 科 20 属 47 種）

体は細長く，ふつう鱗に覆われる．脂鰭がある．多くの種で生鮮時にキュウリのような香りがする．淡水・汽水・浅海域に生息し，通し回遊を行う．北半球の温・寒帯に分布するキュウリウオ亜目 Osmeroidei（キュウリウオ，ワカサギ，チカ，シシャモ，アユ，シラウオなど）と，ニュージーランドやオーストラリア南東部に分布するレトロピンナ亜目 Retropinnoidei（2 科 5 ～ 6 種）に分類される（図 26-13D-F）．英名：freshwater smelts.

④ ワニトカゲギス目 Stomiiformes（5 科 52 属約 414 種）

頭部や体側に発光器がある．口は大きく，上顎は伸出しない．腹鰭は腹位．体形は多様で，極圏を除く海洋の中・深層に生息する典型的な深海性魚類．ヨコエソ，オニハダカ，キュウリエソ，ムネエソ，ワニトカゲギス，ミツマタヤリウオ，ホウライエソなど（図 26-13G-M）．英名：dragonfishes.

c. シャチブリ上目 Ateleopodomorpha

シャチブリ目 Ateleopodiformes（1 科 4 属約 13 種）からなる．体は柔軟で細長く，吻部はゼラチン質で膨出する．臀鰭基底は著しく長く，尾鰭は退化的．腹鰭は喉位．骨格は多くの部分で軟骨化する．シャチブリ，ヒョウモンシャチブリなど（図 26-14A）．英名：jellynose fishes.

シャチブリ上目，円鱗上目，ハダカイワシ上目，アカマンボウ上目，側棘鰭上目および棘鰭上目は単系統群とみなされ，分類階級は与えられていないが新真骨類 Neoteleostei とよばれる（図 26-15）．新真骨類は鰓弓上部と前部の脊椎骨を結ぶ筋肉（後引筋）をもつなどの特徴を示す．新真骨類とキュウリウオ上目は姉妹群関係にあるとされる[3, 19]．

d. 円鱗上目 Cyclosquamata

ヒメ目 Aulopiformes（15 科 47 属約 261 種）からなる．腹鰭は腹位または亜胸位で，多くが脂鰭を備える．鰾はない．上顎縁辺は前上顎骨に縁取られる．多くは仔稚魚期には腹腔部に特徴的な色素胞が並ぶ．温熱帯の沿岸域からの外洋域の中・深層域に広く分布する．形態・生態的に多様性に富み，多くが同時的雌雄同体[30]．ヒメ，アオメエソ，マエソ，シンカイエソ，デメエソ，ミズウオ，ボウエンギョなど（図 26-14B-E）．英名：lizardfishes.

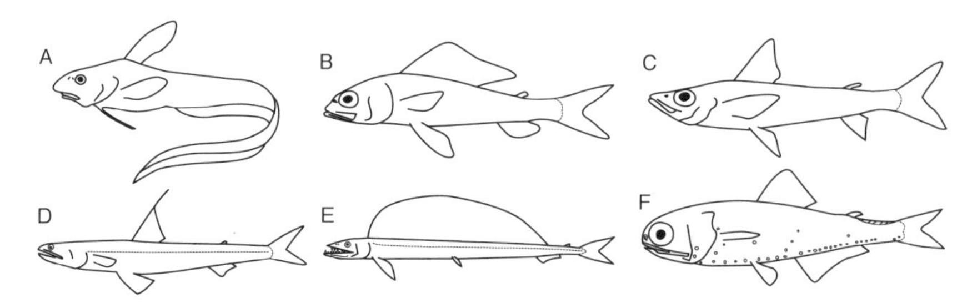

図 26-14　シャチブリ上目魚類（A），円鱗上目魚類（B-E），ハダカイワシ上目魚類（F）
A：シャチブリ，B：ヒメ類，C：アオメエソ類，D：ワニエソ，E：ミズウオ，F：ススキハダカ.

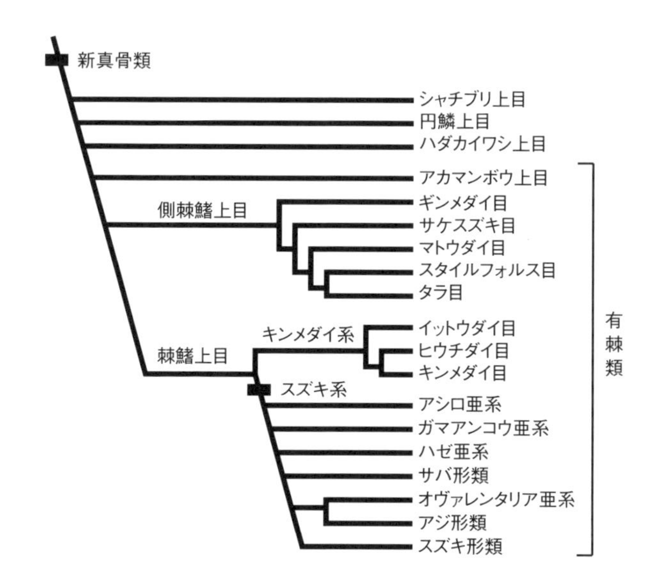

図 26-15　新真骨類および有棘類の系統仮説（Nelson et al.[3] をもとに作成）

e. ハダカイワシ上目 Scopelomorpha

ハダカイワシ目 Myctophiformes（2 科 36 属約 254 種）からなる．体はふつう剥がれやすい円鱗に覆われ，体表に粒状あるいは卵形の化学発光型の発光器が並ぶ．脂鰭がある．上顎縁辺は前上顎骨に縁取られる．全世界の海洋に分布し，大陸棚から外洋域の水深 200 ～ 1,200 m 付近の中深層に生息するが，多くは日周鉛直移動を行い，夜間には表層付近まで浮上する種もいる．ソトオリイワシ，ハダカイワシ，マメハダカ，ホクヨウハダカ，ススキハダカ，セッキハダカなど（図26-14F）．英名：lanternfishes.

ハダカイワシ上目は，より派生的なアカマンボウ上目，側棘鰭上目および棘鰭上目から構成される単系統群である有棘類 Acanthomorpha と姉妹群関係にあるとされる（図26-15）．有棘類は条鰭類で最も特化したグループとみなされ，次の特徴を示す．①後側頭骨の上方突起が外後頭骨に固着する，②吻軟骨が前上顎骨の上向突起に固着する，③第1椎体の前面に外後頭骨の関節突起に対応する明確な関節面がある，④中央尾鰭軟骨が消失するなど[19]．

f. アカマンボウ上目 Lamprimorpha

アカマンボウ目 Lampriformes（6科11属約22種）からなる．上顎の咀嚼面は前上顎骨で縁取られる．前上顎骨は著しく長い上向突起と肥大した吻軟骨を伴い，きわめて伸出性に富む．各鰭には真の棘条はない．体形は様々で，クサアジ科は体高が高く著しく側扁し，アカマンボウ科は円盤状，サケガシラなどのフリソデウオ科，リュウグウノツカイ科などはリボン状を呈する．海産で，主に沖合の中層に生息する（図26-16）．英名：opahs.

g. 側棘鰭上目 Paracanthopterygii

本上目を構成する分類群は大幅に見直された．従来，本上目に含められてきたアシロ目，ガマアンコウ目およびアンコウ目は棘鰭上目に移され，棘鰭上目とされてきたマトウダイ目と，アカマンボウ目とされてきたスタイルフォルス科が本上目に加わった[31－33]．さらに，従来，独自の上目が設定されていたギンメダイ目も本上目に加えられた[3, 34]．

① ギンメダイ目 Polymixiiformes（1科1属10種）

体は卵円形で側扁し，粗雑な櫛鱗に覆われる．下顎下面に1対の長いヒゲがあり，前方の鰓条骨がヒゲを支持する．背鰭と臀鰭は1基で，それぞれ数本の棘条がある．熱帯・亜熱帯海域の大陸棚斜面や海山に分布する．ギンメダイ，アラギンメなど（図26-17A）．英名：beardfishes.

② サケスズキ目 Percopsiformes（3科7属10種）

腹鰭は亜胸位で，背鰭と臀鰭にふつう数本の棘条がある．上顎は伸出しない．北米の淡水域に生息する（図26-17B）．英名：trout-perches.

③ マトウダイ目 Zeiformes（6科約16属33種）

体が強く側扁する．背鰭，臀鰭，腹鰭に棘条がある．背鰭，臀鰭，胸鰭の軟条は不分枝．上顎は伸出可能．海産で，多くは深海性．ベニマトウダイ，マト

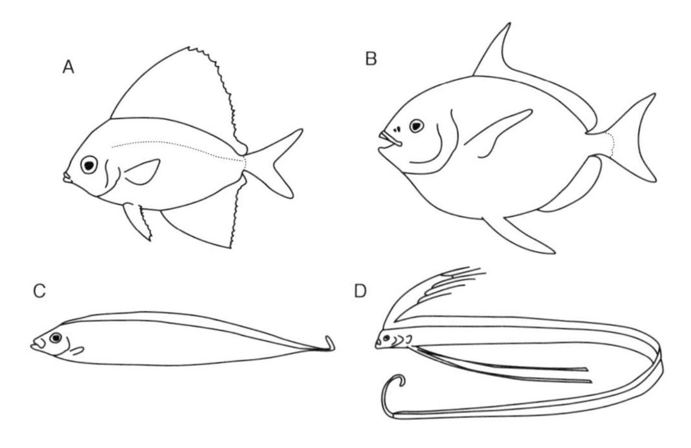

図 26-16　アカマンボウ上目魚類
A：クサアジ類，B：アカマンボウ，C：サケガシラ，D：リュウグウノツカイ．

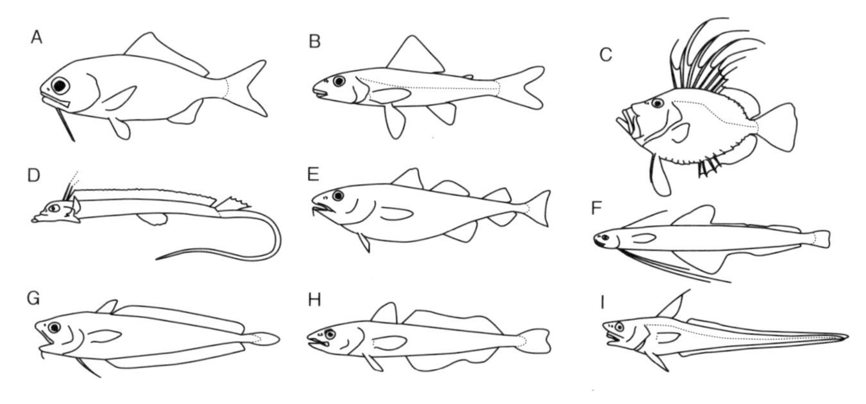

図 26-17　側棘鰭上目魚類
A：ギンメダイ，B：サケスズキ類，C：マトウダイ，D：スタイルフォルス（*Stylephorus*），E：マダラ，F：サイウオ，G：チゴダラ，H：メルルーサ類，I：ソコダラ類．

ウダイ，カガミダイ，ヒシマトウダイなど（図 26-17C）．英名：dories.

④ スタイルフォルス目 Stylephoriformes（1 科 1 属 1 種：*Stylephorus chordatus*）

リボン状の体形で，背鰭基底は後頭部から尾部に達する．尾鰭下葉の 2 本の鰭条は著しく伸長する．眼は大きく望遠眼状．汎世界的に分布し，深海（300 ～ 800 m）に生息する（図 26-17D）．英名：tube-eyes, thread-tails.

⑤ タラ目 Gadiformes（13 科 84 属約 613 種）

鰭に真の棘条はなく，腹鰭は胸位あるいは喉位．鰾がある場合は閉鰾．神経頭蓋の間在骨が肥大する．ふつう下顎先端に短いヒゲがある．ほとんどが海産種．トウジン，ムネダラ，イバラヒゲなどのソコダラ科の多くは深海性で第 2 背鰭と臀鰭の基底が長く，尾鰭が不明瞭．エゾイソアイナメ，イトヒキダラ，カナダダラなどのチゴダラ科は尾鰭が明瞭．サイウオ科は腹鰭が頭部腹面にあり，数本の鰭条が長く伸長する．タラ科は背鰭が 3 基，臀鰭が 2 基あり，マダラ *Gadus macrocephalus*，スケトウダラ *Gadus chalcogrammus* などの水産重要種が含まれる．主に南半球に分布するメルルーサ科魚類には食材として冷凍輸入されるものがいる（図 26-17E-I）．英名：タラ類 cods，メルルーサ類 hakes，ソコダラ類 grenadiers（rattails）．

h. 棘鰭上目 Acanthopterygii

34 目 284 科 14,780 種以上を含む著しく多様化した分類群で，その約 24％は淡水魚である．本上目は通常，前上顎骨の上向突起が発達して上顎は伸出可能，上擬鎖骨へ伸びるボーデロ靱帯がふつう基底後頭骨から起発するなどの特徴を備える[3]．キンメダイ系とスズキ系に分類される．

（1）キンメダイ系 Berycida（図 26-18）

① イットウダイ目 Holocentriformes（1 科 8 属 83 種）

体は粗雑な櫛鱗に覆われ，鰭の棘条は強固．比較的浅海性．多くが夜行性で，日中は岩陰などにひそむ．イットウダイ，エビスダイ，アカマツカサなど（図 26-18A）．英名：squirrelfishes.

② ヒウチダイ目 Trachichthyiformes（5 科 20 属 68 種）

前頭骨の隆起縁や眼下骨の構造などに特徴を示す[35]．鰭に棘条がなく，漸深層性のオニキンメ，ナカムラギンメなど鰭に棘条があり，眼下に回転式の発光器を備えるヒカリキンメダイ，下顎に発光器を備え，体が硬い鱗に覆われるマツカサウオ，腹中線上に稜鱗が並ぶヒウチダイ，ハシキンメ，ハリダシエビスなど（図 26-18B-D）．英名：roughies.

③ キンメダイ目 Beryciformes（2 亜目）

カンムリキンメダイ亜目 Stephanoberycoidei（6 科約 17 属約 31 種）：頭蓋の骨要素が薄い，眼下骨床がない，後頭部背側面にある上側頭骨が肥大するなどの特徴を示す．背鰭と臀鰭に数本の短い棘条があり，体が比較的強い小櫛鱗で覆われるカンムリキンメダイ類，体が柔軟な皮膚に覆われ，鰭に棘条がなく，

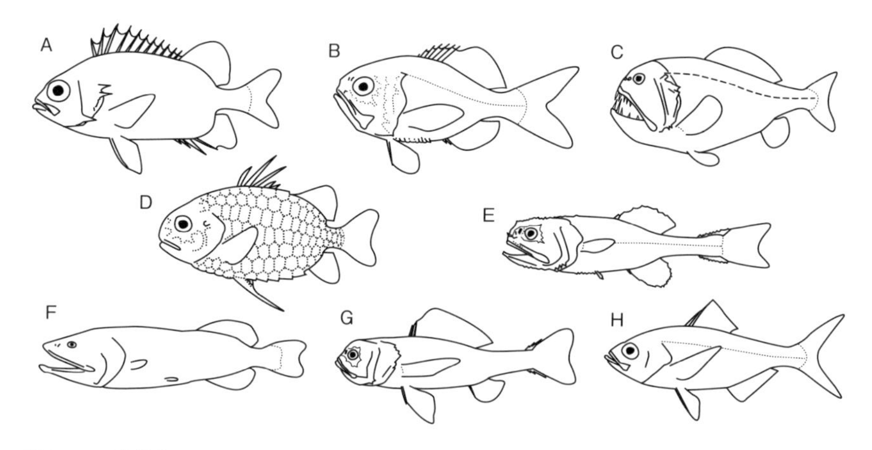

図 26-18　棘鰭上目キンメダイ系魚類
A：イットウダイ，B：ヒウチダイ，C：オニキンメ，D：マツカサウオ，E：カンムリキンメダイ類，F：アカクジラウオダマシ，G：マルカブトウオ，H：キンメダイ．

背鰭と臀鰭が体の後部で対座するクジラウオ類など（図 26-18E，F）．英名：カンムリキンメダイ類 pricklefishes，クジラウオ類 whalefishes.

キンメダイ亜目 Berycoidei（2 科 7 属 73 種）：背鰭，臀鰭，腹鰭に棘条がある．キンメダイ類は体が側扁し，眼が大きく，多くが真紅色の深海魚．カブトウオ類は頭部の形状などがカンムリキンメダイ類に類似するが，キンメダイ類と姉妹群関係にあることが分子系統学的に示された[22]．深海性で，体は黒色を呈し，剥がれやすい大きな円鱗に覆われる（図 26-18G，H）．英名：キンメダイ類 alfonsinos，カブトウオ類 bigscale fishes.

（2）スズキ系 Percomorpha

31 目 270 科 13,173 種を含む真骨類の特化群．第 2 尾鰭椎がない，下尾骨は 5 枚以下，腹鰭は 1 棘 5 軟条，またはそれ以下，腰帯に遊離した射出骨がない，すべての上神経骨（＝上肋骨）の末端が水平隔壁中にある，尾鰭の主鰭条数は 17 以下などの特徴を示す[19]．

Wiley & Johnson[19] は従来のスズキ目の亜目に位置づけられていた分類群の多くをスズキ系の目ランクに設定した．また，Nelson et al.[3] は主に分子系統学的な見解[22, 36, 37] にもとづき，スズキ系にアシロ亜系（アシロ目），ガマアンコウ亜系（ガマアンコウ目），ハゼ亜系（コモリウオ目およびハゼ目）およびオヴァレンタリア亜系を設定した．アシロ亜系はその他のスズキ系魚類と姉妹群関係にあるとされる．オヴァレンタリア亜系はボラ目，カワスズメ目，ギンポ目，ウバウオ目，トウゴロウイワシ目，ダツ目，カダヤシ目，さらに目の帰属が確定していない8科が含まれる．その他にスズキ系には亜系の設定がない20目が含まれるが，そのうちタウナギ目，アジ目，マカジキ目，キノボリウオ目およびカレイ目は単系統群（アジ形類[22]）をなし，オヴァレンタリア亜系魚類と姉妹群関係にあるとされる．また，ヨウジウオ目，イレズミコンニャクアジ目，ネズッポ目，ムカシクロタチ目およびサバ目は単系統群（サバ形類[22]）をなし，アシロ亜系，ハゼ亜系およびガマアンコウ亜系を除くすべてのスズキ系魚類と姉妹群関係にあるとされる．さらに残る10目，すなわちワニギス目，ベラ目，スズキ目，カサゴ目，モロネ目，ニザダイ目，タイ目，ヒシダイ目，アンコウ目およびフグ目を，スズキ系の高位群（スズキ形類[22]）に位置づけた（図26-15）．しかし，このような主に分子系統仮説にもとづく高位分類群は今後さらに見直される可能性がある（章末の注を参照）．

アシロ亜系 Ophidiida

① アシロ目 Ophidiiformes（2亜目5科119属約531種）

体は細長く，背鰭と臀鰭の基底が長く尾鰭に連続する．腹鰭は1～2軟条で喉位．卵生のアシロ亜目 Ophidioidei（アシロ，ヨロイイタチウオ，カクレウオなど）と，胎生のフサイタチウオ亜目 Bythitoidei（フサイタチウオ，ソコオクメウオなど）に分類される（図26-19A-C）．全世界の沿岸域から8,000 mを超える深海域，数種は淡水の洞窟に生息する．英名：cusk-eels.

ガマアンコウ亜系 Batrachoidida

② ガマアンコウ目 Batrachoidiformes（1科23属101種）

頭部は幅広く縦扁し，眼は頭部背面寄りにある．腹鰭は1棘3軟条．鰾を使って発音する種や，発光器をもつ種がいる（図26-19D）．大西洋，インド洋，東部太平洋の浅海域に生息し，日本近海には分布しない．英名：toadfishes.

ハゼ亜系 Gobiida

③ コモリウオ目 Kurtiformes

鰓弓上部の骨格要素，頭部や体の孔器列の配列パターンが類似する2科からなる[3, 38]．本目は分子系統学的にはハゼ目と近縁とされる[22]．

コモリウオ科（1属2種）：南アジア，ニューギニア，オーストラリアの一部の汽水・淡水域に生息し，体は側扁し，小さな円鱗に覆われ，背鰭は1基．雄は後頭部の鉤状突起に卵を絡めて保護する．英名：nurseryfishes.

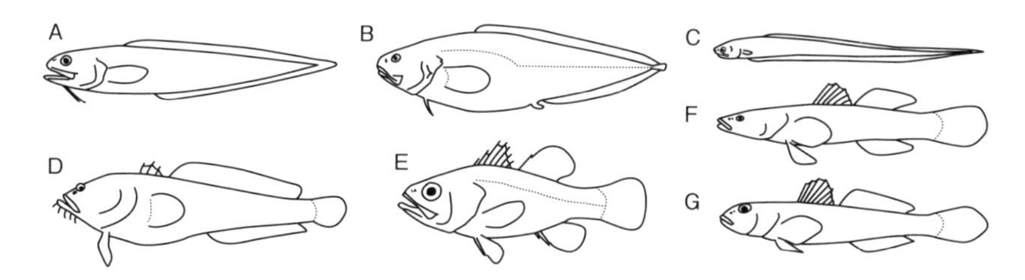

図 26-19　棘鰭上目スズキ系魚類（アシロ亜系，ガマアンコウ亜系，ハゼ亜系）
A：ヨロイイタチウオ，B：フサイタチウオ類，C：カクレウオ，D：ガマアンコウ類，
E：テンジクダイ，F：カワアナゴ，G：マハゼ．

テンジクダイ科（約 33 属 347 種）：温熱帯の浅海域に生息し，体は側扁し，ふつう櫛鱗に覆われ，背鰭は 2 基．多くが卵を口内で保護する．テンジクダイ，ネンブツダイ，ヒカリイシモチなど（図 24-19E）．英名：cardinalfishes.

④ ハゼ目 Gobiiformes（8 科 321 属 2,167 種）

背鰭は通常 2 基．腹鰭は胸位で 1 棘 4 ～ 5 軟条からなり，多くの種で吸盤に変形する．頭部の感覚管や感覚孔が様々に発達する．幽門垂はなく，鰾も通常ない．世界の温熱帯の沿岸・汽水・淡水域に生息し，生活様式は多様．体長約 10 mm で成熟する種もいれば 50 cm になる種もいる．左右の腹鰭が分離するカワアナゴ，ドンコなど．腹鰭が吸盤に変形し，沿岸域に多いアゴハゼ，ドロメ，マハゼ，キヌバリなど，半透明で幼形成熟として知られるシロウオ，有明海の干潟に生息するムツゴロウ，種分化の顕著なヨシノボリ種群，体がウナギ形で泥底に埋没生活をするワラスボなど（図 26-19F，G）．英名：gobies.

オヴァレンタリア亜系 Ovalentaria

⑤ ボラ目 Mugiliformes（1 科約 20 属約 75 種）

体は円筒形で，2 基の背鰭はよく離れる．胸鰭はやや高位．腹鰭は 1 棘 5 軟条で胸鰭下よりかなり後方にある．臀鰭に 2 ～ 3 本の棘条がある．温熱帯の沿岸域・汽水域に生息する．ボラ，イナダなど（図 26-20A）．英名：mullets.

⑥ カワスズメ目 Cichliformes（2 科約 202 属約 1,762 種）

鼻孔は各側に 1 個．側線は不連続．体形も生活様式もきわめて多様．多くが卵や仔魚の保護を行うが，その方法も様々．中南米，インド，アフリカの淡水域に生息し，アフリカの 3 大湖で著しく多様化する．日本では移入種のカワスズメ，ナイルティラピアなどが知られる（図 26-20B）．英名：cichlids.

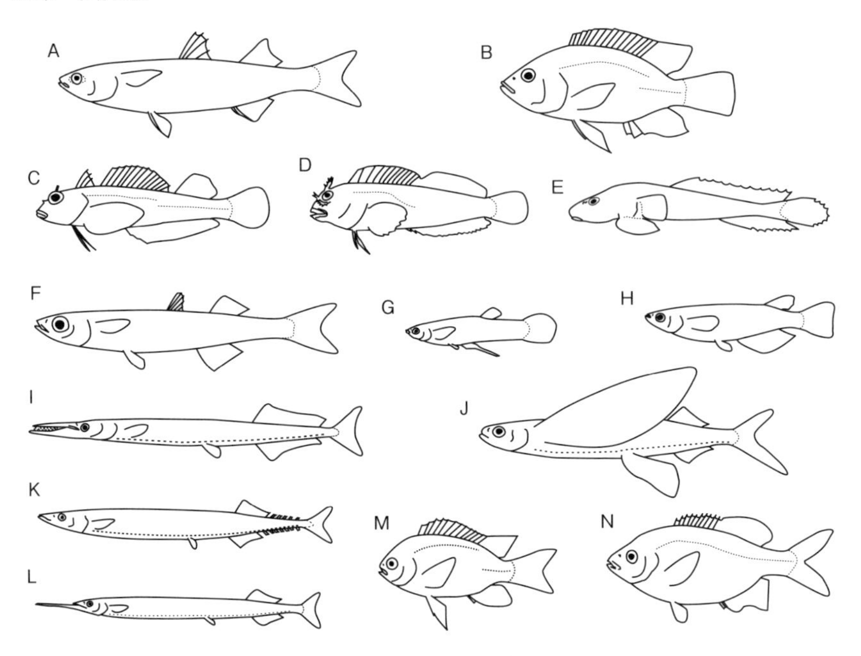

図 26-20　棘鰭上目スズキ系魚類（オヴァレンタリア亜系）
A：ボラ，B：カワスズメ科，C：ヘビギンポ，D：イソギンポ，E：ウバウオ類，F: トウゴロウイワシ，G：カダヤシ，H：メダカ類，I：ダツ，J：ハマトビウオ，K：サンマ，L：サヨリ，M：スズメダイ類　N：ウミタナゴ類.

⑦ ギンポ目 Blenniiformes（6 科 150 属約 918 種）

体は小型で，主に温熱帯の浅海域に生息する．腹鰭は喉位で，ふつう 1 棘 2 〜 3 軟条．臀鰭の軟条は不分枝．背鰭は 3 基で，鱗が櫛鱗のヘビギンポ，クロマスクなど，背鰭が 1 基で基底が長く，鱗が円鱗のコケギンポ，アサヒギンポなど，背鰭が 1 基で基底が長く，体表が滑らかなイソギンポ，ナベカ，ニジギンポ，カエルウオなど（図 26-20C，D）．英名：blennies.

⑧ ウバウオ目 Gobiesociformes（1 科 47 属 169 種）

腹鰭はふつう吸盤に変形する．背鰭は 1 基で，棘条はない．体は無鱗．温熱帯の潮間帯などに生息する小型魚（図 26-20E）．英名：clingfishes.

⑨ トウゴロウイワシ目 Atheriniformes（8 科 52 属約 351 種）

背鰭は 2 基で，第 1 背鰭は弱い棘条からなり，臀鰭にも弱い棘条が 1 本ある．胸鰭は高位．腹鰭は腹位から胸位．側線は未発達．温熱帯の沿岸域，汽水域，淡水域に分布する．一般に表層で群泳する．トウゴロウイワシ，ムギイワシ，ナミノハナなど（図26-20F）．英名：silversides.

⑩ ダツ目 Beloniformes（2亜目6科34属283種）

体は細長く，各鰭は軟条のみからなる．背鰭は1基で体の後部にあり，臀鰭と対座する．胸鰭は高位．腹鰭は腹位．前上顎骨は伸出しない．メダカ亜目 Adrianichthyoidei はインドから日本列島の淡水・汽水域に分布し，日本産のメダカ類はミナミメダカ *Oryzias latipes* とキタメダカ *O. sakaizumii* に分類される．トビウオ亜目 Exocoetoidei は世界の温熱帯の海洋，一部は淡水域の表層に生息し，トビウオ，ハマトビウオ，サヨリ，コモチサヨリ，サンマ *Cololabis sarira*，ダツ，ハマダツなど（図26-20H-L）．英名：メダカ類 medakas，トビウオ類 flyingfishes，サンマ類 sauries，ダツ類 needlefishes.

⑪ カダヤシ目 Cyprinodontiformes（2亜目10科131属約1,257種）

各鰭は軟条からなる．背鰭は1基で体の後部にある．胸鰭はやや低位．腹鰭は腹位．上顎は前上顎骨で縁取られ，伸出可能．生殖様式は卵生，胎生，単為生殖など様々．南・北米，南アジア，アフリカなどの淡水域，一部は汽水域に生息する．グッピー，カダヤシなど（図26-20G）．英名：killifishes.

目の帰属が確定していないオヴァレンタリア亜系の主な分類群[3)]

スズメダイ科：体は卵円形で側扁する．口は小さく，鼻孔はふつう各側に1個．背鰭は1基．側線は体の後部で中断する．多くが見張り型の卵保護をする．スズメダイ，オヤビッチャ，ソラスズメダイ，セダカスズメダイ，クマノミなど，世界で約387種（図26-20M）．英名：damselfishes.

ウミタナゴ科：体は側扁し，円鱗に覆われる．背鰭は1基．腹鰭は亜胸位．胎生で，雄は腹鰭の前部に交接突起を備える．北太平洋の沿岸域に分布する．ウミタナゴ，オキタナゴなど約24種（図26-20N）．英名：surfperches.

アジ形類 Carangimorpharia[22)]

⑫ タウナギ目 Synbranchiformes（2亜目3科13属約117種）

体は細長く，腹鰭はない．前上顎骨に上向突起がなく，伸出不可能．背鰭と臀鰭が退化的で，多くが上鰓器官を使って空気呼吸をするタウナギ類，独立した背鰭棘条が発達するトゲウナギ類など（図26-21A）．アフリカ，アジア，中南米の熱帯・亜熱帯の淡水域に分布する．英名：swamp eels.

⑬ アジ目 Carangiformes（6科37属160種）

鼻感覚管の先端に1～2個の管状骨がある．体は剥がれにくい小円鱗に覆

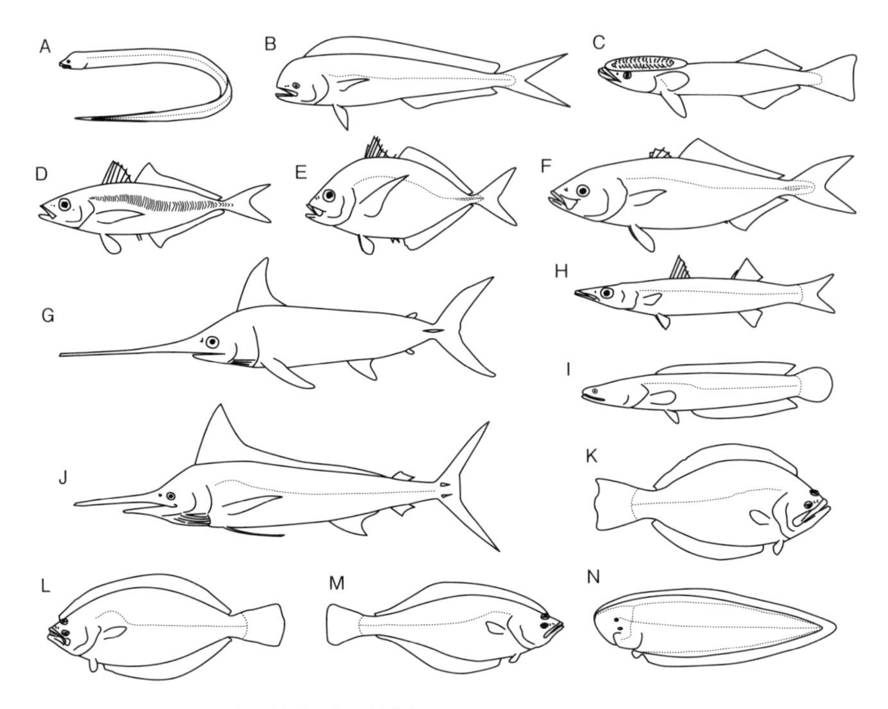

図 26-21　棘鰭上目スズキ系魚類（アジ形類）
A：タウナギ類，B：シイラ，C：コバンザメ類，D：マアジ，E：カイワリ，F：ブリ，G：メカジキ，H：アカカマス，I：カムルチー，J：マカジキ，K：ボウズガレイ，L：ヒラメ，M：アカガレイ，N：クロウシノシタ．

われる[3]．第 1 背鰭が小判状の吸盤に変形し，大型魚に吸着生活をするコバンザメ類，背鰭と臀鰭に棘条がなく，背鰭の起部が頭部にあって基底が長いシイラ，体は紡錘形または側扁形で，臀鰭の前に 2 本の遊離棘があるマアジ *Trachurus japonicus*，ムロアジ，カイワリ，イトヒキアジ，ブリ *Seriola quinqueradiata*，ヒラマサ，カンパチなど（図 26-21B-F）．英名：コバンザメ類 remoras，シイラ類 dolphinfishes，アジ類 jacks，ブリ yellowtail.

⑭ カジキ目 Istiophoriformes（3 科 7 属 39 種）

本目の構成分類群は主に分子系統学的研究にもとづく[16, 22, 39]．

カマス科：体は伸長し，口裂が大きく，下顎が突き出す．背鰭は 2 基で，互いに離れる．腹鰭は亜胸位．主に暖海の沿岸域に生息する．オニカマス，アカカマス，ヤマトカマスなど 27 種（図 26-21H）．英名：barracudas.

メカジキ科：メカジキのみが含まれ，吻が剣状に突出し，腹鰭がなく，成魚は無鱗．尾柄キールが 1 本ある（図 26-21G）．英名：swordfish.

マカジキ科：吻が剣状に突出し，伸長した腹鰭があり，成魚は体が鱗に覆われる．2 本の尾柄キールがある．バショウカジキ，マカジキ，クロカジキなど約 11 種（図 26-21J）．英名：billfishes，marlins．バショウカジキ類 sailfishes.

⑮ キノボリウオ目 Anabantiformes（2 亜目 4 科 21 属約 207 種）

鰓の背方に上鰓器官（迷路器官）を備え，空気呼吸をする．鰾は尾部まで伸長する．キノボリウオ類はアフリカ，インド，東南アジア，中国，朝鮮半島の淡水域に生息する．日本にはチョウセンブナとタイワンキンギョが移入された．タイワンドジョウ類は体が細長く，鰭に棘条がなく，背鰭と臀鰭の基底は長い．アフリカ，南アジア，中国南部に生息し，日本のタイワンドジョウやカムルチーは移入種（図 26-21 I）．英名：labyrinth fishes.

⑯ カレイ目 Pleuronectiformes（2 亜目 14 科約 129 属約 772 種）

成魚は両眼が体の片側にあり，有眼側を上方に向け生活する底生魚．背鰭と臀鰭の基底が長く，背鰭は頭部上方から始まる．背鰭と臀鰭に棘条があるボウズガレイ亜目 Psettodoidei と，棘条がないカレイ亜目 Pleuronectoidei に分類される．ボウズガレイ科は両眼が左側または右側にある．カレイ亜目は両眼が体の左側にあるヒラメ科やダルマガレイ科，両眼がふつう体の右側にあるカレイ科，前鰓蓋骨の縁辺が皮下に隠れ，無眼側の顎が著しくねじれるササウシノシタ科（両眼が体の右側），ウシノシタ科（両眼が体の左側）などに分類される．ヒラメ *Paralichthys olivaceus*，マコガレイ *Pseudopleuronectes yokohamae*[40] など水産的価値の高いものが多い（図 26-21K-N）．英名：カレイ・ヒラメ類 flatfishes，flounders，ササウシノシタ soles，ウシノシタ類 tonguefihes.

サバ形類 Scombrimorpharia[22]

⑰ ヨウジウオ目 Syngnathiformes（2 亜目 8 科約 69 属約 338 種）

口は小さく，管状の吻の先端にあり，上顎は伸出しない．体形は様々で，温熱帯の浅海に生息する．体表が強固な骨板で覆われるヨウジウオ，タツノオトシゴ，カミソリウオ，ウミテングなど，体が細長く鱗を欠き，尾鰭中央部の 2 軟条が伸長するアカヤガラなど，背鰭に長い棘条があるサギブエなど．セミホウボウ類は分子系統学的研究にもとづき本目に加えられた[22]（図 26-22A-D）．英名：ヨウジウオ類 pipefishes，タツノオトシゴ類 seahorses.

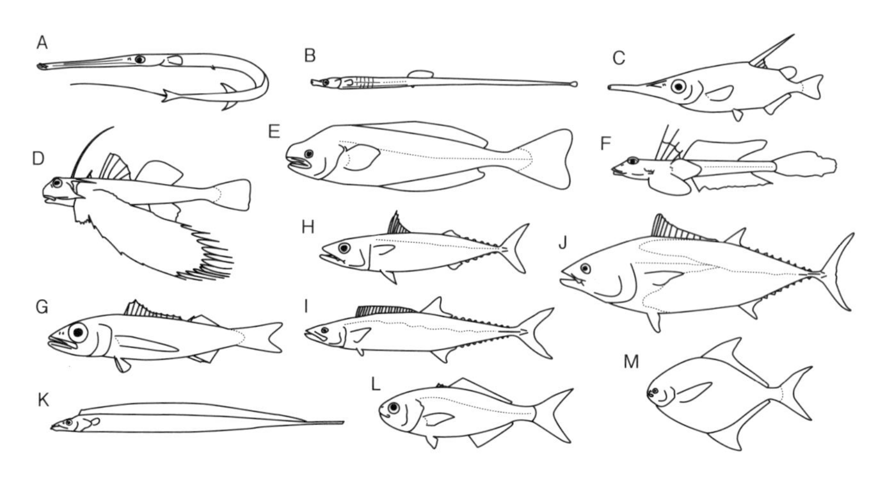

図 26-22　棘鰭上目スズキ系魚類（サバ形類）
A：アカヤガラ，B：ヨウジウオ，C：サギフエ，D：セミホウボウ，E：イレズミコンニャクアジ，F：ネズッポ，G：ムカシクロタチ，H：マサバ，I：サワラ，J：クロマグロ，K：タチウオ，L：メダイ，M：マナガツオ．

⑱ イレズミコンニャクアジ目 Icosteiformes

イレズミコンニャクアジだけを含む．体は柔軟で，頭は小さく，眼も小さい．成魚はほぼ無鱗で，腹鰭は若魚にはあるが成魚にはない．側線は隆起線となり，小棘が並ぶ．近縁な分類群は不明（図 26-22E）．英名：ragfishes.

⑲ ネズッポ目 Callionymiformes（2 科 22 属約 202 種）

口は小さい．鱗はなく，体表は粘液質．鰭や体色の二次性徴が顕著．暖海性の底生魚．前鰓蓋骨に強大な棘があり，鰓孔が小さいネズッポ科（ベニテグリ，ネズミゴチ，ヨメゴチ，ハタタテヌメリなど），前鰓蓋骨に棘がなく，鰓孔がやや大きいイナカヌメリ科からなる（図 26-22F）．英名：dragonets.

⑳ ムカシクロタチ目 Scombrolabraciformes（1 科 1 属 1 種）

口は大きく，やや伸出する．眼は著しく大きい．小離鰭はない．胸鰭は伸長する．側線は背鰭基底に沿って走る．前部の脊椎骨の横突起が膨張し中空構造をなし，鰾の背面の突出部が挿入する．ムカシクロタチのみ．東太平洋と東大西洋を除く暖海の深層域に生息する（図 26-22G）．英名：longfin escolars.

㉑ サバ目 Scombriformes（2 亜目）

サバ亜目 Scombroidei（3 科 41 属 199 種）：上顎は伸出せず，歯は両顎に固着する．多くが背鰭と臀鰭の後方に小離鰭を備える．第 1 背鰭基底が第 2 背鰭基底より長く，胸鰭が低位のクロタチカマス，カゴカマス，バラムツ，アブラソコムツなど．体はリボン状で背鰭の基底が著しく長く，小離鰭がないタチウオ類．体は紡錘形で小離鰭を備え，遊泳力に富むマサバ *Scomber japonicus*，カツオ *Katsuwonus pelamis*，クロマグロ *Thunnus orientalis*，メバチ，マルソウダ，サワラ類など（図 26-22H-K）．英名：クロタチカマス類 snake mackerels，タチウオ類 cutlassfishes，マサバ類 mackerels，マグロ類 tunas.

イボダイ亜目 Stromateoidei（6 科 16 属 73 種）：吻が丸みを帯び，鰓弓の後方に咽頭嚢がある．腹鰭があり，若魚期にクラゲにつくハナビラウオ，イボダイ，メダイなど，腹鰭がなく，体が著しく側扁するマナガツオなど（図 26-22L，M）．英名：イボダイ類 driftfishes，マナガツオ butterfishes.

Miya et al.[39] は，サバ目，ムカシクロタチ目，イレズミコンニャクアジ目とワニギス目のクロボウズギス科，スズキ目のヤエギス科，シマガツオ科などが単系統群（ペラジア Pelagia）をなし，ヨウジウオ目とネズッポ目からなる単系統群と姉妹群関係にあるとする分子系統仮説を提示している．

<u>スズキ形類</u> Percomorpharia[22]

㉒ ワニギス目 Trachiniformes（11 科 53 属 301 種）

体形は様々で，背鰭の軟条部と臀鰭の基底が長い．多くが底生魚で，砂底に潜入する種もいる．口裂が大きく，口と胃が著しく拡張するクロボウズギス科，口が上向きで腹鰭が長いワニギス科，体が円筒状のトラギス科，体が伸長し背鰭が 1 基のベラギンポ科，背鰭に棘条がなく，腹鰭を欠くイカナゴ科，頭が方形で大きく，口が著しく上向きのミシマオコゼ科など（図 26-23A-D）．本目の単系統性については異論がある[19, 22]．英名：ワニギス類 gapers，トラギス類 sandperches，イカナゴ類 sand lances，ミシマオコゼ類 stargazers.

㉓ ベラ目 Labriformes（3 科約 87 属約 630 種）

左右の下咽頭骨が癒合し歯を備え，上咽頭骨は神経頭蓋と可動的に関節し，咽頭顎として機能する．雌性先熟型の性転換をする種が多い．キュウセン，ホンソメワケベラ，オハグロベラ，テンス，コブダイ，アオブダイなど．咽頭顎の特徴はウミタナゴ科，カワスズメ科，スズメダイ科にも共通し，従来は近縁群と考えられていたが[12, 19, 41]，分子系統学的にはそれらの近縁性は支持されていない[37, 42]（図 26-23E，F）．英名：ベラ類 wrasses，ブダイ類 parrotfishes.

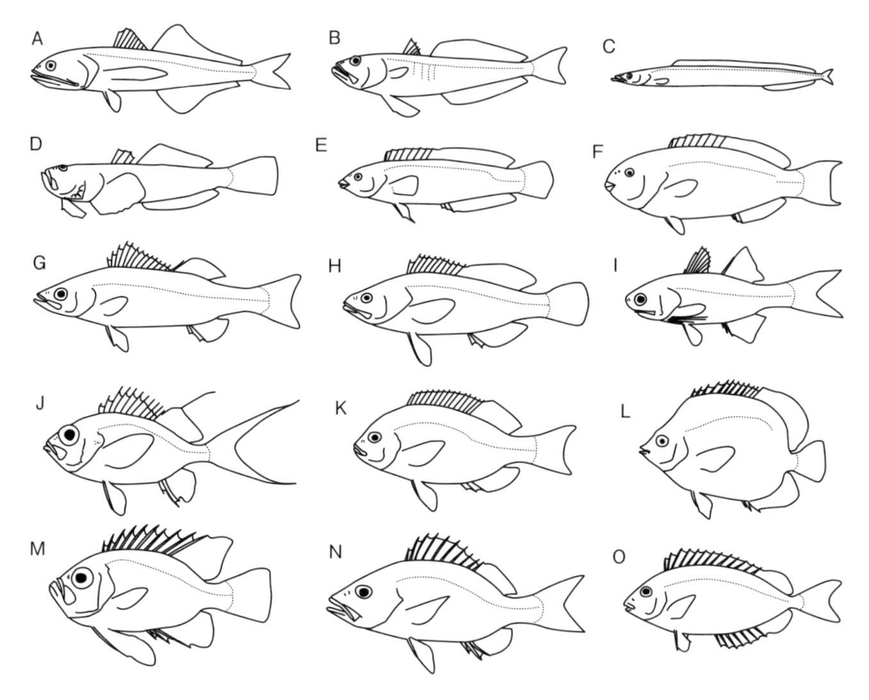

図 26-23　棘鰭上目スズキ系（スズキ形類 1：ワニギス目，ベラ目，スズキ目）
A：クロボウズギス，B：ワニギス，C：イカナゴ，D：ミシマオコゼ，E：ベラ類，F：ブダイ類，G：スズキ，H：キジハタ，I：ツバメコノシロ，J：サクラダイ，K：メジナ，L：チョウチョウウオ，M：チカメキントキ，N：バラフエダイ，O：アイゴ．

㉔ スズキ目 Perciformes

ふつう背鰭と臀鰭に棘条があり，腹鰭は胸位で 1 棘 5 軟条からなる．2 亜目に分類される．以下に日本産の主な科を中心に概説する（図 26-23G-O）．

スズキ亜目 Percoidei（46 科 319 属約 2,095 種）

ホタルジャコ科：背鰭は 2 基．肛門が腹鰭の近くにあり発光器をもつホタルジャコ，別名「のどぐろ」とよばれるアカムツ，鱗が剥がれやすいスミクイウオなど，世界で 31 種．英名：lanternbellies.

スズキ科：背鰭は 2 基で，下顎が上顎より突出する．前鰓蓋骨後縁は鋸歯状．スズキ *Lateolabrax japonicus*，ヒラスズキなど 3 種．英名：Asian seaperches.

ヒメジ科：背鰭は 2 基で，互いによく離れる．下顎に 1 対の長いヒゲがある．ヒメジ，ウミヒゴイ，オジサンなど 85 種．英名：goatfishes.

ハタンポ科：体は著しく側扁し，眼は大きい．背鰭は1基で基底は短く，体の中央より前方にある．臀鰭基底長は背鰭基底長よりはるかに長い．キンメモドキ，ツマグロハタンポなど32種．英名：sweepers.

イシダイ科：体は側扁し，背鰭は1基．顎歯は癒合し，顎は嘴状で，巻貝などを砕いて食べる．イシダイ，イシガキダイなど7種．英名：knifejaws.

ツバメコノシロ科：胸鰭の下葉の鰭条は遊離し伸長する．背鰭は2基で，互いによく離れる．ツバメコノシロなど43種．英名：threadfins.

シマイサキ科：背鰭は1基で，棘条部基底は軟条部基底より長い．歯は絨毛状．鰾で発音するコトヒキ，シマイサキなど52種．英名：grunters.

カワビシャ科：体は著しく側扁し，頭部には粗雑な骨質が露出する．背鰭は1基で，背鰭と臀鰭の棘条は発達する．カワビシャ，テングダイ，ツボダイ，クサカリツボダイなど13種．英名：armorheads.

イスズミ科：背鰭は1基で，体高が高く側扁する．雑食性．イスズミ，テンジクイサキ，メジナ，オキナメジナなど53種．英名：sea chubs.

サンフィッシュ科：背鰭は1基で，多くの種が産卵時に営巣する淡水魚．オオクチバス（ブラックバス），ブルーギルなど45種．日本に生息する種はいずれも移入種で，各地に拡散し生態系への影響が深刻．英名：sunfishes.

ハタ科：背鰭は1基で，棘条部と軟条部の間が凹む．鱗は櫛鱗．世界の温熱帯海域に分布する．アラ，ヒメコダイ，サクラダイ，キンギョハナダイ，マハタ，キジハタ，クエなど，世界で約538種．英名：sea basses.

ペルカ科：北米を中心に230種以上が知られる淡水魚．多くは体が細長く，背鰭は2基．日本には分布しない．英名：perches.

シマガツオ科：体は側扁し，体高が高く，大きな鱗に覆われる．背鰭は1基で，背鰭と臀鰭の基底は長い．マンザイウオ，シマガツオ，ツルギエチオピア，ベンテンウオなど約20種．英名：pomfrets.

キントキダイ科：背鰭は1基で，眼が大きく，体は剥がれにくい櫛鱗に覆われる．キントキダイ，クルマダイなど19種．英名：bigeyes.

ヒイラギ科：体は側扁し，背鰭は1基．口は小さく，前下方に伸出する．食道の周りに発光器がある．ヒイラギなど約48種．英名：ponyfishes.

チョウチョウウオ科：体は著しく側扁し，口はやや尖る．背鰭は1基で，背鰭と臀鰭の棘条は発達する．トリクチス幼生を経る．チョウチョウウオ，ハタタテダイ，フエヤッコダイ，ゲンロクダイなど約130種．英名：butterflyfishes.

キンチャクダイ科：チョウチョウウオ類に類似するが前鰓蓋骨の隅角部に棘がある．トリクチス幼生期を経ない．キンチャクダイ，サザナミヤッコ，アカハラヤッコなど 89 種．英名：angelfishes.

キツネアマダイ科：背鰭は 1 基で，基底が長い．砂泥底に生息するアカアマダイ，海底に埋没生活するキツネアマダイなど 45 種．英名：tilefishes.

イサキ科：背鰭は 1 基で，背鰭と臀鰭の軟条部は小鱗に覆われる．イサキ，セトダイ，ヒゲダイ，コショウダイなど約 133 種．英名：grunts.

フエダイ科：背鰭は 1 基で，吻がやや尖る．口は大きく犬歯を備える．ハマダイ，バラフエダイ，ウメイロ，タカサゴなど約 110 種．英名：snappers.

ゴンベ科：背鰭は 1 基で，棘条の先端に数本の皮弁がある．胸鰭の下部軟条は肥厚する．オキゴンベ，サラサゴンベなど 33 種．英名：hawkfishes.

タカノハダイ科：背鰭は 1 基．胸鰭の下部軟条は肥厚し，伸長する．口は小さくやや下向き．タカノハダイ，ミギマキなど 27 種．英名：morwongs.

アイゴ科：体は長円形で側扁する．口は小さく，伸出できない．背鰭は 1 基．腹鰭は 2 棘の間に 3 軟条がある．各鰭の棘条は細く鋭く，基部に毒腺を備える．アイゴ，シモフリアイゴなど 28 種．英名：rabbitfishes.

ノトセニア亜目 Notothenioidei（8 科約 46 属 153 種）：南極海に中心に分布し，鰾を欠く底生魚．低温適応に優れた種や，赤血球を欠く種など，特異な生理学的特徴を備えるものが多い．英名：icefishes.

㉕ カサゴ目 Scorpaeniformes

カサゴ目は眼下骨棚を備えるカサゴ類とカジカ類などからなる分類群として長く認識されてきた[10, 12]．しかし，比較解剖学的研究からカサゴ目は非単系統群であり，カサゴ類はスズキ目のハタ類に，またカジカ類はスズキ目のゲンゲ亜目に近縁とする系統仮説が提示された[43]．一方，分子系統学の研究からはカサゴ類とカジカ類にトゲウオ類，ゲンゲ類などを加えた一群が単系統群をなすとの見解が示された[44]．以下の 5 亜目に加えて南米太平洋沿岸に分布するノルマニクチス亜目 Normanichthyoidei（1 科 1 属 1 種）の 6 亜目に分類される．

カサゴ亜目 Scorpaenoidei（6 科約 90 属 513 種）：通常，頭部に小棘や骨質隆起線が発達し，前鰓蓋骨に数本の棘がある．各鰭の棘条は発達し，基部に毒腺を備えるものもいる．メバル類，カサゴ，アコウダイ，フサカサゴ，キチジ，ミノカサゴ，ハチ，ハオコゼ，オニオコゼ，アブオコゼなど（図 26-24A-C）．英名：メバル・カサゴ類 rockfishes，オコゼ類 stonefishes.

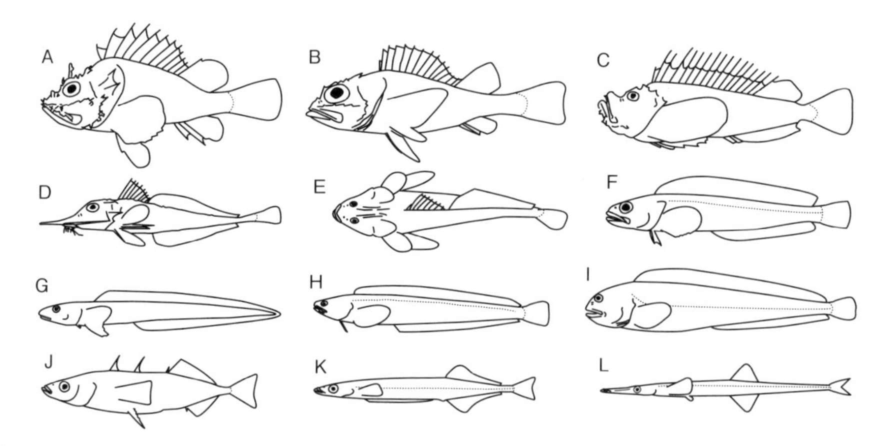

図 26-24　棘鰭上目スズキ系（スズキ形類 2：カサゴ目）
A：フサカサゴ，B：キチジ，C：オニオコゼ，D：キホウボウ，E：コチ，F：メダマウオ，G：ノロゲンゲ，H：タウエガジ，I：オオカミウオ，J：トゲウオ類，K：シワイカナゴ，L：クダヤガラ．

コチ亜目 Platycephaloidei（5 科 39 属約 273 種）：頭部に小棘や骨質隆起線があり，ふつう左右の腹鰭の基底は離れる．体全体が著しく縦扁するマコチ，メゴチ，アカゴチ，ハリゴチ，頭部が装甲に覆われ，胸鰭下部に遊離軟条があるホウボウ，カナガシラ，イゴダカホデリ，キホウボウなど（図 26-24D，E）．英名：コチ類 flatheads，ホウボウ類 searobins.

ゲンゲ亜目 Zoarcoidei（10 科 109 属約 405 種）：背鰭は 1 基，背鰭と臀鰭の基底は長い．腹鰭がある場合は喉位．鼻孔は各側に 1 個．多くは底生性．眼が著しく大きいメダマウオ類，体はウナギ形で鱗が皮膚に埋没するアゴゲンゲ，タナカゲンゲ，ノロゲンゲ，ナガガジ，体はウナギ形で背鰭に棘条が発達するタウエガジ，ダイナンギンポ，ムシャギンポ，ニシキギンポ，体長 1 m 以上に達し，強固な顎歯を備えるオオカミウオなど（図 26-24F-I）．英名：ゲンゲ類 eelpouts，タウエガジ類 pricklebacks，オオカミウオ類 wolffishes.

トゲウオ亜目 Gasterosteoidei（4 科 9 属約 24 種）：前上顎骨の上向突起が発達し，上顎は伸出性に富む．背鰭の棘条は鰭膜でつながらない．体は無鱗で，各鰭に棘条はなく，腹鰭のないシワイカナゴ，体が円筒状で，吻が管状のクダヤガラ，体が側扁し，ふつう体側に鱗板が並ぶイトヨ，ニホンイトヨ，ハリヨ，エゾトミヨなど（図 26-24J-L）．英名：イトヨ類 sticklebacks.

カジカ亜目 Cottoidei：鰾がなく，鼻孔はふつう各側に 2 個．多くが北半球の寒冷域に生息する底生魚．以下の 5 上科のほかに，北米の太平洋沿岸に生息するザニオレピス科（3 種）は独自の上科に分類される[45, 46]（図 26-25）．

ギンダラ上科（1 科 2 属 2 種）：体は小さな鱗に覆われ，頭部に棘や隆起線はない．背鰭は 2 基．ギンダラ，アブラボウズ．英名：sablefishes.

アイナメ上科（1 科 3 属 9 種）：頭部に棘や隆起線はない．背鰭は 1 基で，背鰭と臀鰭の基底は長い．側線はふつう体の各側に 5 本．アイナメ，クジメ，ホッケなど．英名：greenlings.

ハタハタ上科（1 科 2 属 2 種）[47]：体は側扁し，鱗を欠く．口は斜位で上を向く．前鰓蓋骨棘が 5 本ある．ハタハタなど．英名：sandfishes.

カジカ上科（7 科 94 属約 387 種）：通常，頭部は大きく縦扁し，背鰭は 2 基で，胸鰭の基底は幅広い．多くが海産種．前鰓蓋骨棘がよく発達するギスカジカ，カマキリ，ニジカジカ，アナハゼなどのカジカ科，体表が骨板で覆われるトクビレ科，多くが深海性で体が柔軟なガンコ，コブシカジカ，アカドンコなどのウラナイカジカ科などに分類される．シベリアのバイカル湖には淡水性カジカ類の固有種が約 30 種生息する．英名：sculpins.

ダンゴウオ上科（2 科 38 属 434 種）：腹鰭が吸盤状に変形する．体が球形で，背鰭と臀鰭の基底が短いダンゴウオ，フウセンウオ，ホテイウオ，体が柔軟で伸長し，鱗を欠き，背鰭と臀鰭の基底が長いクサウオ，サケビクニン，アバチャン，インキウオなど．英名：ダンゴウオ類 lumpfishes, クサウオ類 snailfishes.

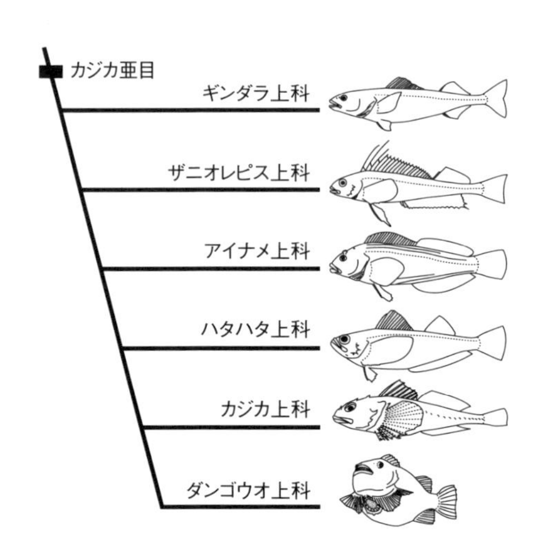

図 26-25　棘鰭上目スズキ系（スズキ形類 3：カジカ亜目の系統仮説）（矢部[46]を改変）

㉖ モロネ目 Moroniformes（3 科 11 属 22 種）

本目は分子系統学的研究にもとづきスダレダイ科，マンジュウウオ科と太平洋には分布しないモロネ科から構成される．英名：temperate basses.

㉗ ニザダイ目 Acanthuriformes（2 亜目）

ニベ亜目 Sciaenoidei：2 科に分類されるが，本亜目の単系統性は不明確[3]．

ニベ科：背鰭の基底が長く棘条部と軟条部の間が深く凹む．鰾の両側に多数の分枝がある．多くが鰾にある発音筋により発音する．ニベ，シログチ，キグチ，コイチ，フウセイ，カンダリなど 283 種（図 26-26A）．英名：drums.

ハチビキ科：体が細長く，櫛鱗に覆われる．口は伸出性に富み，上主上顎骨が発達し，上顎後部は広く鱗に覆われる．ハチビキ，ロウソクチビキなど 17 種（図 26-26B）．英名：rovers.

ニザダイ亜目 Acanthuroidei：体は側扁する．鰓膜は峡部に幅広く癒合する．口は小さく，前上顎骨はほとんど伸出しない．3 科に分類される．

ニザダイ科：尾柄に棘や骨質板を備える．両顎歯は数尖頭で 1 列に並ぶ．シマハギ，ニザダイ，テングハギなど 73 種（図 26-26C）．英名：surgeonfishes.

ツノダシ科：1 種だけが知られ，体は著しく側扁し，体高が高い．背鰭の前部の棘条が長く伸長する．吻が突出し，眼隔域に 1 対の突起がある．口は小さく，細長い剛毛状歯がある（図 26-26D）．英名：moorish idols.

アマシイラ科：1 種だけが知られ，頭部は円鈍で，背鰭は 1 基で臀鰭とともに体の後部にある．尾柄キールが 1 本ある（図 26-26E）．英名：louvar.

㉘ タイ目 Spariformes

本目を構成するイトヨリガキ科，フエダイ科およびタイ科は形態学的に近縁性が示唆されてきた[48, 49]．さらにそれらとの近縁性が分子系統学的に示された 3 科が加わり，本目を構成する[3]（図 26-27A-E）．

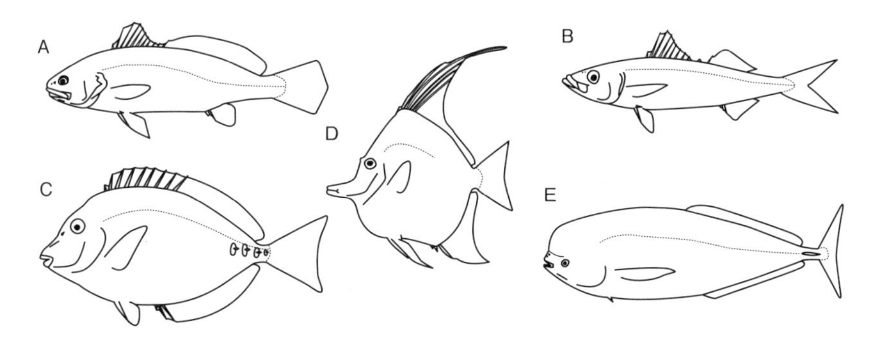

図 26-26　棘鰭上目スズキ系（スズキ形類 4：ニザダイ目）
A：ニベ類，B：ハチビキ，C：ニザダイ類，D：ツノダシ，E：アマシイラ．

シキシマハナダイ科：体が側扁し，背鰭は 1 基．側線は体の背縁に沿って走り，体中央付近の鱗には孔や溝がある．鼻腔の嗅板にひだがなく平板状．シキシマハナダイ，オオメハナダイなど 13 種．英名：splendid perches.

キス科：体が細長く円筒状で，背鰭は 2 基．口は小さい．鰾はないものから複雑に発達するものまで．シロギス，アオギスなど 34 種．英名：sillagos.

マツダイ科：体が側扁し，背鰭は 1 基．背鰭と臀鰭の軟条部が後方に拡長し，尾鰭とともに後縁が円みを帯びる．マツダイなど 7 種．英名：tripletails.

タイ科：体は側扁し，体高が高い．背鰭は 1 基で，尾鰭の後縁は湾入する．鰓条骨は 6 本，両顎の側部にふつう臼歯がある．マダイ *Pagrus major*，チダイ，レンコダイ，キダイ，クロダイなど 37 属約 148 種．英名：タイ類 porgies.

フエフキダイ科：タイ科に類似するが，頭部の大部分が無鱗，フエフキダイ，ハマフエフキ，シロダイ，メイチダイなど約 38 種．英名：emperors.

イトヨリダイ科：タイ科より体高が低く，尾鰭の上葉が伸長するものが多い．イトヨリダイ，タマガシラなど 67 種．英名：theadfin breams.

㉙ ヒシダイ目 Caproiformes（1 科 2 属 18 種）

体は著しく側扁する．背鰭は 1 基で，棘条部と軟条部の間が深く凹む．腹鰭は 1 棘 5 軟条．口は伸出可能．ヒシダイなど．アンコウ目あるいはフグ目との近縁性が示唆されている[16, 22]（図 26-27F）．英名：boarfishes.

㉚ アンコウ目 Lophiiformes

背鰭第 1 棘が頭部背面に移動し誘引突起 ilicium に変形し，その先端に擬餌状体 esca を備える．腹鰭がある場合は喉位．鰓孔は小さく裂孔状で，胸鰭基

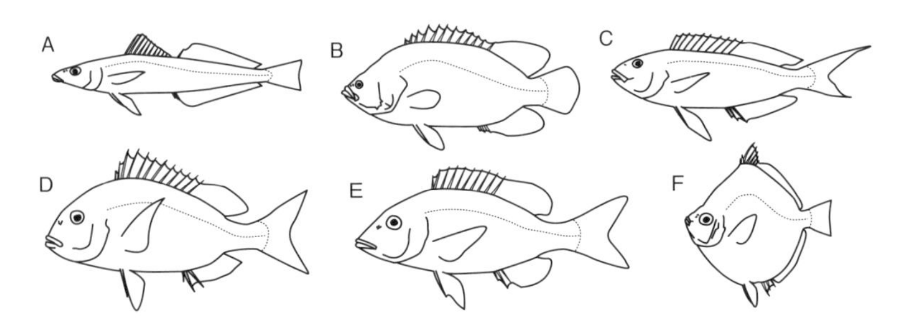

図 26-27　棘鰭上目スズキ系（スズキ形類 5：タイ目，ヒシダイ目）
A：キス類，B：マツダイ，C：イトヨリダイ，D：マダイ，E：ハマフエフキ，F：ヒシダイ．

底の後方に開く．卵は2層の巻紙状に産卵される．すべてが海産で，5亜目に分類される（図26-28）．英名：anglerfishes.

アンコウ亜目 Lophioidei（1科4属28種）：頭が大きく著しく縦扁し，大きな口の周りに多くの皮弁がある．両顎に内側に倒れる可動歯がある．背鰭の棘条は3〜6本．アンコウ，キアンコウなど．英名：goosefishes.

カエルアンコウ亜目 Antennarioidei（4科21属64種）：体はやや側扁した球形で，体高が高い．背鰭の棘条は3本で，互いに離れる．胸鰭と腹鰭を使って海底を歩く．カエルアンコウ，ハナオコゼなど．英名：frogfishes.

フサアンコウ亜目 Chaunacoidei（1科2属22種）：体が球形で，絨毛状の微小棘に覆われる．誘引突起は短く，吻部の凹みに収まる．誘引突起以外に背鰭の棘条はない．ミドリフサアンコウなど．英名：coffinfishes.

アカグツ亜目 Ogcocephaloidei（1科10属78種）：頭部が盤状で縦扁し，多くの小棘や瘤状突起を備える．誘引突起は短く，背鰭第1棘条の担鰭骨からなる．アカグツ，ワヌケフウリュウウオなど．英名：batfishes.

チョウチンアンコウ亜目 Ceratioidei（11科35属約166種）：成魚には腹鰭はなく，多くは無鱗．偽鰓はない．誘引突起は長く，よく発達する．中・深層に生息し，多くは雄が矮小化し雌に寄生状態になる．オニアンコウ，チョウチ

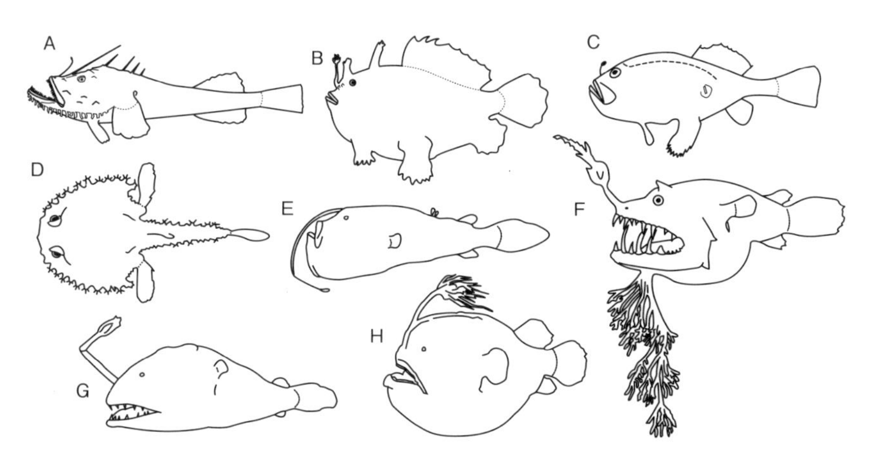

図26-28　棘鰭上目スズキ系（スズキ形類6：アンコウ目）
A：アンコウ類，B：カエルアンコウ類，C：フサアンコウ類，D：アカグツ類，E：ミツクリエナガチョウチンアンコウ類，F：オニアンコウ類，G：ラクダアンコウ，H：チョウチンアンコウ．

ンアンコウ，ラクダアンコウなど．英名：leftvents，footballfishes.

㉛ フグ目 Tetraodontiformes

口は小さく，伸出しない．鰓孔は小さく，胸鰭基底の前方にある．腹鰭があっても1棘2軟条以下．臀鰭に棘条はない．鼻骨，眼下骨，頭頂骨はなく，ふつう肋骨もない．多くが鰾をもつ．5亜目に分類される（図26-29）.

ウチワフグ亜目 Triodontoidei（1科1属1種）：上顎に2枚，下顎に1枚の板状歯がある．体は側扁し，腹部は膜状で団扇状に拡げることができる．ウチワフグのみ，水深100m以深の沿岸域に生息する．英名：threetooth puffers.

ベニカワムキ亜目 Triacanthoidei（2科約15属30種）：顎歯は癒合しない．背鰭と腹鰭の長い棘条を固定することができる．ベニカワムキ，フエカワムキ，ギマなど．英名：spikefishes，triplespines.

ハコフグ亜目 Ostracioidei（2科14属37種）：体が函状の骨板で覆われ，背鰭は1基で棘条がなく，腹鰭がない．ハコフグ，ハマフグ，ウミスズメ，コンゴウフグ，イトマキフグなど．英名：boxfishes.

モンガラカワハギ亜目 Balistoidei（2科40属149種）：顎歯は癒合しない．腰骨は不対で，腹鰭は微小な突起状，または欠く．背鰭棘が3本のモンガラ

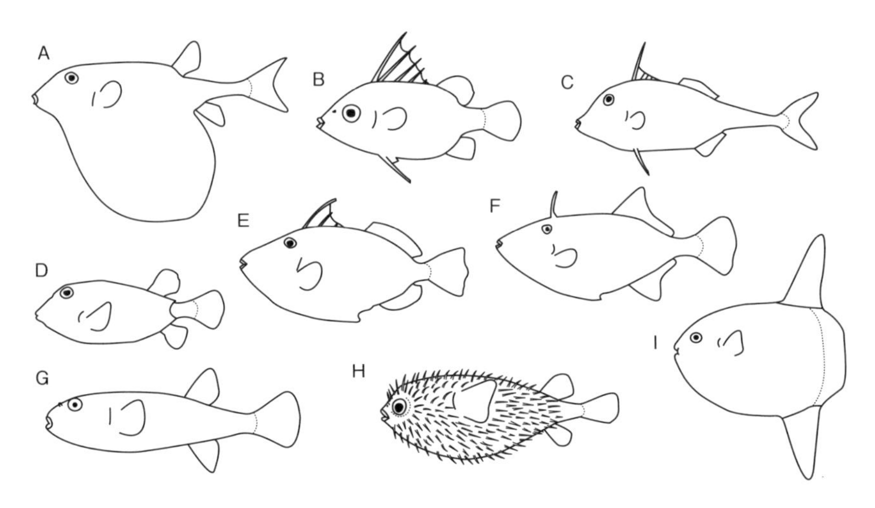

図26-29　棘鰭上目スズキ系（スズキ形類7：フグ目）
A：ウチワフグ，B：ベニカワムキ類，C：ギマ類，D：ハコフグ類，E：モンガラカワハギ類，F：カワハギ類，G：フグ類，H：ハリセンボン類，I：マンボウ類.

カワハギ科と，背鰭棘が2本のカワハギ科（ウマヅラハギ，アミメハギなど）に分類される．英名：モンガラカワハギ類 triggerfishes，カワハギ類 filefishes.

フグ亜目 Tetraodontoidei（3科36属218種）：両顎の歯が4枚の歯板に癒合して，背鰭は1基で棘条がなく，腹鰭もない．多くの種が内臓や皮などにフグ毒（テトロドトキシン）をもつフグ科（キタマクラ，クサフグ，マフグ，トラフグ *Takifugu rubripes*，シロサバフグなど），顎歯が癒合し，上下各1枚の歯板になり，体表を強大な針状棘で覆われるハリセンボン科．顎歯が癒合し，鰾を欠き，橋尾を備えるマンボウ科に分類される．英名：フグ類 puffers，ハリセンボン類 porcupinefishes，マンボウ類 molas.

文　献

1) Janvier P (1996). *Early Vertebrates*. Oxford University Press.
2) Janvier P (2007). Living primitive fishes and fishes from deep time. In: Mckenzie DJ et al. (eds). *Primitive Fishes*. Elsevier Inc. 1-51.
3) Nelson JS et al. (2016). *Fishes of the World, 5th ed.* John Wiley & Sons.
4) Smith JLB (1940). A living coelacanthid fish from Southern Africa. *Trans. Roy. Soc. South Africa* 28: 1-106.
5) Erdmann MV et al. (1998). Indonesian 'king of the sea' discovered. *Nature* 395: 335.
6) Bemis WE (1987). Feeding system of living Dipnoi: anatomy and function. In: Bemis WE et al. (eds). *The Biology and Evolution of Lungfishes* (J. Morphol., 1986 Suppl. 1). Alan R. Liss Inc. 249-275.
7) Rosen DE et al. (1981). Lungfishes, tetrapods, paleontology, and plesiomorphy. *Bull. Am. Mus. Natur. Hist*. 167: 163-275.
8) Britz R, Johnson GD (2003). On the homology of the posteriormost gill arch in polypterids (Cladistia, Actinopterygii). *Zool. J. Linn. Soc*. 138: 495-503.
9) Goodrich ES (1930). *Studies on the Structure and Development of Vertebrates, 2 vols*. Dover Publications Inc.
10) 松原喜代松（1963）. 魚類 .「動物系統分類学 , 第9巻（上・中）」（内田 亨 監）. 中山書店 . 19-520.
11) Patterson C (1973). Interrelationships of holosteans. In: Greenwood PH et al. (eds). *Interrelationships of Fishes*. Academic Press. 233-305.
12) Nelson JS (2006). *Fishes of the World, 4th ed.* John Wiley & Sons.
13) Inoue JG et al. (2003). Basal actinopterygian relationships: a mitogenomic perspective on the phylogeny of the "ancient fish". *Mol. Biol. Evol*. 26: 110-120.
14) Arratia G (2004). Mesozoic halecostomes and the early radiation of teleosts. In: Arratia G, Tintori A (eds). *Mesozoic Fishes 3-systematics, Palaeoenvironments and Biodiversy*. Verlag Dr. Friedrich Pfeil. 279-315.
15) Grande L (2010). An empirical synthetic pattern of gars (Lepisosteiformes) and closely related species, based mostly on skeletal anatomy. The resurrection of Holostei. *Amer. Soc. Ichthyol. and herpetol. Spec. Publ*. 6: 1-871.
16) Near TJ et al. (2012). Resolution of ray-finned fish phylogeny and timing of diversification. *Proc. Nat. Acad. Sci*. 109: 13698-13703.

17）Arratia G, Schultze H-P（1990）. The urohyal: Development and homology within osteichthyans. *J. Morphol.* 203: 247- 282.
18）Arratia G（1997）. Basal teleosts and teleostean phylogeny, Palaeo. *Ichthyologica* 7: 1-168.
19）Wiley EO, Johnson GD（2010）. A teleost classification based on monophyletic groups. In: Nelson JS et al.（eds）. *Origin And Phylogenetic Interrelationships of Teleosts*. Verlag Dr. Friedrich Pfeil. 123-182.
20）岩井 保（2005）.「魚学入門」. 恒星社厚生閣 .
21）Arratia G（2013）. Morphology, taxonomy, and phylogeny of Triassic pholidophorid fishes（Actinopterygii, Teleostei）. *J. Vertebr. Paleontol.* 33（suppl.1）: 1-138.
22）Betancur-R R et al.（2013）. The tree of life and a new classification of bony fishes. *PLOS Current tree of Life* 1-41.
23）Inoue JG et al.（2001）. A mitogenomic perspective on the basal teleostean phylogeny: resolving higher-level relationships with longer DNA sequences. *Mol. Phylogenet. Evol.* 20: 275-285.
24）Smith DC（1979）. Guide to the leptocephali（Elopiformes, Anguilliformes and Notacanthiformes）. *NOAA Technical Report, NMFS Circular* 424: 1-39 .
25）Ishiguro NB et al.（2003）. Basal euteleostean relationships: a mitogenomic perspective on the phylogenetic reality of the "Protacanthopterygii". *Mol. Phylogenet. Evol.* 27: 476-488.
26）Johnson GD, Patterson C（1996）. Relationships of lower euteleostean fishes. In: Stiassny MLJ, Parenti L（eds）. *Interrelationships of Fishes II*. Academic Press. 251-332.
27）Li C et al.（2010）. The phylogenetic placement of sinipercid fishes（"Perciformes"）revealed by 11 nuclear loci. *Mol. Phyolenet. Evol.* 56: 1096-1104.
28）Burridge CP et al.（2012）. Marin persal as a pre-requisite for Gondwanan Vicariance among elements of the galaxiid fish fauna. *J. Biogeogr.* 39: 306-321.
29）Wilson MVH, Williams RRG（2010）. Salmoniform fishes: Key fossils, supertree , and possible morphological synapomorphies. In: Nelson JS et al.（eds）. *Origin and Phylogenetic Interrelationships of Teleosts*. Verlag Dr. Friedrich Pfeil. 379-400.
30）Davis MP, Fielitz C（2010）. Estimating divergence times of lizardfishes and their allies（Euteleostei: Aulopiformes）and the timing of deep-sea adaptations. *Molec. Phylognet. Evol.* 57: 1194-1208.
31）Wiley EO et al.（2000）. The interrelationships of acanthomorph fishes: A total evidence approach using molecular and morphological data. *Biocam. Syst. Ecol.* 28: 319-350.
32）Miya M et al.（2005）. The phylogenetic position of toadfishes（Batrachoidiformes）in the higher ray-finned fish as inferred from partitioned Bayesian analysis of 102 whole mitochondrial genome sequences. *Biol. J. Linn. Soc.（London）* 85: 289-306.
33）Miya M et al.（2007）. Mitochondrial genome and a nuclear gene indicate a novel phylogenetic position of deep-sea tube-eye fish（Stylephoridae）. *Ichthyol. Res.* 54: 323-332.
34）Grande TC et al.（2013）. Limits and relationships of Paracanthopterygii: A molecular framework for evaluating past morphological hypotheses. In: Arratia G et al.（eds）. *Mesozoic Fishes 5—Global Diversity and Evolution*. Verlag Dr. Friedrich Pfeil. 385-418.
35）Moore JA（1993）. Phylogeny of the Trachichthyiformes（Teleostei: Percomorpha）. *Bulletin Marine Sci.* 52（1）: 114-136.
36）Li B et al.（2009）. RNF213, a new nuclear marker for acanthomorph phylogeny. *Molec. Phylogent. Evol.* 44: 386-398.
37）Wainwright PC et al.（2012）. The evolution of pharyngognathy: a phylogenetic and functional appraisal of the pharyngeal jaw key innovation in labroid fishes and beyond. *System. Biol.* 61（6）: 1001-1027.
38）Johnson DG（1993）. Percomorph phylogeny: progress and problems. *Bull. Marine Sci.* 52（1）: 3-28.

39) Miya M et al. (2013). Evolutionary origin of the scombridae (tunas and mackerels): members of a paleogene adaptive radiation with 14 other pelagic fish families. *PLOS One* 8:e73535: 1-19.

40) 尼岡邦夫 (2016).「日本産ヒラメ・カレイ類」. 東海大学出版部 .

41) Stiassny MLJ, Jensen JS (1987). Labroid intrarelationships revisited: morphological complexity, key innovations, and the study of comparative diversity. *Bull. Mus. Comp. Zool.* 151 (5): 269-319.

42) Mabuchi K et al. (2007). Independent evolution of the specialized pharyngeal jaw apparatus in cichlid and labrid fishes. *BMC Evol. Biol*. 7: 10. doi:10.1186/1471-2148-7-10.

43) Imamura H, Yabe M (2002). Demise of the Scorpaeniformes (Actinopterygii: Percomorpha): An alternative phylogenetic hypothesis. *Bull. Fish. Soc. Hokkaido Univ*. 53: 107-128.

44) Miya M et al. (2003). Major patterns of higher teleostean phylogenies: a new perspective based on 100 complete mitochondrial DNA sequences. *Mol. Phylogenet. Evol*. 26: 121-138.

45) Shinohara G (1994). Comparative morphology and phylogeny of the suborder Hexagrammoidei and related taxa (Pisces: Scorpaeniformes). *Mem. Fac. Fish. Hokkaido Univ.* 41: 1-97.

46) 矢部 衞 (2011). カジカ類の種多様性と形態進化 .「カジカ類の多様性」(宗原弘幸ら編著). 東海大学出版会 . 2-42.

47) Imamura H et al. (2005). Phylogenetic position of the family Trichodontidae (Teleostei: Perciformes), with a revised classification of the perciform suborder Cottoidei. *Ichthyol. Res*. 52: 264-274.

48) Johnson GD (1980). The limits and relationships of the Lutjanidae and associated families. *Bull. Scripps Inst. Oceanogr.* 257: 289-307.

49) Carpenter KE, Johnson GD (2002). A phylogeny of sparoid fishes (Perciformes, Percoidei) based on morphology. *Ichthyol. Res*. 49 (2): 114-127.

注) 本章執筆後に以下の論文が発表され，硬骨魚類の新たな系統仮説と分類体系が提唱されているので参照されたい.

Mirande JM (2017). Combined phylogeny of ray-finned fishes (Actinopterygii) and the use of morphological characters in large-scale analyses. *Cladistics* 33: 333-350.

Betancur-R R et al. (2017). Phylogenetic classification of bony fishes. *BMC Evolutional Biology* 17: 162. DOI 10.1186/s12862-017-0958-3.

付表　主な科分類群の学名
（目内の各科は五十音順）

無顎類

ヌタウナギ目：ヌタウナギ科 Myxinidae

ヤツメウナギ目：ヤツメウナギ科 Petromyzontidae ほか

軟骨魚類

ギンザメ目：ギンザメ科 Chimaeridae，ゾウギンザメ科 Callorhinchidae，テングギンザメ科 Rhinochimaeridae

ネコザメ目：ネコザメ科 Heterodontidae

テンジクザメ目：オオセ科 Orectolobidae，クラカケザメ科 Parascylliidae，テンジクザメ科 Hemiscylliidae，トラフザメ科 Stegostomatidae ほか

ネズミザメ目：ウバザメ科 Cetorhinidae，オナガザメ科 Alopiidae，ネズミザメ科 Lamnidae，ミズワニ科 Pseudocarchariidae，ミツクリザメ科 Mitsukurinidae，メガマウスザメ科 Megachasmidae ほか

メジロザメ目：シュモクザメ科 Sphyrnidae，ドチザメ科 Triakidae，トラザメ科 Scyliorhinidae，ヒレトガリザメ科 Hemigaleidae，メジロザメ科 Carcharhinidae ほか

カグラザメ目：カグラザメ科 Hexanchidae，ラブカ科 Chlamydoselachidae

ツノザメ目：アイザメ科 Centrophoridae，オンデンザメ科 Somniosidae，カラスザメ科 Etmopteridae，ツノザメ科 Squalidae，ヨロイザメ科 Dalatiidae ほか

キクザメ目：キクザメ科 Echinorhinidae

カスザメ目：カスザメ科 Squatinidae

ノコギリザメ目：ノコギリザメ科 Pristiophoridae

シビレエイ目：シビレエイ科 Narcinidae，ヤマトシビレエイ科 Torpedinidae

ガンギエイ目：ガンギエイ科 Rajidae

ノコギリエイ目：サカタザメ科 Rhinobatidae，シノノメサカタザメ科 Rhinidae，トンガリサカタザメ科 Rhynchobatidae，ノコギリエイ科 Pristidae

トビエイ目：アカエイ科 Dasyatidae，ウスエイ科 Plesiobatidae，ツバクロエイ科 Gymnuridae，トビエイ科 Myliobatidae，ヒラタエイ科 Urolophidae，ポタモトリゴン科 Potamotrygonidae，ムツエラエイ科 Hexatrygonidae ほか

硬骨魚類

シーラカンス目：ラティメリア科 Latimeriidae

ハイギョ目：アフリカハイギョ科 Protopteridae，オーストラリアハイギョ科 Neoceratodontidae，ミナミアメリカハイギョ科 Lepidosirenidae

ポリプテルス目：ポリプテルス科 Polypteridae
チョウザメ目：チョウザメ科 Acipenseridae，ヘラチョウザメ科 Polyodontidae
ガー目：ガー科 Lepisosteidae
アミア目：アミア科 Amiidae
カライワシ目：イセゴイ科 Megalopidae，カライワシ科 Elopidae
ソトイワシ目：ソトイワシ科 Albulidae
ソコギス目：ソコギス科 Notacanthidae，トカゲギス科 Halosauridae
ウナギ目：アナゴ科 Congridae，ウツボ科 Muraenidae，ウナギ科 Anguillidae，
ウミヘビ科 Ophichthidae，シギウナギ科 Nemichthyidae，ハモ科 Muraenesocidae，
フクロウナギ科 Eurypharyngidae，ホラアナゴ科 Synaphobranchidae，
ムカシウナギ科 Protanguillidae ほか
ヒオドン目：ヒオドン科 Hiodontidae
アロワナ目：アロワナ科 Osteoglossidae，ギュムナルクス科 Gymnarchidae，
ナギナタナマズ科 Notopteridae，パントドン科 Pantodontidae，
モルミュルス科 Mormyridae
ニシン目：オキイワシ科 Chirocentridae，カタクチイワシ科 Engraulidae，
デンティセプス科 Denticipitidae，ニシン科 Clupeidae，ヒラ科 Pristigasteridae
セキトリイワシ目：セキトリイワシ科 Alepocephalidae，
ハナメイワシ科 Platytroctidae ほか
ネズミギス目：サバヒー科 Chanidae，ネズミギス科 Gonorynchidae ほか
コイ目：アユモドキ科 Botiidae，コイ科 Cyprinidae，サッカー科 Catostomidae，
ドジョウ科 Cobitidae，フクドジョウ科 Nemacheilidae ほか
カラシン目：カラシン科 Characidae ほか
ナマズ目：アカザ科 Amblycipitidae，アメリカナマズ科 Ictaluridae，
ギギ科 Bagridae，ゴンズイ科 Plotosidae，デンキナマズ科 Malapteruridae，
ナマズ科 Siluridae，ハマギギ科 Ariidae，ロリカリア科 Loricariidae ほか
デンキウナギ目：デンキウナギ科 Gymnotidae ほか
レピドガラクシアス目：レピドガラクシアス科 Lepidogalaxiidae
サケ目：サケ科 Salmonidae
カワカマス目：ウンブラ科 Umbridae，カワカマス科 Esocidae
ニギス目：ギンザケイワシ科 Microstomatidae，ソコイワシ科 Bathylagidae，
デメニギス科 Opisthoproctidae，ニギス科 Argentinidae
ガラクシアス目：ガラクシアス科 Galaxiidae
キュウリウオ目：アユ科 Plecoglossidae，キュウリウオ科 Osmeridae，
シラウオ科 Salangidae，レトロピンナ科 Retropinnidae ほか
ワニトカゲギス目：ギンハダカ科 Phosichthyidae，ムネエソ科 Sternoptychidae，
ヨコエソ科 Gonostomatidae，ワニトカゲギス科 Stomiidae

シャチブリ目：シャチブリ科 Ateleopodidae
ヒメ目：アオメエソ科 Chlorophthalmidae，エソ科 Synodontidae，
シンカイエソ科 Bathysauridae，デメエソ科 Scopelarchidae，
ハダカエソ科 Lestidiidae，ヒメ科 Aulopidae，ボウエンギョ科 Giganturidae，
ミズウオ科 Scopelarchidae ほか
ハダカイワシ目：ソトオリイワシ科 Neoscopelidae，ハダカイワシ科 Myctophidae
アカマンボウ目：アカナマダ科 Lophotidae，アカマンボウ科 Lampridae，
クサアジ科 Veliferidae，フリソデウオ科 Trachipteridae，
リュウグウノツカイ科 Regalecidae ほか
ギンメダイ目：ギンメダイ科 Polymixiidae
サケスズキ目：カイゾクスズキ科 Aphredoderidae，サケスズキ科 Percopsidae ほか
マトウダイ目：オオメマトウダイ科 Oreosomatidae，
ヒシマトウダイ科 Grammicolepididae，ベニマトウダイ科 Parazenidae，
マトウダイ科 Zeidae ほか
スタイルフォルス目：スタイルフォルス科 Stylephoridae
タラ目：サイウオ科 Bregmacerotidae，ソコダラ科 Macrouridae，タラ科 Gadidae，
チゴダラ科 Moridae，メルルーサ科 Merlucciidae ほか
イットウダイ目：イットウダイ科 Holocentridae
ヒウチダイ目：オニキンメ科 Anoplogastridae，ヒウチダイ科 Trachichthyidae，
ヒカリキンメダイ科 Anomalopidae，マツカサウオ科 Monocentridae ほか
キンメダイ目：アカクジラウオダマシ科 Barbourisiidae，
アンコウイワシ科 Rondeletiidae，カブトウオ科 Melamphaidae，
カンムリキンメダイ科 Stephanoberycidae，キンメダイ科 Berycidae，
クジラウオ科 Cetomimidae ほか
アシロ目：アシロ科 Ophidiidae，カクレウオ科 Carapidae，
ソコオクメウオ科 Aphyonidae，フサイタチウオ科 Bythitidae ほか
ガマアンコウ目：ガマアンコウ科 Batrachoididae
コモリウオ目：コモリウオ科 Kurtidae，テンジクダイ科 Apogonidae
ハゼ目：カワアナゴ科 Eleotridae，ドンコ科 Odontobutidae，ハゼ科 Gobiidae ほか
目の帰属が確定していないオヴァレンタリア亜系：
アゴアマダイ科 Opistognathidae，ウミタナゴ科 Embiotocidae，
グランマ科 Grammatidae，スズメダイ科 Pomacentridae，
タナバタウオ科 Plesiopidae，メギス科 Pseudochromidae ほか
ボラ目：ボラ科 Mugilidae
カワスズメ目：カワスズメ科 Cichlidae ほか
ギンポ目：アサヒギンポ科 Clinidae，イソギンポ科 Blenniidae，
コケギンポ科 Chaenopsidae，ヘビギンポ科 Tripterygiidae ほか

ウバウオ目：ウバウオ科 Gobiesocidae
トウゴロウイワシ目：トウゴロウイワシ科 Atherinidae,
　ナミノハナ科 Notocheiridae ほか
ダツ目：サヨリ科 Hemiramphidae, サンマ科 Scomberesocidae, ダツ科 Belonidae,
　トビウオ科 Exocoetidae, メダカ科 Adrianichthyidae ほか
カダヤシ目：カダヤシ科 Poeciliidae, ヨツメウオ科 Anablepidae ほか
タウナギ目：タウナギ科 Synbranchidae, トゲウナギ科 Mastacembelidae ほか
アジ目：アジ科 Carangidae, コバンザメ科 Echeneidae, シイラ科 Coryphaenidae,
　スギ科 Rachycentridae ほか
カジキ目：カマス科 Sphyraenidae, マカジキ科 Istiophoridae,
　メカジキ科 Xiphiidae
キノボリウオ目：キノボリウオ科 Anabantidae, タイワンドジョウ科 Channidae ほか
カレイ目：ウシノシタ科 Cynoglossidae, カレイ科 Pleuronectidae,
　ササウシノシタ科 Soleidae, ダルマガレイ科 Bothidae, ヒラメ科 Paralichthyidae,
　ボウズガレイ科 Psettodidae ほか
ヨウジウオ目：ウミテング科 Pegasidae, カミソリウオ科 Solenostomidae,
　サギフエ科 Macroramphosidae, セミホウボウ科 Dactylopteridae,
　ヘコアユ科 Centriscidae, ヘラヤガラ科 Aulostomidae, ヤガラ科 Fistulariidae,
　ヨウジウオ科 Syngnathidae
イレズミコンニャクアジ目：イレズミコンニャクアジ科 Icosteidae
ネズッポ目：イナカヌメリ科 Draconettidae, ネズッポ科 Callionymidae
ムカシクロタチ目：ムカシクロタチ科 Scombrolabracidae
サバ目：イボダイ科 Centrolophidae, エボシダイ科 Nomeidae,
　クロタチカマス科 Gemphylidae, サバ科 Scombridae, タチウオ科 Trichiuridae,
　ドクウロイボダイ科 Tetragonuridae, マナガツオ科 Stromateidae ほか
ワニギス目：イカナゴ科 Ammodytidae, クロボウズギス科 Chiasmodontidae,
　トラギス科 Pinguipedidae, ベラギンポ科 Trichonotidae,
　ミシマオコゼ科 Uranoscopidae, ワニギス科 Champsodontidae ほか
ベラ目：ブダイ科 Scaridae, ベラ科 Labridae ほか
スズキ目：アイゴ科 Siganidae, アカタチ科 Cepolidae, アカメ科 Latidae,
　イサキ科 Haemulidae, イシダイ科 Oplegnathidae, イシナギ科 Polyprionidae,
　イスズミ科 Kyphosidae, カワビシャ科 Pentacerotidae,
　キツネアマダイ科 Malacanthidae, キンチャクダイ科 Pomacanthidae,
　キントキダイ科 Priacanthidae, クロサギ科 Gerreidae, ケツギョ科 Sinipercidae,
　コオリウオ科 Channichthyidae, ゴンベ科 Cirrhitidae,
　サンフィッシュ科 Centrarchidae, シマイサキ科 Terapontidae,
　シマガツオ科 Bramidae, スズキ科 Lateolabracidae, タカサゴ科 Caesionidae,

タカノハダイ科 Cheilodactylidae，チョウチョウウオ科 Chaetodontidae，
ツバメコノシロ科 Polynemidae，テッポウウオ科 Toxotidae，
ノトセニア科 Nototheniidae，ハタ科 Serranidae，ハタンポ科 Pempheridae，
ヒイラギ科 Leiognathidae，ヒメジ科 Mullidae，フエダイ科 Lutjanidae，
ペルカ科 Percidae，ホタルジャコ科 Acropomatidae，ムツ科 Scombropidae，
ヤエギス科 Caristiidae，ヤセムツ科 Epigonidae ほか

カサゴ目：アイナメ科 Hexagrammidae，イボオコゼ科 Aploactinidae，
ウラナイカジカ科 Psychrolutidae，オオカミウオ科 Anarhichadidae，
カジカ科 Cottidae，キホウボウ科 Peristediidae，ギンダラ科 Anoplopomatidae，
クサウオ科 Liparidae，クダヤガラ科 Aulorhynchidae，ゲンゲ科 Zoarcidae，
コチ科 Platycephalidae，シワイカナゴ科 Hypoptychidae，
タウエガジ科 Stichaeidae，ダンゴウオ科 Cyclopteridae，トクビレ科 Agonidae，
トゲウオ科 Gasterosteidae，ニシキギンポ科 Pholidae，ハタハタ科 Trichodontidae，
ハリゴチ科 Hoplichthyidae，フサカサゴ科 Scorpaenidae，ホウボウ科 Triglidae，
メダマウオ科 Bathymasteridae ほか

モロネ目：スダレダイ科 Drepaneidae，マンジュウダイ科 Ephippidae，
モロネ科 Moronidae

ニザダイ目：アマシイラ科 Luvaridae，ツノダシ科 Zanclidae，
ニザダイ科 Acanthuridae，ニベ科 Sciaenidae，ハチビキ科 Emmelichthyidae

タイ目：イトヨリダイ科 Nemipteridae，シキシマハナダイ科 Callanthiidae，
シロギス科 Sillaginidae，フエフキダイ科 Lethrinidae，タイ科 Sparidae，
マツダイ科 Lobotidae

ヒシダイ目：ヒシダイ科 Caproidae

アンコウ目：アカグツ科 Ogcocephalidae，アンコウ科 Lophiidae，
オニアンコウ科 Linophrynidae，　カエルアンコウ科 Antennariidae，
キバアンコウ科 Neoceratiidae，クロアンコウ科 Melanocetidae，
ザラアンコウ科 Centrophrynidae，シダアンコウ科 Gigantactinidae，
チョウチンアンコウ科 Himantolophidae，
ヒレナガチョウチンアンコウ科 Caulophrynidae，フサアンコウ科 Chaunacidae，
フタツザオチョウチンアンコウ科 Diceratiidae，
ミツクリエナガチョウチンアンコウ科 Ceratiidae，ラクダアンコウ科 Oneirodidae
ほか

フグ目：イトマキフグ科 Aracanidae，ウチワフグ科 Triodontidae，
カワハギ科 Monacanthidae，　ギマ科 Triacanthidae，ハコフグ科 Ostraciidae，
ハリセンボン科 Diodontidae，フグ科 Tetraodontidae，
ベニカワムキ科 Triacanthodidae，マンボウ科 Molidae，
モンガラカワハギ科 Balistidae

索　引

《は行》

魚類学（ぎょるいがく）

2017年 9月15日 初版第1刷発行
2024年 3月 1日 第4刷発行

定価はカバーに表示してあります

編 者 矢部（やべ） 衛（まもる）
桑村（くわむら） 哲生（てつお）
都木（たかぎ） 靖彰（やすあき）

発行者 片岡 一成
発行所 恒星社厚生閣
〒160-0008 東京都新宿区四谷三栄町 3-14
電話 03（3359）7371（代）
http://www.kouseisha.com/
印刷・製本 （株）ディグ

ISBN978-4-7699-1610-9

新真骨類 Neoteleostei (unranked)

シャチブリ上目 Superorder Ateleopodomorpha

シャチブリ目 Order Ateleopodiformes

円鱗上目 Superorder Cyclosquamata

ヒメ目 Order Aulopiformes

ヒメ亜目 Suborder Aulopoidei

ナガアオメエソ亜目 Suborder Paraulopoidei

ミズウオ亜目 Suborder Alepisauroidei

ハダカイワシ上目 Superorder Scopelomorpha

ハダカイワシ目Order Myctophiformes

有棘類 Acanthomorpha (unranked)

アカマンボウ上目 Superorder Lamprimorpha

アカマンボウ目 Order Lampriformes

側棘鰭上目Superorder Paracanthopterygii

ギンメダイ目 Order Polymixiiformes

サケスズキ目 Order Percopsiformes

マトウダイ目 Order Zeiformes

シッタス亜目 Suborder Cyttoidei

マトウダイ亜目 Suborder Zeoidei

スタイルフォルス目 Order Stylephoriformes

タラ目 Order Gadiformes

カワリヒレダラ亜目 Suborder Melanonoidei

ソコダラ亜目 Suborder Macrouroidei

タラ亜目 Suborder Gadoidei

棘鰭上目 Superorder Acanthopterygii

キンメダイ系 Series Berycida

イットウダイ目 Order Holocentriformes

ヒウチダイ目 Order Trachichthyiformes

オニキンメ亜目 Suborder Anoplogastroidei

ヒウチダイ亜目 Suborder Trachichthyoidei

キンメダイ目 Order Beryciformes

カンムリキンメダイ亜目 Suborder Stephanoberycoidei

キンメダイ亜目 Suborder Berycoidei

スズキ系Series Percomorpha

アシロ亜系 Subseries Ophidiida

アシロ目Order Ophidiiformes

アシロ亜目 Suborder Ophidioidei

フサイタチウオ亜目 Suborder Bythitoidei

ガマアンコウ亜系 Subseries Batrachoidida

ガマアンコウ目 Order Batrachoidiformes

ハゼ亜系 Subseries Gobiida

コモリウオ目 Order Kurtiformes

ハゼ目 Order Gobiiformes

オヴァレンタリア亜系 Subseries Ovalentaria

ボラ目 Order Mugiliformes

カワスズメ目 Order Cichliformes

ギンポ目 Order Blenniformes

ウバウオ目 Order Gobiesociformes

トウゴロウイワシ下系Infraseries Atherinomorpha

トウゴロウイワシ目 Order Atheriniformes

ナミノハナ亜目 Suborder Atherinopsoidei

トウゴロウイワシ亜目 Suborder Atherinoidei

ダツ目 Order Beloniformes

メダカ亜目 Suborder Adrianichthyoidei

トビウオ亜目 Suborder Exocoetoidei

カダヤシ目 Order Cyprinodontiformes

アプロケイルス亜目 Aplocheiloidei

カダヤシ亜目 Suborder Cyprinodontoidei

(タカサゴイシモチ科Ambassidae,ウミタナゴ科
Embiotocidae,グランマ科Grammatidae,タナバタウオ科
Plesiopidae,スズメダイ科Pomacentridae, メギス科
Pseudochromidae, アゴアマダイ科Opistognathidaeおよ
Polycentridaeはオヴァレンタリア亜系の中で目階級の位置不